Werkstoffkunde für Ingenieure

Eberhard Roos · Karl Maile
Michael Seidenfuß

Werkstoffkunde für Ingenieure

Grundlagen, Anwendung, Prüfung

7. Auflage

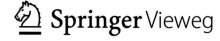 Springer Vieweg

Eberhard Roos
Universität Stuttgart
Stuttgart, Deutschland

Karl Maile
Universität Stuttgart
Stuttgart, Deutschland

Michael Seidenfuß
Universität Stuttgart
Stuttgart, Deutschland

ISBN 978-3-662-64731-8   ISBN 978-3-662-64732-5 (eBook)
https://doi.org/10.1007/978-3-662-64732-5

Die Deutsche Nationalbibliothek verzeichnet diese Publikation in der Deutschen Nationalbibliografie; detaillierte bibliografische Daten sind im Internet über http://dnb.d-nb.de abrufbar.

Springer Vieweg

Lektorat: Ellen Klabunde
Springer Vieweg ist ein Imprint der eingetragenen Gesellschaft Springer-Verlag GmbH, DE und ist ein Teil von Springer Nature.
Die Anschrift der Gesellschaft ist: Heidelberger Platz 3, 14197 Berlin, Germany

Vorwort zur ersten Auflage

Werkstoffe bzw. deren funktionsgerechte Anwendung und werkstoffgerechte Verarbeitung sind die wesentlichsten Grundlagen für zuverlässige Konstruktionen. Der technische Fortschritt und die technischen Weiterentwicklungen sind in vielen Fällen erst möglich, wenn entsprechende Werkstoffe oder für schon bestehende Werkstoffe werkstoffgerechte Verarbeitungsverfahren für den geforderten Anwendungszweck entwickelt wurden.

Die Verbesserung oder die Neuentwicklung von Werkstoffen bestimmt sehr oft den Fortschritt anderer Technologien. Die Entwicklung von Hochtemperaturwerkstoffen auf Nickelbasis war die Voraussetzung für eine wesentliche Steigerung der Betriebstemperatur und damit auch vom Wirkungsgrad von Gasturbinen. Gleiches gilt für keramische Werkstoffe, die durch Verstärkung mit Fasern deutlich an Duktilität gewonnen haben und für die sich zahlreiche neue Anwendungsfelder eröffnen, wie z. B. als Hitzeschutzschilde bzw. Strukturwerkstoffe in der Raumfahrt.

Die Werkstoffkunde bildet, unter Nutzung der Werkstoffwissenschaft, die Grundlage für die werkstoffgerechte Konstruktion, Dimensionierung und Herstellung von Bauteilen durch die Schaffung entsprechender Werkstoffgesetze, anwendungsorientierter Verarbeitungsverfahren unter Berücksichtigung der spezifischen Werkstoffeigenschaften, wie mikrostruktureller Zustandsänderungen.

Unter Berücksichtigung dieser Gesichtspunkte ist das vorliegende Buch entstanden. Es ist ein Begleitbuch zur Vorlesung Werkstoffkunde für Studierende an Universitäten und Fachhochschulen der Ingenieurwissenschaften mit Schwerpunkt Maschinenbau. Es vermittelt die Grundlagen der Werkstoffkunde, wobei der Schwerpunkt auf der praktischen Anwendung liegt. Aus diesem Grunde ist es für in der beruflichen Praxis stehende Ingenieure zum Nachschlagen werkstoffmechanischer Zusammenhänge ebenfalls gut geeignet.

Verständnisfragen zu jedem Kapitel erlauben die Überprüfung der erarbeiteten Kenntnisse.

Unser besonderer Dank gilt allen, die durch Ratschläge und kritische Hinweise zum Gelingen beigetragen haben. Insbesondere bedanken möchten wir uns bei Herrn Dr.-Ing. M. Seidenfuß sowie Frau Dipl.-Ing. C. Weichert und den Herren Dipl.-Ing. T. Gengenbach, Dipl.-Ing. P. Julisch jun., Dipl.-Ing. M. Rauch und Dipl.-Ing. H.-P. Seebich, die uns mit großem Engagement sowohl redaktionell bei der Umsetzung des Manuskripts als auch inhaltlich unterstützt haben.

Dem Springer Verlag, insbesondere Frau E. Hestermann-Beyerle danken wir für die gute Zusammenarbeit und die rasche Publikation dieses Buches.

Stuttgart, Deutschland   E. Roos
2002   K. Maile

Vorwort zur siebten Auflage

Werkstoffe bzw. deren funktionsgerechte Anwendung und werkstoffgerechte Verarbeitung sind die wesentlichsten Grundlagen für zuverlässige und leichtbauende Konstruktionen. Der technische Fortschritt und die technischen Weiterentwicklungen sind in vielen Fällen erst möglich, wenn entsprechende Werkstoffe oder für schon bestehende Werkstoffe werkstoffgerechte Verarbeitungsverfahren für den geforderten Anwendungszweck entwickelt wurden.

Die Werkstoffkunde bildet, unter Nutzung der Werkstoffwissenschaft, die Grundlage für die werkstoffgerechte Konstruktion, Dimensionierung und Herstellung von Bauteilen. Sie bildet die Basis für die Modellierung des Werkstoffverhaltens über die Schaffung entsprechender Werkstoffgesetze zur Bestimmung und Sicherstellung der Funktionalität von Bauteilen, die Anwendung werkstoffangepasster Herstellungs- und Verarbeitungsverfahren sowie die Ermittlung der Betriebssicherheit z. B. über die Berücksichtigung betriebsbedingter mikrostruktureller Zustandsänderungen.

Das vorliegende Buch ist seit 2002 ein erfolgreiches Begleitbuch zur Vorlesung Werkstoffkunde/Werkstofftechnik/Werkstoffprüfung für Studierende an Universitäten und Fachhochschulen der Ingenieurwissenschaften mit Schwerpunkt Maschinenbau. Es vermittelt die Grundlagen der Werkstoffkunde, wobei der Schwerpunkt auf der praktischen Anwendung liegt. Aus diesem Grunde ist es für in der beruflichen Praxis stehende Ingenieure und Techniker zum Nachschlagen werkstoffmechanischer Zusammenhänge ebenfalls gut geeignet.

Auch bei der siebten Auflage liegt der Schwerpunkt auf der Umsetzung von Grundlagenkenntnissen in die industrielle Praxis, die für Ingenieure und Techniker unverzichtbar sind.

Ziel der vorliegenden umfassenden Überarbeitung war die Anpassung der Inhalte an den fortgeschrittenen Stand der Technik und des Wissens. Dies betrifft sowohl die Grundlagen, als auch moderne Herstellungsverfahren sowie neue Erkenntnisse in der Werkstofftechnik. Darüber hinaus wurden die zitierten Normen dem aktuellen Stand mit den z. Zt. gültigen Werkstoffdaten und -bezeichnungen angepasst. Ferner wurden werkstofftechnische Entwicklungen mit einem besonderen Zusammenhang mit aktuellen technischen Problemstellungen vertieft bzw. besonders hervorgehoben und erweitert, wie

z. B. der Einfluss von Wasserstoff auf das Werkstoffverhalten von Stählen. Dem Springer Verlag, insbesondere Herrn Zipsner und Frau Klabunde danken wir für die gute Zusammenarbeit bei der Erstellung dieser Auflage.

Stuttgart, Deutschland   E. Roos
Sommer 2021   K. Maile
                                                                          M. Seidenfuß

Inhaltsverzeichnis

Überblick

1

Der moderne Ingenieur steht vor der Herausforderung, technisch-wissenschaftliches Wissen in den Disziplinen Konstruktion, Berechnung und Auslegung sowie betriebliche Überwachung mit einem ausreichend vertieften Werkstoffwissen zu verknüpfen, um optimale Produkte herzustellen. Die Zusammenhänge sowie die Verknüpfung der Werkstoffkunde mit der Werkstoffwissenschaft, der Werkstofftechnik, der Werkstoffherstellung und der Werkstoffanwendung in diesem Kontext werden dargestellt. Abgerundet wird das Kapitel mit einem Rückblick und Ausblick der Werkstoffentwicklung.

1.1   Was ist ein Werkstoff?

Die Entwicklung der Zivilisation und damit der Technik war und ist mit der Verfügbarkeit von Werkstoffen verbunden. Deutlich wird dies bei der Einteilung der Menschheitsgeschichte wie z. B. Steinzeit, Bronzezeit und Eisenzeit. Hier wurden Epochen nach der Beschaffenheit der Werkzeuge, die von Menschen eingesetzt wurden, benannt. Allgemein bekannt ist auch, dass sich Zivilisationen mit den höherwertigeren Werkzeugen entwicklungsgeschichtlich durchgesetzt haben. In der jüngsten Geschichte wurden die Begriffe „industrielle Revolution" oder „Siliziumzeitalter" geprägt. Die industrielle Revolution, die im Grunde eine handwerklich und landwirtschaftlich geprägte Gesellschaft durch die „moderne" Industriegesellschaft ersetzt hat, beruht letztlich auf der technischen Innovation der großtechnischen Herstellung von metallischen Werkstoffen, wobei die Eisenwerkstoffe einen besonderen Schwerpunkt bildeten. Damit wurde es z. B. möglich, Dampfmaschinen und in der weiteren Entwicklung hocheffiziente Gasturbinen zu bauen. Damit wird deutlich, dass die technische Produktinnovation wesentlich von der Leistungsfähigkeit der Werkstoffe abhängt.

© Springer-Verlag GmbH Deutschland, ein Teil von Springer Nature 2022
E. Roos et al., *Werkstoffkunde für Ingenieure*,
https://doi.org/10.1007/978-3-662-64732-5_1

Die Steigerung des Wirkungsgrades und damit der Umweltverträglichkeit fossil befeuerter Kraftwerke wird wesentlich beeinflusst von der Festigkeit der Stähle und Nickelbasislegierungen, die im Bereich der Turbine, des Dampferzeugers und der Rohrleitungen eingesetzt werden. Höherfeste Stähle sind für die Weiterentwicklung von leistungsfähigen Kränen oder Windkraftanlagen eine unabdingbare Voraussetzung. Flugzeuge mit Überschallgeschwindigkeit wurden nur realisierbar auf der Basis von Titanlegierungen, die bei höheren Temperaturen eine größere Festigkeit aufweisen als Aluminiumlegierungen bei vergleichbarer Dichte. Mit der Entwicklung von Verbundwerkstoffen gelang es, noch leichtere und beanspruchungsgerechte Bauteile herzustellen, die vor allem in der Verkehrstechnik den Betriebsmittelverbrauch reduzierten und somit auch eine Minderung der Emissionen bewirkten.

Allgemein gilt, dass die Verbesserung der Leistungsfähigkeit und Wirtschaftlichkeit von technischen Anlagen mit der Anhebung der Betriebsparameter (Kräfte, Momente, Druck, Temperatur, Umgebungsmedium, Fahrweise usw.) einhergeht. Hierbei ist zu beachten, dass die daraus resultierende höhere Werkstoffbeanspruchung sich nicht einfach über die Erhöhung der Wanddicke, z. B. bei einem Druckbehälter, ausgleichen lässt, ohne dass sich daraus u. U. Nachteile für die Funktionsfähigkeit, die Herstellbarkeit oder die Wirtschaftlichkeit ergeben. Es ist verständlich, dass zwischen der Produktinnovation und den Eigenschaften des Werkstoffs eine enge Wechselwirkung vorliegt. In der heutigen Zeit ist es – auch aus Kostengründen – undenkbar, ein Produkt zu entwickeln ohne gleichzeitig den Aspekt der großtechnischen Realisierung auf der Grundlage von vorhandenen oder zu optimierenden Werkstoffen zu beachten. Moderne Produktentwicklung läuft Hand in Hand mit der Werkstoffinnovation, wobei u. a. folgende Fragen beantwortet werden müssen:

- Steht ein beanspruchungsgerechter Werkstoff zur Verfügung?
- Ist der Werkstoff verarbeitbar?
- Bietet der Werkstoff ausreichende Sicherheit für den Dauerbetrieb?
- Ist der Werkstoff umweltfreundlich?
- Ist der Werkstoff kostengünstig?

Mit zunehmender Komplexität der modernen Werkstoffe ist die Anforderung an den Ingenieuraufwand und das werkstofftechnische Wissen deutlich gestiegen. Der moderne Ingenieur steht nun vor der Herausforderung, technisch-wissenschaftliches Wissen in den Disziplinen Konstruktion , Berechnung und Auslegung sowie betriebliche Überwachung mit einem ausreichend vertieften Werkstoffwissen zu verbinden, um optimale Resultate zu erzielen.

Die MPA Universität Stuttgart ist ein seit über 100 Jahren auf den o. g. Gebieten erfolgreich tätiges Institut. Das im Rahmen von Forschungsarbeiten erworbene Wissen ist in zahlreiche praktische industrielle Anwendungen oder auch Regelwerke transferiert worden. Mit diesem Buch, das auf dem Wissen der MPA und der Werkstoffkundevorlesung der Universität Stuttgart basiert, soll der Leser von diesem Erfahrungspotenzial profitieren.

1.2 Werkstoffkunde

Die Werkstoffkunde umfasst Werkstoffwissenschaft und -technik, Tab. 1.1 Die Werkstoffwissenschaft ist ausgesprochen interdisziplinär. Sie umfasst unterschiedliche Bereiche
wie z. B. Kristallografie, Metallphysik, physikalische Chemie und Thermodynamik. Die
Werkstofftechnik soll auf den Erkenntnissen der Werkstoffwissenschaft aufbauen und die
Entwicklung neuer Konstruktions- und Funktionswerkstoffe sowie entsprechend ange-
passte Formgebungs-, Füge- und Prüfverfahren leisten. Tatsächlich entwickeln sich bis
heute oft noch beide Gebiete ohne diese wichtige Interaktion. Dies liegt zum Teil daran,
dass der größte Teil der heute in großen Mengen verwendeten Werkstoffe (z. B. Stahl,
Beton) in vorwissenschaftlicher Zeit empirisch erarbeitet wurde.

Am Rande der Werkstofftechnik liegende Gebiete sind die Fertigungstechnik und die
Kennzeichnung der Bauteileigenschaften unter Betriebsbeanspruchungen. Es genügt bei
der Konstruktion von Bauteilen manchmal nicht, sich bei der Werkstoffauswahl auf die
von einem Werkstoffhersteller angegebenen Daten zu verlassen. Bei der Konstruktion
sollten vielmehr die Eigenschaften verschiedener zur Auswahl stehender Werkstoffe in
einen sinnvollen Zusammenhang mit den in der Konstruktion auftretenden Beanspruchungen gebracht werden. Es sollten die zur Verfügung stehenden Fertigungsverfahren hinsichtlich der günstigsten Kombination von Wirtschaftlichkeit und Werkstoffverhalten beurteilt werden. Der Werkstoff wird in den meisten Fällen bei der Fertigung in seinen
Eigenschaften verändert. Deshalb sollten die Werkstoffanwender mindestens gleich gute
Werkstoffkenntnisse haben wie die Werkstoffhersteller. Darüber hinaus ist es erstrebens-
wert, dass die Werkstoffanwender mit Sachverstand Wünsche, Vorschläge oder

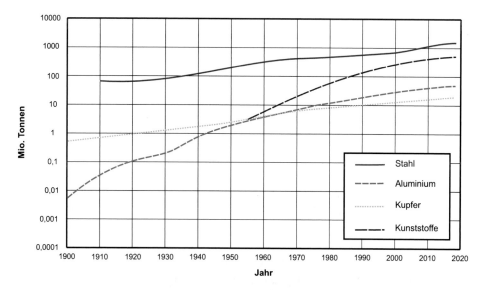

Tab. 1.1 Teilgebiete der Werkstoffkunde

Forderungen hinsichtlich neuer oder verbesserter Werkstoffe an die Werkstofferzeuger richten können. Zumindest sollten sie aber in der Lage sein, die rapide Entwicklung neuer Werkstoffe zu verfolgen und umzusetzen.

Eine Voraussetzung für die bestmögliche Verwendung eines Werkstoffs ist die werkstoffgerechte Konstruktion. Die Gestaltung muss den Werkstoffeigenschaften und den Fertigungsmöglichkeiten angepasst werden und umgekehrt die Werkstoffeigenschaft in gewissen Maßen an die Notwendigkeiten der Konstruktion. Das bedeutet z. B. dass kleine Krümmungsradien bei Werkstoffen mit geringer Verformungsfähigkeit vermieden werden, dass in korrodierender Umgebung keine Werkstoffe mit stark unterschiedlichen Elektrodenpotenzialen in Kontakt gebracht werden dürfen, dass die Häufigkeitsverteilung einer Eigenschaft und die für den betreffenden Zweck notwendige Sicherheit bei der Festlegung einer zulässigen Belastung berücksichtigt werden. Der Werkstoff kann durch die Auswahl und Gewichtung der Erfordernisse der Konstruktion angepasst und in bestimmtem Maße über entsprechende Herstellungsverfahren optimiert werden.

Die Kenntnis des mikroskopischen Aufbaus der Werkstoffe ist aus mehreren Gründen nützlich: für die gezielte Neuentwicklung und Verbesserung der Werkstoffe, für die Erforschung der Ursachen von Werkstofffehlern und von Werkstoffversagen, z. B. durch einen unerwarteten Bruch sowie für die Beurteilung des Anwendungsbereichs phänomenologischer Werkstoffgesetze, wie sie z. B. in der Umformtechnik für die Beschreibung der Plastizität verwendet werden.

1.3   Geschichte und Zukunft

Die zeitliche Entwicklung der Verwendung von Werkstoffen zeigt drei wichtige Perioden. Sie ging aus von der Benutzung von in der Natur vorkommenden organischen Stoffen wie Holz und keramischen Mineralien und Gesteinen sowie von Meteoriteisen. Es folgte eine lange Zeitspanne, in der Werkstoffe durch zufällige Erfahrungen und systematisches Probieren ohne Kenntnis der Ursachen entwickelt wurden. Aus dieser Zeit stammen z. B. Bronze, Stahl und Messing, Porzellan und Zement. Dann folgte die Zeit, in der naturwissenschaftliche Erkenntnisse zumindest qualitativ die Richtung der Entwicklungen wiesen, für die das Aluminium und die organischen Kunststoffe kennzeichnend sind. In neuester Zeit beginnt man zunehmend, die Eigenschaften der Werkstoffe quantitativ zu verstehen. Dadurch ist man in der Lage, Werkstoffe mit genau definierten Eigenschaften zu entwickeln und die Möglichkeiten und Grenzen solcher Entwicklungen zu beurteilen. Bemerkenswert ist, dass die Werkstoffentwicklung in mancher Hinsicht zu ihrem Ausgangspunkt zurückkehrt: Der Aufbau z. B. von faserverstärkten Verbundwerkstoffen ähnelt sehr dem von Holz.

Über den zeitlichen Verlauf der wirtschaftlichen Bedeutung geben die produzierten Mengen Auskunft. In Abb. 1.2 ist die Entwicklung bis zum Jahre 2000 dargestellt. Kurzzeitige Schwankungen wurden ausgeglichen, um die Hauptzüge der Entwicklung klarer zu zeigen. Die seit langem bekannten Werkstoffe, wie Stahl und Buntmetalle, zeigen eine

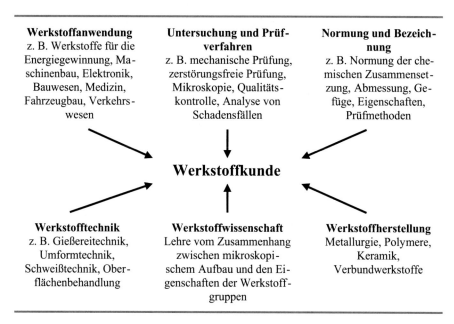

Abb. 1.1 Produktion der wichtigsten Werkstoffe weltweit

etwa gleichlaufende Entwicklung, die sich in Zukunft sicher zugunsten der Leichtmetalle und Kunststoffe ändern wird. Die stärkste Veränderung in der Verwendung der Werkstoffe wurde durch die Einführung erst des Aluminiums, dann der Kunststoffe im großtechnischen Maßstab hervorgerufen. Dabei übertrifft die Steigerungsrate der Kunststoffproduktion die des Aluminiums sehr stark. Ob sich diese Entwicklung in diesem Umfang fortsetzen wird, bleibt offen.

Die produzierte Menge ist nicht unbedingt ein klarer Maßstab für die Bedeutung eines Werkstoffes. Berechnet man das produzierte Volumen, so schneiden Bauholz und Kunststoffe in Folge ihrer geringen Dichte sehr viel besser ab. Wichtig ist auch der Preis der verschiedenen Werkstoffe für ihre zukünftige Entwicklung.

Eine weitere Möglichkeit zur Bewertung von Werkstoffen, die in erster Linie mechanisch beansprucht sind, besteht darin, den Preis auf die dafür gelieferte Festigkeit zu beziehen. Bei diesem Bezug schneiden die Stähle am besten, die Kunststoffe verhältnismäßig schlecht ab, Tab. 1.2. Der Grund für die steigende Beliebtheit der Kunststoffe muss also andere Ursachen haben, z. B. die leichte Verarbeitbarkeit oder die gute chemische Beständigkeit. Tatsächlich ersetzt der Kunststoff den Stahl häufig nur bei geringerwertigen Teilen. Noch nicht zu übersehen ist, wie sich die Entwicklung der Verbundwerkstoffe, besonders der faserverstärkten Werkstoffe, gestalten wird. Ihrer Verwendung in großem Umfang steht noch entgegen, dass wirtschaftliche Verfahren für ihre Herstellung bisher noch nicht gefunden worden sind. Sie sind aber sicher die Werkstoffgruppe der Zukunft, da sie die Möglichkeit bieten, die Eigenschaften der Werkstoffe bestens an die Beanspruchungen im Innern und an der Oberfläche anzupassen. Integrierte Schaltkreise stellen die

Tab. 1.2 Relative Kosten der von verschiedenen Werkstoffen erbrachten Zugfestigkeit

Werkstoff	Zugfestigkeit/ MPa	Dichte/kg/ dm^3	Relative Kosten pro MPa
Baustahl (S235JR)	370	7,8	1
Aluminiumlegierung	200	2,7	3,5
Polyvinylchlorid	40	1,4	4
Polyäthylen	10	0,9	12
Mit Glasfasergewebe verstärktes Kunstharz	500	1,9	10

raffinierteste Form solcher Verbundwerkstoffe dar, wenn z. B. elektronische Funktionen zu erfüllen sind.

Hochtemperatur- und Schneidwerkstoffe sind weniger bekannte Beispiele dafür, dass Teilgebiete der Technik durch neue Werkstoffe stark in Bewegung gebracht wurden. Kenntnisse auf dem Gebiet der Werkstoffwissenschaft bilden deshalb eine wichtige Voraussetzung für das Verständnis und die Weiterentwicklung unserer technischen Zivilisation.

Das Verständnis über die Eigenschaften eines Werkstoffs beruht auf der Kenntnis seines Aufbaus. Der atomare Aufbau von kristallinen Stoffen wird unter Berücksichtigung besonderer Stoffarten erläutert. Es wird auf die wirkenden Bindungskräfte zwischen den Atomen, ihre Anordnung in Form von Kristallsystemen und deren maßgebenden Eigenschaften eingegangen. Vom Aufbau eines idealen Festkörpers (Idealkristall) wird übergegangen zu den Gitterfehlern, welche die Eigenschaften eines realen Werkstoffs prägen. Die unterschiedlichen Gitterfehler, geordnet nach ihrer geometrischen Erscheinungsform, werden vorgestellt und charakterisiert.

2.1 Atomaufbau

Sämtliche technische Werkstoffe lassen sich auf bekannte chemische Elemente zurückführen, die sich aus Atomen aufbauen. Ein Atom selbst wiederum besteht im Wesentlichen aus den Elementarteilchen

- Protonen (positiv geladen),
- Neutronen (elektrisch neutral) und
- Elektronen (negativ geladen).

Protonen und Neutronen bilden zusammen den positiv geladenen Atomkern und werden auch Nukleonen genannt. Die Elektronen bewegen sich nach dem Bohr'schen Atommodell auf festen Bahnen um den Atomkern. Der Durchmesser eines Atoms liegt in der Größenordnung von rund 10^{-10} m = 1 Å (Ångström). Der Kerndurchmesser beträgt rund 10^{-14} m. Protonen und Neutronen haben näherungsweise die gleiche Masse ($1{,}66 \cdot 10^{-24}$ g). Die Masse eines Elektrons beträgt $9{,}11 \cdot 10^{-28}$ g, ist also um das 1836-fache geringer. Bei der

© Springer-Verlag GmbH Deutschland, ein Teil von Springer Nature 2022
E. Roos et al., *Werkstoffkunde für Ingenieure*,
https://doi.org/10.1007/978-3-662-64732-5_2

Tab. 2.1 Vergleich: absolute – relative Atommasse

Element	Absolute Atommasse	Relative Atommasse
Kohlenstoff	12,011 u	12,011
Wasserstoff	1,0079 u	1,0079

Betrachtung der Massenverteilung innerhalb eines Atoms kann man sich deshalb die gesamte Masse im Kern konzentriert denken. Im Periodischen System der Elemente (kurz Periodensystem oder PSE) wird die Zahl der Protonen im Atomkern links oben vor dem chemischen Symbol angegeben und ist gleichzeitig die Ordnungszahl . Die Ladung der Protonen wird durch die der Elektronen kompensiert. Als Isotope werden Atome eines Elements bezeichnet, die sich voneinander nur durch die Anzahl der Neutronen unterscheiden. Dies bewirkt eine unterschiedliche Atommasse oder genauer Atomkernmasse.

Die Atommasse setzt sich zusammen aus den Massen der Protonen, Neutronen und Elektronen eines Atoms. Da man in Gramm ausgedrückt sehr kleine Zahlenwerte erhält, wurde eine „atomare Masseneinheit" u eingeführt, worunter man den zwölften Teil der Masse des leichtesten Kohlenstoffisotops $_{12}^{6}C$ versteht ($1u = 1,660566 \cdot 10^{-24}$ g), Tab. 2.1. Die relative Atommasse ist eine auf die atomare Masseneinheit u bezogene dimensionslose Größe.

Zur Unterscheidung von Isotopen wird die Massenzahl (relative Atommasse) unten vor dem chemischen Symbol angegeben (z. B. $_{12}^{6}C$; $_{13}^{6}C$; $_{13}^{27}Al$). Da Kohlenstoff nur zu 98,893 % aus dem Isotop $_{12}^{6}C$ besteht, ergibt sich für Kohlenstoff die ungerade Massenzahl 12,011.

Die Elektronenverteilung um den Atomkern bestimmt sehr stark die physikalischen, chemischen und mechanischen Eigenschaften eines Stoffes. Beim Bohr'schen Atommodell wird angenommen, dass sich die Elektronen in kreisförmigen Bahnen um den Atomkern bewegen. Es ähnelt sehr stark dem Schalenmodell, bei dem sich die Elektronen auf bestimmten konzentrischen Schalen bewegen. Neben diesen Modellen kann man sich die Verteilung der Elektronen auch als diffuse Verteilung in Elektronenwolken (Orbitalmodell) vorstellen. Beim Schalen- bzw. Orbitalmodell ist ein Elektron nicht genau zu lokalisieren. Man kann ihm lediglich einen Bereich mit großer Aufenthaltswahrscheinlichkeit zuordnen. Diese Bereiche werden Schalen bzw. Orbitale genannt. Die genaue Beschreibung der Aufenthaltswahrscheinlichkeit eines Elektrons erfolgt durch seinen Energiezustand. Im Folgenden wird einfachheitshalber das Schalenmodell verwendet.

2.2   Die chemischen Elemente

Die Stellung eines chemischen Elements im periodischen System der Elemente wird durch die Anzahl der Elektronen auf den äußeren Elektronenschalen (Valenzelektronen) der Atome bestimmt. Sie entscheidet darüber, ob ein Metall oder Nichtmetall vorliegt. Das Kurzperiodensystem, Tab. 2.2, wird durch eine diagonal angeordnete Gruppe von Halbmetallen (Metalloide, auch C und P können noch dazu gerechnet werden), in Metalle

Tab. 2.2 Kurzperiodisches System der Elemente

Periode		I. Hauptgruppe	II. Hauptgruppe	III. Hauptgruppe	IV. Hauptgruppe	V. Hauptgruppe	VI. Hauptgruppe	VII. Hauptgruppe	VIII. Hauptgruppe
1 K	1s	^{1}H 1,008							^{2}He 4,003
2 L	2s	^{3}Li 6,939	^{4}Be 9,012	^{5}B 10,811	^{6}C 12,011	^{7}N 17,007	^{8}O 15,999	^{9}F 18,998	^{10}Ne 20,183
3 M	3s	^{11}Na 22,989	^{12}Mg 24,312	^{13}Al 25,982	^{14}Si 28,086	^{15}P 30,974	^{16}S 32,064	^{17}Cl 35,483	^{18}Ar 39,948
4 N	4s	^{19}K 39,102	^{20}Ca 40,08	^{31}Ga 69,72	^{32}Ge 72,59	^{33}As 74,922	^{34}Se 78,96	^{35}Br 79,909	^{36}Kr 83,80
5 O	5s	^{37}Rb 85,47	^{38}Sr 87,62	^{49}In 114,82	^{50}Sn 118,69	^{51}Sb 121,75	^{52}Te 127,60	^{53}J 126,90	^{54}Xe 131,30
6 P	6s	^{65}Cs 132,91	^{56}Ba 137,34	^{81}Tl 204,37	^{82}Pb 207,19	^{83}Bi 208,98	^{84}Po (210)	^{85}At (210)	^{86}Rn (222)
7 Q	7s	^{87}Fr (223)	^{88}Ra (226)						

(links unten) und Nichtmetalle (rechts oben) geteilt. Die technisch wichtigen Metalle sind als Nebengruppenelemente eingeordnet. Mehr als 3/4 aller Elemente sind Metalle. Die Stellung eines Elements im Periodensystem gibt auch Aufschlüsse über die Art, wie die Atome eines Elements zu größeren Atomverbänden (Moleküle, Raumgitter) über Anziehungs- und Abstoßungskräfte untereinander verbunden sein können. Die unterschiedlichen möglichen Bindungsarten entscheiden über wesentliche Eigenschaften.

2.2.1 Eigenschaften metallischer Elemente

Metalle weisen folgende Eigenschaften auf:

- metallischer Glanz
- Plastizität und Festigkeit
- gute Wärmeleitfähigkeit
- gute elektrische Leitfähigkeit

2.2.2 Einteilung und Übersicht

Im Periodensystem der Elemente weisen die Mehrzahl der Elemente die für Metalle kennzeichnenden Eigenschaften auf. Da der Übergang zwischen Metall und Nichtmetall fließend ist (Halbmetalle), kann teilweise keine eindeutige Zuordnung getroffen werden.

Tab. 2.3 Eigenschaften von technisch wichtigen Leichtmetallen. (Leichtmetalle $\rho < 5$ kg/dm³)

Name	Symbol	Ordnungszahl	Gitter[a]	Dichte kg/dm³ 20 °C	Schmelzpunkt T_s/°C	Vorkommen in % der Erdhülle (Erdkruste, Meer, Lufthülle)
Magnesium	Mg	12	hdp	1,75	650	2,0
Beryllium	Be	4	hdp	1,82	1280	$2,7 \cdot 10^{-4}$
Aluminium	Al	13	kfz	2,7	660	7,7
Titan	Ti	22	hdp/ krz	4,5	1667	0,42
Lithium	Li	3	krz	0,53	180,5	$2 \cdot 10^{-3}$

[a] *hdp* hexagonal dichtest gepacktes Gitter, *krz* kubisch-raumzentriertes Gitter, *kfz* kubisch-flächenzentriertes Gitter

Auflistungen der für die technische Anwendung wichtigsten Metalle enthalten Tab. 2.3 bis Tab. 2.5.

Metalle werden in den seltensten Fällen als Reinstmetalle verwendet, sondern vorwiegend als Legierung, d. h. als Kombination mehrerer Elemente. Man unterscheidet je nach Dichte zwischen Leicht- und Schwermetallen.

2.2.3 Leichtmetalle

Alle Metalle mit einer Dichte < 5 kg/dm³ werden als Leichtmetalle bezeichnet und vor allem bei Konstruktionsteilen verwendet, bei denen das Gewicht so gering wie möglich gehalten werden muss, z. B. im Flugzeug- und Fahrzeugbau.

Häufig werden bei technischen Anwendungen die in Tab. 2.3 aufgeführten Leichtmetalle eingesetzt.

2.2.4 Schwermetalle

Metalle mit einer Dichte > 5 kg/dm³ werden als Schwermetalle bezeichnet. Man kann weiter nach dem Schmelzpunkt in niedrigschmelzende, hochschmelzende bzw. sehr hoch schmelzende Schwermetalle sowie in Edelmetalle, Tab. 2.4 und Tab. 2.5 unterscheiden.

2.2.5 Bindungen zwischen Atomen

Alle Elemente bauen sich aus Atomen auf. Durch die Eigenschaften seiner Atome und die zwischen den Atomen wirkenden Kräfte wird das Verhalten des Elements bestimmt.

Tab. 2.4 Eigenschaften technisch wichtiger Schwermetalle

Name	Symbol	Ordnungszahl	Gitter[b]	Dichte kg/dm³ 20 °C	Schmelzpunkt T_s/°C	Vorkommen in % der Erdhülle (Erdkruste, Meer, Lufthülle)
Niedrigschmelzend $T_s < 1000$ °C						
Zinn	Sn	50	dia/ tetr	7,29	232	$2 \cdot 10^{-4}$
Bismut	Bi	83	rhomb	9,78	271	$2 \cdot 10^{-5}$
Cadmium	Cd	48	hdp	8,64	321	$2 \cdot 10^{-5}$
Blei	Pb	82	kfz	11,34	327	$1,2 \cdot 10^{-5}$
Zink	Zn	30	hdp	7,13	420	$7 \cdot 10^{-3}$
Antimon	Sb	51	rhomb	6,68	630	$2 \cdot 10^{-5}$
Germanium	Ge	32	dia	5,35	936	$1,4 \cdot 10^{-4}$
hochschmelzend $T_s = 1000....2000$ °C						
Kupfer	Cu	29	kfz	8,93	1083	$5 \cdot 10^{-3}$
Mangan	Mn	25	krz	7,44	1245	$9,1 \cdot 10^{-2}$
Nickel	Ni	28	kfz	8,9	1450	$7,2 \cdot 10^{-3}$
Kobalt	Co	27	hdp/ kfz	8,9	1490	$2,4 \cdot 10^{-3}$
Eisen	Fe	26	krz/ kfz	7,86	1535	4,7
Vanadium	V	23	krz	5,96	1668	$1,3 \cdot 10^{-2}$
Zirkon	Zr	40	hdp/ kfz	6,53	1900	$1,6 \cdot 10^{-2}$
Chrom	Cr	24	krz	7,2	1903	$1 \cdot 10^{-2}$
höchstschmelzend $T_s > 2000$ °C						
Niob	Nb	41	krz	8,55	2415	$2 \cdot 10^{-3}$
Molybdän	Mo	42	krz	10,2	2620	$1,4 \cdot 10^{-4}$
Tantal	Ta	73	krz	16,65	2990	$2 \cdot 10^{-4}$
Wolfram	W	74	krz	19,3	3400	$1,5 \cdot 10^{-4}$

[b]*dia* Diamantgitter, *tetr* tetragonales Gitter, *rhomb* rhomboedrisches Raumgitter, *hdp* hexagonal dichtest gepacktes Gitter, *krz* kubisch-raumzentriertes Gitter, *kfz* kubisch-flächenzentriertes Gitter

Tab. 2.5 Eigenschaften technisch wichtiger Edelmetalle

Name	Symbol	Ordnungszahl	Gitter[c]	Dichte kg/dm³ 20 °C	Schmelzpunkt T_s/°C	Vorkommen in % der Erdhülle (Erdkruste, Meer, Lufthülle)
Silber	Ag	47	kfz	10,5	960	$7 \cdot 10^{-6}$
Gold	Au	79	kfz	19,3	1063	$4 \cdot 10^{-7}$
Platin	Pt	78	kfz	21,4	1770	$1 \cdot 10^{-6}$
Rhodium	Rh	45	kfz	12,4	1960	$5 \cdot 10^{-7}$
Iridium	Ir	77	kfz	22,4	2450	$1 \cdot 10^{-7}$
Osmium	Os	76	kfz	22,45	2700	$5 \cdot 10^{-7}$

[c]*kfz* kubisch-flächenzentriertes Raumgitter

Um die Atome auf ihren vorgeschriebenen Abständen zu halten, sind sowohl anziehende als auch abstoßende Kräfte notwendig. Als abstoßende Kraft wirkt die Coulomb'sche Kraft zwischen den Elektronenhüllen, der die Bindungskraft entgegenwirkt.

Es wird zwischen folgenden Bindungsarten unterschieden:

Kovalente Bindung, Abb. 2.1. Wird auch als *Elektronenpaarbindung*, Atombindung, Valenzbindung oder homöopolare Bindung bezeichnet, Die Atome bilden zur Auffüllung ihrer äußersten Schale aus ihren Valenzelektronen gemeinsame Elektronenpaare, durch welche die positiven Atomrümpfe zusammengehalten werden.

Ionenbindung, Abb. 2.2. Bei der Ionenbindung gibt ein Atom ein oder mehrere Valenzelektronen an ein anderes Atom ab. Dadurch wird das abgebende Atom positiv, das aufnehmende Atom negativ geladen. Die Anziehung erfolgt dann durch die entgegengesetzte Ladung. Die Atome liegen als geladene Teilchen vor.

Metallbindung, Abb. 2.3. Tritt bei Metallen auf. Die Atome werden von einer gleichmäßig verteilten, frei beweglichen Elektronenwolke (Elektronengas) aus abgegebenen Valenzelektronen umgeben, welche die positiven Metallionen zusammenhält.

Die van der Waals'sche Bindung und die Wasserstoffbrückenbindung gehören zu den schwachen Bindungen, Abb. 2.4. Treten bei einem Molekül oder Atom unterschiedliche Mittelpunkte der positiven und negativen Ladungen auf, spricht man von Polarisation; das Molekül/Atom ist zum Dipol geworden, der einen anderen Dipol anziehen kann. Die Bindungsenergien sind wesentlich geringer als bei den anderen Bindungsarten.

Abb. 2.1 Kovalente Bindung. (Bsp.: Diamant, Sauerstoffmolekül)

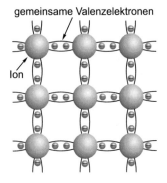

Abb. 2.2 Ionenbindung. (Bsp.: NaCl)

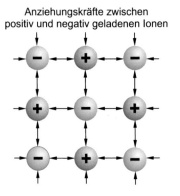

Abb. 2.3 Metallbindung.
(Bsp.: Fe, Cu)

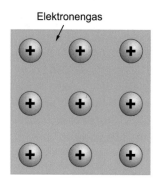

Elektronengas

Abb. 2.4 Van der Waals'sche
Bindung. (Bsp.:
Kunststoffe (PVC))

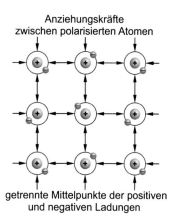

Anziehungskräfte
zwischen polarisierten Atomen

getrennte Mittelpunkte der positiven
und negativen Ladungen

2.3 Anordnung der Atome im festen Körper

Ein fester Körper kann aus amorphen oder/und kristallinen Phasen aufgebaut sein. Beim amorphen Aufbau sind die Atome regellos angeordnet, wie es beispielsweise bei Flüssigkeiten der Fall ist. Man spricht daher bei festen Körpern mit dieser Struktur von unterkühlten Flüssigkeiten.

Die kristalline Struktur von festen Körpern wurde bereits 1851 als solche vermutet und konnte 1913 durch Röntgenstrukturuntersuchungen bestätigt werden. Von kristallin spricht man, wenn die Atome im Raum ein regelmäßiges dreidimensionales Gitter bilden. Das kann schon äußerlich durch regelmäßige Flächen, z. B. beim Bergkristall, erkennbar sein.

Amorph aufgebaut sind insbesondere Gläser (auch metallische Gläser) und viele Kunststoffe. Kristallin aufgebaut sind Metalle und deren Legierungen. Beide Strukturen können z. B. Keramiken (Kristallite in einer Glasphase) aufweisen.

2.3.1 Kristallstrukturen

In einem Kristall sind die Atome (bzw. Atomgruppen) auf den Knotenpunkten eines räumlichen regelmäßigen Gitters angeordnet (Abb. 2.5).

Alle in der Natur vorkommenden Kristallarten können in sieben verschiedene Kristallsysteme eingeteilt werden, wobei sich die einzelnen Systeme in der relativen Größe der Gitterkonstanten a, b und c und der Größe der Achsenwinkel α, β und γ unterscheiden, Tab. 2.6 und Abb. 2.6.

Es ist vorstellbar, dass sämtliche Kristallgitter durch eine Verschiebung von Elementarzellen um die eigene Kantenlänge aufgebaut sind. Eine Elementarzelle wird stets von sechs Ebenen begrenzt. Die Kantenlängen entsprechen den Gitterkonstanten. Es gibt 14 derartige Translations- oder Bravaisgitter, Tab. 2.6. Sie bestehen aus sieben primitiven Gittern, bei denen nur die Ecken besetzt sind und sieben komplexeren Translationsgittern, die dadurch entstehen, dass die Elementarzellen nicht nur an Eckpunkten besetzt sind. Die sieben primitiven Gitter entsprechen den sieben Kristallsystemen. Die restlichen Typen ergeben sich durch Ineinanderstellen derselben Elementarzellen.

Die für Metalle wichtigsten Translationsgitter sollen nachfolgend behandelt werden. Es handelt sich hier um das kubisch-raumzentrierte (krz), das kubisch-flächenzentrierte (kfz) und das hexagonal dichtest gepackte (hdp) Gitter:

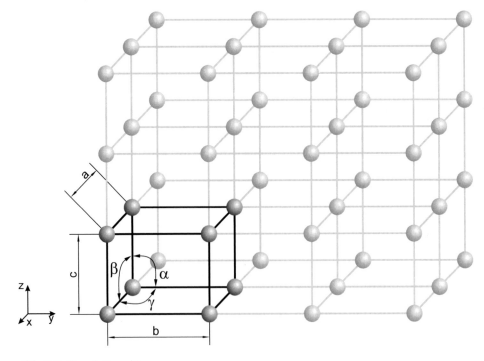

Abb. 2.5 Translationsgitter

Tab. 2.6   Klassifizierung der Translationsgitter anhand der Kristallsysteme in Anlehnung an [Guy76]

Kristallsysteme	Gitterparameter	Translationsgitter
Kubisch	Drei gleiche Achsen unter rechten Winkeln a = b = c, $\alpha = \beta = \gamma = 90°$	Einfach kubischkubisch-raumzentriertkubisch-flächenzentriert
Tetragonal	Drei Achsen unter rechten Winkeln, davon zwei gleich a = b ≠ c, $\alpha = \beta = \gamma = 90°$	Einfach tetragonal tetragonal raumzentriert
Orthorhombisch	Drei ungleiche Achsen unter rechten Winkeln a ≠ b ≠ c, $\alpha = \beta = \gamma = 90°$	Einfach orthorhombisch orthorhombisch-raumzentriert orthorhombisch-basiszentriert orthorhombisch-flächenzentriert
Trigonal hier Spezialfall rhomboedrisch	Drei gleiche, gleichgeneigte Achsen a = b = c, $\alpha = \beta = \gamma \neq 90°$	Einfach rhomboedrisch
Hexagonal	Zwei gleiche Achsen unter 120°, dritte Achse unter rechten Winkeln; a = b ≠ c $\alpha = \beta = 90°$, $\gamma = 120°$	Einfach hexagonal
Monoklin	Drei ungleiche Achsen ein Winkel ≠ 90° a ≠ b ≠ c, $\alpha = \gamma = 90° \neq \beta$	Einfach monoklin monoklin-basiszentriert
Triklin	Drei ungleiche Achsen unter ungleichen Winkeln a ≠ b ≠ c, $\alpha \neq \beta \neq \gamma \neq 90°$	Einfach triklin

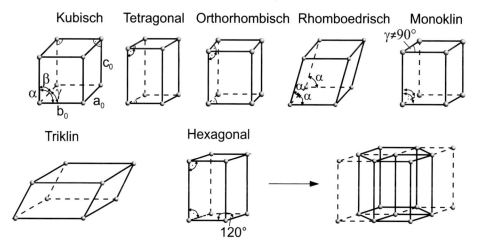

Abb. 2.6   Kristallsysteme

Das **kubisch-raumzentrierte** Gitter, Abb. 2.7, weist außer den Atomen in den Würfelecken noch ein Atom in der Würfelmitte auf. Zum Aufbau der krz-Elementarzelle benötigt man

$$N = 8 \cdot \frac{1}{8} + 1 = 2 \left[\text{Atome} \right]$$

Die acht Eckatome können jeweils acht Nachbarelementarzellen zugeteilt werden, lediglich das Mittenatom ist nur jeweils einer Zelle zugeordnet.

Folgende Elemente weisen ein kubisch-raumzentriertes Gitter auf: α-Fe (< 911 °C), δ-Fe (> 1392°C), Cr, Mo, W, V, Ta und β-Ti (> 885 °C).

Das **kubisch-flächenzentrierte** Gitter (kfz), Abb. 2.8, weist außer den Eckatomen jeweils auf jeder Flächenmitte ein weiteres Atom auf. Zum Aufbau der Elementarzelle benötigt man

$$N = 8 \cdot \frac{1}{8} + 6 \cdot \frac{1}{2} = 4 \left[\text{Atome} \right].$$

Jedem Atom in Flächenmitte können jeweils zwei Elementarzellen im Gesamtverband zugeordnet werden.

Folgende Elemente weisen ein kubisch-flächenzentriertes Gitter auf: γ-Fe (von 911 bis 1392 °C), Cu, Al, Ni, Pb, Pt, Ag, Au, Ir, β-Co (über 430 °C). Diese Metalle zeichnen sich

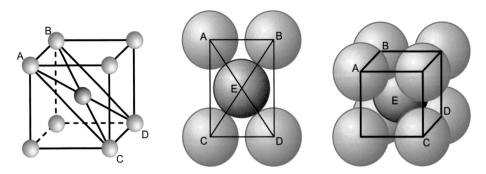

Abb. 2.7 Kubisch-raumzentrierte Elementarzelle (krz)

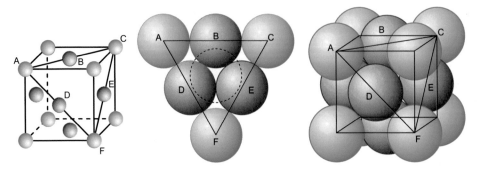

Abb. 2.8 Kubisch-flächenzentrierte Elementarzelle (kfz)

dadurch aus, dass sich die Atome in Form einer möglichst dichten Kugelpackung schichtweise auf Lücken übereinander stapeln.

Beim einfachen **hexagonalen** System, Abb. 2.6, handelt es sich um eine Elementarzelle, deren Grundfläche ein Parallelogramm mit einem Winkel von $\alpha = 120°$ bzw. 60° bildet. Die 3. Achse steht senkrecht auf dieser Grundfläche. Die Eckpunkte sind mit insgesamt 8 Atomen besetzt. Durch Zusammenfügen von 3 hexagonalen Elementarzellen, Abb. 2.6, entsteht die überwiegend in der Literatur dargestellte hex-Zelle. Diese hex-Zelle ist strenggenommen keine echte Elementarzelle wird aber hier im Folgenden vergleichbar verwendet. Werden in diese Elementarzelle in der Mittelebene 3 weitere Atome eingefügt, Abb. 2.9 Ebene B, so entsteht die für Metalle wichtige hexagonal dichtest gepackte Zelle (hdp) .

Beispiele für Metalle mit hexagonal dichtester Packung sind: Mg, Cd, Zn, Be, α-Ti (unter 885 °C), α-Co (unter 430 °C). Jede dichtest gepackte, hexagonale Elementarzelle besteht aus:

$$N = 12 \cdot \frac{1}{6} + 2 \cdot \frac{1}{2} + 3 = 6 \; [\text{Atome}].$$

Jedes Eckatom kann gleichzeitig sechs Elementarzellen, jedes Flächenatom der oberen und unteren Grundfläche zwei Elementarzellen, die drei Mittenatome nur einer Elementarzelle zugeordnet werden.

Betrachtet man die Packungsdichte , d. h. das Verhältnis des Volumens aller Atomkugeln, die einer Elementarzelle zugeordnet werden können, zum Volumen einer Elementarzelle, so erhält man folgende Packungsdichten:

- kubisch-raumzentriertes System: 0,68
- kubisch-flächenzentriertes System: 0,74
- hexagonal dichtest gepacktes System: 0,74

Aus der gleichen Packungsdichte des kfz- und des hexagonal dichtest gepackten (hdp-) Systems kann man folgern, dass beide Systeme ähnlich sind. Sie unterscheiden sich lediglich in der Stapelfolge der dichtest mit Atomen gepackten Ebenen, Abb. 2.10.

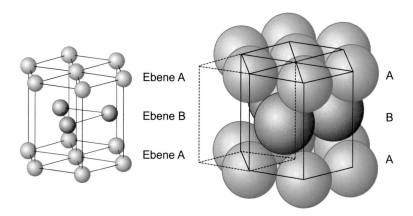

Abb. 2.9 Hexagonal dichtest gepackte Elementarzelle (hdp) (gestrichelt im rechten Teilbild)

Abb. 2.10 Hexagonale
Ebenen im kfz-Gitter,
Dreischichtenfolge im
kfz-Gitter [Guy76]

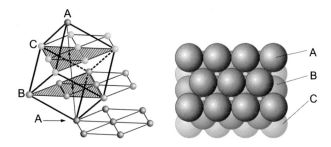

2.3.2 Modifikationen – Allotropie (Polymorphie)

Bei Metallen wird die Änderung des Gitteraufbaus beim Erwärmen oder Abkühlen aus
dem erhitzten Zustand als Allotropie oder synonym als Polymorphie bezeichnet. Beispielsweise wandelt sich das Gitter von Eisen beim Überschreiten von 911 °C von kubisch-
raumzentriert nach kubisch-flächenzentriert um. Die Umwandlungen sind reversibel und
finden bei sehr langsamer Temperaturänderung bei genau definierten Temperaturen statt.
Unterschiede in den Umwandlungstemperaturen können bei schnellem Erwärmen und
Abkühlen entstehen. Diese Erscheinung wird als Hysterese bezeichnet. Die Lage der Umwandlungspunkte ist außer von den Versuchsbedingungen (Erhitzungs- und Abkühlgeschwindigkeit) wesentlich vom Reinheitsgrad bzw. den Legierungselementen abhängig.

Allotrope bzw. polymorphe Umwandlungen im festen Zustand weisen z. B. folgende
technisch wichtige Metalle auf: Fe, Ti, Sn, Co und Mn. Ihre Modifikationen sind in
Abb. 2.11 zusammengestellt.

Die Umwandlung in ein anderes Atomgitter ist mit der sprunghaften Änderung wichtiger Eigenschaften verbunden, wie z. B. der Dichte, der elektrischen Leitfähigkeit, der
Wärmekapazität und der mechanischen Eigenschaften. Die verbrauchte bzw. frei wer-
dende Wärme bei der Umwandlung führt zu Unstetigkeitspunkten, sog. Haltepunkten, in
der Temperatur-Zeit-Kurve, Abb. 2.12, auf die in Kap. 3 detailliert eingegangen wird.

Das Auftreten von allotropen Umwandlungen ist eine wichtige Voraussetzung dafür,
dass sich Stahl in verschiedenste Eigenschaftszustände (hohe Festigkeit und Härte, unterschiedliches Zähigkeitsverhalten) bringen lässt und sich dadurch weitere Anwendungsgebiete erschließen. Andererseits können allotrope Zustandsänderungen zu Werkstoffschä-
den führen.

2.3.3 Kristallographische Ebenen

Zur eindeutigen Bezeichnung einer Gitterebene oder einer Richtung im Gitter werden die
sog. Millerschen Indizes verwendet. Dazu ist zunächst die Festlegung eines räumlichen
Koordinatensystems notwendig. Die einzelnen Achsen dieses Koordinatensystems verlaufen in Richtung der Gittervektoren. Dadurch ist es möglich, Atomlagen, Gitterrichtungen

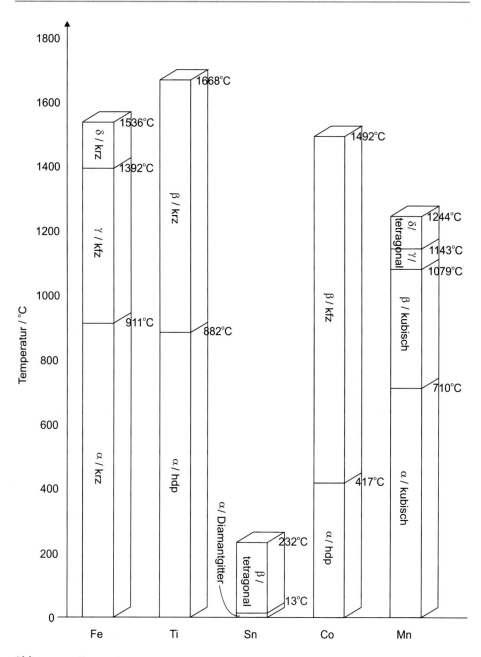

Abb. 2.11 Allotrope bzw. polymorphe Umwandlung verschiedener Metalle

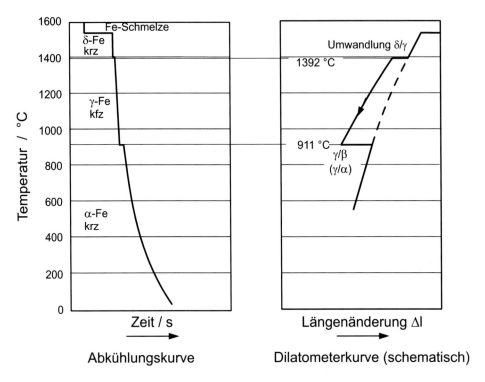

Abb. 2.12 Unstetigkeitspunkte in den Abkühlungskurven und Dilatometerkurven bei der allotropen Umwandlung von Fe

und Flächen in einem Kristallgitter zu benennen und mathematische Beziehungen, ähnlich der analytischen Geometrie, zu entwickeln.

2.3.3.1 Bezeichnung von Ebenen

Die Abstände, welche die zu bestimmende Ebene von den Achsen des Koordinatensystems abschneidet, werden in Gitterparametern ausgezählt und zueinander ins Verhältnis gesetzt. Das Vorgehen soll zunächst im kubischen System schrittweise erklärt werden, (s. auch Abb. 2.13):

Achsenabschnitte in Gitterparametern abzählen, in der Reihenfolge x y z (a b c) aufführen	1 1 2
Ins Verhältnis setzen	1 : 1 : 2
Reziprokwert nehmen	$\frac{1}{1} : \frac{1}{1} : \frac{1}{2}$
Gemeinsamen Hauptnenner aufstellen	$\frac{2}{2} : \frac{2}{2} : \frac{1}{2}$
Hauptnenner und Verhältnispunkte weglassen und in runde Klammern setzen	(2 2 1)

Abb. 2.13 Bezeichnung von
Ebenen in kubischen Systemen

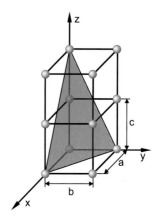

Bei umgekehrtem Vorgehen, d. h. dem Suchen einer Ebene nach den vorgegebenen Indizes muss lediglich der Reziprokwert gebildet werden und man erhält sofort die gesuchte Lage der Ebene

$$z.\,B.\,\begin{pmatrix} 2 & 2 & 1 \end{pmatrix} \rightarrow \frac{1}{2} : \frac{1}{2} : \frac{1}{1}$$

durch Einzeichnen der Gitterparameterabschnitte (hier 1/2 in x-, 1/2 in y- und 1 in z-Richtung) in das Koordinatensystem. Am Beispiel der sog. Gleitebenen, deren Bedeutung in einem späteren Abschnitt behandelt wird, soll die Indizierung von Ebenen im kubischen bzw. hexagonalen System nochmals erläutert werden. Im kubisch-raumzentrierten System werden durch die Gleitebenen jeweils zwei Achsen im gleichen Abstand, die dritte Achse überhaupt nicht geschnitten. Die dabei entstehenden Ebenen werden Dodekaederflächen genannt, Abb. 2.14.

Im kubisch-flächenzentrierten System schneiden die Gleitebenen die drei Achsen in gleichen Abständen vom Koordinatenursprung. Diese Flächen tragen die Bezeichnung Oktaederflächen, Abb. 2.15. Dabei sei noch auf eine Besonderheit der Indizierung hingewiesen. Es ist nämlich möglich, die Gitterparameter negativ abzulesen und dies durch einen Querstrich über dem jeweiligen Gitterparameter bei der Indizierung deutlich zu machen.

Ebenen im hexagonalen System werden durch Hinzunahme einer weiteren Achse gekennzeichnet, deren Index sich aus der negativen Summe der ersten beiden Indizes ergibt, Abb. 2.16.

Weitere Beispiele von Ebenenindizierungen sind in Abb. 2.17 zusammengestellt.

Ebenen, die aus Symmetriegründen gleichwertig sind, können durch geschweifte Klammern um die Millerschen Indizes gekennzeichnet werden. Die Gruppe der Oktaederflächen wird demnach mit $\{1 \quad 1 \quad 1\}$ bezeichnet. Die möglichen Flächen sind dann (111), $(\bar{1}11)$, $(1\bar{1}1)$, $(11\bar{1})$, $(\bar{1}\bar{1}\bar{1})$, $(1\bar{1}\bar{1})$, $(\bar{1}1\bar{1})$ und $(\bar{1}\bar{1}1)$. Die Gruppe der Würfeloberflächen wird mit $\{1 \quad 0 \quad 0\}$ beschrieben.

Abb. 2.14 Indizierung von
Dodekaederflächen

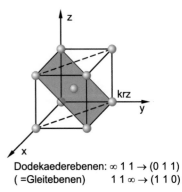

Dodekaederebenen: ∞ 1 1 → (0 1 1)
(=Gleitebenen)   1 1 ∞ → (1 1 0)

Abb. 2.15 Indizierung von
Oktaederebenen

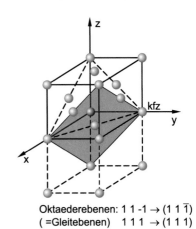

Oktaederebenen: 1 1 -1 → (1 1 $\bar{1}$)
(=Gleitebenen)   1 1 1 → (1 1 1)

Abb. 2.16 Indizierung im
hexagonalen System

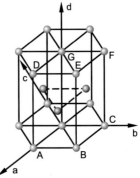

Basisebene DEFG: ∞ ∞ ∞ 1 → (0 0 0 1)
(=Gleitebenen)
Prismenebene ABED: 1 ∞ -1 ∞ → (1 0 $\bar{1}$ 0)
Pyramidenebene ACG: 1 1 -½ 1 → (1 1 $\bar{2}$ 1)

Kubisches Gitter

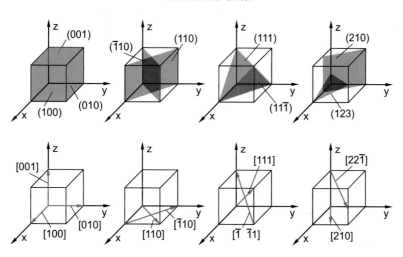

Hexagonales Gitter

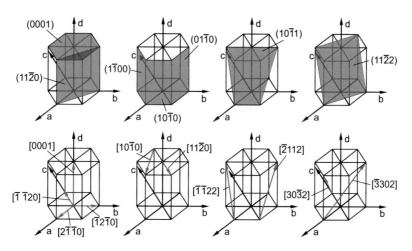

Abb. 2.17 Indizierung von Ebenen und Richtungen

2.3.3.2 Bezeichnung von Gitterrichtungen

Die Millerschen Indizes von Gitterrichtungen sind die Komponenten desjenigen Vektors, der zu der betrachteten Gitterrichtung parallel ist. Sie werden in eckigen Klammern dargestellt, Abb. 2.17.

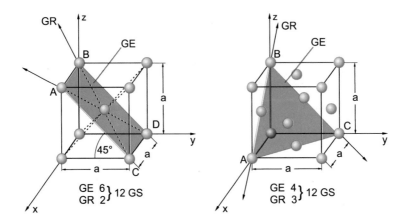

Abb. 2.18 Gleitsysteme des krz- und kfz-Gitters

2.3.3.3 Wichtige Ebenen und Richtungen

Als Gitterebenen werden Ebenen mit Atombelegung bezeichnet. Alle Gleitebenen (GE) sind Gitterebenen mit der größten Belegungsdichte an Atomen im jeweiligen Gitter. Gleitrichtungen sind Richtungen im Gitter mit der jeweils größten Belegungsdichte an Atomen, Abb. 2.18 (vgl. Abschn. 5.3.1).

Die im kubisch-raumzentrierten Gitter am dichtest gepackten Ebenen, die Gleitebenen sind diejenigen, auf welchen vier Eckatome und das Zentralatom sitzen, also z. B. die Ebene ABCD. Es gibt sechs verschiedene gleichwertige Gleitebenen im krz Gitter.

Die dichtest gepackten Gitterrichtungen (GR) liegen diagonal in den Gleitebenen. Beispielsweise sind in der Ebene ABCD die Vektoren DA bzw. CB die Gleitrichtungen. Die Kombination aus einer Gleitebene mit einer in der Ebene liegenden Gleitrichtung wird als Gleitsystem (GS) bezeichnet. Im krz-System hat man sechs mögliche Gleitebenen mit jeweils zwei Gleitrichtungen also 12 Gleitsystemen (GS). Entsprechend findet man für das kubisch-flächenzentrierte Gitter 12, für das hexagonale Gitter drei Gleitsysteme.

2.4   Reale kristalline Festkörper

Die durch Elementarzelle und Raumgitter gegebene Struktur heißt Idealkristall. Der Idealkristall kommt in der Natur aufgrund der, auch während der Erstarrung stets vorhandenen, Kristallbaufehlern (Gitterfehlern) nicht vor.

Die Gitterfehler können nach ihrer geometrischen Erscheinungsform geordnet werden:

nulldimensional (Punktfehler):	Leerstellen, Zwischengitteratome, Substitutionsatome
eindimensional (Linienfehler):	Versetzungen
zweidimensional (Flächenfehler):	Stapelfehler, Grenzflächen (Oberflächen, Phasengrenzen, Groß- und Kleinwinkelkorngrenzen, Zwillingsgrenzen, Grenzen von Ordnungsbereichen)

dreidimensional (räumliche Fehler):	Hohlräume, Poren, Lunker, Ausscheidungen, Einschlüsse

Die Gitterfehler beeinflussen die mechanischen Eigenschaften in starkem Maße. Zum Beispiel wird die plastische Verformung erst durch die Bewegung von Versetzungen und in geringerem Maße durch die Entstehung von Zwillingen ermöglicht.

2.4.1   Nulldimensionale Gitterstörungen

Nulldimensionale Fehler (Punktfehler) sind Störungen von atomarer Größenordnung. Man unterscheidet zwischen Leerstellen (reguläre Gitterplätze sind unbesetzt), Zwischengitteratomen (interstitiell eingelagerte Atome, d. h. Atome befinden sich auf Zwischengitterplätzen) und Substitutionsatomen (Fremdatome befinden sich auf regulären Atomplätzen, sogenannten Wirtsatomplätzen), Abb. 2.19.

Die nulldimensionalen Fehler verzerren das Gitter, wodurch innere Spannungen (Eigenspannungen) entstehen. Hierdurch steigt die Festigkeit an. Leerstellen und Zwischengitteratome lassen sich in höheren Konzentrationen durch Verformung, schnelle Abkühlung sowie Bestrahlung erzeugen. Beispielsweise können energiereiche Strahlen (z. B. Neutronenstrahlen) Atome aus regulären Gitterplätzen herausschlagen, wobei Leerstellen und Zwischengitteratome in gleicher Zahl entstehen (Frenkel-Defekte , Abb. 2.20). Abhängig von der Temperatur können sich Leerstellen im thermodynamischen Gleichgewicht befinden, d. h. Leerstellen und Atome existieren stabil nebeneinander. Man spricht in diesem Fall von thermischen Leerstellen.

Alle thermisch aktivierbaren Prozesse, insbesondere die Diffusion, werden durch die Leerstellenkonzentration entscheidend beeinflusst. Eine höhere als die thermodynamische Gleichgewichtskonzentration der Leerstellen lässt sich z. B. durch Abschrecken von hohen Temperaturen erreichen. Durch diese sog. Überschussleerstellen können viele diffusionsgesteuerte Vorgänge (beispielsweise Aushärtung) erheblich beschleunigt werden. Substitutions- und Zwischengitteratome werden auch gezielt in Metalle eingebracht (Legieren) um die Eigenschaften zu beeinflussen.

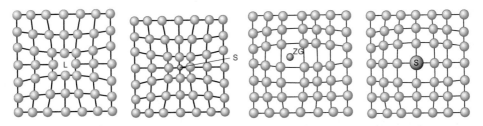

Abb. 2.19 Nulldimensionale Gitterstörungen (L=Leerstelle, S=Substitutionsatom, ZG=Zwischengitteratom)

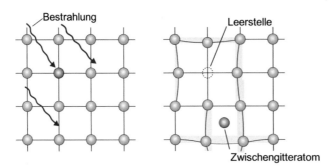

Abb. 2.20 Frenkel-Defekt

2.4.2 Eindimensionale Fehler

2.4.2.1 Versetzungen

Versetzungen entstehen bereits beim Kristallisationsprozess infolge von Temperatur- und Spannungsgradienten. Weitere Versetzungen werden unter der Wirkung von Schubspannungen an Korn- und Phasengrenzen, sowie an bestimmten Versetzungsanordnungen (Frank-Read-Quellen) gebildet. Man unterscheidet hinsichtlich des Aufbaus zwei Grenzfälle:

- Stufenversetzung, Abb. 2.21
- Schraubenversetzung, Abb. 2.22

Als Maß für Richtung und Größe der Verzerrung in der Umgebung einer Versetzung dient der *Burgersvektor b*. Man erhält ihn als Wegdifferenz, indem man um die Versetzung durch Abtragung von Strecken gleicher Länge einen Umlauf durchführt. Der Burgersvektor stellt die Größe und Richtung der Wegdifferenz dar, die zur Schließung des Umlaufs erforderlich ist. Mit Abb. 2.21 soll die Bestimmung des Burgersvektors beispielhaft für die Stufenversetzung verdeutlicht werden. Beginnt man am Punkt A und geht 6 Atomabstände nach unten, 6 nach links, 6 nach oben und 6 nach rechts so bleibt eine Lücke von einem Atomabstand, dem Burgersvektor b. Bei der Stufenversetzung stehen Burgersvektor und Versetzungslinie rechtwinklig zueinander, Abb. 2.21, bei einer Schraubenversetzung verlaufen sie parallel, Abb. 2.22.

Der Abgleitvorgang lässt sich anschaulich am Beispiel einer Stufenversetzung darstellen, Abb. 2.23. Die Stufenversetzung kann als eine in das Gitter eingeschobene halbe Gitterebene angesehen werden. Die Berandung dieser Halbebene bildet die Versetzungslinie. Sie liegt in der Gleitebene und steht senkrecht zur Bildebene. Liegt die eingeschobene Halbebene oberhalb der Gleitebene, dann handelt es sich definitionsgemäß um eine positive, liegt sie unterhalb, um eine negative Versetzung. In der Umgebung der Versetzungslinie ist das Gitter elastisch verzerrt: Oberhalb einer positiven Versetzung treten Druckspannungen auf, unterhalb Zugspannungen. Bei Anlegen der Schubspannung wandert die Versetzung in Teilschritten von jeweils einem Atomabstand nach rechts. Der Burgersvektor b gibt die Größe des Gleitschrittes im Raum an. Zu beachten ist, dass die eingeschobene Halbebene bei jedem Schritt neu entsteht, Abb. 2.23.

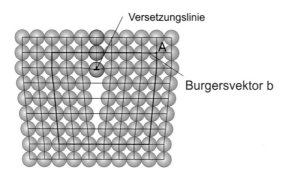

Abb. 2.21 Bestimmung des Burgersvektors bei einer Stufenversetzung

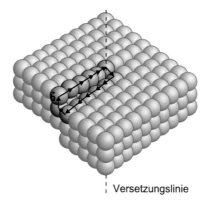

Abb. 2.22 Bestimmung des Burgersvektors bei einer Schraubenversetzung

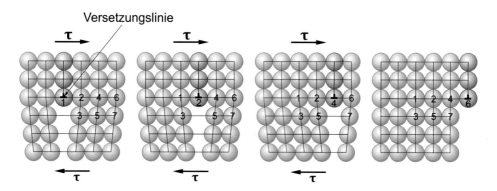

Abb. 2.23 Wandern einer Stufenversetzung durch Anlegen einer Schubspannung

Auf der von der Versetzung überstrichenen Teilfläche hat eine Abgleitung um einen Atomabstand stattgefunden. Die Versetzung ist also die Grenzlinie zwischen abgeglittenen und nicht abgeglittenen Kristallbereichen. Erreicht die Versetzung die Kristalloberfläche, so hinterlässt sie dort eine Gleitstufe von der Höhe des Burgersvektors. Wenn auf einer Ebene mehrere Versetzungen durch den Kristall geglitten sind, beträgt die Stufenbreite ein Mehrfaches von b, so dass die Stufen als Gleitlinien mikroskopisch sichtbar werden.

Stufenversetzung und Schraubenversetzung sind die beiden extremen Versetzungstypen. Im Allgemeinen jedoch haben Versetzungen einen gekrümmten Verlauf mit wechselnder Linienrichtung. Dann hat die Versetzung einen gemischten Stufen-Schraubencharakter, Abb. 2.24.

Im Falle einer Stufenversetzung steht der Burgersvektor b senkrecht auf der Versetzungslinie. Da Burgersvektor und Versetzungslinie die Gleitebene festlegen, ist eine Stufenversetzung an ihre Gleitebene gebunden. Eine Bewegungsform der Stufenversetzung ist das Klettern, Abb. 2.25. Hierbei kann sich die eingeschobene Halbebene durch Anlagerung von Leerstellen (bzw. durch Wegdiffundieren von Atomen) verkürzen. Die Versetzungslinie wird jedoch nicht gleichmäßig verschoben. Es bilden sich sog. Sprünge aus, Abb. 2.26.

Im Fall der Schraubenversetzung liegt der Burgersvektor parallel zur Versetzungslinie, Abb. 2.22. Umfährt man die Versetzungslinie, so bewegt man sich auf einer Schraubenlinie mit der Ganghöhe b. Die Gitterebenen schrauben sich wendelförmig um die Versetzungslinie. Versetzungslinie und Burgersvektor spannen keine Ebene auf, so dass die Schraubenversetzung nicht an eine einzelne Gleitebene gebunden ist, sondern „quergleiten" kann, Abb. 2.27.

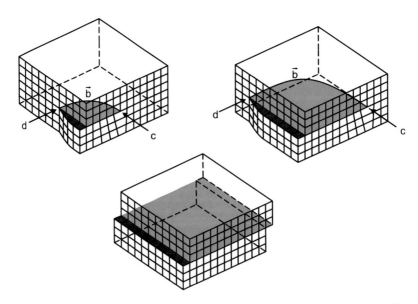

Abb. 2.24 Bewegung einer gemischten Versetzung. (c: Stufen- d: Schraubencharakter) [Sch96]

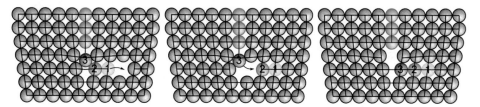

Abb. 2.25 Klettern einer Stufenversetzung durch Leerstellendiffusion

Abb. 2.26 Durch Klettern
entstandene Sprünge einer
Stufenversetzung

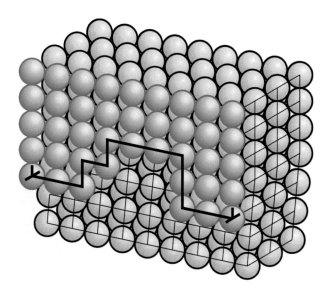

2.4.2.2 Kräfte zwischen Versetzungen

Versetzungen gleichen Vorzeichens stoßen sich ab, Versetzungen entgegengesetzten Vorzeichens ziehen sich an. Dies soll anhand eines Gedankenexperiments erklärt werden.

Verringert man den Abstand zwischen zwei gleichnamigen Versetzungen, so vergrößern sich die elastischen Verzerrungen in der Umgebung der Versetzungslinien. Man müsste dazu also Arbeit aufwenden (wie beim Zusammenbringen gleichnamiger Ladungen); die Versetzungen stoßen sich deshalb ab.

Umgekehrt lässt sich die elastische Verzerrungsenergie verringern, wenn sich Versetzungen entgegengesetzten Vorzeichens einander nähern. Beim Zusammentreffen der beiden Versetzungslinien ergänzen sich die beiden Halbebenen zu einer vollständigen Gitterebene und die Versetzungen verschwinden, Abb. 2.28. Diesen Vorgang nennt man Versetzungsannihilation.

Unvollständige Versetzungen bilden sich, wenn sich Überschussleerstellen in einer Gitterebene ausscheiden, Abb. 2.29. Der dabei entstehende Versetzungsring umrandet einen sog. Stapelfehler. Der Burgersvektor steht senkrecht auf der Ebene des Stapelfehlers. Da sich letzterer nicht in Richtung des Burgersvektors bewegen kann, ist das Gleiten eines solchen Versetzungsrings nicht möglich.

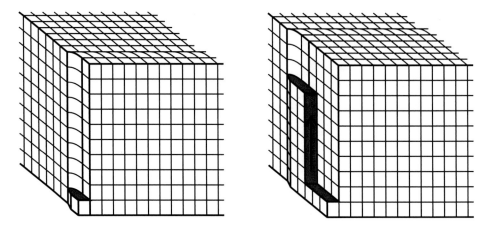

Abb. 2.27 Quergleiten einer Schraubenversetzung vor einem Bewegungshindernis

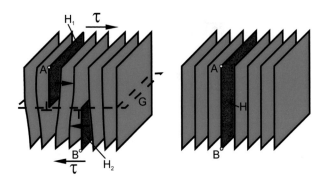

Abb. 2.28 Versetzungsannihilation

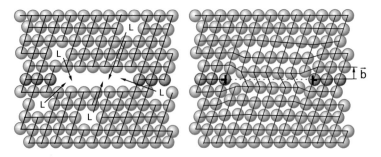

Abb. 2.29 Versetzungsring mit Stapelfehler im kfz- Gitter [Sch96]

2.4.3   Zweidimensionale Fehler

Das Kristallgitter kann als eine bestimmte Stapelfolge von Gitterebenen betrachtet werden. Störungen dieser Stapelfolgen werden als Stapelfehler bezeichnet. Abb. 2.30 zeigt einen Stapelfehler des kfz-Gitters, erkennbar an der gestörten Stapelfolge ABAB/BA.

Antiphasengrenzen sind Grenzen von Ordnungsbereichen. In Legierungen mit geordneter Atomverteilung werden solche Antiphasengrenzen beobachtet, Abb. 2.31. Sie entstehen durch Aneinanderstoßen der Ordnungsbereiche während der Kristallisation oder beim Hindurchgleiten von Versetzungen.

Die Korngrenzen stellen Übergangszonen zwischen zwei aneinandergrenzenden Kristallen (Körnern) dar.

Kleinwinkelkorngrenzen bestehen aus flächig angeordneten Versetzungen. Stufenversetzungen bewirken ein Verkippen, Schraubenversetzungen ein Verdrehen der angrenzenden Gitterbereiche gegeneinander, Abb. 2.32.

Unter Großwinkelkorngrenzen versteht man den Bereich zwischen zwei aneinandergrenzenden Kristallen, wobei die Kristalle einen großen Orientierungsunterschied zueinander aufweisen. Die Großwinkelkorngrenze hat eine Ausdehnung von ca. zwei bis drei Atomdurchmessern und hat einen amorphen Atomaufbau, Abb. 2.33.

Abb. 2.30 Stapelfehler

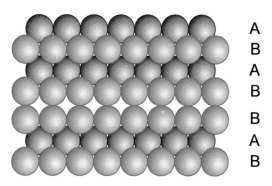

A
B
A
B
B
A
B

Abb. 2.31 Antiphasengrenze

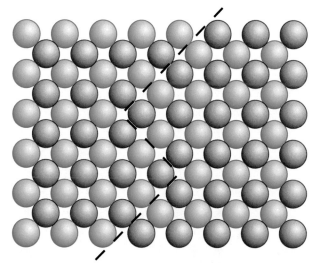

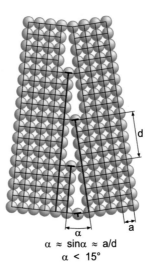

$$\alpha \approx \sin\alpha \approx a/d$$
$$\alpha < 15°$$

Abb. 2.32 Kleinwinkelkorngrenze [Sch96]

Zwillingsgrenzen können als Korngrenzen mit regelmäßigem Kristallgitter aufgefasst werden, Abb. 2.34. An der Zwillingsgrenze spiegeln sich die angrenzenden Gitterteile. Zwillinge finden sich bevorzugt in Metallen mit hdp und kfz Gitter. Beispiele sind hier austenitische Stähle, Titan, Kupfer, Nickel und Magnesium.

Bedingt durch die unterschiedliche Entstehung kann zwischen thermisch- und mechanisch induzierten Zwillingen unterschieden werden. Thermisch induzierte Zwillinge können bei der Materialgenerierung oder bei Wärmebehandlungen während der Rekristallisation (siehe Abschn. 4.3.2) entstehen. Durch Umformprozesse können mechanisch induzierte Zwillinge erzeugt werden. Der Beitrag der mechanischen Zwillingsbildung an der Gesamtverformung spielt eine Rolle, wenn aufgrund der Gitterstruktur nur wenige Gleitmöglichkeiten vorhanden sind oder das Abgleiten durch entsprechende Beanspruchungsverhältnisse wie tiefe Temperaturen und hohe Beanspruchungsgeschwindigkeiten stark beeinträchtigt ist.

Phasen mit wenig unterschiedlichen Gitterparametern können durch gegenseitige Gitterverzerrung ineinander übergehen (kohärente Grenzfläche). Bei größeren Unterschieden in den Gitterparametern kann die Anpassung nur bei gleichzeitigem Einbau von Versetzungen erfolgen (teilkohärente Grenzfläche). Bei „artfremden" Phasen ist die Grenzfläche inkohärent, Abb. 2.35. Eine Anpassung durch die oben erwähnte Versetzungsanordnung kann nicht mehr erfolgen. Die Grenzflächenenergie nimmt mit zunehmender Inkohärenz zu. Dies ist für Ausscheidungs- und Umwandlungsprozesse wichtig, vgl. Abschn. 3.5.1

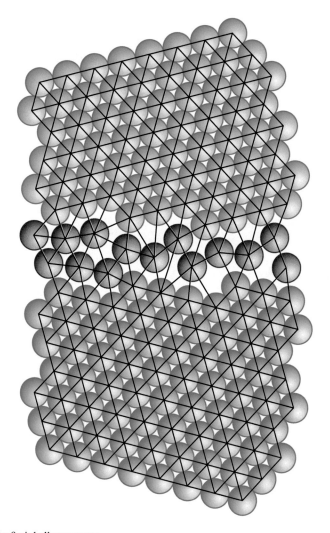

Abb. 2.33 Großwinkelkorngrenze

Abb. 2.34 Zwillingsgrenze
im kfz- Gitter

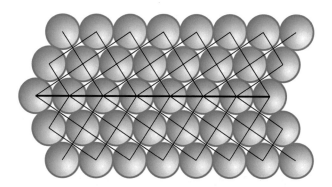

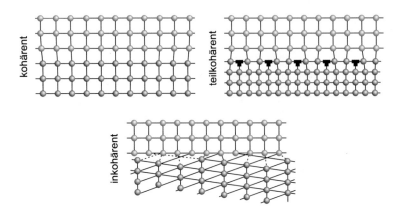

Abb. 2.35 Phasengrenzflächen

2.4.4   Dreidimensionale Fehler

Weitere Fehler, die viel größer sein können, als die zuvor besprochenen, können in festen technischen Werkstoffen auftreten. Zu den dreidimensionalen Fehlern gehören Poren, Lunker, Risse, Einschlüsse und Ausscheidungen. Poren und Ausscheidungen können auch als Ansammlungen von Leerstellen bzw. Fremdatomen angesehen werden.

2.5   Fragen zu Kap. 2

1. In welche zwei Gruppen werden die technisch relevanten Metalle eingeteilt? Was dient als Unterscheidungsmerkmal? Nennen Sie jeweils ein Beispiel.
2. Nennen Sie vier Atombindungsarten mit jeweils einem Beispiel.
3. Wodurch unterscheiden sich Elektronenpaarbindung und Metallbindung?
4. Skizzieren Sie eine kubisch-flächenzentrierte und eine kubisch-raumzentrierte Elementarzelle. Wie viele Atome werden jeweils zum Aufbau der Elementarzelle benötigt?
5. Definieren Sie den Begriff Polymorphie.
6. Was ist ein Gleitsystem? Nennen Sie ein Beispiel.
7. Geben Sie zu der unten dargestellten Ebene und Richtung die Millerschen Indizes an.

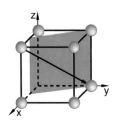

8. Wodurch unterscheiden sich Realkristalle und Idealkristalle?

9. Listen Sie die Gitterfehler nach ihrer geometrischen Erscheinungsform auf, nennen Sie jeweils ein Beispiel.

10. Was beschreibt der Burgersvektor b? Wie unterscheidet sich der Burgersvektor bei Schrauben- und Stufenversetzungen?

Legierungsbildung

3

Die Eigenschaften von technischen Werkstoffen werden besonders durch ihre chemische Zusammensetzung bestimmt. Die Kenntnis der Vorgänge bei der Legierungsbildung von der flüssigen bis zur festen Phase stellt die Basis für das Verständnis der Struktur des Werkstoffs dar. Die Bildung von unterschiedlichen Kristallen in Abhängigkeit von der Temperatur und Zusammensetzung wird mittels Zustandsdiagrammen beschrieben. Diese lassen sich auf verschiedene Grundsysteme zurückgeführen, mit denen die Legierungsbildung aller wichtigen technischen Legierungen erläutert werden kann.

3.1 Grundbegriffe

Technische Metalle sind in der Regel keine reinen Elemente, sondern bestehen aus mindestens zwei Elementen, den sogenannten Komponenten. Die Zugabe von Legierungselementen erfolgt zur gezielten Eigenschaftsveränderung wie z. B.:

- Erhöhung der Festigkeit
- Verbesserung der Verformbarkeit
- Reduzierung der Dichte
- Steigerung des Korrosionswiderstands
- Steigerung des Verschleißwiderstands
- Veränderung der chemischen und physikalischen Eigenschaften

Eine in der technischen Anwendung sehr häufig eingesetzte Legierung ist Stahl. Die beiden wesentlichen Legierungselemente, auch als Legierungskomponenten bezeichnet, sind Eisen und Kohlenstoff.

© Springer-Verlag GmbH Deutschland, ein Teil von Springer Nature 2022
E. Roos et al., *Werkstoffkunde für Ingenieure*,
https://doi.org/10.1007/978-3-662-64732-5_3

In metallischen Legierungen müssen nicht alle Legierungskomponenten Metalle sein, jedoch muss die entstehende Legierung metallischen Charakter aufweisen. Da sich Legierungskomponenten in jedem beliebigen Mengenverhältnis mischen lassen, spricht man von einem System, z. B. vom System Eisen-Kohlenstoff mit den Komponenten Eisen und Kohlenstoff. Die Komponenten können unterschiedliche Legierungen, z. B. Stahl, Grauguss usw. je nach Zusammensetzung, bilden. Je nach Löslichkeit der Komponenten im festen Zustand entsteht dabei ein physikalisches Gemenge aus verschiedenen Kristallarten (vollkommene Unlöslichkeit) oder eine feste Lösung aus nur einer Kristallart (vollkommene Löslichkeit). Selbstverständlich treten auch entsprechende Zwischenstufen auf (teilweise Löslichkeit).

Kristallographisch unterscheidbare, chemisch homogene Bereiche werden als Phasen bezeichnet. Phasen sind durch Grenzflächen voneinander getrennt. Das Auftreten verschiedener Phasen im festen oder flüssigen Zustand ist abhängig von der gegenseitigen Löslichkeit der Komponenten. Dies kann am Beispiel von Pb-Fe und Cu-Ni im flüssigen Zustand erklärt werden. Pb und Fe lösen sich im flüssigen Zustand nicht, es liegen also in der Schmelze zwei mechanisch trennbare Phasen vor. Cu und Ni lösen sich vollkommen ineinander, d. h. es liegt nur eine Phase vor. Teilweise Löslichkeit im festen Zustand, wie es z. B. Fe-C aufweist, führt zu unterschiedlichen Kristallzusammensetzungen und daher zu mehreren Phasen.

Zunächst soll die Löslichkeit im flüssigen Zustand betrachtet werden:

- *Schmelzen lösen sich nicht ineinander.*
  Man erhält eine Übereinanderschichtung. Das leichtere Metall schwimmt auf dem schwereren Metall. Zwischen beiden Schmelzen besteht eine Grenzfläche. Es liegen also zwei Phasen vor. Eine Mischung der Metalle kann nur durch die Bildung einer Emulsion wie z. B. durch Schütteln erfolgen. Beispiel: Fe–Pb
- *Schmelzen lösen sich vollkommen ineinander.*
  Dieser Fall tritt am häufigsten auf. Die Löslichkeit kann in allen Mischungsverhältnissen erfolgen; es entsteht dabei stets eine einheitliche homogene Flüssigkeit, d. h. es liegt eine Phase vor (keine Trennfläche vorhanden). Beispiel: Cu–Sn
- *Schmelzen lösen sich teilweise ineinander.*
  Jede Komponente löst einen Teil der anderen Komponente in sich; es liegen also zwei Schmelzen unterschiedlicher Zusammensetzung vor. Im Gleichgewichtszustand liegt eine Schichtung der Schmelzen entsprechend deren Dichten und somit zwei Phasen vor. Beispiel: Cu–Pb

Im Erstarrungsbereich besteht eine Legierung aus mindestens zwei Phasen: aus der Restschmelze und den bereits erstarrten Kristallen.

Jeder Phase können i. Allg. spezielle Eigenschaften zugeordnet werden. Eine Phasenänderung oder ein Phasenübergang bringt also Eigenschaftsänderungen mit sich.

Legierungen, die mehrere Phasen aufweisen, werden als heterogen (= inhomogen), d. h. nicht überall gleichartig, bezeichnet. Homogene Legierungen sind überall gleichartig aufgebaut, weisen also nur eine Kristallart, d. h. nur eine Phase auf. Heterogenität und Homogenität beziehen sich nur auf die Phasenzahl, nicht auf die Korngröße der Kristalle.

Im festen Zustand spricht man von vollständiger Unlöslichkeit der Komponenten, wenn ein Kristallgemisch, d. h. ein Gemisch aus den reinen Kristallen der Komponenten, vorliegt (= zwei oder mehr Phasen). Vollständige Löslichkeit bedeutet, dass die Atome beider Komponenten in ein- und demselben Kristallgitter kristallisieren (= eine Phase). Das dabei entstehende Kristall wird als Mischkristall bezeichnet. Man unterscheidet zwei grundsätzliche Typen von Mischkristallen.

3.1.1 Substitutionsmischkristall

Im Kristallgitter einer Komponente sitzen die Atome der anderen Komponente als Fremdatome auf Gitterplätzen, Abb. 3.1a. Bei regelmäßiger Anordnung der Fremdatome spricht man von einer Überstruktur. Meistens ist die Anordnung jedoch unregelmäßig.

Vollkommene Löslichkeit, d. h. Löslichkeit in jedem Mengenverhältnis, ist nur dann möglich, wenn

- beide Komponenten den gleichen Gittertyp aufweisen,
- die Atomdurchmesser etwa gleich groß sind oder/und
- chemische Ähnlichkeit vorliegt.

Im Regelfall erhält man eine teilweise Löslichkeit, Tab. 3.1.

3.1.2 Einlagerungsmischkristall

Die Atome einer Komponente sitzen auf Zwischengitterplätzen des Wirtsgitters, dem Gitter der anderen Komponente, Abb. 3.1b. Eine Einlagerung kann nur dann erfolgen, wenn die eingelagerten Atome sehr viel kleiner sind als die des Wirtsgitters, vgl. Tab. 3.2.

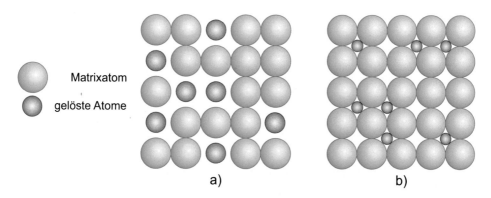

Matrixatom

gelöste Atome

a)   b)

Abb. 3.1 Mischkristalle: **a)** Substitutionsmischkristall. **b)** Einlagerungsmischkristall

Tab. 3.1 Beispiele für Substitutionsmischkristalle

Element	Atomdurchmesser (RT)/nm	Löslichkeit
Cu kfz	0,255	Vollkommen
Au kfz	0,28	
Cu kfz	0,255	Teilweise
Zn hdp	0,266	

Tab. 3.2 Beispiel für einen Einlagerungsmischkristall

Element	Atomdurchmesser
Fe	0,228 nm (RT)
C	0,141 nm (RT)

3.2   Zustandsdiagramme von Zweistoffsystemen

Als Zustandsdiagramm wird eine Darstellung bezeichnet, in der für jede mögliche Legierungskombination eines Systems die sich bei verschiedenen Temperaturen ergebenden Phasen ablesbar sind. Die hier besprochenen Zustandsdiagramme stellen den Gleichgewichtszustand dar und gelten daher nur für sehr langsame Abkühlung bzw. Aufheizung.

Bei den Zweistoffsystemen (2 Komponenten) wird eine Darstellung gewählt, in der auf der Abszisse die Mengenanteile der sich jeweils zu 100 % ergänzenden Komponenten aufgetragen werden. Je nach Anwendung wird der Mengenanteil in Gewichtsprozent oder Atomprozent angegeben. Die Temperatur wird jeweils bei den reinen Komponenten auf der Ordinate aufgetragen.

Das Zweistoffsystem wird durch Phasengrenzlinien in einzelne Phasengebiete oder synonym Phasenfelder aufgeteilt. Die obere Begrenzungslinie trennt die flüssige Phase vom Erstarrungsbereich ab und wird Liquiduslinie genannt, eine weitere Begrenzungslinie trennt den Erstarrungsbereich von dem Bereich, in dem nur noch feste Phasen vorhanden sind, sie wird als Soliduslinie bezeichnet. Die Liquidus- und Soliduslinie schließen den Erstarrungsbereich mit festen und flüssigen Anteilen ein.

Ein Zustandsdiagramm oder Gleichgewichtsdiagramm wird aus den Abkühlungskurven verschiedener Legierungen mit unterschiedlichen Konzentrationen ermittelt. Dabei wird jeweils der Verlauf der Temperatur über der Zeit bei der Abkühlung aufgezeichnet. Reine Metalle (einphasiges System) weisen genau einen Haltepunkt bei der Erstarrung auf, Abb. 3.2. Die Abkühlungskurven von Legierungen können Halte- und Knickpunkte aufweisen. Erhält man beispielsweise bei Erstarrungsbeginn keinen Haltepunkt , sondern einen weiter abfallenden Temperaturverlauf, so spricht man von einem Erstarrungs- bzw. Schmelzbereich, Abb. 3.2. Werden die Temperaturen bei den Halte- Knickpunkte für ver-

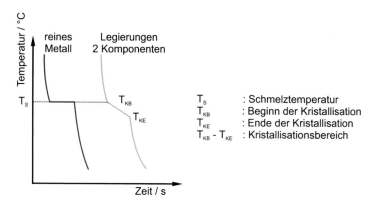

Abb. 3.2 Abkühlverhalten von ein- und zweiphasigen Systemen

schiedene Legierungskonzentrationen in das Zustandsdiagramm übertragen und miteinander verbunden so ergeben sich die Phasengrenzlinien.

Zum Verständnis der Zustandsdiagramme muss streng zwischen Phase und Gefüge unterschieden werden. Phasen sind, wie schon oben beschrieben, kristallografisch unterscheidbare und chemisch homogene Bereiche also beispielsweise Schmelze aus A-Atomen, Kristalle aus B-Atomen oder Mischkristalle Mk. Gefüge sind nach einer metallographischen Präparation der Oberfläche im Mikroskop (in Ausnahmefällen auch mit dem bloßen Auge) unterscheidbar: Sie können aus einer oder mehreren Phasen bestehen; z. B. kann das Gefüge Eutektikum aus den Phasen A-Kristall und B-Kristall bestehen. Anhand dieser Definitionen können nicht nur Phasen- sondern auch Gefügediagramme erstellt werden. In der Literatur werden aber auch oft Gefügebestandteile in Phasendiagramme eingetragen.

Bei den Zweistofflegierungen (Zweistoffsysteme, binäre Legierungen) erhält man je nach gegenseitiger Löslichkeit im flüssigen oder festen Zustand unterschiedliche Grundtypen von Zustandsdiagrammen.

3.2.1 Vollkommene Unlöslichkeit im flüssigen und im festen Zustand

Sowohl im flüssigen als auch im festen Zustand lösen sich die Komponenten nicht ineinander. Aufgrund der unterschiedlichen Dichte der Komponenten entsteht bei normaler Erstarrung eine Schichtung der Komponenten im flüssigen und festen Zustand, Abb. 3.3.

Anzahl der Phasen	Im flüssigen Zustand:	2 (Schmelzen S_A und S_B)
	Im festen Zustand:	2 (Kristall A und B)

Als Beispiel ist in Abb. 3.4 das System Eisen-Blei aufgeführt.

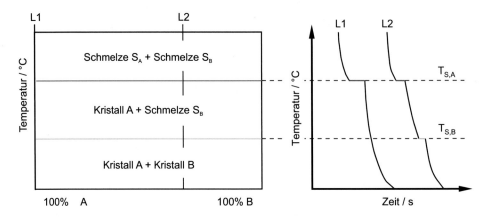

Abb. 3.3 Zweistoffsystem; vollkommene Unlöslichkeit im flüssigen und festen Zustand

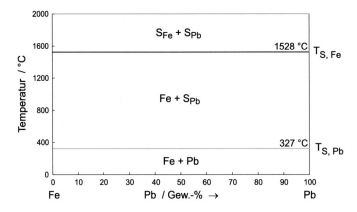

Abb. 3.4 Zustandsdiagramm Eisen – Blei

3.2.2   Vollkommene Löslichkeit im flüssigen und im festen Zustand

Die Erstarrung erfolgt über ein gemeinsames Raumgitter in Form von Mischkristallen, Abb. 3.5.

Anzahl der Phasen	Im flüssigen Zustand:	1 (Schmelze S_{AB})
	Im Erstarrungsbereich:	2 (Schmelze S_{AB} und Mischkristalle Mk)
	Im festen Zustand:	1 (Mischkristalle Mk)

Dieses Zustandsdiagramm wird als „*GRUNDSYSTEM I*" bezeichnet. Da beim Grundsystem I Liquidus- und Soliduslinie zusammen die Form einer Linse bilden, wird dieses System auch als Linsendiagramm bezeichnet. Abb. 3.6 zeigt als Beispiel das reale Zweistoffsystem von Kupfer und Nickel (Cu–Ni).

Das Lesen dieses Zustandsdiagramms wird im Folgenden anhand von Legierungsbeispielen (Legierungsschnitte) veranschaulicht.

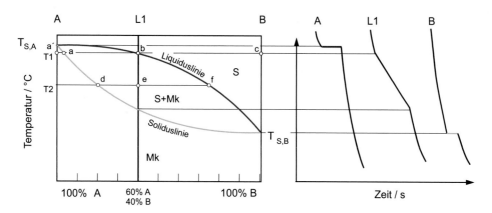

Abb. 3.5 Zweistoffsystem; vollkommene Löslichkeit im flüssigen wie im festen Zustand

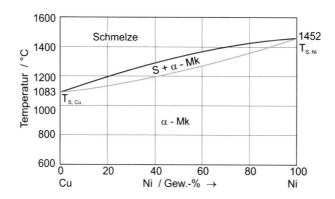

Abb. 3.6 Zweistoffsystem Kupfer – Nickel (real)

Beispiel: Legierung L1, Abb. 3.5

Die Legierung L1 ist aus 60 % A und 40 % B zusammengesetzt. Die zugehörige Abkühlungslinie weist zwei Knickpunkte beim Schnitt der Liquidus bzw. Soliduslinie auf. Knickpunkte in der Abkühlungslinie, also einen kontinuierlichen Phasenübergang (z. B. bei der Erstarrung), weisen nur Legierungen auf. Die reinen Komponenten sind auf den Ordinaten mit ihren Schmelzpunkten angegeben und haben dementsprechend jeweils einen Haltepunkt in der zugehörigen Abkühlungslinie.

Beim Abkühlen aus der Schmelze werden verschiedene Phasenzustände durchlaufen. Bei Unterschreitung der Liquiduslinie (Temperatur T1) beginnen sich Mischkristalle mit der Zusammensetzung a auszuscheiden; die Komponentenanteile in den Mischkristallen sind direkt auf der Abszisse unterhalb von a ablesbar. Die Mk sind A-reicher als die ursprüngliche Schmelze, d. h. durch die Mk-Ausscheidung verarmt die verbliebene Schmelze an A, wird also B-reicher. Insgesamt bleibt natürlich die ursprüngliche Zusammensetzung erhalten. Die Konzentrationsänderungen von Mk und Restschmelze lassen sich an der Solidus- bzw. an der Liquiduslinie verfolgen. Bei der Temperatur T2 werden Mk der Zusammensetzung d ausgeschieden. Die bei der Temperatur T1 bereits erstarrten Mk gleichen sich durch Diffusion der Zusammensetzung d an. Die Restschmelze hat während der Abkühlung von T1 auf T2 ihre Konzentration von b auf f verändert. Beim Erreichen und Unterschreiten der Soliduslinie liegen nur noch Mk vor.

Diese Mk haben nun die gleiche Zusammensetzung wie die Legierung, nämlich 60 % A und 40 % B. Bei weiterer Abkühlung wird kein anderes Zustandsfeld mehr durchlaufen, d. h. die Mk sind bis RT stabil.

Im Erstarrungsbereich zwischen Liquidus- und Soliduslinie liegen zwei Phasen nebeneinander vor: Mk und Schmelze. Mit Hilfe des Gesetzes der abgewandten Hebelarme (kurz Hebelgesetz) lassen sich nun Mengenverhältnisse und Zusammensetzungen bestimmen.

In unserem Beispiel wird zur Bestimmung der Phasenanteile bei der Temperatur T_2 das Hebelgesetz verwendet. Dazu wird die waagrechte Hilfslinie df bei T_2 im Phasenfeld Erstarrungsbereich S + Mk gezogen. Diese Hilfslinie, auch Hebel genannt, wird im Hebelpunkt e von der ausgewählten Legierung geschnitten. Die Gesamtlänge der Hilfslinie df vom Schnittpunkt Liquiduslinie (= Zusammensetzung der Restschmelze) bis zum Schnittpunkt Soliduslinie (= Zusammensetzung Mk) wird als 100 % angesetzt. Der dem „Phasenfeld Schmelze" abgekehrte Hebelarm de wird als Anteil Schmelze, der dem „Phasenfeld Mk" abgekehrte Hebelarm ef wird als Anteil Mk zur Gesamtlänge (= 100 %) ins Verhältnis gesetzt und damit prozentual bestimmt.

- Mengenverhältnis der Komponenten von L1

$$a'b = Menge\ B = 40\ \%$$
$$bc = Menge\ A = 60\ \%$$

(Ablesbar)

- Mengen der Phasen von L1 bei T2:
  Menge der Restschmelze mit der Konzentration f: $= \dfrac{de}{df} 100\% = 35\%$

  Menge der Mischkristalle mit der Konzentration d $= \dfrac{ef}{df} 100\% = 65\%$

3.2.3 Vollkommene Löslichkeit im flüssigen und vollkommene Unlöslichkeit im festen Zustand

Während sich die beiden Komponenten im flüssigen Zustand vollständig mischen, besteht im festen Zustand eine vollständige Unlöslichkeit der Komponenten ineinander, Abb. 3.7. Im festen Zustand liegt somit ein Kristallgemisch aus A- und B-Kristallen vor.

Anzahl der Phasen	Im flüssigen Zustand:	1 (Schmelze S_{AB})
	Im Erstarrungsbereich:	2 (Schmelze S_{AB} und Kristalle A oder B)
	Auf der Eutektikalen	3 (Schmelze S_{AB} und Kristalle A und B)
	Im festen Zustand:	2 (Kristalle A und B)

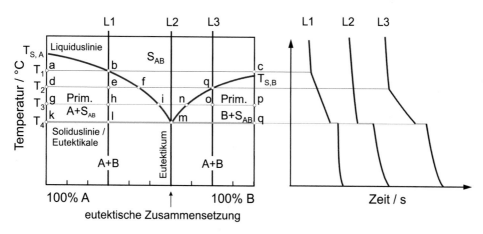

Abb. 3.7 Zweistoffsystem; vollkommene Löslichkeit im flüssigen und vollkommene Unlöslichkeit im festen Zustand

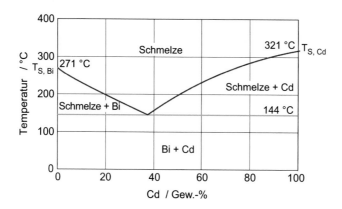

Abb. 3.8 Phasendiagramm Wismut Bi – Kadmium Cd (real)

Dieses Zweistoffsystem wird als *GRUNDSYSTEM II* bezeichnet. Die Liquiduslinie verläuft V-förmig, die Soliduslinie horizontal. Solidus- und Liquiduslinie schließen 2 Erstarrungsbereiche ein. Der Berührungspunkt von Solidus- und Liquiduslinie wird als eutektischer Punkt bezeichnet, die Zusammensetzung als eutektische Zusammensetzung. Die waagrechte Linie durch den eutektischen Punkt wird als Eutektikale bezeichnet. V-Diagramm und eutektisches System sind deshalb weitere gängige Bezeichnungen. Abb. 3.8 zeigt als Beispiel das reale Zweistoffsystem von Wismut-Kadmium (Bi–Cd).

In den beiden Erstarrungsbereichen liegen die Phasen A- bzw. B-Kristall (zusammen mit der Schmelze) vor. Weil die Phasen A und B langsam aus der Schmelze ausgeschieden werden sind sie relativ grobkörnig. Die zugehörigen im Mikroskop erkennbaren Gefüge werden als primäre A-Kristalle bzw. primäre B-Kristalle bezeichnet. Primär weil direkt aus der Schmelze ausgeschieden. Das Gefüge Eutektikum bildet sich bei Abkühlung an der Eutektikalen (Linie kq). Das Gefüge Eutektikum besteht im Grundsystem I aus den sehr fein verteilten Phasen A-Kristall und B-Kristall.

Die Legierung mit eutektischer Zusammensetzung weist, ebenso wie die reinen Komponenten, in der Abkühlungslinie einen Haltepunkt auf. Die Erstarrungstemperatur des Eutektikums liegt dabei unter denen der reinen Komponenten. Erklärt wird dieses Phänomen der beidseitig fallenden Liquiduslinie mit der wechselseitigen Behinderung der Kristallisation im Erstarrungsbereich durch die Atome der anderen Komponente..

Beispiel: System Bi-Cd, Abb. 3.8
Die Kristallisation von Bi erfolgt im rhombischen, die von Cd im hexagonal dichtest gepackten Gitter. Aufgrund der Unlöslichkeit im festen Zustand erfolgt die Bildung reiner Bi- und Cd-Kristalle.

Beispiel: Legierung L1, Abb. 3.7
Beim Abkühlen der Schmelze wird bei der Temperatur T_1 die Liquiduslinie erreicht. Bei weiterer Abkühlung scheiden sich primäre A-Kristalle aus, die Schmelze wird daher B-reicher. Insgesamt betrachtet bleibt jedoch das Mengenverhältnis der Komponenten stets konstant. Bei der Temperatur T_2 besitzt die Schmelze die auf der Abszisse ablesbare Konzentration f, bei der Temperatur T_3 die Konzentration i. Kurz vor Erreichen der Eutektikalen, weist die Restschmelze die eutektische Zusammensetzung m auf und erstarrt zum fein verteilten Gemenge von A- und B-Kristallen, dem Gefüge Eutektikum. Über das Hebelgesetz lassen sich für die Legierung L1 die entsprechenden Phasenanteile bestimmen.

- L1 T_1
  Mengenverhältnisse der Komponenten direkt auf der Abszisse ablesbar:
  bc = Menge A = 70 %; ab = Menge B = 30 %
- Mengen der Phasen von L1 bei T_2:
  Menge der Restschmelze mit der Konzentration f: $= \dfrac{de}{df}100\,\% = 67\,\%$

  Menge der A-Kristalle $= \dfrac{ef}{df}100\,\% = 33\,\%$
- Mengen der Phasen von L1 bei T_3:
  Menge der Restschmelze mit der Konzentration i: $= \dfrac{gh}{gi}100\,\% = 55\,\%$

  Menge der A-Kristalle $= \dfrac{hi}{gi}100\,\% = 45\,\%$
- Mengen der Phasen von L1 knapp oberhalb von T_4:
  Menge der Restschmelze mit der Konzentration m: $= \dfrac{kl}{km}100\,\% = 50\,\%$

  Menge der A-Kristalle $= \dfrac{lm}{km}100\,\% = 50\,\%$

Das bedeutet, dass 50 % der Legierung L1 eutektisch erstarrt. Mit der Zusammensetzung des Eutektikums (40 % A, 60 % B) besteht damit L1 zu 50 % aus Primär-A-Kristallen und zu 20 % aus A-Kristallen des Eutektikums.

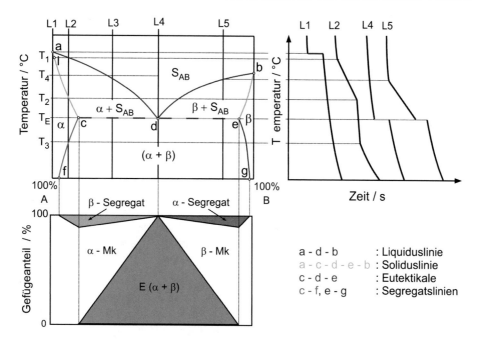

Abb. 3.9 Zweistoffsystem; System mit begrenzter Randlöslichkeit

Für die Legierung L3 ist der Ablauf der Erstarrung vergleichbar L1, nur bilden sich hier Primär-B-Kristalle direkt aus der Schmelze.

3.2.4 Vollkommene Löslichkeit im flüssigen und teilweise Löslichkeit im festen Zustand

Eine Abwandlung des eutektischen Systems stellt das *System mit begrenzter Randlöslichkeit* dar, Abb. 3.9. Hier liegt im festen Zustand eine begrenzte Löslichkeit vor, d. h. es bilden sich Mischkristalle.

Die Bezeichnungen der Mischkristalle lauten

- α-Mk, wenn B-Atome im A-Kristall,
- β-Mk, wenn A-Atome im B-Kristall gelöst sind.

Das Gefüge Eutektikum wird hier aus einer Mischung der Phasen α- und β-Mischkristallen gebildet. Das Zweiphasengebiet, in dem beide Mischkristallarten α und β vorliegen, wird als Mischungslücke bezeichnet.

Aus Abb. 3.9 ist erkennbar, dass das System mit begrenzter Randlöslichkeit sieben Phasengrenzlinien aufweist. Die Phasenfelder α-Mk, α – und β-Mk sowie β-Mk werden durch zwei Segregatslinien voneinander getrennt. Die Segregatslinien beschreiben die mit sinkender Temperatur abnehmende Löslichkeit der B-Atome im α-Mk bzw. die abnehmende Löslichkeit der A-Atome im β-Mk. Liquiduslinie und Soliduslinie berühren sich im eutektischen Punkt. Der Erstarrungsverlauf in diesem System soll wieder anhand verschiedener Beispiele erklärt werden.

Beispiele: Legierung mit der Konzentration L2

Bei Erreichen der Liquiduslinie bei der Temperatur T_1 scheiden sich primäre α–Mk der Konzentration 1 aus. Mit weiter absinkender Temperatur verläuft die Konzentration der Mk längs der Soliduslinie (a–c), die Konzentration der Schmelze längs der Liquiduslinie (a–d). Bei Unterschreiten von T_2 ist die Erstarrung beendet; die vorliegenden α -Mk haben die gleiche Zusammensetzung wie die Legierung L2. Die Löslichkeit der B-Atome im α -Mk nimmt jedoch mit fallender Temperatur ab. Bei T_3 wird die Löslichkeitsgrenze (Segregatslinie cf) von B im α -Mk erreicht. Infolgedessen scheiden sich B-Atome aus den α-Mk aus und bilden selbst sekundäre β-Mk. Es ist zu beachten, dass die Konzentration der β-Mk sich entsprechend der jeweiligen Temperatur längs der Gleichgewichtslinie eg ändert, wobei sich sekundäre α-Mischkristalle aus den Sekundär-β-Mischkristallen ausscheiden.

Beispiele: Legierung mit der Konzentration L3

Bei Unterschreiten der Liquiduslinie scheidet sich Primär-α–Mk aus. Bei Erreichen der Eutektikalen erfolgt die Erstarrung der Restschmelze mit der Konzentration d zum Gefüge Eutektikum aus den Phasen α- und β–Mk. α–Mk und β–Mk (sowohl primäre als auch eutektische Mk) verändern bei weiterer Abkühlung ihre Konzentration entsprechend den Sättigungsgrenzen (Segregatslinien) cf und eg unter Ausscheidung sekundärer α–Mischkristalle bzw. β-Mischkristalle. Die maximale Löslichkeit bei RT von B im α-Mk (Punkt f) bzw. von A im β-Mk (Punkt g) ist auf der Abszisse ablesbar. Auch hier gilt, dass das eutektische Gefüge wesentlich feinkörniger ist als die primär ausgeschiedenen Mischkristalle.

Mit Hilfe des Hebelgesetzes können die Mengenanteile von Phasen bzw. Komponenten ermittelt werden. Das Vorgehen ist vergleichbar wie im V-Diagramm.

Alle bis jetzt behandelten Zustandsdiagramme gelten nur für sehr langsame Abkühlung. Den Einfluss einer schnelleren Abkühlung zeigt Abb. 3.10.

3.2.5 Peritektisches System

Die bis jetzt behandelten Zweistoffsysteme mit teilweiser Löslichkeit im festen Zustand weisen eine Mischkristallbildung mit Eutektikum auf. Die Mischkristallbildung im peritektischen System, Abb. 3.11, das auch als GRUNDSYSTEM III bezeichnet wird, ist im Gegensatz hierzu nicht mit der Bildung eines Eutektikums verbunden. Das System weist zwar eine waagrechte Linie (die Peritektale HF), jedoch kein Minimum in der Liquiduslinie auf.

Abb. 3.10 Einfluss der
Abkühlkurve beim
Zweistoffsystem
Al–Si [Guy76]

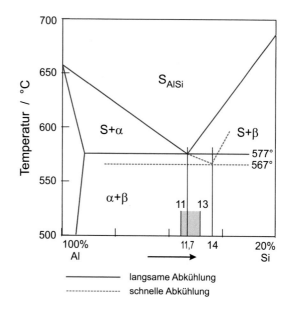

langsame Abkühlung
schnelle Abkühlung

Abb. 3.11 Peritektisches
System

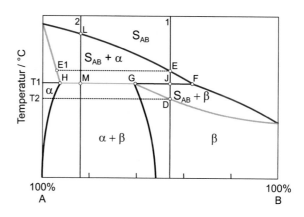

Die Umsetzung von

$$\text{feste Phase} + \text{Schmelze} \rightarrow \text{andere feste Phase}$$

wird als peritektische Umwandlung bezeichnet. Im in Abb. 3.11 gezeigten peritektischen System lautet folglich die peritektische Reaktion:

$$\alpha - \text{Mk} + \text{S}_{\text{AB}} \rightarrow \beta - \text{Mk}$$

Die Umwandlung des α-Mischkristalls in den β-Mischkristall erfolgt langsam beginnend an der Oberfläche des α-Mischkristalls unter Verbrauch der Schmelze S_{AB}, Abb. 3.12. Die Zusammensetzung der neu gebildeten β-Mischkristalle liegt zwischen der zuerst gebildeten Phase und der Schmelze. Die Umwandlung läuft bei konstanter Temperatur, der

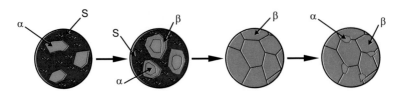

Abb. 3.12 Peritektische Umwandlung

sogenannten peritektischen Umwandlungstemperatur ab. In Anlehnung an Grundsystem II (Eutektikum – Eutektikale) wird die Waagrechte HF im peritektischen System Peritektikale genannt.

3.2.6 Verbindungsbildung

Bei den bisher betrachteten Systemen war der Fall ausgeschlossen, dass zwei Legierungskomponenten eine ganz oder teilweise nichtmetallische Verbindung (Ionenbindung oder kovalente Bindung) miteinander eingehen. Folgende beide Möglichkeiten bestehen:

Liegen die Komponenten in einem exakten stöchiometrischen Verhältnis vor so spricht man von einer intermediären Verbindung. Ein Spezialfall der intermediären Verbindung ist die intermetallische Verbindung bei der alle Verbindungspartner Metalle sind, Tab. 3.3.

Bilden die Komponenten über einen gewissen Zusammensetzungsbereich (Phasenbreite) eine gemeinsame Phase aus, so spricht man von einer intermediären Phase, Tab. 3.3. Auch hier gibt es den Spezialfall, dass alle Komponenten Metalle sind. Man spricht dann von einer intermetallischen Phase.

In der Literatur wird häufig nicht zwischen intermediär und intermetallisch unterschieden.

Die intermediären (bzw. intermetallischen) Verbindungen und Phasen weisen gegenüber den einzelnen Legierungskomponenten meist völlig andere Eigenschaften auf. Im Allgemeinen ist die Gitterstruktur im Vergleich zu den einfachen dicht gepackten Strukturen der Metalle wesentlich komplexer und die Packungsdichte deshalb auch z. T. erheblich geringer.

Im Allgemeinen sind intermediäre (bzw. intermetallische) Verbindungen und Phasen hart und spröde. Man vermeidet daher oft Legierungskonzentrationen, bei denen solche Phasen in größeren Mengen auftreten. In geringeren Mengenanteilen sind sie jedoch häufig zur Steigerung der Festigkeit oder des Verschleißes erwünscht.

Legierungssysteme mit intermediären Phasen und Verbindungen lassen sich teilweise auf zusammengesetzte binäre Systeme zurückführen, Abb. 3.13. Man erhält zwei Teildiagramme der bekannten Grundtypen mit den Komponenten A–V und V–B. In Abb. 3.13 besitzt die Liquiduslinie ein Maximum; V ist also bis zum Schmelzpunkt beständig (kongruent schmelzend). V verhält sich so, als ob eine neue Substanz vorläge. Bei derartigen

Tab. 3.3 Intermediäre und intermetallische Phasen/Verbindungen

Beispiel	Chemische Bezeichnung
intermetallische Verbindung:	$MgZn_2$, $MgCu_2$
intermetallische Phase	$CuZn$,
intermediäre Verbindung:	Fe_3C

Abb. 3.13 Zweistoffsystem mit intermetallischer Phase (System mit offenem Maximum) [Guy76]

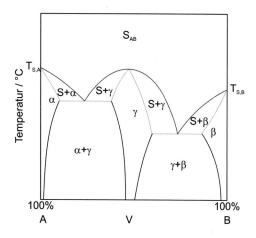

Abb. 3.14 Zweistoffsystem mit intermetallischer Phase (System mit verdecktem Maximum) [Dom69]

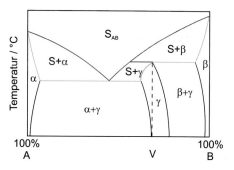

Diagrammen spricht man von einem Zweistoffsystem mit offenem Maximum, was einer Kombination von zwei V-Diagrammen entspricht. Ist der Schmelzpunkt unterhalb der Liquiduslinie so spricht man von einem System mit verdecktem Maximum, Abb. 3.14 und 3.15.

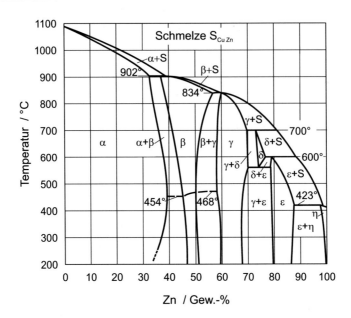

Abb. 3.15 Zweistoffsystem Kupfer-Zink [Cal94]

3.3   Zustandsdiagramme von Dreistoffsystemen

Bis jetzt wurden bei Zustandsdiagrammen lediglich zwei Legierungskomponenten berücksichtigt. Technische Werkstoffe weisen jedoch in der Regel mehrere Legierungskomponenten auf. Wird eine dritte Legierungskomponente im Fe–C-Diagramm berücksichtigt,
beispielsweise Si, so verschieben sich sämtliche Phasengrenzen entsprechend dem Si-
Gehalt, Abb. 3.16. Die exakte Darstellung von drei Legierungskomponenten erfolgt im
räumlichen Dreistoffsystem. Voraussetzung ist, dass sich die drei Komponenten in jedem
Punkt zu 100 % ergänzen, Abb. 3.17.

$$C_A + C_B + C_C = 100\%$$

Im räumlichen Dreistoffsystem stellen isotherme Schnitte gleichseitige Dreiecke dar.
Auf den drei Seitenflächen werden die binären Systeme aufgetragen, die sich zu einem
räumlichen System vereinigen, Abb. 3.18.
Bei Vorliegen eutektischer Systeme kann die einfache Projektionsdarstellung mit umgeklappten binären Randsystemen gewählt werden, Abb. 3.18. Bei komplizierteren Systemen beschränkt man sich aus Vereinfachungsgründen auf isotherme Schnitte mit zugehörigen Phasenfeldern (Horizontalschnitte) oder Temperatur-Konzentrationsschnitte
(Vertikalschnitte), Abb. 3.18.
Bei geringen Anteilen einer dritten Komponente berücksichtigt man deren Einfluss,
wie am Beispiel Si im Fe–C-Diagramm durch eine Verschiebung der Phasengrenzlinien,

Abb. 3.16 Einfluss einer
dritten Legierungskomponente
auf das Zweistoffsystem Fe–C

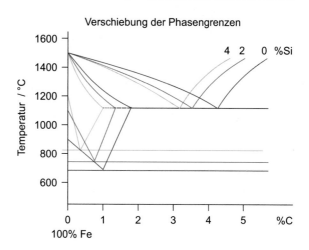

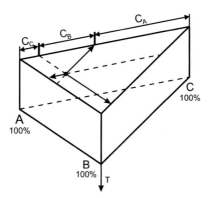

Abb. 3.17 Konzentrationsbestimmung beim Dreistoffsystem A–B–C

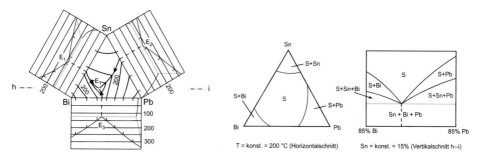

Abb. 3.18 Projektionsdarstellung des Dreistoffsystems Bi–Pb–Sn mit Schnitten [Sch01]

Tab. 3.4 Vergleich Zweistoffsystem-Dreistoffsystem

Zweistoffsystem		Dreistoffsystem
Phasenfläche	⇒	Phasenräume
Phasengrenzlinien z. B. Liquidus-/Soliduslinie	⇒	Phasengrenzflächen z. B. Liquidus-/Solidusfläche
binäre eutektische, peritektische und eutektoide Punkte	⇒	Binäre eutektische, peritektische und eutektoide Kurven räumlicher Krümmung
	⇒	Ternärer eutektischer Punkt

die sich durch Projektion des jeweiligen Vertikalschnitts auf das binäre Randsystem ergibt, Abb. 3.16

Der Unterschied zum ebenen Zweistoffsystem wird in Tab. 3.4 aufgeführt.

3.4   Reale Zustandsdiagramme

Die bis jetzt behandelten Diagramme gelten nur für ideale Bedingungen, wie

- sehr langsame Abkühlung und
- keine Seigerungen (gleichmäßige Verteilung der Legierungskomponenten im Volumen).

In der Realität lassen sich diese Bedingungen nur schwer aufrechterhalten.

Als Seigerung wird die Entmischung einer anfänglich gleichmäßig zusammengesetzten Schmelze bezeichnet. Solche Entmischungen können auf Kornebene (Kristallseigerung), im Bereich mehrerer Kornlagen und im makroskopischen Bereich (Gasblasenseigerung und Blockseigerung) auftreten. Seigerungen werden nicht in Zustandsdiagrammen erfasst.

Wenn durch eine erhöhte Abkühlgeschwindigkeit nicht genügend Zeit zum Konzentrationsausgleich durch Diffusion innerhalb eines Mk vorhanden ist entstehen Kristallseigerungen. Kristallseigerungen sind Mischkristalle die nicht an allen Stellen die gleiche Konzentration aufweisen, sondern Zonen unterschiedlicher Zusammensetzung (Zonenmischkristall). Der Effekt der Kristallseigerung wird durch ein breites Erstarrungsintervall gefördert und wird oft bei peritektischen Reaktionen beobachtet. enthalten. Zonenmischkristalle weisen nachteilige technische Eigenschaften auf, wie z. B. die u. U. auftretende Korrosionsneigung durch die Bildung von Lokalelementen (verschieden edle bzw. unedle Bereiche im Mischkristall) haben. Beseitigen lässt sich die Kristallseigerung durch Glühen dicht unter der Soliduslinie (Homogenisieren oder Diffusionsglühen). Diese Glühbehandlung ist allerdings oft mit Grobkornbildung verbunden, die sich durch eine vorhergehende Kaltverformung vermeiden lässt

Eine Blockseigerung tritt vorwiegend im unberuhigt vergossenen Stahl auf. Wird beispielsweise ein Stahlblock gegossen, so erstarrt die Schmelze zuerst an der Kokillenwand während der Kern noch flüssig ist. Die Schmelze in der Blockmitte weist Anreicherungen von verschiedenen Legierungselementen auf. Bei Stählen mit Phosphor und Schwefel reichern sich niedrigschmelzende Verbindungen in der Blockmitte an => Blockseigerung. Dieser Zustand lässt sich durch eine nachträgliche Glühung nicht mehr beseitigen. Vermeiden lässt sich eine Blockseigerung durch beruhigtes Vergießen und durch spezielle Herstellverfahren. Von umgekehrter Blockseigerung wird gesprochen, wenn z. B. bei CuZn-Bronze, die Zink-reiche Restschmelze zwischen den bereits festen Kristallen an die Außenoberfläche des Gussstückes über den Erstarrungsdruck und die kapillare Sogwirkung zwischen den Dendriten gedrängt wird.

Eine Gasblasenseigerung tritt auf, wenn vorhandene Gasblasen beim Abkühlen infolge des sich einstellenden Unterdrucks, Restschmelze mit Verunreinigungen (siehe Blockseigerung) ansaugen Zur Vermeidung der Gasblasenseigerung sollte deshalb beruhigt bzw. vakuumentgast vergossen werden.

Ein weiterer Einfluss schneller Abkühlung besteht in der Verschiebung von Phasengrenzen und Zustandsfeldern, wie schon am Beispiel Al–Si, Abb. 3.10, gezeigt wurde. Eine ausführlichere Behandlung dieses Sachverhaltes erfolgt im Abschnitt 6.4.

3.5   Gefügeänderungen im festen Zustand

3.5.1   Ausscheidungshärtung

Die Ausscheidung im festen Zustand in Systemen mit begrenzter Randlöslichkeit ist von großer technischer Bedeutung, da auf diesem Effekt die für Nichteisenmetalle wichtigste Methode der Festigkeitserhöhung von Legierungen beruht. Diese Festigkeitssteigerung wird als Aushärtung bezeichnet und wird häufig bei Aluminiumlegierungen angewendet. Zunächst sollen die Vorgänge, die bei normaler Abkühlung ablaufen und zu keiner Härtung führen, betrachtet werden, Abb. 3.19. Bei normaler Abkühlung aus dem α-Phasenfeld erfolgt an der Segregatslinie (abnehmende Löslichkeit im festen Zustand) eine kontinuierliche Ausscheidung von B-Atomen aus dem α–Gitter. Die Wanderung der gleichmäßig im α–Mk verteilten B–Atome erfolgt durch Diffusionsvorgänge, die zeit- und temperaturabhängig sind. Die Ausscheidung der B–Atome kann an den Korngrenzen erfolgen oder im Inneren der Primärkörner. Es bilden sich zunächst Keime, die dann wachsen und zusammen mit A-Atomen β–Mk bilden. Die ausgeschiedenen β–Mk werden als Segregat bezeichnet.

Bei der Ausscheidungshärtung, Abb. 3.20, wird ein Mk abgeschreckt. Durch das Abschrecken wird die Diffusion unterbunden, so dass bei Raumtemperatur ein homogener, aber übersättigter MK vorliegt, der instabil ist. Mit zunehmender Zeit/ und oder leicht erhöhten Temperaturen beginnen sich die in Zwangslösung befindlichen rot gekennzeichneten Atome zu wandern, sammeln sich an bevorzugten Stellen

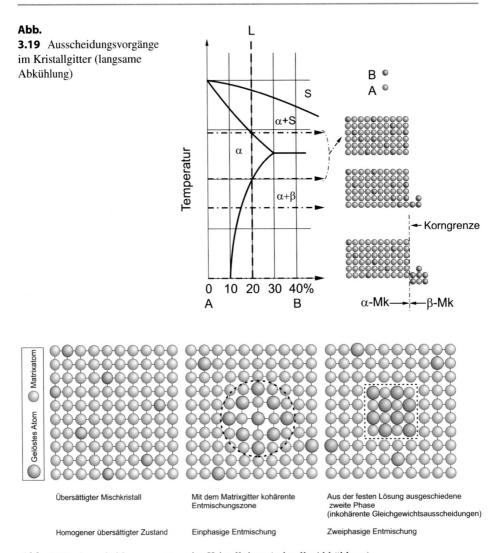

Abb.
3.19 Ausscheidungsvorgänge im Kristallgitter (langsame Abkühlung)

Abb. 3.20 Ausscheidungsvorgänge im Kristallgitter (schnelle Abkühlung)

Übersättigter Mischkristall

Mit dem Matrixgitter kohärente Entmischungszone

Aus der festen Lösung ausgeschiedene zweite Phase (inkohärente Gleichgewichtsausscheidungen)

Homogener übersättigter Zustand

Einphasige Entmischung

Zweiphasige Entmischung

(meist im Korninnern) und bilden dort eine Überstruktur. Es entsteht durch Entmischung eine Ausscheidung. Diese Ausscheidung (Segregat) befindet sich noch nicht im Gleichgewicht und hat sich noch nicht vom Wirtsgitter gelöst, bewirkt jedoch eine Gitterverspannung, die stark festigkeitssteigernd wirkt. Die Festigkeitssteigerung ist um so größer je stärker das Gitter von Ausscheidung und Wirtsgitter verspannt ist. Ist die Ausscheidung noch vollständig duch Bindungen mit dem Wirtsgitter verbunden spricht man von einer kohärenten Ausscheidung. Diese noch mit dem Muttergitter kohärent verbundenen Ausscheidungen werden bei Al-Cu-Legierungen auch Guinier-Preston-Zonen genannt.

Im Allgemeinen ist das Wirtsgitter bestrebt, sich dem Gleichgewichtszustand so weit wie möglich zu nähern. Aus den kohärenten Ausscheidungen können teilkohärente und schließlich inkohärente Ausscheidungen entstehen. Dieser Prozess ist im Allgemeinen mit einem Wachstum der Ausscheidungen und einer Abnahme der Festigkeit verbunden. Die Ausscheidung erfolgt in submikroskopischer feindisperser Form. Vereinigen sich diese submikroskopischen Ausscheidungen, so dass die Anzahl kleiner und die Ausscheidungen größer werden, bewirkt dies eine stetige Abnahme der Festigkeit (Überalterung). Die Bedingungen für die Aushärtung einer Legierung können wie folgt zusammengefasst werden:

1. Auftreten von homogenen Mk bei höheren Temperaturen
2. Ausscheidung einer zweiten Phase beim langsamen Abkühlen (Segregatsbildung)
3. Abschreckbarkeit, d. h. die bei höheren Temperaturen stabilen homogenen Mk müssen bei tieferen Temperaturen in übersättigter Form erhalten bleiben

Der eigentliche Aushärtungsvorgang lässt sich in folgende Einzelvorgänge gliedern:

1. Lösungsglühen; Lösen aller Ausscheidungen in einem homogenen Mk
2. Abschrecken; Unterkühlen des Mk
3. Auslagern bei entsprechenden, für die jeweiligen Werkstoffe charakteristischen Temperaturen

Das Auslagern bei Raumtemperatur wird als Kaltaushärtung, das Auslagern bei erhöhten Temperaturen als Warmaushärtung (bei aushärtbaren Aluminiumlegierungen im Temperaturbereich zwischen 100 und 220 °C) bezeichnet.

Als kaltaushärtende Legierungen können z. B. AlCuMg-Legierungen als warmaushärtende (Anlassen bei höheren Temperaturen) AlCu und CuBe genannt werden.

Eine technische Anwendung des Aushärtungseffekts sind z. B. Nieten aus AlCuMg, die nach dem Lösungsglühen bei rd. 510 °C in Wasser abgeschreckt werden, danach 4 bis 5 h schlagbar sind und anschließend kalt aushärten.

3.5.2   Eutektoide Umwandlung

Bei der eutektoiden Umwandlung erfolgt die Aufspaltung oder der Zerfall einer einzelnen schon bestehenden festen Phase bei konstanter Temperatur in zwei neue unterschiedliche getrennte feste Phasen. Beide neu entstandene Phasen erscheinen in der umgewandelten Legierung fein verteilt und vermischt und bilden das eutektoide Gefüge, Abb. 3.21. Das Eutektoid ist in seiner Erscheinungsform dem eutektischen Gefüge sehr ähnlich. Es ist zu beachten, dass ein Eutektoid sich im Gegensatz zum Eutektikum stets aus einer festen Phase bildet.

Abb. 3.21 Euktoide
Umwandlung Mk → A + B

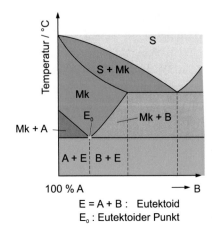

E = A + B :   Eutektoid
E_0 : Eutektoider Punkt

3.6   Fragen zu Kap. 3

1. Was ist eine Phase?
2. Unter welchen Voraussetzungen bildet sich ein Substitutionsmischkristall?
3. Zeichnen Sie die schematische Abkühlungslinie einer Legierung mit vollkommener Unlöslichkeit im flüssigen und festen Zustand.
4. Wie viele Phasen liegen beim Unterschreiten der Soliduslinie im Falle
   a. vollkommene Löslichkeit im flüssigen und festen Zustand,
   b. vollkommene Unlöslichkeit im flüssigen und festen Zustand für eine Legierung aus 50 % der Komponente A und 50 % der Komponente B vor?
5. Wozu dient das Gesetz das Hebelgesetz?
6. Was ist ein Eutektikum?
7. Was ist ein α- bzw. β-Mischkristall?
8. Was ist eine intermetallische Verbindung?
9. Welches System liegt der Ausscheidungshärtung zugrunde?
10. Erläutern Sie den Unterschied zwischen Eutektikum und Eutektoid.

Thermisch aktivierte Vorgänge

4

Thermisch aktivierte Vorgänge laufen unter Zufuhr von Energie als Folge thermischer Anregung im Kristallgitter der Werkstoffe ab. Die wichtigsten Prozesse wie Diffusion von Atomen, Kristallerholung, Rekristallisation, Kornwachstum und Sintervorgänge sowie ihre Bedeutung für die Erzeugung beanspruchungsgerechter Werkstoffe werden erklärt und herausgestellt.

4.1 Allgemeines

Unter thermisch aktivierten Vorgängen versteht man den Platzwechsel der Atome aufgrund thermischer Anregung. Das wird dadurch bewirkt, dass die Atome im Kristallgitter oder in den amorphen Strukturen durch Schwingungen die Energiebarriere überwinden, die zwischen zwei „stabilen" Zuständen liegt. Die Amplitude der Gitterschwingungen wächst mit ansteigender Temperatur. Bei der Schmelztemperatur beträgt sie etwa 12 % des Gitterabstandes. Am absoluten Nullpunkt kommt die Bewegung der Atome und Moleküle zum Stillstand, unabhängig davon, ob sie im thermodynamischen Gleichgewicht angeordnet sind oder nicht. Zustandsänderungen in einem Festkörper sind stets ein Zeichen dafür, dass der energieärmste, der stabile Zustand noch nicht erreicht ist. Die Zustandsänderungen sind nicht stufenlos, sondern Folgen unterschiedlicher Vorgänge, wobei jeweils Stufen minimaler Energie auftreten. Zustände relativer Energieminima heißen metastabil. Bei Zustandsänderungen müssen Energiebarrieren durch Energiezufuhr überwunden werden. Die Energiezufuhr erfolgt am einfachsten durch Temperaturerhöhung; sie ist jedoch auch durch Bestrahlung oder Verformung möglich.

Im Folgenden sollen Reaktionen besprochen werden, die von der thermischen Energie und damit von der Temperatur abhängen.

© Springer-Verlag GmbH Deutschland, ein Teil von Springer Nature 2022
E. Roos et al., *Werkstoffkunde für Ingenieure*,
https://doi.org/10.1007/978-3-662-64732-5_4

Die Energie, die notwendig ist, den nächsten Teilschritt der Zustandsänderung hervorzurufen (ihn zu aktivieren), wird als Aktivierungsenergie Q bezeichnet. Diese Energie ist nicht verloren, sie wird während der Zustandsänderung zuzüglich der Energiedifferenz zwischen den Minima wieder freigesetzt.

Die Ablaufgeschwindigkeit (Reaktionsgeschwindigkeit v) lässt sich mit der *Arrhenius-Gleichung* berechnen.

$$v = \frac{dn}{dt} = K \cdot e^{(-Q/RT)} \tag{4.1}$$

n: Zahl der Einzelreaktionsschritte (z. B. Platzwechsel von Atomen)
K: Konstante
R: universelle Gaskonstante (= 8,314 J/(K · mol))
Q: Aktivierungsenergie / J
T: absolute Temperatur / K

Wenn Q bekannt ist, kann auf die atomaren Vorgänge geschlossen werden, die der Art der Zustandsänderungen zugrundeliegen, weil für jeden atomaren Vorgang, wie z. B. die Bewegung von Leerstellen, Zwischengitteratomen oder Versetzungen eine spezifische Aktivierungsenergie erforderlich ist, vgl. Abb. 4.1.

Thermisch aktivierte Vorgänge von technischer Bedeutung sind insbesondere:

• Umordnung von Atomen bei Gitterumwandlungen
• Ausgleich von Konzentrationsunterschieden durch Diffusion
• Erholung und Rekristallisation verformter Gefüge

Abb. 4.1 Arrhenius-Gesetz zur Bestimmung der Aktivierungsenergie eines Vorgangs

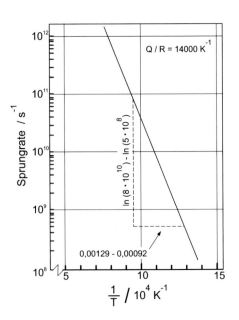

- Sintervorgänge
- Viskoses Fließen und Kriechen
- Nachhärtung von Duromeren

4.2 Diffusion

Die Diffusion in Festkörpern ist ein thermisch aktivierter Platzwechselvorgang von Atomen, Ionen oder niedermolekularen Bestandteilen. Der Platzwechsel ist um so häufiger, je höher die Temperatur ist. Wenn die aus der thermischen Anregung resultierende Schwingungsenergie genügend groß ist, können die Bausteine aus ihrer durch das Gleichgewicht der Bindungskräfte bedingten Potenzialmulde herausschwingen und einen benachbarten Platz einnehmen.

In homogenen Systemen laufen die Platzwechselvorgänge statistisch, d. h. ungerichtet ab. Wenn ein Temperaturgradient, eine äußere oder innere Spannung sowie ein Gefälle des elektrischen Potenzials oder der Konzentration vorliegt, überlagert sich der ungerichteten Bewegung eine Driftbewegung (eine im Mittel gerichtete Bewegung), wodurch sich ein makroskopischer Materialfluss ergibt. Die technisch wichtigen inhomogenen Systeme streben den Konzentrationsausgleich an, da dieser gleichbedeutend mit dem Zustand minimaler freier Energie ist.

Werden die Platzwechsel von gittereigenen Bausteinen durchgeführt, spricht man von Selbstdiffusion, im Fall von gitterfremden von Fremddiffusion.

Man unterscheidet zwischen Gitter – bzw. Volumendiffusion (Wanderung im Strukturinneren) oder Grenzflächendiffusion (Wanderung der Teilchen entlang von Grenzflächen). Die Grenzflächendiffusion kann an äußeren Oberflächen (Oberflächendiffusion) oder an inneren Grenzflächen (z. B. Korngrenzendiffusion) erfolgen. Gegenüber der Volumendiffusion ist die Aktivierungsenergie für Grenzflächendiffusion erheblich kleiner und auf die weniger feste Bindung der Bausteine in den Grenzflächen zurückzuführen, die zudem stärker gestörte Bereiche darstellen.

Die Beschreibung der Diffusionsvorgänge erfolgt mit Hilfe der Fick'schen Gesetze :

1. *Fick'sches Gesetz* (eindimensionaler Fall mit kartesischer Ortskoordinate x):

$$J = \frac{1}{A} \cdot \frac{dn}{dt} = -D \cdot \frac{\partial c}{\partial x} \qquad (4.2)$$

J: Teilchenfluss (flächenbezogener Diffusionsstrom)

A: Fläche $\perp$ Diffusionsstrom
n: Zahl der diffundierenden Teilchen
t: Zeit
$\partial c/\partial x$: Örtliches Konzentrationsgefälle
D: Diffusionskoeffizient , Proportionalitätsfaktor/cm^2/s

Die Zahl der Teilchen dn, die in der Zeit dt durch eine senkrecht zum Diffusionsstrom stehende Fläche A diffundieren, ist proportional dem örtlichen Konzentrationsgefälle $\partial c/\partial x$, Abb. 4.2. Der Diffusionskoeffizient ist die Proportionalitätskonstante und charakterisiert die Geschwindigkeit des Diffusionsvorganges.

Während mit dem ersten Fick'schen Gesetz nur der Diffusionsstrom durch eine Fläche bestimmt wird, kann mit dem zweiten Fick'schen Gesetz die Konzentration als Funktion von Ort und Zeit berechnet werden.

2. *Fick'sches Gesetz* (eindimensionaler Fall mit kartesischer Ortskoordinate x):

$$\frac{\partial}{\partial x}\left(D\frac{\partial c}{\partial x} \right) = \frac{\partial c}{\partial t} \tag{4.3}$$

Ist der Diffusionskoeffizient D konzentrations- und ortsunabhängig, kann man das 2. Fick'sche Gesetz wie folgt darstellen:

$$D\frac{\partial^2 c}{\partial x^2} = \frac{\partial c}{\partial t} \tag{4.4}$$

Der Diffusionskoeffizient lässt sich analog der Arrhenius-Gleichung angeben zu:

$$D = D_0 e^{(-Q/RT)} \tag{4.5}$$

D_0 = Materialkonstante = f (T, Kristallstruktur, kristallografischer Richtung bei nichtkubischen Gittern).

Abb. 4.2 Konzentrationsgefälle und Stoffstrom

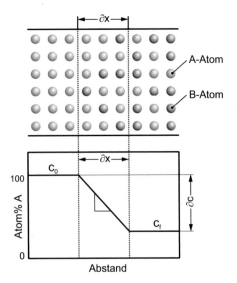

Abb. 4.3 Diffusion von
Thorium in Wolfram

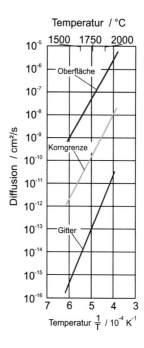

Beispiel
Diffusion des Thoriums in Wolfram, Abb. 4.3.
   Oberflächendiffusion :

$$D = 0,47 \cdot e^{(-275\,kJ/RT)} \ cm^2 / s \qquad (4.6)$$

Korngrenzendiffusion :

$$D = 0,74 \cdot e^{(-375\,kJ/RT)} \ cm^2 / s \qquad (4.7)$$

Volumendiffusion :

$$D = 1,00 \cdot e^{(-500\,kJ/RT)} \ cm^2 / s \qquad (4.8)$$

Der Diffusionskoeffizient für Grenzflächendiffusion ist im Vergleich zur Volumendiffusion wesentlich größer, da die Diffusion aufgrund der größeren Zahl von Gitterstörungen
in den Grenzflächen schneller ablaufen kann. Bei zunehmender Temperatur ist jedoch die
Volumendiffusion bestimmend, da der Anteil der Korngrenzen und Oberflächenbereiche
am Gesamtvolumen klein ist.
   Bei Volumendiffusion in kristallinen Festkörpern unterscheidet man drei Platzwechselmechanismen, Abb. 4.4:

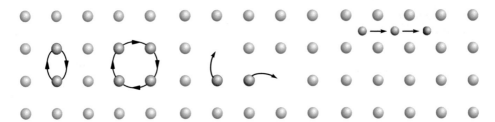

Abb. 4.4 Platzwechselmechanismen bei der Volumendiffusion

- Austauschmechanismus (Zweierdiffusion): Ringdiffusion
- Leerstellenmechanismus
- Zwischengittermechanismus: Insbesondere bei Einlagerungsmischkristallen von Metallen mit H, C und N

Zu den wesentlichsten technischen Diffusionsbehandlungen gehören:

- Aufkohlung des Stahles
- Diffusions- oder Homogenisierungsglühung

Die günstigsten Bedingungen für derartige Oberflächen- und Wärmebehandlungen können aus dem temperatur- und zeitabhängigen Konzentrationsverlauf berechnet werden.

4.3   Kristallerholung und Rekristallisation

Vorgänge wie Kaltverformung, Bestrahlung oder Abschrecken beeinflussen die Gitterfehlerdichte und damit die Eigenschaften der Metalle und Legierungen. Eine anschließende Wärmebehandlung kann den ursprünglichen Zustand und die damit verbundenen Eigenschaften ganz oder zumindest teilweise wieder herstellen. Die dabei im Gefüge ablaufenden Vorgänge können sehr unterschiedlich sein, wobei man zwei grundsätzlich verschiedene Prozesse kennt, die eine Rückbildung der Eigenschaften bewirken:

- Kristallerholung
- Rekristallisation

4.3.1   Kristallerholung

Durch Verformung, Bestrahlung oder Abschrecken von hohen Temperaturen können die folgenden Defekte in Übergleichgewichtskonzentrationen erzeugt werden:

- Leerstellen
- Zwischengitteratome

- Versetzungen
- Stapelfehler

Dadurch ergibt sich eine Veränderung der ursprünglichen Eigenschaften, z. B. der Streckgrenze. Bei Temperaturerhöhung werden die Defekte beweglich und können ausheilen.
Die Kristallerholung ist gekennzeichnet durch

- die Ausheilung nulldimensionaler Gitterfehler (die Überschusskonzentrationen werden
  abgebaut bis zum Erreichen der thermischen Gleichgewichtskonzentration) sowie die
- Umordnung von Versetzungen.

Die Kristallerholung bewirkt daher i. Allg. nur eine teilweise Rückbildung der durch Kaltverformung, Abschreckung oder Bestrahlung hervorgerufenen Werkstoffveränderung,
wobei die Festigkeitseigenschaften nur unwesentlich beeinflusst werden. Die Kristallerholung tritt bei Stahl schon bei Temperaturen oberhalb 300 bis 400 °C ein.

Die Zwischengitteratome können dadurch ausheilen, dass sie in eine Leerstelle sprin-
gen, während die Leerstellen selbst entweder zu Grenzflächen wandern (Oberfläche,
Korngrenzen) oder sich an Stufenversetzungen anlagern (führt zum Klettern der Versetzung).

Versetzungen können sich innerhalb der als Folge der Verformung gebildeten Zell-
struktur durch thermisch aktiviertes Quergleiten von Schraubenversetzungen und Klettern
von Stufenversetzungen umordnen. Beim Klettern lagern sich Leerstellen, deren Zahl mit
steigender Temperatur zunimmt, in die Gitterhalbebene der Versetzung ein. Auf diese
Weise können sich Versetzungen aus z. B. an Korn- und Phasengrenzen entstandenen Auf-
stauungen herausbewegen und sich in der energetisch günstigeren Form von Kleinwinkelkorngrenzen anordnen. Dadurch werden die verformten Kristalle in mehrere verzerrungs-
ärmere Subkörner unterteilt. Dieser Vorgang wird als Polygonisation bezeichnet, Abb. 4.5.
Die Polygonisation ist mit einer Gitterentspannung verbunden und wird technisch in Form

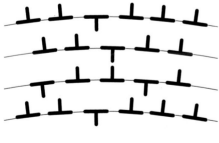

Versetzungsanordnung
nach Verformung

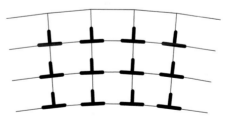

Versetzungsanordnung
nach Erholungsglühung

Abb. 4.5 Polygonisation [Guy76]

des Spannungsarmglühens genutzt. Die Aktivierungsenergien für Versetzungen und Wanderungsenergien für Leerstellen sind etwa gleich groß.

Ausheilvorgänge, durch die die Defekte nicht spurlos verschwinden, aber ihre Erscheinungsform ändern, sind:

- die Bildung von Versetzungsringen durch Kondensation von Leerstellen
- die Bildung von Kleinwinkelkorngrenzen durch Umordnung von Versetzungen mit gleichem Vorzeichen (Polygonisation)

Die Verringerung der Versetzungsdichte kann auch durch gegenseitige Auslöschung von Versetzungen mit verschiedenen Vorzeichen erfolgen (Annihilation). Dieser Effekt ist allerdings bei der Rekristallisation wesentlich ausgeprägter.

4.3.2 Rekristallisation

Die Rekristallisation erfolgt bei höheren Temperaturen als die Kristallerholung. Sie ist gekennzeichnet durch eine Neubildung der Kristalle, wobei der Grad der Verformung von großem Einfluss ist. Damit kann die Rekristallisation – sofern sie vollständig erfolgt – grundsätzlich alle durch Kaltverformung, Abschreckung oder Bestrahlung hervorgerufenen Strukturänderungen aufheben. Als kritisch ist die mögliche Grobkornbildung anzusehen. Auf der Mikrostrukturebene laufen folgende Vorgänge ab: Die Wanderung und Bildung von Großwinkelkorngrenzen wird als Rekristallisation bezeichnet. Die Korngrenze bewegt sich in ein versetzungsreiches Gebiet hinein und hinterlässt neue versetzungsarme Kristalle mit neuer Orientierung. Dieser Prozess hat für kaltverformte Metalle eine große Bedeutung. Durch eine Kaltverformung wird eine sehr hohe Versetzungsdichte erzeugt, was infolge der vielen Gitterverzerrungen einem energetisch ungünstigen Zustand entspricht. Unter Energiegewinn können aus dem verformten Gefüge neue energieärmere Kristalle gebildet werden.

Da die Rekristallisation ein thermisch aktivierter Vorgang ist, hängt ihre Geschwindigkeit exponentiell von der Temperatur ab. Bei etwas erniedrigter Temperatur dauert die Rekristallisation länger als bei erhöhter Temperatur, Abb. 4.6.

Die sich nach beendigter Rekristallisation einstellende Korngröße hängt von der Versetzungsdichte (Verformungsgrad) ab. Mit Hilfe der Rekristallisation kann man metallische Werkstoffe mit bestimmter Korngröße herstellen (Kleinstwert: 5 µm). Neben den Metallen können auch andere Werkstoffe rekristallisieren z. B. bedampfte Halbleiterschichten, schnell abgekühlte Kunststoffe). Abb. 4.7a zeigt für eine Cu-Zn (35 %)-Legierung Eigenschaften in Abhängigkeit vom Kaltverformungsgrad. In Abb. 4.7b sind die

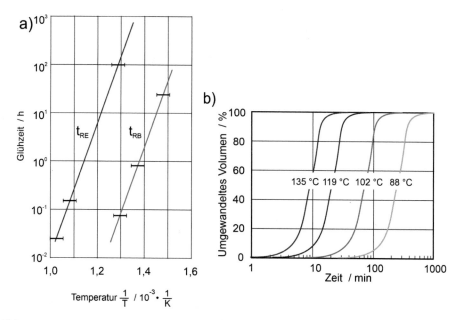

Abb. 4.6   a) Temperaturabhängigkeit von Beginn t_{RB} und Ende t_{RE} der Rekristallisation von Ni + 2,4 Atom-% Al-Mischkristallen nach 70 %iger Kaltverformung. **b)** Temperaturabhängigkeit der Rekristallisation bei Kupfer

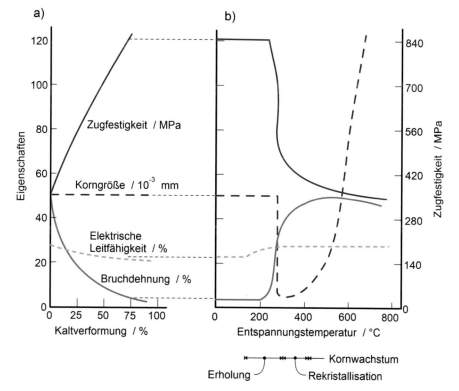

Abb. 4.7   a Eigenschaften nach Kaltverformung von Cu–Zn (35 %). **b** Entspannung von Cu–Zn (35 %)

Abb. 4.8 Änderung der Härte
von 65 % kaltgezogenem Stahl
in Abhängigkeit von der
Glühtemperatur

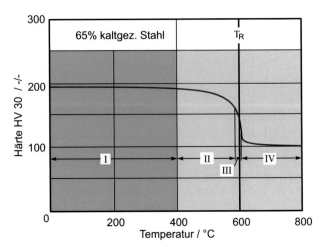

Tab. 4.1 Anhaltswerte für die Schmelz- und Rekristallisationstemperatur

Metall	Pb	Sn	Zn	Al	Cu	Fe	W
T_R/ °C	0	0–30	10–80	150	200	400	1200
T_S/ °C	327	232	419	660	1083	1535	3407
T_R/T_S/ K/K	0,46	0,57	0,46	0,45	0,35	0,37	0,40

Änderungen der Eigenschaften abhängig von der Entspannungstemperatur nach einem
Kaltverformungsgrad von 75 % dargestellt.

Kristallerholung und Rekristallisation bei kaltgezogenem Stahl kann mit Hilfe der Här-
teänderung oder der Änderung der Zugfestigkeit beschrieben werden. Auch hier lassen
sich wieder Bereiche eindeutig gegeneinander abgrenzen.

Beispiel
Abgrenzung von Kristallerholung und Rekristallisation am Beispiel eines 65 % kaltgezo-
genen Stahls mit Hilfe der Härte, Abb. 4.8.

I. RT bis 400 °C: keine bzw. geringe Beeinflussung
II. 400 bis 580 °C = Kristallerholung: kontinuierlicher Härteabfall, Ausheilung von Git-
     terstörungen durch erhöhte Diffusionsmöglichkeiten, dadurch geringer Spannungsab-
     bau, im Schliffbild nicht erkennbar
III. ≈ 600 °C = Rekristallisation: sprunghafter Härteabfall, vollständiger Neubau des Ge-
     füges, dadurch vollständiger Spannungsabbau, im Schliffbild erkennbar.
IV. > 600 °C = Sammelrekristallisation (normales, kontinuierliches Kornwachstum): lang-
     samer Härteabfall Kornvergröberung

Ein Vergleich von Rekristallisationstemperatur T_R und Schmelztemperatur T_S für verschiedene Metalle ist in Tab. 4.1 gezeigt.

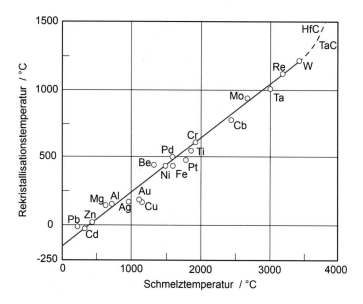

Abb. 4.9 Abhängigkeit der Rekristallisationstemperatur von der Schmelztemperatur für verschiedene Metalle

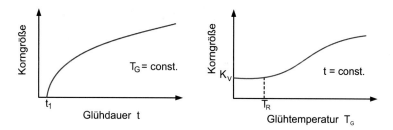

Abb. 4.10 Einfluss der Glühtemperatur und der Glühdauer auf die Korngröße nach kritischer Verformung

Rekristallisation kann nur stattfinden, wenn

- eine Mindestkaltverformung = kritischer Verformungsgrad vorhanden ist und
- T_R überschritten wird ($T_R \approx 0,4\ T_S$), vergleiche Abb. 4.9.

Da Festigkeit und Zähigkeit der Werkstoffe um so höher sind, je feinkörniger das Gefüge ist, dürfen – angepasst an den Verformungsgrad – die Glühtemperatur T_G nicht zu hoch und die Haltezeit beim Glühen nicht zu lang gewählt werden. Andernfalls ist die Gefahr einer Kornvergrößerung gegeben, Abb. 4.10.

Kritischer Verformungsgrad V_{krit} heißt der geringste Verformungsgrad der bei einer bestimmten Glühbehandlung noch zur Rekristallisation führt. Das durch die Verformung mit V_{krit} entstandene grobkörnige Gefüge ist besonders anfällig gegen spröden Korngrenzenbruch. Die (primäre) Rekristallisation ist von besonderer technischer Bedeutung, weil sie bei nicht umwandlungsfähigen metallischen Werkstoffen der einzige Weg für eine Feinkornbehandlung ist. Ebenso wichtig ist die Rekristallisation für die Warmverformung. Die Temperatur wird dabei so hoch gewählt, dass die Rekristallisation bereits während der Verformung ablaufen kann.

Der Einfluss der Rekristallisationsbedingungen auf die Korngröße lässt sich übersichtlich in einem räumlichen Diagramm darstellen (Abb. 4.11).

4.3.3   Weiteres Kornwachstum nach Rekristallisation

Da das rekristallisierende Gefüge noch nicht im Gleichgewicht ist, sind besonders nach großer Verformung die Voraussetzungen für weiteres Kornwachstum gegeben, wenn die Glühtemperatur erhöht wird. Dieses Kornwachstum kann durch spannungsinduziertes Kornwachstum (durch unterschiedliche Versetzungsdichten bewegt sich die Korngrenze in das versetzungsärmere Korn) und durch kontinuierliches Kornwachstum (Bestreben, die Oberflächenenergie zu minimieren) erfolgen.

Folgende Vorgänge sind möglich (Abb. 4.11 und 4.12):

* normales Kornwachstum (kontinuierliches Kornwachstum) bei gleichmäßiger Abnahme der Korngrenzendichte, was zu einem „homogenen" Grobkorngefüge führt, das aus vielen Einzelkörnern gleichmäßig aufgebaut ist,
* anomales diskontinuierliches Kornwachstum oder sekundäre Rekristallisation.

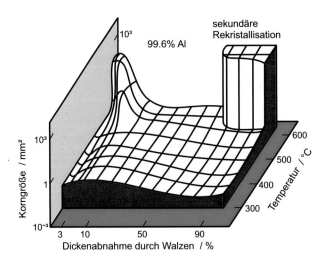

Abb. 4.11 Rekristallisationsdiagramm für Aluminium [Guy76]

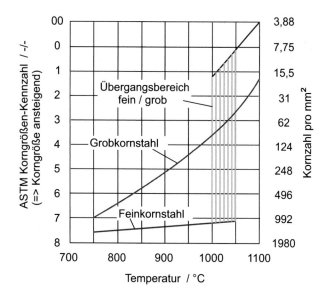

Abb. 4.12 Kornwachstumszeit für Stahl; Glühzeit jeweils eine Stunde [Guy76]

Die sekundäre Rekristallisation ist dadurch gekennzeichnet, dass nur einige wenige Körner stark anwachsen, während die übrigen unverändert bleiben. Sekundäre Rekristallisation tritt auf, bei

- Behinderung der kontinuierlichen Kornvergrößerung durch sehr geringe Wanddicken
- scharf ausgeprägten Texturen (texturbedingte Sekundärrekristallisation, wobei das Umgebungsgefüge infolge abweichend orientierter Kristallite aufgezehrt wird)
- feindispers im Gefüge verteilten Verunreinigungen (verunreinigungskontrollierte Sekundärrekristallisation infolge Koagulation und Auflösen der Verunreinigungen).

Ein technisch relevantes Beispiel ist die sekundäre Rekristallisation bei Eisen- und Eisen-Silizium- Legierungen.

Eine übersichtliche Darstellung der Eigenschaftsänderungen kaltverformter und geglühter metallischer Werkstoffe lässt sich bei konstanten Glühzeiten gewinnen, Abb. 4.13. Die über der Glühtemperatur aufgetragenen Eigenschaftsänderungen zeigen in den Bereichen Erholung, Rekristallisation und Kornwachstum typische Verläufe.

Nach Rekristallisation und Kornwachstum ist die Bildung von zahlreichen Zwillingskristallen möglich. Diese Erscheinung wird in Metallen und Legierungen mit niedriger Stapelfehlerenergie beobachtet, vorwiegend bei kfz-Gittern wie bei Kupfer und seinen Legierungen oder austenitischen Stählen. Zwillingskristalle entstehen, wenn eine Korngrenze sich in <111>– Richtung bewegt, dabei auf einen Stapelfehler trifft und bei der weiteren Bewegung die Atome in veränderter Stapelfolge in das Gitter eingebaut werden. Das Ende des Wachstums ist gegeben, wenn die ursprüngliche Stapelfolge wieder vorliegt. Rekristallisationszwillinge stellen stets einen Indikator für vorangegangenes Kornwachstum dar.

Abb. 4.13 Typische
Eigenschaftsänderungen
kaltverformter und geglühter
Metalle durch Überlagerung
von Rekristallisation, Erholung
und Kornwachstum [Guy76]

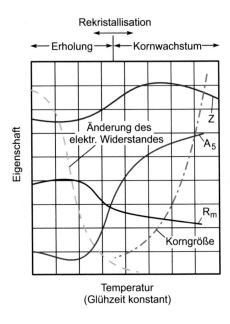

Während der primären und sekundären Rekristallisation bilden sich Rekristallisations-texturen (mehr oder weniger große geordnete Orientierungsverteilungen der Kristalle) aus, die bei manchen Metallen mit der Verformungstextur übereinstimmen. Die Ursache für die Texturen kann auf die unterschiedliche Beweglichkeit bestimmter Korngrenzenar-ten zurückgeführt werden bzw. auf die innere Energie, die im verspannten Gefüge gespei-chert ist.

4.4   Sintervorgänge

Sintern ist ein Teilprozess eines Herstellungsverfahrens, bei dem aus pulverförmigem Ausgangsmaterial Formteile oder Halbzeuge hergestellt werden. Gesintert werden i. Allg. Metalle und Keramiken. Die Pulverteilchen werden in einem ersten Schritt dicht aufeinan-dergepresst. Der Zusammenhalt im Pressling resultiert aus den Adhäsionskräften; die An-näherung der Teilchen ist dabei nicht so groß, dass chemische Bindungskräfte wirken. Zur Steigerung der geringen Festigkeit der Rohlinge werden diese nach der Formgebung ge-sintert, d. h. sie werden wärmebehandelt. Die Temperatur liegt bei Einstoffsystemen in der Größenordnung von 2/3 bis 4/5 der Schmelztemperatur des Metalls, bei Mehrstoffsyste-men oft oberhalb des Schmelzpunkts der niedrigstschmelzenden Komponente.

Durch die Wärmezufuhr werden an den Berührungsflächen der einzelnen Teilchen Dif-fusionsvorgänge ausgelöst. Bereits unterhalb der üblichen Sintertemperatur setzt eine Wanderung der Atome in den Oberflächenschichten ein, die zu einer Vergrößerung der Berührungsfläche führt. Bei Erreichen der Sintertemperatur ist die Gitterdiffusion der be-stimmende Vorgang. Bei dieser Temperatur ist die Atombeweglichkeit dann so groß, dass sich neue Kristalle mit günstigerer Gitterlage bilden können. Bei den Diffusionsvorgängen werden auch Konzentrationsunterschiede in Pulverteilchen unterschiedlicher Zusammensetzung ausgeglichen.

Schmilzt ein Gefügebestandteil beim Sintern auf, dann spricht man von Flüssigphasensintern. Durch die sprunghafte Erhöhung des Diffusionskoeffizienten am Schmelzpunkt und der Umverteilung der Schmelze durch Kapillar- und Druckwirkungen werden die Transportvorgänge und damit der Sintervorgang erheblich beschleunigt.

Maßgebend für den Sinterprozess ist die Oberflächenenergie des Pulvers. Diese ist erheblich höher als die Energie des kompakten Werkstoffs und steigt mit dem Feinheitsgrad. Durch den Sinterprozess wird die Gesamtoberfläche und damit auch der Energiegehalt des Werkstoffs reduziert.

Beim Sintern entsteht ein meist poriger Skelettkörper mit einer deutlich besseren Festigkeit als der reine Pulverpressling. Porige Körper haben für bestimmte technische Einsatzgebiete eine große Bedeutung erlangt, z. B. selbstschmierende Gleitlager, Filter oder Hochtemperaturteile. Mit Zunahme der Sinterzeit und Sintertemperatur, sowie Abnahme der Korngröße nimmt die Dichte des mit der Sintertechnik hergestellten Stoffs zu. Folglich sind die für einen bestimmten Einsatzzweck benötigten Porositätsgrade gezielt einstellbar, vergleiche Tab. 4.2.

Beim Sintervorgang kommt es durch die Diffusionsvorgänge zum Zusammenschluss der Partikel. Dabei diffundieren Atome zu Kontaktstellen, bilden Brücken und füllen Poren aus, Abb. 4.14.

Tab. 4.2 Porositätsgrad für beispielhafte Anwendungen

Porenraum (%)	Anwendung
bis 60	Filter
bis 30	Ölgetränkte Gleitlager
bis 20	Bauteile
bis 5	Bauteile mit hoher Festigkeit

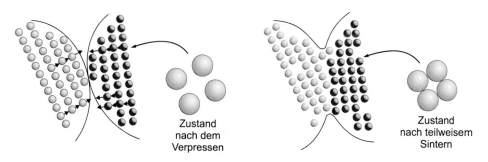

Zustand nach dem Verpressen

Zustand nach teilweisem Sintern

Abb. 4.14 Diffusion bei Sinterprozessen [Ask96]

Wird während des Sinterns noch gleichzeitig Druck aufgebracht (Drucksintern), so kann die Porosität wesentlich abgesenkt werden. Besonders gute Ergebnisse, mit Porositäten von annähernd Null, erhält man beim heißisostatischen Pressen (HIP), da bei diesem Verfahren der Druck allseitig aufgebracht wird.

Um eine Oxidation des Werkstoffs zu verhindern, findet der Sinterprozess in der Regel in Schutzgasatmosphäre oder im Vakuum statt. Üblicherweise kommen Durchlauföfen, in denen das Sintergut auf Transportbändern oder in Transportkästen befördert wird, zum Einsatz.

4.5   Fragen zu Kap. 4

1. Was ist ein thermisch aktivierter Vorgang?
2. Mit welchem Gesetz lässt sich die Ablaufgeschwindigkeit eines thermisch aktivierten Vorgangs (Reaktionsgeschwindigkeit v) beschreiben?
3. Nennen Sie bedeutsame thermisch aktivierte Vorgänge.
4. Wie lassen sich die Konzentrationen in Abhängigkeit von Zeit und Ort bestimmen?
5. Nennen Sie bedeutende technische Diffusionsbehandlungen.
6. Welche Defekte in Übergleichgewichtskonzentrationen werden durch Verformung oder Abschrecken von hohen Temperaturen erzeugt?
7. Wodurch unterscheidet sich die Rekristallisation von der Kristallerholung?
8. Unter welchen Voraussetzungen erhält man Grobkornbildung bei der Rekristallisation?
9. Was versteht man unter Sintern?
10. Über welche Maßnahmen kann man die Porosität beim Sintern einstellen

Mechanische Eigenschaften

5

Beschrieben werden die wichtigsten mechanischen Eigenschaften der Werkstoffe wie Festigkeit und Verformbarkeit sowie die elastischen Konstanten wie E-Modul und Querkontraktionszahl. Die Abhängigkeit der mechanischen Eigenschaften von der kristallografischen Orientierung und der Legierungszusammensetzung wird dargestellt. Außerdem werden die Mechanismen zur Festigkeitssteigerung infolge mikrostruktureller und mechanischer Maßnahmen beschrieben. Die Verfahren zur Ermittlung der mechanisch-technologischen Werkstoffkennwerte werden detailliert erläutert. Hierzu zählen auch zeitabhängige Kennwerte der Schwing- und Kriechfestigkeit. Ergänzt wird das Kapitel durch eine Einführung in die Bruchmechanik. Eingegangen wird auf die Entstehung und den Abbau von Eigenspannungen. Erläutert werden die wesentlichen Verfahren der zerstörungsfreien Prüfung, deren physikalischen Grundlagen, Anwendungsgebiete und Anwendungsgrenzen.

5.1 Beanspruchung und Verformung

Festigkeit und Verformbarkeit (Plastizität, Bildsamkeit) sind makroskopische mechanische Eigenschaften. Sie bestimmen einerseits die Widerstandsfähigkeit gegenüber der Einwirkung äußerer Kräfte und Momente und sind andererseits die entscheidenden Parameter für die Verarbeitung (Schmieden, Walzen, Pressen, Ziehen, usw.) der Werkstoffe zu Halbzeugen oder Formteilen. Dementsprechend wurden quantitative Werkstoffkennwerte definiert, die den Beginn von Schädigungsprozessen im Werkstoff beschreiben, wie z. B. Beginn der plastischen Verformung, des Ermüdungsbruchs, der Rissinitiierung und des Risswachstums im Kriechbereich. Diese Kennwerte sind die Voraussetzung für die Konstruktion und Auslegung sicherer und zuverlässiger Bauteile.

Die Festigkeit (Formänderungswiderstand) und Verformungsfähigkeit metallischer Werkstoffe werden durch das Gefüge, d. h. durch Art, Größe und Form der Kristalle, sowie deren Realstruktur (Art und Dichte von Gitterdefekten) bestimmt. Bei Kunststoffen hängen sie wesentlich vom Aufbau und der Anordnung der Makromoleküle ab. Mit Hilfe der Theorie der Versetzungen, als wichtigste Kristallbaufehler, lassen sich verständliche Modelle für die Erklärung der plastischen Verformbarkeit und zur Deutung des Bruchverhaltens von Metallen entwickeln.

Spröde, unter den üblichen Bedingungen nicht plastisch verformbare Werkstoffe wie z. B. Grauguss, haben trotz möglicher hoher Zugfestigkeit R_m nur eingeschränkte Verformungseigenschaften. Deshalb dürfen spröde Werkstoffe nur für Konstruktionsteile verwendet werden, deren Versagen keine größere Gefährdung für Menschen oder Umwelt darstellen. In diesen Anwendungsbereichen kann die Ausfallwahrscheinlichkeit durch hohe Sicherheitsbeiwerte gegen Bruch gering gehalten werden. Sie schlägt sich aber in großer Wanddicke und hohem Gewicht nieder.

Da es keine starren Körper gibt, haben äußere Kräfte und Momente in den Festkörpern Formänderungen zur Folge. Bruch tritt ein, wenn die Bindungskräfte zwischen Atomen, Ionen oder Molekülen überwunden werden. Folgende globale Einteilung ist dabei möglich:

- *reversible Verformung* liegt vor, wenn die Formänderungen beim Entlasten unmittelbar oder mit einer zeitlichen Verzögerung wieder zurückgehen (elastisches, kautschukelastisches und anelastisches Verhalten).
- *irreversible Verformung* hat bleibende Formänderungen zur Folge. Die bleibenden Formänderungen sind bei duktilen Werkstoffen wesentlich größer als die elastischen.
- *Bruch* bedeutet makroskopische Trennung unter der wirkenden Last. Ein Bruch kann im Anschluss an die reversible (Sprödbruch) oder irreversible Verformung (Zähbruch) eintreten.

Durch die äußere Krafteinwirkung werden im Körperinnern Reaktionskräfte erzeugt, die mit den äußeren Kräften im Gleichgewicht stehen. Die auf die Flächeneinheit bezogene Reaktionskraft bezeichnet man als Spannung.

Zunächst sollen einige Grundlagen der Elastizitätstheorie an dem einfachen Fall der Zugbeanspruchung einer zylindrischen Probe (einachsiger Spannungszustand) verdeutlicht werden.

Die an der Probe anliegende Spannung σ_0 erhält man als Quotient aus der Zugkraft F und dem Querschnitt S_0:

$$\sigma_0 = \frac{F}{S_0} \tag{5.1}$$

Betrachtet man eine Querschnittsfläche S unter dem Winkel φ zu S_0, so lässt sich F in eine Normalkomponente F_N und eine Tangentialkomponente F_T zerlegen, Abb. 5.1. Entsprechend Gl. 5.1 erhält man als Normalspannung σ und Schubspannung τ:

Abb. 5.1 Kraftzerlegung bei
einachsiger Beanspruchung

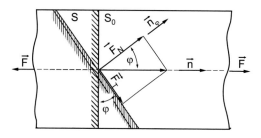

Abb. 5.2 Mohr'scher
Spannungskreis für einachsige
Beanspruchung

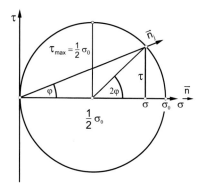

$$\sigma = \frac{F_N}{S} = \frac{F\cos\varphi}{\dfrac{S_o}{\cos\varphi}} = \frac{1}{2}\sigma_o\left(1+\cos 2\varphi\right) \qquad (5.2)$$

$$\tau = \frac{F_T}{S} = \frac{F\sin\varphi}{\dfrac{S_o}{\cos\varphi}} = \frac{1}{2}\sigma_o\sin 2\varphi \qquad (5.3)$$

Fasst man Gl. 5.2 und 5.3 unter Elimination von φ zu einer Gleichung zusammen, so erhält man:

$$\left(\sigma - \frac{1}{2}\sigma_o\right)^2 + \tau^2 = \left(\frac{1}{2}\sigma_o\right)^2 \qquad (5.4)$$

Dies ist die Gleichung des Mohr'schen Kreises für den einachsigen Spannungszustand, Abb. 5.2.

Trägt man σ und τ als kartesische Koordinaten auf, so ist Gl. 5.4 für alle (σ, τ)-Paare auf dem Mohr'schen Kreis erfüllt. Für jede Querschnittsfläche im Bereich $- 90° < \varphi < + 90°$ lassen sich Normalspannung σ und Schubspannung τ ablesen. Die Ebene maximaler Schubspannung ist jede unter $\varphi = 45°$ zur Zugrichtung orientierte Ebene. Aus Gl. 5.3 folgt dann:

$$\tau_{max} = \frac{1}{2}\sigma_o \qquad\qquad (5.5)$$

5.2 Reversible Verformung

Reversibles Verhalten tritt in allen Werkstoffen im Bereich niedriger Temperaturen auf. Man unterscheidet linearelastisches, anelastisches und hyperelastisches Verhalten.

5.2.1 Linearelastisches Verhalten

Das linearelastische Verformungsverhalten ist typisch für metallische und keramische Werkstoffe. Die Verformung ist proportional zur angelegten Belastung. der Zusammenhang zwischen Spannungen und Dehnungen wird durch das Hooke'sche Gesetz beschrieben, Abb 5.3.

5.2.1.1 Hooke'sches Gesetz – elastische Konstanten

Betracht wird ein kleiner Würfel mit der Kantenlänge a, der mit einer Zugspannung σ_y in y- und kantenparallelen Schubspannungen τ_{xy} belastet ist, Abb. 5.4.

Die Normalspannung σ hat eine Längenänderung Δ y zur Folge, Abb. 5.5. Die elastische Dehnung $\varepsilon = \Delta y/a_0$ bewirkt eine Volumenänderung und ist zur Spannung σ proportional (Hooke'sches Gesetz), siehe Abb. 5.3:

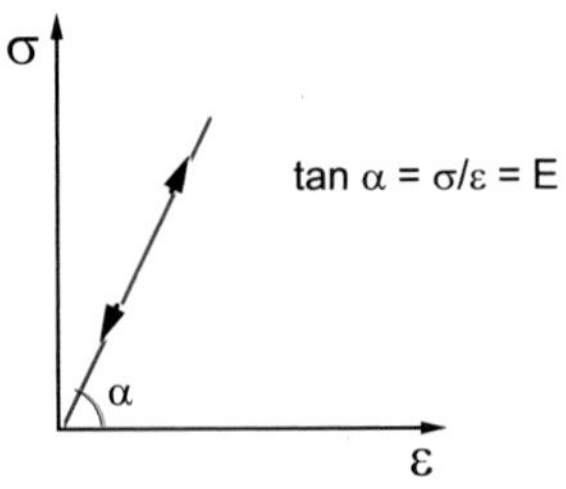

Abb. 5.3 Linear-elastisches
Verhalten
(Hooke'sches Gesetz)

$\tan \alpha = \sigma/\varepsilon = E$

Abb. 5.4 Allgemeine
Belastung an einem Würfel der
Kantenlänge a_0

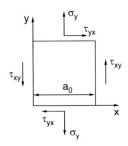

Abb. 5.5 Verformung eines Würfels bei einachsiger Beanspruchung

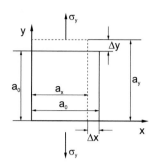

Tab. 5.1 Elastizitätsmoduli für verschiedene Werkstoffe bei Raumtemperatur

Werkstoff	Elastizitätsmodul (MPa)
Eisen	210.000
Kupfer	110.000
Aluminium	70.000
Fensterglas	70.000
Blei	18.000
Polyäthylen	2000
Gummi	100

Abb. 5.6 Verformung eines Würfels bei reiner Schubbeanspruchung

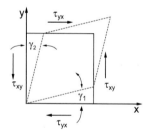

$$\sigma = E \cdot \varepsilon \qquad (5.6)$$

Die Proportionalitätskonstante E wird Elastizitätsmodul oder kurz E-Modul genannt und ist eine Materialkonstante mit der Dimension einer Spannung (MPa). In Tab. 5.1 sind einige Beispiele für Elastizitätsmoduli von unterschiedlichen Werkstoffen aufgeführt.

Die Schubspannung τ bewirkt eine Winkeländerung $\gamma = \gamma_1 + \gamma_2$, die im dimensionslosen Bogenmaß angegeben wird, Abb. 5.6. Diese Winkeländerung wird als Schiebung bezeichnet. Die elastische Schiebung γ ist proportional zur Schubspannung:

$$\tau = G \cdot \gamma \qquad (5.7)$$

Die Proportionalitätskonstante G wird Schubmodul genannt und ist wie der E-Modul eine Materialkonstante mit der Dimension einer Spannung (MPa). Schubspannungen bewirken Winkeländerungen, jedoch keine Volumenänderung.

Die im elastischen Bereich durch Normalspannungen bewirkte Volumenänderung besteht aber nicht nur in einer Längenänderung in Richtung der Normalspannung ($\varepsilon_l = \Delta$ y/a), sondern auch in der dazu senkrechten Richtung (Querkontraktion $\varepsilon_q = \Delta$ x/a). Die Querkontraktionszahl wird definiert als:

$$\mu = -\frac{\varepsilon_q}{\varepsilon_l} = \frac{E}{2G} - 1 \tag{5.8}$$

Mit Gl. 5.8 lässt sich nun der Zusammenhang zwischen Schubmodul G und dem Elastizitätsmodul E angeben.

$$G = \frac{E}{2(1+\mu)} \tag{5.9}$$

Elastische Verformungen werden durch eine begrenzte Entfernung der Atome aus der Ruhelage hervorgerufen. Zwischen zwei benachbarten Gitteratomen bestehen Anziehungskräfte und Abstoßungskräfte, die vom interatomaren Abstand abhängig sind, Abb. 5.7. In der Ruhelage (interatomarer Abstand r_0) sind diese Kräfte im Gleichgewicht. Die Steigung der Summenkurve aus Anziehungs- und Abstoßungskraft an der Stelle r_0 ist proportional zum Elastizitätsmodul. Werkstoffe mit einem hohen Schmelzpunkt weisen i. Allg. einen höheren Elastizitätsmodul auf, was durch die Bindungskräfte erklärt werden kann.

Die metallischen Werkstoffe mit ihrer dichten Kugelpackung und starker Bindung im Kristallgitter können nur kleine elastische Verformungen (< 1 %) ertragen. Demgegen-

Abb. 5.7 Kräfte zwischen zwei benachbarten Atomen im Kristallgitter

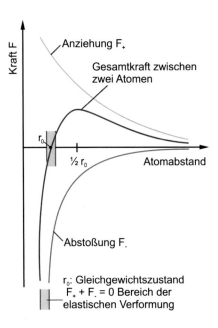

über sind bei ungeordneten Strukturen von Hochpolymeren mit den wesentlich lockereren Bindungen größere elastische Verformungen bei kleinem Elastizitätsmodul möglich.

5.2.1.2 Einfluss der Legierungselemente auf den Elastizitätsmodul

Der Elastizitätsmodul E, die wichtigste elastische Kenngröße technischer Legierungen, beschreibt gemäß Gl. 5.6 den Zusammenhang zwischen Spannung und Dehnung im linearelastischen Bereich und ist von verschiedenen Faktoren abhängig. Bei einer Legierung mit konstanter Zusammensetzung ändert sich der E-Modul bei Gefügeänderungen meist nicht. Lediglich Effekte wie Ausscheidungshärtung, eutektoider Zerfall, Kaltverformung oder andere Behandlungen, die zu inneren Spannungen führen, bewirken eine meist geringfügige Verminderung. Eine Erhöhung des E-Moduls kann durch Einbringen einer Textur in das Material erzielt werden, allerdings nur in einer Richtung. In diesem Fall liegt eine Anisotropie, d. h. eine richtungsabhängige Eigenschaft vor, Abb. 5.8. Wenn Werkstoffeigenschaften in allen Richtungen gleich, also richtungsunabhängig sind, spricht man von Isotropie.

Bei metallischen Werkstoffen sind aufgrund des Aufbaus aus einer sehr großen Zahl von anisotropen Einzelkristallen verschiedener Gitterlagen die Eigenschaften i. Allg. nicht richtungsabhängig, man bezeichnet dies als Quasiisotropie. Ausnahmen bilden die bereits erwähnten Texturen, bei denen eine Ausrichtung der Einzelkristalle in eine Vorzugsrichtung vorhanden ist.

Der E-Modul ist von der Zusammensetzung einer Legierung annähernd linear und stetig abhängig, Abb. 5.9 und 5.10. Dies ist jedoch nur der Fall, solange keine intermediäre-/metallische Verbindung/Phase auftritt, was bei Systemen mit vollständiger oder auch teilweiser Löslichkeit im festen Zustand zutrifft. Bei Systemen mit Verbindungsbildung (intermetallische Verbindung/Phase) ist der Verlauf des E-Moduls über der Konzentration unstetig, Abb. 5.11.

Abb. 5.8 Abhängigkeit des Elastizitätsmoduls von der kristallografischen Orientierung bei Eisen

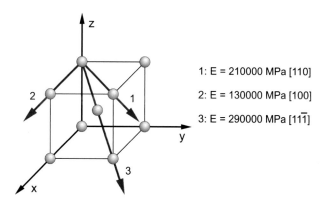

1: E = 210000 MPa [110]

2: E = 130000 MPa [100]

3: E = 290000 MPa [11$\bar{1}$]

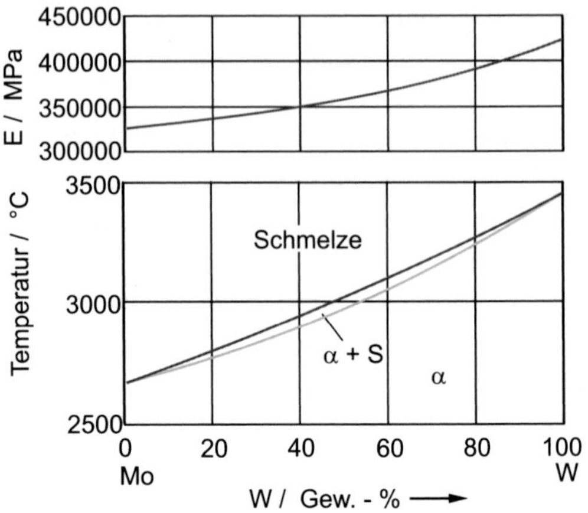

Abb. 5.9 Abhängigkeit des
Elastizitätsmoduls von der
Legierungszusammensetzung
beim Zweistoffsystem
Mo-W [Guy76]

Abb. 5.10 Abhängigkeit des
Elastizitätsmoduls von der
Legierungszusammensetzung
beim Zweistoffsystem
Pb-Sn [Guy76]

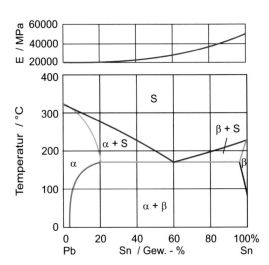

5.2.2   Hyperelastisches Verhalten

Keine lineare Spannungs-Dehnungs-Beziehung, Abb. 5.12, besteht vor allem für bestimmte Hochpolymere wie Elastomere oberhalb der Glastemperatur. Durch die wirkende
Zugspannung wird die ineinander verschlungene Molekülkette ausgerichtet. Infolge des
Rückstellvermögens stellt sich nach Wegnahme der Spannung die ursprüngliche Anordnung wieder ein. In Abb. 5.12 geben die Pfeile die Belastungs- und Entlastungsrichtung
an. Das Hooke'sche Gesetz ist aufgrund der Nichtlinearität nicht anwendbar.

Abb. 5.11 Abhängigkeit des Elastizitätsmoduls von der Legierungszusammensetzung beim Zweistoffsystem Mg-Sn [Guy76]

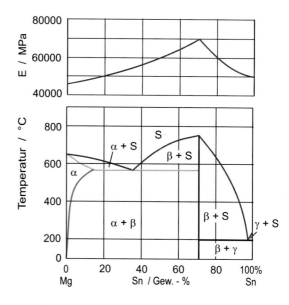

Abb. 5.12 Hyperelastische Verformung

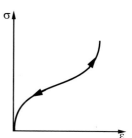

5.2.3   Anelastisches Verhalten

Bei der anelastischen Verformung ist das Hooke'sche Gesetz ebenfalls nicht mehr erfüllt. Der Spannungs-Dehnungs-Verlauf ist eine Hystereseschleife, Abb. 5.13. Dieses Verhalten ist typisch für Polymere.

Die entsprechenden Flächen unter der Kurve zeigen, dass beim Be- und Entlasten ein Energieverlust Q_{anel} auftritt. Dieser Energiebetrag geht in Form von Wärme durch die sogenannte „innere Reibung" auf den verformten Werkstoff über. Die „innere Reibung" bewirkt außerdem, dass sich die Dehnung bei Belastung oder Entlastung mit zeitlicher Verzögerung einstellt. Dies bezeichnet man als elastische Nachwirkung ε_n, Abb. 5.14.

Abb. 5.13 Energieverlust
Q_{anel} bei anelastischer
Verformung

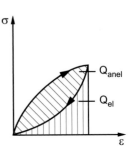

Abb. 5.14 Elastische
Nachwirkung bei elastischer
Verformung

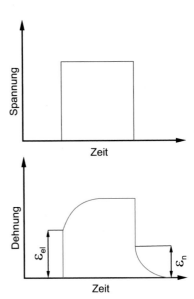

5.3   Irreversible Verformung

Bei der irreversiblen Verformung wird zwischen plastischer und viskoser Verformung unterschieden. Plastische Verformung liegt vor, wenn vorher elastische Verformung aufgetreten war, also ein Grenzwert (Fließspannung, Streckgrenze) überschritten werden musste. Bei viskoser Verformung gibt es diesen Grenzwert nicht.

5.3.1   Plastische Verformung

Bei kristallinen Werkstoffen ist die Möglichkeit zur plastischen Verformung durch Gitterfehler gegeben (Realstruktur). Plastische Verformungen bedeuten eine Veränderung der Realstruktur, die primär durch die Bewegung von Versetzungen erklärt werden kann. Bei metallischen Werkstoffen gelingt es mit relativ geringen Kräften, große plastische Verformungen zu erzeugen. Dagegen können Ionenkristalle der keramischen Werkstoffe unter den üblichen Bedingungen nicht plastisch verformt werden, d. h. es gelingt nicht, Versetzungsbewegungen auszulösen. Die Werkstoffe verhalten sich deshalb spröde.

Die plastische Verformung lässt sich auf das Abgleiten von Kristallbereichen parallel zu Atomschichten des Kristallgitters zurückführen. Jedes Kristallgitter besitzt bevorzugte Gleitebenen und Gleitrichtungen (sog. Gleitsysteme). Im Allgemeinen erfolgt die Abgleitung auf den am dichtesten mit Atomen besetzten Gleitebenen längs der dichtest gepackten Gitterrichtungen (siehe Abschn. 2.3.3.3).

Welches Gleitsystem tatsächlich aktiviert wird, hängt wesentlich von der jeweils wirksamen Schubspannung ab. Für einen glatten Stab, der unter einachsigem Zug steht, erhält man bei vorgegebener Gleitebene und Gleitrichtung für die tatsächlich wirkende Schubspannung (in Gleitrichtung), Abb. 5.15:

$$\tau = \frac{F \cdot \cos\psi}{S_o / \cos\phi} = \sigma_o \cos\psi \cdot \cos\phi \cdot \qquad (5.10)$$

Dies ist das Schmid'sche Schubspannungsgesetz, wobei der Term $\cos\psi \cdot \cos\phi$ als sog. Orientierungsfaktor bzw. Schmidfaktor bezeichnet wird.

Die Abgleitung setzt zunächst auf dem Gleitsystem ein, welches unter den möglichen Systemen den größten Schmidfaktor besitzt. Die maximale Schubspannung $\tau = \tau_{max} = 0{,}5$ σ_o ergibt sich für $\psi = \phi = 45°$ (vgl. Mohr'scher Spannungskreis, Abschn. 5.2).

Abb. 5.15 Kraftzerlegung bei einachsiger Beanspruchung [Guy76]

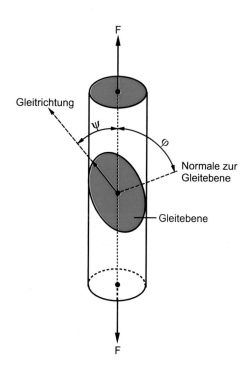

Plastische Verformung durch Abgleitung kann erst einsetzen, wenn die Schubspannung einen kritischen Wert, die sog. kritische Schubspannung (τ_{krit}) überschreitet. Sie ist abhängig von der Temperatur, der Verformungsgeschwindigkeit, vom Kristallgittertyp und verschiedenen Werkstoffparametern (Mischkristallzustand, Ausscheidungszustand).

Würden die Atome einer Schicht beim Abgleiten gleichzeitig verschoben, so müsste die theoretische Schubfestigkeit aus den atomaren Bindungskräften überwunden werden. Es ergibt sich näherungsweise für Metalle eine theoretische Bruchschubspannung:

$$\tau_{th} \approx \frac{G}{30}. \tag{5.11}$$

Die tatsächliche kritische Schubspannung ist i. Allg. deutlich kleiner. Daraus wird deutlich, dass eine plastische Verformung nicht durch gleichzeitige Abgleitung der Atome in der Gleitebene erfolgt. Vielmehr findet die Abgleitung durch Bewegung von Versetzungen statt, so dass die Atome nacheinander um einen Atomabstand versetzt werden (Teppichmodell).

Üblicherweise wird der Beginn der plastischen Verformung nicht durch die kritische Schubspannung τ_{krit} sondern durch eine kritische Normalspannung, die bei einachsiger Belastung als Streckgrenze R_e bezeichnet wird, angegeben.

Plastische Verformung ist auch durch den Mechanismus der sog. Zwillingsbildung möglich. Dabei wird ein Kristallbereich in die Zwillingsstellung umgeklappt, welche sich durch Spiegelung an einer Gitterebene ergibt. Die Zwillingsbereiche besitzen ein unverzerrtes Gitter, die Atome haben also ihren normalen Abstand.

Die durch Zwillingsbildung erreichbare plastische Verformung ist wesentlich geringer als durch Abgleitung und ist von besonderer Bedeutung für Kristallgitter mit beschränkten Gleitmöglichkeiten, z. B. hdp Kristalle.

5.3.2 Zugversuch

Die in der Festigkeitsberechnung verwendeten Festigkeitskennwerte (Streckgrenze und Zugfestigkeit) werden in genormten Versuchen ermittelt. Der mit Abstand wichtigste Versuch für die experimentelle Untersuchung des Verhaltens metallischer Werkstoffe ist der Zugversuch nach DIN EN ISO 6892 (bzw. DIN 50 125: Probenformen). Dabei wird eine zylindrische Probe in einer Prüfmaschine unter stetig zunehmender Verformung bis zum Bruch belastet. Zur Bestimmung des Spannungs-Dehnungs-Diagramms werden die gemessenen Lasten in eine technische Spannung umgerechnet, die sich aus dem Quotient von Last und Ausgangsquerschnitt ergibt. Die Längenänderung wird durch Normierung mit der Anfangslänge in eine technische Dehnung transformiert.

Die Spannung bei Beginn der plastischen Verformung wird als Streckgrenze R_e bezeichnet. Für Werkstoffe mit ausgeprägter Streckgrenze erhält man im Spannungs-Dehnungs-Diagramm den typischen Verlauf mit linear-elastischem Bereich, Fließbereich,

Verfestigung, Höchstlastpunkt, Lastabfall und schließlich Bruch, Abb. 5.16. Für zähe Werkstoffe ohne ausgeprägte Streckgrenze erhält man einen kontinuierlichen Übergang zwischen elastischem und plastischem Bereich, Abb. 5.16. Ein eindeutiger Fließbeginn kann hier nicht ermittelt werden. Als Streckgrenze wird diejenige Spannung verwendet bei der 0,2 % plastische Dehnung auftritt. Es wird also eine kleine begrenzte plastische Verformung toleriert. Die Spannung wird als Ersatzstreckgrenze $R_{p0,2}$ bezeichnet.

Die Zugfestigkeit R_m entspricht der technischen Spannung (Last bezogen auf Ausgangsquerschnitt) im Höchstlastpunkt, ermöglicht jedoch bei zähen Werkstoffen keine Aussage über den Bruch der Probe. Bei spröden Werkstoffen zeigt sich hingegen keine wesentliche plastische Verformung bei R_m.

Für die Sicherheitsbetrachtung eines Bauteils sind neben den Festigkeitskennwerten noch weitere Eigenschaften des Werkstoffs wichtig, die ebenfalls im Zugversuch ermittelt werden. Hierzu gehören insbesondere die Verformungsfähigkeit des Werkstoffs mit den Kenngrößen Bruchdehnung A und Brucheinschnürung Z. Ein weiterer Kennwert ist die Dehnung A_{gt}, sie kennzeichnet die gesamte während des Versuchs gemessene Dehnung bei Erreichen der Höchstlast.

Dabei ist die Brucheinschnürung Z unter Verwendung des Ausgangsquerschnittes S_0 und des nach dem Versuch kleinsten Querschnitts nach dem Bruch S_u definiert als

$$Z = \frac{S_o - S_u}{S_o} \cdot 100\,\% \tag{5.12}$$

und die Bruchdehnung A (L_0: Anfangsmesslänge, L_u: Messlänge nach dem Bruch), siehe Abb. 5.17

$$A = \frac{L_u - L_0}{L_0} = \frac{\Delta L}{L_0} \cdot 100\,\%. \tag{5.13}$$

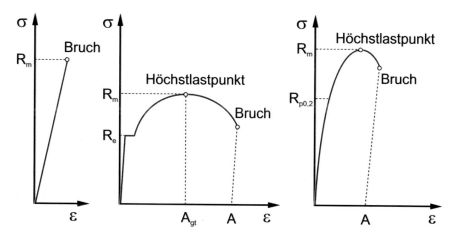

Abb. 5.16 Spannungs-Dehnungs-Kurve eines spröden Werkstoffes sowie von zwei duktilen Stählen mit ausgeprägter Streckgrenze (niederfest) und ohne ausgeprägter Streckgrenze (höherfest)

Abb. 5.17 Zugprobe und Druckprobe vor und nach Versuch

Tab. 5.2 Werkstoffkennwerte

Kennwerte bei statischer Beanspruchung und Raumtemperatur		
Versuch	Werkstoffkennwert	Zusammenhang mit Zugversuch
Zugversuch	R_e (bzw. $R_{p0,2}$), R_m	–
Druckversuch	$R_{d0,2}$, σ_{dB}	$R_{d0,2} \approx R_{p0,2}$
Biegeversuch	$R_{b0,2}$	$R_{b0,2} \approx R_{p0,2}$
Torsionsversuch	τ_F, τ_B	$\tau_F \approx 0,58 \cdot R_{p0,2}$

Im Allgemeinen werden bei metallischen Werkstoffen die Festigkeitskennwerte aus dem Zugversuch bestimmt. Prinzipiell können die Festigkeitswerte auch mit Versuchen, die andere Beanspruchungsarten aufweisen, bestimmt werden. Die dort ermittelten Festigkeitskennwerte können teils durch theoretische Beziehungen über die Festigkeitshypothesen, teils durch empirisch gewonnene Zusammenhänge näherungsweise ineinander umgerechnet werden, Tab. 5.2.

5.3.2.1 Fließkurven

Bei der technischen Spannung wird die wirkende Kraft F auf den Ausgangsquerschnitt S_0 bezogen:

$$\sigma = \frac{F}{S_0}. \qquad (5.14)$$

Bei Verformung wird allerdings beim Zugversuch die Fläche S kleiner. Wird die Kraft F auf die tatsächliche Fläche S bezogen, so ergibt sich die wahre Spannung σ_w:

$$\sigma_w = \frac{F}{S}. \qquad (5.15)$$

Die bei mehrachsigen Spannungszuständen aus den wahren Spannungen abgeleitete Vergleichsspannung wird als Formänderungsfestigkeit oder Fließspannung k_f bezeichnet:

$$k_f = \sigma_{V(SH)} = \sigma_{max} - \sigma_{min} \qquad (5.16)$$

($\sigma_{V(SH)}$: Vergleichsspannung nach der Schubspannungshypothese)

Alle drei Spannungen sind von der Temperatur und Verformungsgeschwindigkeit abhängig. Für den elastischen Bereich (kleine Dehnungen) wird angenommen:

$$\sigma \approx \sigma_w = k_f. \qquad (5.17)$$

Oberhalb der Streckgrenze bis zur Höchstlast (einachsiger Spannungszustand) gilt insbesondere bei größeren Dehnungen:

$$\sigma \neq \sigma_w = k_f \quad \left(\sigma_{min} = 0, \ \sigma_{max} = F/S\right) \qquad (5.18)$$

Für den mehrachsigen Spannungszustand (ab Höchstlast) gilt:

$$\sigma \neq \sigma_w \neq k_f \qquad (5.19)$$

Beim einachsigen Zugversuch gilt für die Formänderung:

$$d\varphi = \frac{dL}{L} \qquad (5.20)$$

$$\varphi = \int_{L_0}^{L_1} \frac{dL}{L} = \ln\left(\frac{L_1}{L_0}\right) \qquad (5.21)$$

Bislang wurde die technische Dehnung

$$\varepsilon = \frac{L_1 - L_0}{L_0} = \frac{\Delta L}{L_0} \tag{5.22}$$

angewendet. Es gilt folgende Umrechnung unter der Bedingung einer gleichmäßigen Verformung in der Messlänge, d. h. bis zur Gleichmaßdehnung (bzw. Zugfestigkeit):

$$\varepsilon = e^{\varphi} - 1 \rightarrow \varphi = \ln(1 + \varepsilon) \tag{5.23}$$

Für kleine Verformungen, wie sie bis zur Streckgrenze im linearelastischen Bereich auftreten ist $\varepsilon \approx \varphi$.

Die in der Umformtechnik sehr wichtige $k_f - \varphi$-Kurve wird als Fließkurve bezeichnet.

Die Fließkurve wird in der Umformtechnik auch oft mit dem Druckversuch nach DIN 50106 bestimmt. Vorteil im Vergleich zum Zugversuch ist, dass die Spannungen bis zum Bruch nahezu einachsig sind, da keine Einschnürung bzw. keine wesentliche Ausbauchung entsteht, siehe Abb. 5.17. Es gilt bis zu großen Verformungen $\sigma_w \approx k_f$. Bei entsprechender Berücksichtigung der Mehrachsigkeit ist die Fließkurve des Zugversuchs annähernd deckungsgleich mit der des Druckversuchs. Dies zeigt, dass damit das Fließverhalten des Werkstoffes richtig beschrieben wird. Dies ist besonders in der Simulationstechnik wichtig.

Um das Verformungsverhalten von Werkstoffen zu vergleichen und zu bewerten, wird deshalb zweckmäßigerweise die Formänderungsfestigkeit über der Formänderung φ aufgetragen, die sich zur Beschreibung großer plastischer Verformungen besonders eignet, Abb. 5.18 und 5.19.

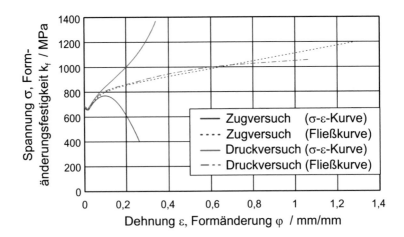

Abb. 5.18 Vergleich Spannungs-Dehnungs-Kurve – Fließkurve, 20MnMoNi5-5

Abb. 5.19 Wahre Fließkurven
unterschiedlicher Werkstoffe

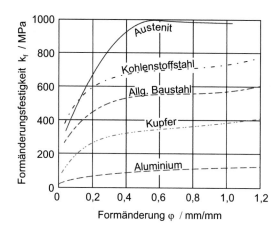

5.3.3 Härteprüfverfahren

5.3.3.1 Allgemeines

Mit der Härteprüfung wird der Widerstand eines Werkstoffs gemessen, den er dem Eindringen eines härteren Objektes in seine Oberfläche entgegensetzt.

Die Ermittlung der Härte stellt eine Möglichkeit zur Qualitätsbeurteilung dar, da die geforderten Eigenschaften wie Gefüge und Festigkeit in einem plausiblen Zusammenhang mit dem ermittelten Härtewert stehen. Als Beispiel kann die Verschleißfestigkeit genannt werden. Vor allem im Getriebebau und beim Einsatz von Mahlwerkzeugen werden hohe Anforderungen an die Verschleißfestigkeit des Werkstoffes gestellt, welche im direkten Zusammenhang mit der Oberflächenhärte steht.

Im Allgemeinen weisen vor allem keramische Werkstoffe eine sehr hohe Härte auf, während Polymere eher weich sind. Metalle sind größtenteils zwischen diesen Werkstoffgruppen angesiedelt. In vielen Fällen wird der Härtewert und das Verfahren, mit dem er zu ermitteln ist, in der Werkstoffspezifikation vorgegeben.

Es gibt verschiedene Prüfverfahren zur Härteprüfung. In der Praxis werden werkstoffabhängig die Verfahren nach Rockwell, Vickers und Brinell am häufigsten verwendet.

5.3.3.2 Die üblichsten Härteprüfverfahren

Beim Härteprüfverfahren nach Brinell wird eine Hartmetallkugel (gebräuchlichster Durchmesser ist 10 mm) in die Oberfläche des Werkstoffes eingedrückt (Abb. 5.20). Anschließend wird der Durchmesser des Eindruckes gemessen (üblicherweise 2–6 mm) und nach folgender Formel die Brinellhärte (Abkürzung: HBW) bestimmt:

$$\text{Brinellhärte} = \frac{2F}{\pi D \left(D - \sqrt{D^2 - d^2} \right)} \tag{5.24}$$

F:	Eindrucklast/kp
D:	Durchmesser der Prüfkugel/mm
d:	Durchmesser des Eindrucks/mm

Ein weiteres wichtiges Verfahren ist die Härteprüfung nach Rockwell (Abb. 5.20). Hierbei werden Kugeln aus einem Wolframkarbidgemisch oder bei harten Werkstoffen Diamantkegel eingesetzt. Die für die Ermittlung der Härte relevante bleibende Eindringtiefe wird von der Prüfapparatur automatisch gemessen und in die Rockwellhärte umgerechnet.

Einen Vergleich und Überblick über diese und weitere übliche Härteprüfverfahren, z. B. Vickers (Eindringkörper Diamantpyramide) gibt Tab. 5.3 und Abb. 5.21.

Die Methode nach Vickers mit reduzierter Prüflast wird zusätzlich in der Mikrohärteprüfung eingesetzt.

Außerdem stehen die ermittelten Härtewerte in unmittelbarer Korrelation zu anderen Werkstoffeigenschaften.

Über eine Näherungsbeziehung kann die Zugfestigkeit von Stählen aus der Härte abgeschätzt werden.

$$R_m \approx 3{,}5 \cdot HB \tag{5.25}$$

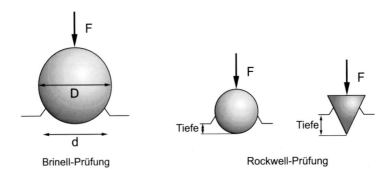

Brinell-Prüfung   Rockwell-Prüfung

Abb. 5.20 Härteprüfung nach Brinell und Rockwell

Tab. 5.3 Vergleich verschiedener Härteprüfverfahren

Härteverfahren	Kurz-bezeichnung	Vorlast	Prüfkraft	Standard-Belastungszeit [s] (F=const.)	Prüfkörper
Vickers	HV	Nein	0,09807 N-980,7 N	10–15	Diamantpyramide
Brinell	HBW	Nein	9,807 N-29,42 kN	10–15	Wolframkarbid-gemischkugel (d = 1mm–10mm)
Standard-Rockwell	HRC		1471 N		Diamantkegel
	HRA		588,4 N		Diamantkegel
	HRFW		588,4 N		Wolframkarbid-gemischkugel 1,5875 mm
	HRBW	Ja (98,07N; < 3s)	980,7 N	2–6	Wolframkarbid-gemischkugel 1,5875 mm
Superrockwell	HR15N/HR30N/HR45N		147,1 N-441,3 N		Diamantkegel
	HR15TW/HR30TW/HR45TW		147,1 N-441,3 N		Wolframkarbidge-mischkugel 1,5875 mm

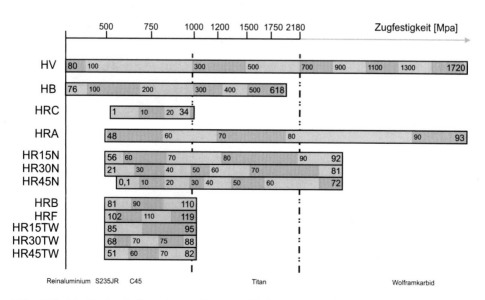

Abb. 5.21 Vergleichende Gegenüberstellung verschiedener Härteverfahren

5.3.4 Kerbschlagbiegeversuch

5.3.4.1 Allgemeines

In zahlreichen Fällen hat es sich gezeigt, dass vor allem krz-Werkstoffe, die bei der üblichen Festigkeitsprüfung im (statischen) Zugversuch die Anforderungen erfüllen, in der Praxis z. B. bei mehrachsiger Beanspruchung, hohen Dehnraten und tieferen Temperaturen durch Sprödbruch versagen können. Wegen des Auftretens mehrachsiger und/oder schlagartiger Beanspruchung in der technischen Praxis ist es notwendig, neben Bruchdehnung und Brucheinschnürung, die im Zugversuch bestimmt werden, das Werkstoffverhalten auch unter Bedingungen zu untersuchen, die z. B. Sprödbruchbedingungen begünstigen. Dies geschieht mit dem Kerbschlagbiegeversuch.

Der Kerbschlagbiegeversuch wird in der Industrie sehr häufig im Rahmen der Qualitätssicherung und des Qualitätsnachweises eingesetzt. Probenform, Prüfbedingungen, Entnahmeort der Probe und Anforderungswerte werden in den Werkstoffnormen bzw. zwischen Lieferant und Kunde festgelegt.

5.3.4.2 Versuchsdurchführung

Der Kerbschlagbiegeversuch nach Charpy (DIN EN ISO 148-1:2017-05: Metallische Werkstoffe) ist eine Methode zur Erfassung des Einflusses schlagartiger, d. h. dynamischer Belastungen in Verbindung mit einem mehrachsigen Spannungszustand, der durch eine Kerbe erzeugt wird.

Hierbei wird eine gekerbte Probe mit quadratischem Querschnitt (i. Allg. 100 mm^2) in einem Schlagwerk mit dem Pendelhammer (Abb. 5.22) schlagartig beansprucht. Der Pendelhammer fällt aus der Höhe h auf die Probe. Nach dem Durchschlagen der Probe erreicht der Hammer die Höhe h'. Aus der Differenz der beiden Höhen lässt sich die poten-

Abb. 5.22 Prinzip des Kerbschlagbiegeversuches

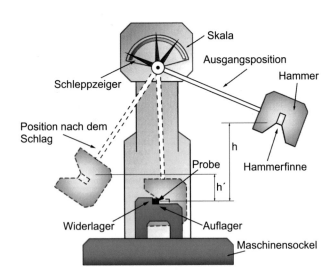

zielle Energie ermitteln, die der beim Durchschlagen der Probe verbrauchten Schlagenergie KV (früher Kerbschlagarbeit) entspricht.

Bei Kunststoffen wird die Bestimmung der Izod-Schlagzähigkeit (DIN EN ISO 180:2020-03: Kunststoffe) durchgeführt.

5.3.4.3 Einfluss der Kerbe

Die Kerbe bewirkt eine Spannungserhöhung im Kerbgrund, die vom Kerbradius abhängig ist. Je schärfer die Kerbe ist, desto größer ist die Spannungserhöhung im Kerbgrund. Die Verformung konzentriert sich auf einen kleineren Bereich und erhöht die Verformungsgeschwindigkeit im Kerbgrund. Die Kerbe bewirkt außerdem einen dreiachsigen Spannungszustand, wodurch ein sprödes Bruchverhalten des Werkstoffs begünstigt wird. Sowohl bei Charypy als auch bei Izod kommen unterschiedliche Kerbformen und Probengrößen zum Einsatz. Die Ergebnisse unterschiedlicher Probenformen können nicht miteinander verglichen werden. Gleiches gilt, wenn verschiedene Hammerfinnen verwendet werden.

5.3.4.4 Einfluss der Temperatur

Standardmäßig wird als Qualitätskriterium bei Werkstoffen der Kerbschlagbiegeversuch bei 23 ˚C durchgeführt. Allerdings ist das Verfahren auch besonders gut dafür geeignet, das Werkstoffverhalten bei verschiedenen Temperaturen zu charakterisieren und somit den Übergang von duktilem zu sprödem Verhalten zu ermitteln.

Die bei verschiedenen Temperaturen ermittelte verbrauchte Schlagenergie eines gleichen Werkstoffs wird in einem KV-T-Schaubild aufgetragen (Abb. 5.23).

Werkstoffe mit kubisch-raumzentrierter und hexagonaler Gitterstruktur zeigen über der Temperatur eine signifikante Änderung in der verbrauchten Schlagenergie. Dieser Übergang vom duktilen (zähen) zum spröden Verhalten erfolgt je nach Werkstoff in einem mehr oder weniger ausgeprägten Temperaturbereich, der durch die Übergangstemperatur charakterisiert wird. Werkstoffe mit kubisch-flächenzentrierter Gitterstruktur zeigen dieses Übergangsverhalten kaum, sie sind auch bei tiefen Temperaturen duktil.

Abb. 5.23 Verbrauchte Schlagenergie-Temperatur-Kurve für krz- und kfz-Werkstoffe

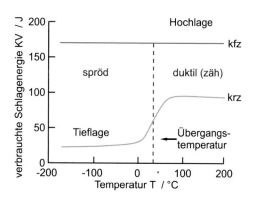

5.3.5 Texturen

Textur bedeutet Richtungsabhängigkeit oder Anisotropie der physikalischen und mechanischen Eigenschaften des Kristallverbandes, ähnlich wie beim Einkristall.

Metalle, die in der Regel eine Reihe von Verarbeitungsschritten durchlaufen, können, können mehr oder weniger ausgeprägte Texturen aufweisen. Verformungstexturen treten in polykristallinen Werkstoffen nach großer gerichteter plastischer Verformung auf, Abb. 5.24 als

- Verformungsgefüge durch Veränderung der Kornform
- Verformungstextur durch Vorzugsorientierung des Gitters in den Kristallen. Je nach Ursache wird zwischen
  - Ziehtextur
  - Walztextur
  - Schmiedetextur

Unterschieden verformungstexturen lassen sich durch eine entsprechende Wärmebehandlung (Rekristallisation, siehe Abschn. 4.3.2) aufheben, dies gilt jedoch nicht für verformte Ausscheidungen und Einschlüsse.

Auch bei der Erstarrung von Metallen können Texturen im Gußgefüge erstehen. Diese Erstarrungstexturen sind nicht mit Verformungstexturen zu verwechseln. Bedingt durch den Temperaturgradienten zwischen der kälteren Oberfläche und dem wärmeren Inneren eines Gussteils wachsen die Kristalle von der Oberfläche in das Gussteil hinein. Eine Textur entsteht. Bei der Herstellung von Turbinenschaufeln kann dieser Effekt gezielt genutzt werden um in Schaufelrichtung ausgerichtete Körner zu erhalten und so die Kriechfestigkeit zu verbessern.

Abb. 5.24 Verformungstexturen in einem polykristallinen Werkstoff

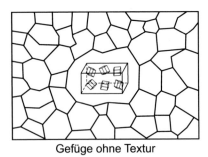

Gefüge ohne Textur

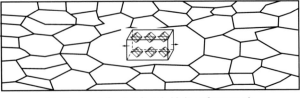

Gefüge mit Textur (nach Kaltverformung)

5.3.6 Eigenspannungen

Eigenspannungen sind Spannungen die in einem Bauteil vorhanden sind, ohne dass äußere Kräfte und Momente wirken oder Temperaturdifferenzen vorhanden sind. Sie müssen deshalb in jeder Schnittebene im Gleichgewicht sein.

5.3.6.1 Entstehung von Eigenspannungen

Eigenspannungen entstehen beispielsweise infolge örtlicher plastischer Verformung, als thermische Eigenspannungen oder Schrumpfspannungen beim Abkühlen als Folge von Temperaturdifferenzen sowie als Schrumpfspannungen oder Umwandlungsspannungen bei Phasenänderungen.

Nach Macherauch werden Eigenspannungen entsprechend ihrer Verteilung im Makro- bzw. Mikrobereich eines Bauteils in Eigenspannungen I., II. und III. Art unterteilt.

- *I. Art*: Eigenspannungen sind über größere Werkstoffbereiche homogen verteilt (Makroeigenspannungen).
- *II. Art*: Eigenspannungen sind über kleinere Werkstoffbereiche homogen verteilt, d. h. über einzelne Körner (Mikroeigenspannung).
- *III. Art*: Eigenspannungen sind über kleinste Werkstoffbereiche (im atomaren Bereich) homogen verteilt (Nanoeigenspannungen).

Veränderungen des Gleichgewichtszustandes der Eigenspannungen, z. B. durch Materialabtrag im Zuge der Bearbeitung,

- führen bei Eigenspannungen I. Art zu makroskopischen Verformungen
- können bei Eigenspannungen II. Art zu makroskopischen Verformungen führen
- führen bei Eigenspannungen III. Art zu keinen makroskopischen Verformungen

Eine scharfe Abgrenzung der einzelnen Arten gegeneinander ist in aller Regel nicht möglich. Im Sinne einer ingenieurmäßigen Betrachtung sind vor allem die Makroeigenspannungen (I. Art) von Bedeutung.

Im Betrieb überlagern sich die Eigenspannungen mit den durch die äußere Belastung hervorgerufenen Spannungen, Abb. 5.25, und müssten in Sicherheitsanalysen berücksichtigt werden, sofern keine Maßnahmen zum Abbau der Eigenspannungen vorgenommen wurden.

Betriebsspannungen + Eigenspannungen = Gesamtspannungen

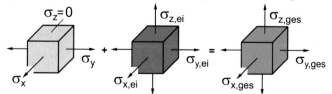

Abb. 5.25 Überlagerung Betriebsspannungen mit Eigenspannungen

Die Überlagerung der Eigenspannungen mit den Betriebsspannungen beeinflusst das Festigkeitsverhalten von Bauteilen und zwar

- positiv im Bereich der Druckeigenspannungen, durch Reduktion der wirkenden Beanspruchung
- negativ im Bereich der Zugeigenspannungen, durch Erhöhung der wirkenden Beanspruchung

Die Messung von Eigenspannungen ist möglich

- zerstörend durch Messung der Formänderungen bei Materialabtrag, z. B. Bohrlochmethode
- zerstörungsfrei mittels Röntgenfeinstrukturuntersuchung

5.3.6.2 Abbaumöglichkeiten von Eigenspannungen

Eigenspannungen können durch wärmetechnische und mechanische Verfahren abgebaut werden.

Das Prinzip der wärmetechnischen Verfahren beruht auf der mit steigender Temperatur abnehmenden Streckgrenze. Das heißt, dass durch Erwärmen die Eigenspannungen auf die zur jeweiligen Temperatur gehörende Streckgrenze durch plastische Verformung abgebaut werden.

Bei den mechanischen Verfahren werden die Bereiche hoher Eigenspannungen durch eine Überlastung plastifiziert. Da bei dieser einachsigen Zusatzbelastung die Spannung auf die Streckgrenze begrenzt ist, bleibt nach dem Entlasten eine geringere Eigenspannung zurück.

5.3.6.3 Bauschinger Effekt

Bei metallischen Werkstoffen ist der *Bauschinger-Effekt*, Abb. 5.26, ein Beispiel für die Wirkung von mikrostrukturellen Vorgängen in Verbindung mit Eigenspannungen. Nach vorheriger plastischer Verformung, z. B. durch Zugbeanspruchung (Fließbeginn bei R_e), wird bei Belastungsumkehr im Druckbereich der negative Wert der Zugstreckgrenze nicht mehr erreicht. Das Material beginnt schon bei Spannungen, die betragsmäßig kleiner sind als $-R_e$, zu fließen. Dies geht einher mit einem Abweichen vom linear-elastischen Verlauf deutlich vor dem Erreichen der Streckgrenze. Die Ursache hierfür ist, dass bei plastischen Verformungen an Hindernissen, wie Korngrenzen und Ausscheidungen, ein Versetzungsstau auftritt, wodurch bei Belastungsumkehr die Beweglichkeit der Versetzungen erleichtert ist. Hieraus resultiert das frühe Abweichen vom linear-elastischen Verlauf und die Erniedrigung der Streckgrenze. Bei polykristallinen Werkstoffen verstärken sich diese Effekte aufgrund der unterschiedlichen Verformungseigenschaften. Bei

Abb. 5.26 Bauschinger-Effekt

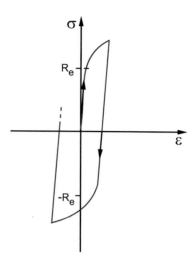

Entlastung entstehen somit Eigenspannungen im Mikrobereich und bei makroskopisch inhomogenen Verformungen auch im Makrobereich, die den Bauschinger Effekt verstärken.

5.3.7 Viskose Verformung

Bei den bisher betrachteten Verformungsvorgängen von polykristallinen und amorphen Werkstoffen blieb der Einfluss der Zeit weitgehend unberücksichtigt, d. h. die Verformung ist nur von der Belastungshöhe abhängig. Bleibt die Belastung konstant, ergibt sich keine Zunahme der Verformung: Belastung und die sich einstellende Verformung sind im Gleichgewicht. Dies ist jedoch nicht immer so.

Ideal viskose Verformung ist nur im flüssigen Zustand möglich.

Die irreversible viskose Dehnung hängt von der wirkenden Spannung, der Haltezeit unter Spannung sowie der Viskosität η, die mit zunehmender Temperatur abnimmt, ab:

$$\varepsilon = \frac{1}{\eta} \cdot t \cdot \sigma \tag{5.26}$$

Die Verformung amorpher Werkstoffe tritt vielfach als Überlagerung von ideal-elastischem und ideal-viskosem Verhalten auf.

Polymere zeigen im Gegensatz zu Gläsern vor dem Bruch einen nochmaligen Spannungsanstieg, Abb. 5.27a. Diese Verfestigung zeigt sich infolge Streckung der Knäuel-struktur der Molekülstränge, die schließlich im gestreckten Zustand nur noch elastisch verformbar sind (Änderung der Atomabstände und Valenzwinkel), Abb. 5.27b.

Eine Zusammenfassung der elastischen und der plastischen Verformungsmöglichkeiten ist in Abb. 5.28 dargestellt.

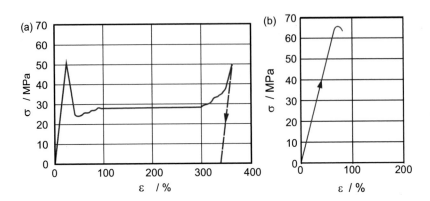

Abb. 5.27 Spannungs-Dehnungsverhalten von Polyamid **a** bei Verstreckung **b** nach Verstreckung

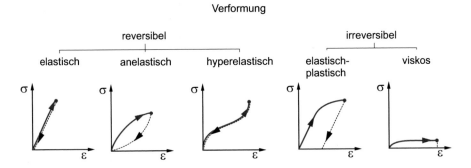

Abb. 5.28 Zusammenstellung reversibler und irreversibler Verformungsvorgänge

5.3.8 Superplastizität

Die üblicherweise verwendeten metallischen Werkstoffe ertragen im Zugversuch Bruchdehnungen von weniger als 50 %, bei Brucheinschnürungen bis zu 70 % und mehr. Demgegenüber zeigen superplastisch verformte Legierungen keine örtlichen Einschnürungen. Ihre Gleichmaßeinschnürung bzw. Gleichmaßdehnung ist sehr groß. Es können Dehnungen bis zu mehreren hundert Prozent auftreten.

Voraussetzung für die Superplastizität sind kleine Korngrößen (1 bis 10 μm), eine globulare Kornform und Temperaturen oberhalb 0,5 T_S (in K) bei niedriger Dehnrate (ca. 10^{-2} min^{-1} bis 10^{-5} min^{-1}). Superplastizität wird bei der Umformung von verschiedenen Stählen, Aluminium- und Titanlegierungen technisch genützt.

Die plastische Verformbarkeit keramischer Stoffe (kleine Korngröße, hohe Temperatur) kann ebenfalls zur Superplastizität gezählt werden.

Bei der Superplastizität wirken drei atomistische Mechanismen, die einzeln oder kombiniert wirksam werden:

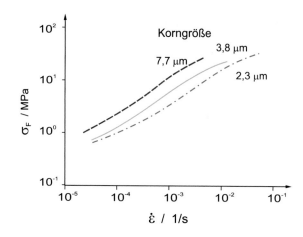

Abb. 5.29 Abhängigkeit der Fließspannung von der Umformgeschwindigkeit einer eutektischen Cu-Al-Legierung bei 520 °C

- Korngrenzengleiten
- Spannungsinduzierte Leerstellenbewegung (viskose Verformung)
  a) durch das Gitter
  b) entlang der Korngrenzen
- Dynamische Erholung durch ständige Rekristallisation.

Die Spannung, bei der superplastisches Fließen stattfindet, wird als Fließspannung σ_F bezeichnet. Diese Fließspannung steigt bei zunehmender Dehngeschwindigkeit $\dot\varepsilon$ an, Abb. 5.29. Der Zusammenhang von σ_F und $\dot\varepsilon$ kann mit folgender Näherungsformel beschrieben werden:

$$\sigma_F = A \cdot \dot\varepsilon^m, \qquad (5.27)$$

wobei A eine Konstante zur Beschreibung der Werkstoffzähigkeit ist und m als sogenannte Geschwindigkeitsempfindlichkeit bzw. strain-rate-sensitivity (Steigung der $\sigma - \dot\varepsilon$-Kurve) bezeichnet wird, Abb. 5.30. Superplastizität tritt nur dann auf, wenn die Geschwindigkeitsempfindlichkeit m > 0,3 ist.

5.3.9 Kriechen

Bei vielen Werkstoffen spielt die viskose Verformung mit zunehmender Temperatur eine nicht mehr zu vernachlässigende Rolle. Unter dem Begriff Kriechen wird die bei einer konstanter Belastung (unterhalb der Streckgrenze) sich einstellende stetige Zunahme der irreversiblen Verformung in Abhängigkeit von der Höhe der anliegenden Spannung und Temperatur verstanden.

Mit zunehmender Temperatur wird der Verformungswiderstand der Werkstoffe gegen „Kriechen" herabgesetzt, so dass diese Vorgänge bei Metallen i. Allg. ab einer Temperatur $T > 0,4 \cdot T_s$ (T_s: in K) technisch relevant werden. Die exakte Temperatur, bei der der Schä-

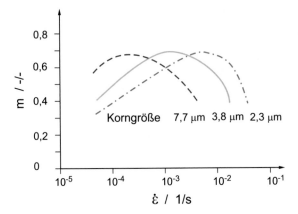

Abb. 5.30 Abhängigkeit der Geschwindigkeitsempfindlichkeit m von der Umformgeschwindigkeit einer eutektischen Cu-Al-Legierung bei 550 °C

digungsmechanismus Kriechen in der Berechnung von Bauteilen berücksichtigt werden muss, ergibt sich aus dem Schnittpunkt des Verlaufs der Warmzugfestigkeit $R_{m/\vartheta}$ mit dem der Zeitstandfestigkeit $R_{m/t/\vartheta}$ in Abhängigkeit von der Temperatur unter Berücksichtigung der jeweiligen Sicherheitsbeiwerte, siehe auch Abb. 6.53.

Der Vorgang des Kriechens wird in der Werkstoffprüfung über die im Zeitstand- oder Kriechversuch ermittelten Kennwerte quantifiziert. Eine Probe wird bei einer Temperatur, bei der technisch relevantes Kriechen auftritt, einer konstanten Belastung ausgesetzt. Die dabei auftretende Verlängerung wird ebenso wie die Zeit bis zum Bruch gemessen.

Die Vorgänge in der Mikrostruktur von Metallen, die zum Kriechen führen, sind von der Temperatur beeinflusst und hängen von der Natur des Werkstoffes ab. Zu den wichtigsten Kriechvorgängen zählen:

- Bewegungen von Versetzungen im Kristallgitter
- Gleitungen längs Korngrenzen
- Diffusion von Leerstellen,

wobei der Anteil der Versetzungsbewegung bei werkstofftypischen Anwendungstemperaturen dominant ist.

Die gemessene Zeit-Dehnkurve wird zur Charakterisierung des Kriechverhaltens des Werkstoffs herangezogen und liefert zusammen mit der Bruchzeit wichtige Informationen zur technischen Verwendung des Werkstoffs.

Bei metallischen Werkstoffen lassen sich im lastkontrollierten Zeitstandversuch grundsätzlich drei verschiedene Bereiche unterscheiden, Abb. 5.31.

1. Übergangskriechen (Primäres Kriechen),
2. Stationäres Kriechen (Sekundäres Kriechen),
3. Tertiäres Kriechen.

Abb. 5.31 Kriechkurven des Stahls 13CrMo4-4 bei einer Belastung von 180 MPa

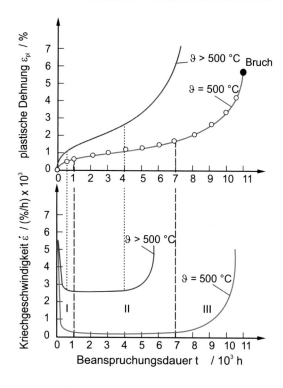

- Bereich I:

  Im Bereich des Übergangskriechens nimmt die Kriechgeschwindigkeit dε/dt von an-fänglich sehr großen Werten (nach Aufbringen der Last) mit der Zeit ab. Insbesondere bei etwas tieferen Temperaturen ist das Übergangskriechen vorherrschend, während es bei hohen Temperaturen relativ schnell vom stationären bzw. tertiären Kriechen abge-löst wird.

  Das Übergangskriechen wird im Wesentlichen von verfestigenden Vorgängen be-stimmt, wie z. B. dem Aufstau von Versetzungen vor Hindernissen.

- Bereich II:

  Der Bereich des stationären Kriechens ist durch ein dynamisches Gleichgewicht von verfestigenden und entfestigenden Verformungsmechanismen charakterisiert, so dass sich eine konstante Kriechgeschwindigkeit einstellt. Die Verfestigung entsteht – wie im Bereich I – durch Versetzungsaufstau und gegenseitige Behinderung der Versetzungs-bewegung, während Quergleitung von Schraubenversetzungen und Klettern von Stu-fenversetzungen zur Entfestigung beitragen.

  Das stationäre Kriechen kann bei höheren Temperaturen einen beträchtlichen Teil der Lebensdauer von Bauteilen bzw. Proben einnehmen und stellt daher für die langzei-tige Beanspruchung warmfester Werkstoffe eine wichtige Größe dar.

  Gegen Ende des sekundären Kriechbereichs tritt irreversible Kriechschädigung in Form von Poren auf. Darüber hinaus ergeben sich je nach Höhe der Versuchstemperatur und Dauer des Versuchs Änderungen in der Mikrostruktur wie z. B. Vergröberung von Ausscheidungen, Bildung von neuen Ausscheidungen, Zerfall von Ausscheidungen bzw. Gefügephasen. Diese Vorgänge können den Widerstand des Werkstoffs gegen Kriechen deutlich herabsetzen.

- Bereich III:
Der Bereich des tertiären Kriechens zeigt eine mit der Beanspruchungsdauer progressiv zunehmende Kriechdehnung und endet mit dem Zeitstandbruch. Die gegen Ende des sekundären Bereich sich entwickelnde Schädigung schreitet weiter fort über die Bildung von Porenketten und Mikrorissen, die bevorzugt an den Korngrenzen auftreten und die unter der Einwirkung der äußeren Beanspruchung wachsen. Die Änderungen in der Mikrostruktur sowie die spannungserhöhenden Effekte der sich einstellenden Kriechdehnung (Verringerung des Probenquerschnitts der Zeitstandprobe) und der Schädigung durch Risse und Mikroporen bewirken eine starke Zunahme der Kriechgeschwindigkeit. Der typische Kriechbruch ist gekennzeichnet durch geringe Verformungswerte (Einschnürung, Dehnung) und einen interkristallinen Bruchverlauf.

Die oben erwähnten Kriechbereiche treten im Prinzip auch an technischen Bauteilen auf. Es ist jedoch zu beachten, dass die Ausbildung der tertiären Phase im Allgemeinen weniger deutlich ist, als im Versuch mit Probestäben und Bauteile auslegungsgemäß nicht im tertiären Bereich betrieben werden.

Um genaue Aufschlüsse über das Zeitstand- bzw. Kriechverhalten eines Werkstoffes zu erhalten, müssen Kriechkurven bei verschiedenen Lasten und Temperaturen erstellt werden, Abb. 5.32. Zur Auslegung von Bauteilen, die einer hohen Temperatur ausgesetzt sind, werden unter anderem folgende Werkstoffkennwerte verwendet:

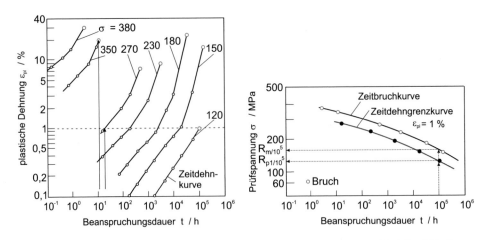

Abb. 5.32 Ermittlung der Dehngrenzlinie und der Zeitbruchlinie (13CrMo4-4 bei $\vartheta = 550\ °C$)

Zeitdehngrenze: $R_{p1/10^5/\vartheta}$

Spannung, die bei gegebener Prüftemperatur ϑ nach 10^5 h (= 11,4 Jahre) eine bleibende Dehnung von 1 % hervorruft.

Zeitstandfestigkeit: $R_{m/10^5/\vartheta}$

Spannung, die bei gegebener Prüftemperatur ϑ nach 10^5 h zum Bruch führt.

Zur Ermittlung dieser Werkstoffkennwerte sind langzeitige Versuche notwendig, um sichere Aussagen über das Langzeit-Kriechverhalten der unterschiedlichsten Werkstoffe zu gewinnen. Die im Kriechversuch ermittelten Kennwerte weisen große Streubänder auf, Abweichungen z. B. der Versuchstemperatur, der Belastung und auch des Entnahmeortes der Proben beeinflussen die Kennwerte stark. Es ist daher wichtig, die Vorgaben der Norm, z. B. der DIN EN ISO 204:2019-04: „Metallische Werkstoffe – Einachsiger Zeitstandversuch unter Zugbeanspruchung – Prüfverfahren", einzuhalten. Kennwerte, die in den Werkstoffblättern verwendet werden, siehe Abschn. 6.5.1, werden ausschließlich von akkreditierten bzw. von den regelwerkssetzenden Gremien anerkannten Laboren ermittelt.

Wichtige technische Prozesse laufen bei hohen bis sehr hohen Temperaturen ab (z. B. in Verbrennungsmotoren, Gas- und Dampfturbinen, Crackanlagen der Petrochemie). Die hierbei eingesetzten Bauteile sind über lange Betriebszeiten hohen Beanspruchungen ausgesetzt. Zu beachten ist, dass die bei metallischen Werkstoffen bekannten Mechanismen zur Festigkeitssteigerung (siehe Abschn. 5.4)

- Verformungsverfestigung
- Feinkornhärtung (Kornverfeinerung)
- Mischkristallverfestigung
- Teilchenhärtung

den Widerstand gegen Kriechen nur eingeschränkt beeinflussen. Kriechfestigkeit wird erreicht über die Optimierung der chemischen Zusammensetzung in Verbindung mit der Wärmebehandlung zur Erzielung eines thermodynamisch möglichst stabilen Gefügezustandes mit feindispersen Ausscheidungen. Dadurch werden Versetzungsbewegungen und Korngrenzengleiten behindert. Da neben der Temperatur in diesen Prozessen auch aggressive Medien auftreten, müssen die eingesetzten Werkstoffe neben der Kriechfestigkeit auch eine Oxidations- bzw. Korrosionsbeständigkeit aufweisen.

5.3.10 Relaxation

Unter Relaxation versteht man den Abbau von Spannungen, bei konstant gehaltener Gesamtverformung, über eine Umlagerung von elastischen Dehnungen in bleibende Dehnungen. Bei metallischen Werkstoffen tritt Relaxation bei erhöhten Temperaturen auf und ist mit Kriech- und Erholungseffekten verbunden. Wenn sich während dieses Vorgangs die Dehnungen auf die Korngrenzen konzentrieren, können Relaxationsrisse entstehen.

Im Relaxationsversuch wird eine Probe bei einer vorgegebenen Temperatur mit einer konstanten Zugdehnung belastet. Als Folge der Umlagerung elastischer Dehnungen in viskoplastische Dehnungen stellt sich ein Abfall der Prüfkraft bzw. Spannung ein. Relaxationsvorgänge sind temperaturabhängig: Bei hohen Temperaturen sind die Vorgänge ausgeprägter. Die im Relaxationsversuch ermittelte Restspannung ist eine wichtige Größe für die Bemessung von Schraubenverbindungen. Die Versuche können in einer Prüfmaschine (z. B. DIN EN 10319-1:2003-09: „Metallische Werkstoffe – Relaxationsversuch unter Zugbeanspruchung – Teil 1 Prüfverfahren für die Anwendung in Prüfmaschinen") oder aber auch an Schraubenverbindungsmodellen (z. B. DIN EN 10319-2:2007-01 Metallische Werkstoffe – Relaxationsversuch unter Zugbeanspruchung – Teil 2: Prüfverfahren mit Schraubenverbindungsmodellen) durchgeführt werden.

5.4 Schwingfestigkeitsuntersuchung

5.4.1 Grundlagen

Die Mehrzahl der technischen Bauteile unterliegt im Betrieb einer zeitabhängigen Belastung. Im allgemeinen Fall tritt eine regellose Folge von Lastschwankungen unterschiedlicher Größe auf, die häufig einer quasistatischen oder zeitlich veränderlichen Mittelspannung überlagert sind. Wird von einigen Gebieten, in denen der Leichtbau eine entscheidende Rolle spielt (z. B. Flugzeug-, Fahrzeugbau) abgesehen, bei denen eine statistische Analyse der auftretenden Belastungen und Versuche mit möglichst betriebsnaher Beanspruchung erforderlich ist, dann genügt für übliche Schwingfestigkeitsuntersuchungen eine idealisierte Schwingbelastung in Form einer Sinusschwingung um eine statische Mittellast.

Die zur Einordnung der Schwingbeanspruchung wichtigen Bezeichnungen sind in Abb. 5.33 grafisch dargestellt und in den folgenden Beziehungen angegeben:

$$\text{Spannungsamplitude} \quad \sigma_a = \frac{\sigma_o - \sigma_u}{2}, \qquad (5.28)$$

$$\text{die Mittelspannung} \quad \sigma_m = \frac{\sigma_o + \sigma_u}{2}, \qquad (5.29)$$

$$\text{und das Spannungsverhältnis} \quad R = \frac{\sigma_u}{\sigma_o}. \qquad (5.30)$$

Je nach Lage der Ober- (σ_o) und Unterspannung (σ_u) wird in Beanspruchungen im Zugschwell-, im Wechsel- und im Druckschwellbereich, Abb. 5.34 unterschieden. Sonderfälle sind die reine Zugschwellbeanspruchung ($\sigma_u = 0$, $R = 0$), die reine Wechselbeanspruchung ($\sigma_u = -\sigma_o$, $R = -1$) und die reine Druckschwellbeanspruchung ($\sigma_o = 0$, $R = -\infty$).

Abb. 5.33 Zeitlicher Verlauf der Spannung bei schwingender Beanspruchung

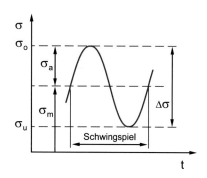

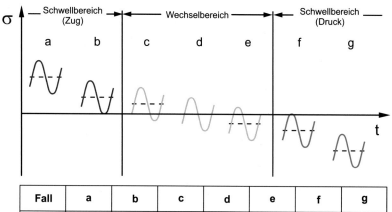

Fall	a	b	c	d	e	f	g
σ_o	>0	>0	>0	>0	>0	=0	<0
σ_m	>0	$=\sigma_o/2$	>0	=0	<0	$=\sigma_u/2$	<0
σ_u	>0	=0	<0	$-\sigma_o$	<0	<0	<0

Fall b: reine Zugschwellbeanspruchung
Fall d: reine Wechselbeanspruchung
Fall f: reine Druckschwellbeanspruchung

Abb. 5.34 Einteilung schwingender Beanspruchungen

Ebenso wie bei der statischen Beanspruchung müssen auch bei schwingender Beanspruchung Werkstoffkennwerte ermittelt werden, wobei bei schwingender Beanspruchung zwischen den Versagensarten Anriss und Schwingungsbruch eines Bauteils unterschieden werden muss.

Bei der Durchführung des Schwingversuches werden entweder die Lastgrenzen (Spannungsgrenzen) oder die Dehnungsgrenzen konstant gehalten. Im ersten Fall spricht man von einem spannungskontrollierten Versuch, da der sich einstellende Dehnungsausschlag vom Werkstoffverhalten abhängt. Der zweite Fall wird als dehnungskontrolliert bezeichnet, wobei dann die Spannungsamplitude eine Funktion des Werkstoffverhaltens ist. Die

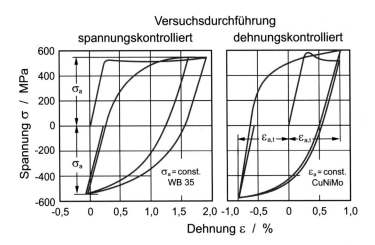

Abb. 5.35 Spannungs- und dehnungskontrollierte Schwingversuche

Abb. 5.35 zeigt den Spannungs-Dehnungsverlauf während eines Belastungszyklus, wie er bei hohen Spannungsamplituden ($\sigma_a > R_e$) auftritt. Dieser Verlauf wird auch als Hysteresisschleife bezeichnet, deren Inhalt (Hysteresisfläche) der in der Probe umgesetzten irreversiblen Formänderungsarbeit entspricht.

5.4.2 Spannungskontrollierter Versuch (Wöhlerversuch)

Für schwingend beanspruchte Bauteile ist der grundlegende Versuch der Dauerschwingversuch in dem die Proben in der Regel durch eine sinusförmig wechselnde Last in konstanten Lastgrenzen (spannungskontrollierter Versuch) beansprucht werden. Versuchstechnisch wird aus zahlreichen Dauerschwingversuchen die Wöhlerlinie gewonnen, die den Zusammenhang zwischen einer bestimmten Spannungsamplitude σ_A und der zum Schwingungsbruch führenden zugehörigen Bruchschwingspielzahl N_B liefert. Zur Bestimmung des Wöhlerdiagramms prüft man Proben eines Werkstoffs mit einheitlicher Oberflächenbeschaffenheit bei konstanter Mittelspannung und Temperatur mit unterschiedlichen Spannungsamplituden bis zum Bruch. Die auf diese Weise ermittelten Wertepaare trägt man in ein (N_B, σ_A) − Diagramm ein, in dem üblicherweise beide Achsen logarithmisch aufgetragen werden. Die Wöhlerkurve läßt sich nach DIN 50100:2016-12 in drei Bereiche einteilen:

Bereich 1: Kurzzeitfestigkeit bis 10^4 Lastwechsel LW
Bereich 2: Zeitfestigkeit von 10^4 LW bis zur Knickschwingspielzahl N_K (500000 bis 10^7LW)
Bereich 3: Langzeitfestigkeit ab Knickschwingspielzahl N_K

Bei den Wöhlerkurven sind in der Regel im Temperaturbereich, in dem Kriechvorgänge noch nicht auftreten, zwei typische Kurvenverläufe zu beobachten, Abb. 5.36. Bis etwa 10 Schwingspiele erstreckt sich ein quasistatischer Bereich. Der Bereich bis zu 10^4 Lastwech-

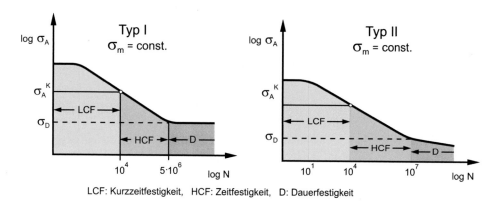

LCF: Kurzzeitfestigkeit, HCF: Zeitfestigkeit, D: Dauerfestigkeit

Abb. 5.36 Schematische Darstellung der Wöhlerkurven (Typ I und Typ II)

seln wird als Kurzzeitfestigkeit (LCF) bezeichnet. Im LCF-Bereich fällt die ertragbare Spannungsamplitude ab wobei die Belastungen in der Regel noch zu größeren plastischen Verformungen führen. Zwischen 10^4 Lastwechseln und der Knickschwingspielzahl befindet sich der Zeitfestigkeitsbereich (HCF). Die ertragbare Spannungsamplituden gehen mit steigender Lastwechselzahl weiter zurück. Es werden nur noch geringe oder keine plastischen Verformungenin bei den einzelnen Schwingspielen beobachtet. Oberhalb der Knickschwingspielzahl schließt sich die Langzeitfestigkeit - oft auch Dauerfestigkeit genannt - an. Beim Kurventyp I sinkt im Langzeitfestigkeitsbereich die ertragbare Spannungsamplitude mit steigender Schwingspielzahl nicht mehr weiter ab, während Kurventyp II auch bei sehr hohen Schwingspielzahlen keinen horizontalen Verlauf zeigt. Ferritisch-perlitische Stähle (krz) und heterogene Nichteisenmetall-Legierungen weisen häufig Typ I, austenitische Stähle und andere kfz-Legierungen (z. B. Aluminiumlegierungen) Typ II auf.

Die Knickschwingspielzahl der Zeitfestigkeitsgeraden bei Werkstoffen vom Typ I liegt meistens bei $5*10^5$ bis 10^7 Schwingspielen.

Nach gültiger Norm DIN 50100:2016-12 werden beispielsweise für ferritische Stähle und Gusseisen Prüfungen bis zu einer Grenzschwingspielzahl N_G von $5*10^6$ durchgeführt. Bei austenitischen Stählen, Aluminium, Magnesium und Titan wird eine N_G von 10^7 vorgeschlagen. Proben die bis zur Grenzschwingspielzahl nicht gebrochen sind werden als Dauerläufer bezeichnet. Die bei der Grenzschwingspielschwingzahl noch ertragbare Spannungsamplitude wird als Langzeitfestigkeit $L_{aL,NG}$ definiert. Diese Langzeitfestigkeit ersetzt die früher verwendete Dauerfestigkeit σ_D.

Forschungsergebnisse zeigen aber, dass auch im Bereich von größer 10^7 (Very High Cycle Fatigue (VHCF) Bereich) die ertragbare Spannungsamplitude noch deutlich abfallen kann. Da auch Schwingspielzahlen von größer 10^{10} beispielsweise im Fahrzeug- und Flugzeugbau technisch relevant sind rückt dieser Bereich immer mehr in den Focus.

Bedingt durch Werkstoffinhomogenitäten und Abweichungen in der Oberflächenbeschaffenheit, Wärmebehandlung des Werkstoffs usw. streuen Schwingfestigkeitswerte sehr stark. Aus diesem Grund sollten mehrere Versuche für denselben Beanspruchungshorizont durchgeführt werden. Mit Hilfe von statistischen Methoden lassen sich auf diese Weise Wöhlerlinien für bestimmte Bruchwahrscheinlichkeiten berechnen.

5.4.3 Dehnungskontrollierter Versuch (Anrisskennlinie)

Beim dehnungskontrollierten Versuch wird die Schwingbreite der Verformungen, d. h. die Dehnungsschwingbreite, konstant gehalten. Der dehnungskontrollierte Versuch eignet sich insbesondere für Untersuchungen im LCF- und beginnendem HCF-Bereich bei elastisch-plastischen Wechselverformungen, bei denen die Größe der bleibenden Dehnungen als Maß für die Werkstoffschädigung gilt.

Als Versagenskriterium bei dehnungskontrollierten Versuchen gilt üblicherweise das Anreißen der Probe. Somit wird anstelle der Bruchschwingspielzahl N_B wie im Wöhlerversuch die Schwingspielzahl N_A beim Anriss ermittelt. Die Ergebnisse der dehnungskontrollierten Versuche werden üblicherweise als Ermüdungskurven mit der fiktiv-elastischen Spannungsschwingbreite $2 \cdot \sigma_a = 2 \cdot E \cdot \varepsilon_{a,t}$ als Funktion von der Anrissschwingspielzahl N_A dargestellt. In doppeltlogarithmischer Auftragung ergeben sich dabei als Anrisskennlinien näherungsweise Geraden.

Wird während eines Belastungszyklus die Spannung über der Dehnung aufgetragen, erhält man bei überelastischer Beanspruchung eine Hysteresisschleife. Im dehnungskontrollierten Versuch kann sich dabei der Spannungsausschlag σ_a im Lauf der Zeit ändern, Abb. 5.37.

Diese Ver- bzw. Entfestigungsvorgänge sind von der Art und Zustand des Werkstoffs, von der Temperatur sowie von der Beanspruchungshöhe abhängig. Weiche und niedriglegierte Stähle verfestigen, höherlegierte entfestigen sich in der Regel. Weiterhin neigen geglühte Werkstoffe zur Verfestigung und kaltverformte oder vergütete Werkstoffe zur Entfestigung.

Wird die im Versuch ermittelte Schwingbreite der Gesamtdehnung $\varepsilon_{a,t}$ in einen elastischen $\varepsilon_{a,el}$ und in einen bleibenden Anteil $\varepsilon_{a,r}$ unterteilt, gemäß

$$2 \cdot \varepsilon_{a,t} = 2 \cdot \varepsilon_{a,el} + 2 \cdot \varepsilon_{a,r} \qquad (5.31)$$

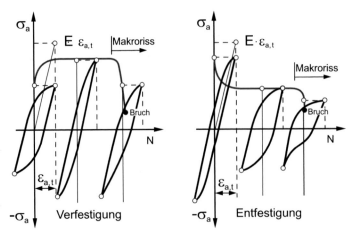

Abb. 5.37 Zyklisches Werkstoffverhalten

überwiegt bei kleinen Schwingspielzahlen der Anteil der bleibenden Dehnung an der Gesamtdehnung, während für große Schwingspielzahlen im Bereich der Dauerfestigkeit die rein elastische Verformung deutlich überwiegt und somit die Gesamtdehnung proportional zur Spannung ist, Abb. 5.38.

Außer vom Werkstoffverhalten und dem Betrag der Dehnungsschwingbreite wird das Dehnungswechselverhalten vorwiegend durch die Temperatur beeinflusst. Mit steigender Temperatur nimmt die ertragbare Dehnungsschwingbreite ab. Dies gilt gleichermaßen für die Anrissschwingspielzahl mit konstanter Dehnungsschwingbreite. Anhand von Versuchsergebnissen für zwei Werkstoffe für die Anwendung bei hohen Temperaturen sind diese Zusammenhänge beispielhaft in Abb. 5.39 dargestellt.

Häufig werden Bauteile im Betrieb bis zu einer Maximalbeanspruchung belastet (Anfahren), dann bestimmte Zeit in diesem Zustand gehalten (Haltezeit im Betrieb) und anschließend wieder teilweise oder ganz entlastet (Abfahren). Diese Art der Belastung ist typisch für Komponenten in der Anlagentechnik, wobei die Haltezeit teilweise bis zu mehreren Monaten dauern kann. Da hier die mechanische Beanspruchung durchweg bei hohen Temperaturen auftritt, kommt es zu Kriech- und Relaxationsvorgängen, die die Lebensdauer eines Bauteils herabsetzen. Dieser Einfluss wird durch Dehnungswechselversuche mit zwischengeschalteten Haltezeiten unterschiedlicher Länge im Zug- und Druckbereich erfasst. Der Einfluss der Haltezeit auf die ertragbare Gesamtdehnungsschwingbreite in Abhängigkeit von der Anrisslastspielzahl ist bei der Bauteilbewertung zu berücksichtigen. Für einen 1 % CrMoV-Stahlguss ergibt sich bei einer Temperatur von 530 °C im Vergleich zur Anrisskennlinie ohne Haltezeit bei betragsmäßig großen Dehnungsschwingbreiten nur ein geringer Einfluss, während Haltezeiten bei betragsmäßig kleinen praxisrelevanten Dehnungsschwingbreiten die Anrissschwingspielzahl erheblich herabsetzen, Abb. 5.40.

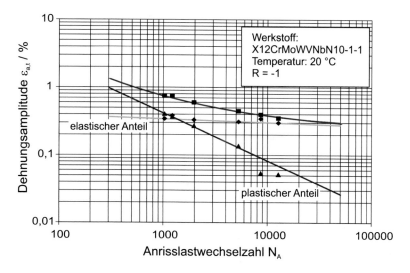

Abb. 5.38 Rein wechselnd ermittelte Anrisskennlinie für den Werkstoff X12CrMoWVNbN10-1-1

Abb. 5.39 Anrisskennlinien
für die Werkstoffe
X12CrMoVNbN10-1-1 und
NiCr20TiAl (Nimonic 80 A)
für unterschiedliche
Prüftemperaturen

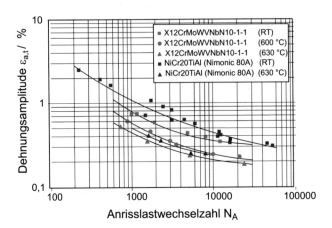

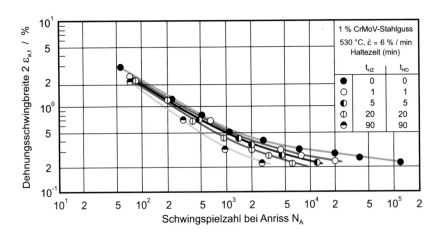

Abb. 5.40 Anrisskennlinien mit Haltezeit

5.4.4 Einflussgrößen auf die Schwingfestigkeitskennwerte

Schwingfestigkeitskennwerte sind von zahlreichen Einflussfaktoren abhängig. Wesentliche Bedeutung haben dabei insbesondere

- Mittelspannung,
- Beanspruchungsart,
- Oberflächenbeschaffenheit,
- Umgebungseinflüsse (Korrosion, Temperatur, …),
- Größeneinfluss,
- Kerbwirkung.

Einer der wichtigsten Kennwerte bei schwingender Belastung ist sicher die Langzeitfestigkeit/ Dauerfestigkeit. Während in der Bauteilprüfung die Langzeitfestigkeit ermittelt wird, verwenden die gängigen Regelwerke zur Auslegung von Bauteilen (z. B. die FKM-Richtlinie) die weitgehend identische Dauerfestigkeit.

Einer der am ausgiebigsten untersuchten Einflüsse auf die Dauerfestigkeit ist der Mittelspannungseinfluss. Dieser Zusammenhang ist durch die Dauerfestigkeitsschaubilder (DFS) in der Darstellung nach Smith (Abb. 5.41) bzw. Haigh (Abb. 5.42) gegeben.

Im DFS nach Smith wird die ertragbare Ober- und Unterspannung über der Mittelspannung σ_m aufgetragen. Eine im Prinzip äquivalente Darstellung liefert das Dauerfestigkeitsschaubild nach Haigh. Hier wird direkt die ertragbare Spannungsamplitude über der Mittelspannung aufgetragen. Ausgezeichnete Punkte der DFS ergeben sich durch die reine Wechselbeanspruchung ($\sigma_m = 0$, $\sigma_A = \sigma_W$) sowie durch die reine Schwellbeanspruchung ($\sigma_u = 0$, $\sigma_m = \sigma_{Sch}/2$, $\sigma_A = \sigma_{Sch}/2$).

Häufig werden die Grenzkurven der ertragbaren Spannungsamplituden für zähe Werkstoffe durch die Oberspannung $\sigma_o = R_e$ begrenzt. Dabei wird berücksichtigt, dass (statisches) Versagen durch Fließen eintritt, wenn die Oberspannung (bzw. Vergleichsoberspannung bei mehrachsiger Beanspruchung) die Streckgrenze erreicht.

Abb. 5.41 Dauerfestigkeitsschaubild nach Smith

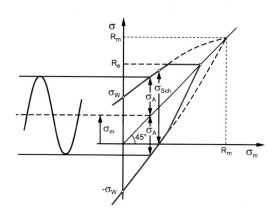

Abb. 5.42 Dauerfestigkeitsschaubild nach Haigh

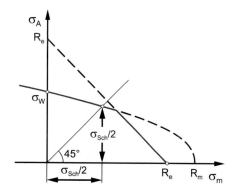

Die experimentelle Ermittlung der Dauerfestigkeitsschaubilder ist recht aufwändig. Aus diesem Grund werden in der praktischen Anwendung häufig Nährungskonstruktionen eingesetzt, bei denen die Grenzkurven durch einfache Funktionen wie Geraden, Ellipsen oder Parabeln approximiert werden. Ersatzweise können auch die folgenden Näherungsformeln zur Berechnung der ertragbaren Spannungsamplituden verwendet werden.

$$\left.\begin{array}{l} \sigma_A = \sigma_w \sqrt{1 - \dfrac{\sigma_m}{R_m}} \\[3em] \tau_A = \tau_w \sqrt{1 - \left(\dfrac{\tau_m}{\tau_B}\right)^2} \end{array}\right\} \text{zähe Werkstoffe} \qquad (5.32)$$

$$\left.\begin{array}{l} \sigma_A = \sigma_w \cdot \left(1 - \dfrac{\sigma_m}{R_m}\right) \\[3em] \tau_A = \tau_w \cdot \left(1 - \dfrac{|\tau_m|}{\tau_B}\right) \end{array}\right\} \text{spröde Werkstoffe} \qquad (5.33)$$

Die Schwingfestigkeitskennwerte werden im Zug-, Druck-, Biege- und Torsionsschwingversuch ermittelt. Näherungsweise können diese Werte auch mittels einer Relation zur Zugfestigkeit R_m berechnet werden. Die in untenstehender Berechnungstafel, Abb. 5.43, angegebenen Umrechnungsverhältnisse gelten für Proben mit polierten Oberflächen, wie sie üblicherweise in Schwingversuchen verwendet werden.

Näherungswerte der Verhältnisse von	$\dfrac{\text{Dauerschwingfestigkeit}}{\text{Zugfestigkeit}}$			
Kennwert	Zeichen	Stahl	Gusseisen	Leichtmetall
Zug/Druck-Wechselfestigkeit	σ_{zdW}	$0,3 \div 0,45$	$0,2 \div 0,3$	$0,2 \div 0,35$
Biege-wechselfestigkeit	σ_{bW}	$0,4 \div 0,55$	$0,3 \div 0,4$	$0,3 \div 0,5$
Torsions-wechselfestigkeit	τ_W	$0,2 \div 0,35$	$0,25 \div 0,35$	$0,2 \div 0,3$
Zug-Schwellfestigkeit	σ_{Sch}	$0,5 \div 0,6$	$0,3 \div 0,4$	----------
Biege-schwellfestigkeit	σ_{bSch}	$0,6 \div 0,7$	$0,4 \div 0,55$	----------
Torsions-schwellfestigkeit	τ_{Sch}	$0,3 \div 0,4$	$0,4$	$0,3$

Bemerkung: Die Näherungswerte sind für polierte Oberflächen gültig. Für hohe Zugfestigkeiten sind die kleineren Werte zu verwenden, für niedrigere die größeren.

Abb. 5.43 Schwingfestigkeitskennwerte in Abhängigkeit der Zugfestigkeit R_m

Von großem Einfluss auf die Schwingfestigkeit, besonders bei Werkstoffen höherer Festigkeit, ist die Beschaffenheit der Oberfläche. In der Festigkeitsberechnung wird dieser Zusammenhang durch den Oberflächenfaktor f_0 (bzw. Rauheitsfaktor und Randschichtfaktor) berücksichtigt, der die Abminderung der ertragbaren Spannungsamplitude gegenüber der polierten Probe angibt.

Der Oberflächenfaktor ist von der Zugfestigkeit R_m des Werkstoffs sowie von der Art der Oberfläche abhängig und wird mit empirisch gewonnenen Diagrammen bestimmt, Abb. 5.44. Die Wechselfestigkeit einer Probe mit beliebiger Oberfläche berechnet sich damit zu

$$\sigma_w = f_0 \cdot \sigma_{w,pol} \, . \tag{5.34}$$

Bei Korrosionseinfluss gehen die Wöhlerlinien auch bei sehr hohen Schwingspielzahlen nicht mehr in einen horizontalen Verlauf über. Dies bedeutet, dass keine ausgeprägte Dauer- bzw. Langzeitfestigkeit auftritt, sondern vielmehr auch bei niedrigen Spannungsamplituden schließlich mit einem Schwingungsbruch zu rechnen ist. Bei schwingender Beanspruchung unter Korrosion muss zusätzlich der Einfluss der Zeit, d. h. der Schwingspielfrequenz auf die ertragbare Schwingspielzahl in Betracht gezogen werden.

Schwierig rechnerisch zu erfassen ist der Größeneinfluss bei schwingender Beanspruchung. Generell gilt, dass Schwingfestigkeitskennwerte, die an Kleinproben ermittelt wurden höher sind als diejenigen an größeren Proben oder Bauteilen. Eine isolierte Betrachtung dieses Effektes ist jedoch sehr aufwändig, da häufig weitere Einflussgrößen wie der Spannungsgradient senkrecht zur Oberfläche, d. h. der spannungsmechanische Größeneinfluss oder die Herstellungstechnologie, d. h. der technologische Größeneinfluss eine wesentliche Rolle spielen.

Der spannungsmechanische Größeneinfluss zeigt sich schon bei glatten Proben unter Biege- oder Torsionsbelastung. Die Biege- bzw. Torsionsspannung weist bei kleinen Proben einen größeren Spannungsgradienten senkrecht zur Oberfläche auf als bei großen Proben. Bei

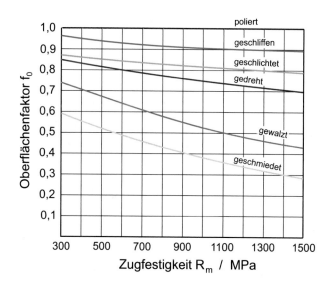

Abb. 5.44 Oberflächenfaktor f_0 in Abhängigkeit von der Zugfestigkeit R_m

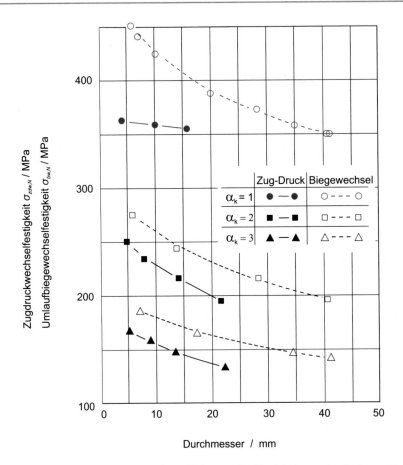

Abb. 5.45 Abhängigkeit der Zug-Druck- und Biegewechselfestigkeit von der Probengröße ermittelt am Werkstoff 34CrNiMo 6 aus [Top08]

gleicher Randspannung bedeutet dies, dass bei der größeren Proben größere Volumenbereiche höher als bei der Kleinprobe beansprucht sind. Bei gekerbten Bauteilen sind die Verhältnisse in Abhängigkeit vom Kerbfaktor noch ausgeprägter. Dies bedeutet, dass bei Bauteilen mit hohen Kerbfaktoren, d. h. scharfen Kerben, ein hoher Spannungsgradient vorliegt und relativ kleine Volumenbereiche hoch beansprucht sind. Daraus ergibt sich, dass sich bei zyklischer Belastung Bauteile mit scharfer Kerbe relativ günstiger verhalten als Bauteile mit weniger scharfen Kerben [Hai 06]. Der Auswirkung von fertigungstechnischen Verfahren auf die Werkstoff und Bauteileigenschaften werden als technologischer Größeneinfluss bezeichnet. Z. B. ist beim Gießen und Wärmebehandeln ein entscheidender Parameter für die Werkstoffqualität die Temperaturführung über die Dicke des Bauteils, die die Vergütungszustände prägt, siehe auch Kap. 6.4. Beim Schmieden und Umformen kommt noch der Verschmiedungs- bzw. Umformgrad hinzu. Diese Einflussgrößen führen außerdem zu unterschiedlichen Größen, Formen und Verteilungen nichtmetallischer Einschlüsse über die Bauteildicke und damit zu inhomogenen Werkstoffeigenschaften über die Dicke des Werkstücks bzw. Bauteils. In Abb. 5.45 sind experimentelle Ergebnisse zum Größeneinfluss an glatten und gekerbten

Rundzugproben bei Zug-Druck- und Biegewechselbelastung dargestellt. Die ausgewiesenen Spannungen sind Bruchnennspannungen und die Kerbfaktoren α_k wurden für quasistatische Beanspruchungen bestimmt.

Um die bekannteStreuung der Kennwerte beim Schwingversuch zu begrenzen, werden die Versuche nach den Vorgaben verschiedener Normen durchgeführt, wie z. B. der DIN 50100:2016-12 bzw. ISO 12106:2017-03: „Metallische Werkstoffe – Ermüdungsprüfung – Einachsige Prüfung mit der dehnungskontrollierten Methode Schwingfestigkeitsversuch – Durchführung und Auswertung von zyklischen Versuchen mit konstanter Lastamplitude für metallische Werkstoffproben und Bauteile". Darüber hinaus existieren eine Reihe von Normen, in denen die Prüfung definierter Bauteile festgelegt ist.

5.5 Verfestigungsmechanismen

Die Festigkeit von Werkstoffen hängt wesentlich von deren chemischer Zusammensetzung, Herstellung und einer eventuellen Wärmebehandlung ab. Die Steigerung der Streckgrenze R_e lässt sich auf die verschiedenen Verfestigungsmechanismen im Gefüge zurückführen:

- Kaltverfestigung
- Mischkristallverfestigung
- Ausscheidungshärtung
- Kornverfeinerung

Die Streckgrenze kann näherungsweise nach folgender Beziehung berechnet werden:

$$R_e = \sigma_P + \Delta\sigma_V + \Delta\sigma_M + \Delta\sigma_A + \Delta\sigma_K \tag{5.35}$$

σ_P:	Peierl-Spannung (Spannung, die benötigt wird, um eine Versetzung in einem Einkristall mittlerer Orientierung zu bewegen)
$\Delta\sigma_V$:	Kaltverfestigung (Verfestigung durch Erzeugung von Versetzungen)
$\Delta\sigma_M$:	Mischkristallverfestigung
$\Delta\sigma_A$:	Ausscheidungshärtung
$\Delta\sigma_K$:	Verfestigung durch Kornverfeinerung

Die einzelnen Teilbeträge lassen sich mit Hilfe von Proportionalitätsbeziehungen abschätzen:

$$\Delta\sigma_v \sim \sqrt{\rho}, \quad \text{mit} \quad \rho : \text{Versetzungsdichte} \tag{5.36}$$

$$\Delta\sigma_M \sim \sqrt{c}, \quad \text{mit} \quad c : \text{Konzentration der gelösten Elemente} \tag{5.37}$$

$$\Delta\sigma_A \sim \frac{1}{D}, \quad \text{mit D} : \text{Teilchenabstand} \tag{5.38}$$

$$\Delta\sigma_K \sim \frac{1}{\sqrt{d}}, \quad \text{mit} \quad d : \text{Korngröe} \tag{5.39}$$

5.5.1 Kaltverfestigung

Zum Erreichen einer makroskopischen plastischen Verformung ist eine sehr große Anzahl von Versetzungen erforderlich. Bereits in einem unverformten Metalleinkristall wurden Versetzungsdichten von $10^6 - 10^7$ cm^{-2} festgestellt, Abb. 5.46.

Die Versetzungen müssen während der plastischen Verformung ständig neu gebildet werden, ihre Dichte kann dabei auf über 10^{12} cm^{-2} ansteigen. Das bedeutet, dass in einem Würfel mit 1 cm Kantenlänge 10 Millionen km Versetzungslinien enthalten sind. In einem ungestörten Kristallgitter können Versetzungen durch die Wirkung von Schubspannungen der üblichen Größe nicht spontan entstehen. Dazu müssen vielmehr Störungen vorhanden sein, wie Korngrenzen oder Versetzungen, die praktisch in jedem Kristall bereits von der Erstarrung her zu finden sind.

Einer der bekanntesten Vervielfachungsmechanismen ist der sog. Frank-Read-Mechanismus, Abb. 5.47. Die Versetzungsquelle besteht aus einer Versetzungslinie 0, die in der Gleitebene des Kristalls liegt und in den Punkten A und B verankert ist. Unter einer Schubspannung wölbt sich das Versetzungssegment in der Gleitebene aus. Mit zunehmender Auswölbung treffen die beiden Versetzungsbögen an der Stelle C zusammen, annihilieren dort und spalten den Ring 6b ab. Das Segment 6a geht in die Ausgangsposition zurück und der Quellenmechanismus kann erneut beginnen. Auf diese Weise können theoretisch beliebig viele Versetzungsringe abgespalten werden, von denen jeder eine Abgleitung b (Burgersvektor) bewirkt.

Die Kaltverfestigung beruht darauf, dass sich die Versetzungen infolge gegenseitiger Anziehung bzw. Abstoßung beim Gleiten behindern. Je höher die Versetzungsdichte ist, um so größer muss die äußere Spannung sein, um die Versetzungen aneinander vorbei zu bewegen. Außerdem werden die Versetzungen vor Hindernissen wie z. B. unbeweglichen Versetzungen, Ausscheidungen oder Korngrenzen aufgestaut. Die aufgestauten Versetzun-

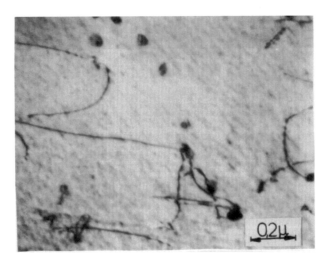

Abb. 5.46 Gewölbte Versetzungen in einem geschmiedeten Feinkornbaustahl, 20MnMoNi5-5, Transmissionselektronen – Mikroskop (TEM)

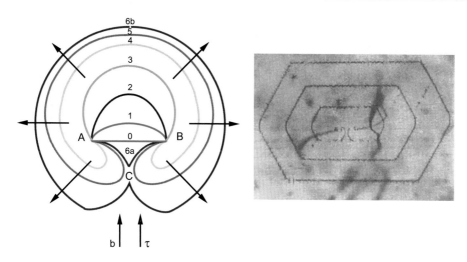

Abb. 5.47 Frank-Read-Mechanismus [Das56]

gen und ihre Spannungsfelder beeinflussen wiederum die Neubildung von Versetzungen. Wenn das durch die Versetzungen induzierte Spannungsfeld größer als das von außen aufgebrachte Spannungsfeld ist, wird die Versetzungsbildung gestoppt.

Die bei Raumtemperatur erzielte Verfestigung (Kaltverformung) geht bei hohen Temperaturen durch Erholungs- und Rekristallisationsvorgänge wieder verloren.

5.5.2 Mischkristallverfestigung

Mischkristalle haben i. Allg. eine höhere Streckgrenze als reine Metalle. Dies weist darauf hin, dass die Versetzungsbewegung im Mischkristallgitter erschwert ist, Abb. 5.48 und 5.49. Dies kann einmal dadurch hervorgerufen werden, dass die Atome der zulegier-

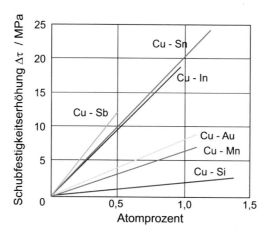

Abb. 5.48 Mischkristallverfestigung in Abhängigkeit von der Konzentration für verschiedene Kupferlegierugen

Abb. 5.49 Mischkristallverfestigung in Abhängigkeit von der Konzentration bei Cu-Ni-Legierungen

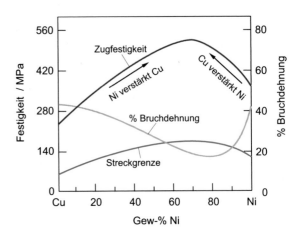

ten Elemente vom Grundgitter abweichende Atomdurchmesser aufweisen, welche das Gitter mehr oder weniger stark verzerren, siehe Abschn. 3.1.1 und 3.1.2.

5.5.3 Ausscheidungshärtung

Die Hinderniswirkung der Fremdatome im Mischkristall wird wesentlich erhöht, wenn sich diese zu einer Ausscheidung zusammenlagern. Dies kann durch die Zugabe von Legierungselementen erreicht werden, Abb. 5.50. Bei den gebräuchlichen Stählen werden die Ausscheidungen im wesentlichen über eine Wärmebehandlung nach dem Härten, siehe Abschn. 6.4.2.7 erzeugt. Bei Nichteisenmetallen, z. B. Al-Cu-Legierungen kann eine Ausscheidungshärtung durch Auslagern bei erhöhten oder auch bei RT nach Lösungsglühen und Abschrecken erzielt werden, siehe Abschn. 7.2.2.3.1. Dabei werden Bereiche anderer chemischer Zusammensetzung und häufig auch anderer Kristallstruktur gebildet. Die Ausscheidungshärtung beruht auf der Versetzungsbehinderung beim Schneiden oder Umgehen der Ausscheidungen, wobei eine Verteilung vieler feiner kohärenter Ausscheidungen am wirkungsvollsten ist.

5.5.4 Verfestigung durch Kornverfeinerung

Die Kornverfeinerung liefert einen erheblichen Beitrag zur Festigkeitssteigerung. Je kleiner die Korngröße wird, d. h. je mehr Korngrenzen vorhanden sind, desto größer wird der Widerstand gegen die Versetzungsbewegung, Abb. 5.51. Es gilt die sogenannte *Hall-Petch-Beziehung*.

$$R_e = \sigma_0 + k / \sqrt{d}. \qquad (5.40)$$

σ_0	Streckgrenze für ein unendlich großes fehlerbehaftetes Korn
d	mittlerer Korndurchmesser
k	Konstante (Korngrenzenstruktur)

Abb. 5.50 Einfluss von Legierungselementen auf die Streckgrenze bei Stahl

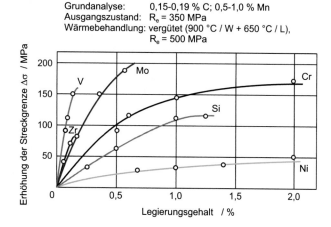

Grundanalyse: 0,15-0,19 % C; 0,5-1,0 % Mn
Ausgangszustand: R_e = 350 MPa
Wärmebehandlung: vergütet (900 °C / W + 650 °C / L), R_e = 500 MPa

Abb. 5.51 Erhöhung der Streckgrenze durch Kornverfeinerung

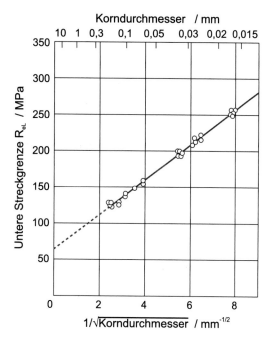

Da jeder Kristallit eine andere Gleitsystemorientierung zur Beanspruchungsrichtung aufweist, werden zunächst die günstig orientierten Kristalle gleiten (Mikroplastizität). Erst beim Wirksamwerden von mehreren (mindestens fünf) voneinander unabhängigen Gleitsystemen bleibt das derartig beanspruchte Volumen an der Verformung beteiligt.

Die Kornfeinung wird durch eine geeignete Wärmebehandlung oder durch Zugabe (Impfen) von Legierungselementen (Abschn. 6.5.2) in die Schmelze erzielt. Anwendungsgebiet ist z. B. die Automobilindustrie, siehe Abschn. 6.5.3. Nachteilig ist die bei kleineren Körnern (mit mehr Korngrenzen) die höhere Korrosionsanfälligkeit und geringere Kriechfestigkeit.

5.6   Bruchvorgänge und Bruchmechanik

Als Bruch wird derjenige Vorgang bezeichnet, bei dem bei dem lokale oder globale Werkstofftrennungen auftreten. Das heißt, der Bruch tritt ein, wenn die Bindungskräfte zwischen den Atomen, Ionen oder Molekülen überwunden werden. Der Bruch kann dabei durch Normalspannungen (i. Allg. spröde Werkstoffe) oder durch Schubspannungen (zähe Werkstoffe) hervorgerufen werden. Zur Bruchentstehung gehören grundsätzlich die Bildung und Ausbreitung von Rissen in submikroskopischen, mikroskopischen und schließlich makroskopischen Größenordnungen. Man unterscheidet zwischen den makroskopischen und den mikroskopischen Bruchmerkmalen. Makroskopische Bruchmerkmale sind von außen messbar und zugänglich. Beispielsweise zählen die Verformungsfähigkeit bis zum Bruch (elastisch, plastisch), die Risswachstumsgeschwindigkeit (stabil, instabil) und die Richtung des Risswachstums zur Belastung dazu. Die mikroskopische Bruchentstehung beschreibt die Vorgänge die während des Versagens auf der Gefügeebene ablaufen. Zu nennen sind hier Porenbildung, inter-/ transkristalliner Rissverlauf, und Spaltbruch.

Zur Quantifizierung und Beurteilung des Festigkeits- und Verformungsverhaltens von Bauteilen mit Rissen in den einzelnen Zähigkeitsbereichen wird im Gebiet niedriger Werkstoffzähigkeit die *linear-elastische Bruchmechanik (LEBM)*, im Bereich höherer Werkstoffzähigkeit die *elastisch-plastische Bruchmechanik (EPBM)* angewendet.

Eine strenge Abgrenzung der Anwendungsbereiche in Abhängigkeit von der Werkstoffzähigkeit ist nicht möglich, aber auch nicht notwendig, da die Verfahren einerseits fließend ineinander übergehen, andererseits durch Modifikation, wie z. B. durch die Berücksichtigung begrenzter plastischer Zonen vor der Rissspitze in der LEBM, deren Anwendungsbereich erweitert werden kann.

Die Bruchmechanik stellt den mathematischen Zusammenhang zwischen der Nennspannung im Bauteil, der Größe und Konfiguration einer rissartigen Fehlerstelle im Werkstoff und dem Widerstand des Werkstoffes gegen Risserweiterung als spezifischer Materialeigenschaft her. Die Versagensbedingung als Gleichgewicht zwischen wirkender und ertragbarer Beanspruchung lautet:

$$K = K_R. \tag{5.41}$$

Die Größe K wird als Spannungsintensitätsfaktor bezeichnet. Der Spannungsintensitätsfaktor, der die risstreibende Beanspruchung an der Rissspitze kennzeichnet, lässt sich bei bekannter Belastung (σ) und Bauteil-/Rissgeometrie (a) meist ausreichend genau berechnen. Der Widerstand des Werkstoffes gegen Risserweiterung, der sogenannte Reißwiderstand (oder Bruchzähigkeit) K_R, ist als Werkstoffkennwert nur im Versuch ermittelbar und ist im Wesentlichen vom Werkstoff und von Umgebungseinflüssen abhängig, Abb. 5.52.

Abb. 5.52 Einflussgrößen auf das Risswachstum

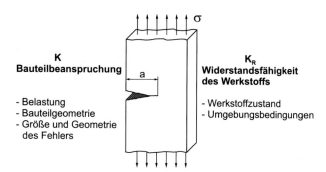

K
Bauteilbeanspruchung

- Belastung
- Bauteilgeometrie
- Größe und Geometrie
  des Fehlers

K_R
**Widerstandsfähigkeit
des Werkstoffs**

- Werkstoffzustand
- Umgebungsbedingungen

5.6.1 Sprödbruch

Von einem Sprödbruch spricht man wenn ein Bauteil ohne nennenswerte plastische Verformungen versagt. Der Sprödbruch wird deshalb auch als verformungsloser Bruch oder Trennbruch bezeichnet. Die Risswachstumsgeschwindigkeiten sind sehr hoch und die beim Bruch verbrauchte Energie ist gering. Das Risswachstum verläuft i. Allg. instabil. Der Bruchverlauf ist in der Regel senkrecht zur größten Hauptspannung. Bei Metallen weist der Sprödbruch auf der mikroskopischen Ebene meist einen Spaltbruch auf, die Bruchflächen sind metallisch glänzend. Der Spaltbruch verläuft normalerweise als transkristalliner Bruch- durch die Körner hindurch, Abb. 5.55 und 5.56. Weniger häufig, oft bei Metallen mit fehlerhafter Wärmebehandlung, kann der Riss auch entlang der Korngrenzen, Abb. 5.53 und 5.54, als interkristalliner Bruch- Bruch erfolgen.

Die wesentlichen Einflussgrößen, die einen Sprödbruch begünstigen, sind:

- ungünstiger Werkstoffzustand (aus Herstellung oder aus Betrieb)
- tiefe Temperaturen (bei Metallen mit krz- oder hdp-Gitter und bei Kunststoffen)
- mehrachsige Zugspannungszustände, häufig verbunden mit unerkannten Rissen
- hohe Beanspruchungsgeschwindigkeit

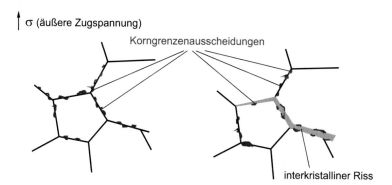

Abb. 5.53 Schematische Darstellung eines interkristallinen Bruches

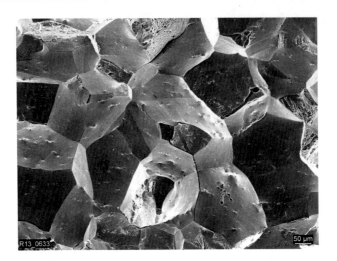

Abb. 5.54 Interkristalliner Sprödbruch, C45 überhitzt, REM-Aufnahme

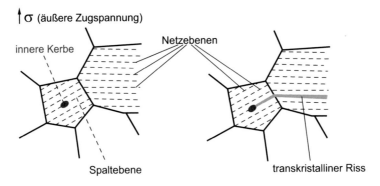

Abb. 5.55 Schematische Darstellung eines transkristallinen Bruches

Die Art und Weise der Risserweiterung, wird durch die Relativbewegung der beiden Rissflächen zueinander, dem Bruchmodus, gekennzeichnet, Abb. 5.57.

Die räumliche gegenseitige Verschiebung der Rissflächen lässt sich in die Komponenten u, v, w zerlegen, die wie folgt definiert sind:

Modus I:	Die Rissflächen bewegen sich in y-Richtung (v) voneinander weg und öffnen den Riss.
Modus II:	Die Rissflächen gleiten in x-Richtung (u) aufeinander ab. Es liegt eine reine Scherbeanspruchung in x-Richtung vor.
Modus III:	Die Rissflächen gleiten in z-Richtung (w) aufeinander ab. Es liegt eine reine Scherbeanspruchung in z-Richtung vor.

Der Rissöffnungsmodus I ist der technisch wichtigste Fall, da sich hier die Bruchflächen – in Form einer Trennung des Stoffzusammenhanges – senkrecht zur größten positi-

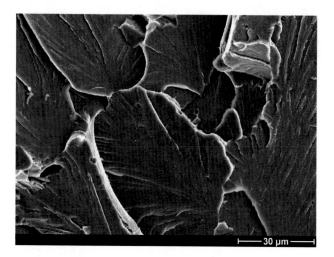

Abb. 5.56 Transkristalliner Spaltbruch, 17MoV8-4, REM-Aufnahme

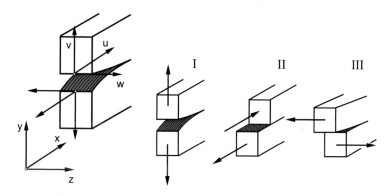

Abb. 5.57 Rissöffnungsmodi

ven Hauptspannung aufspalten. Dies entspricht einem Trennbruch, wie er bei spröden Werkstoffen zu beobachten ist. Es wird deshalb im Folgenden nur der Modus I behandelt.

Um den mathematischen Aufwand zu beschränken, wird von einem möglichst einfachen Modell ausgegangen. Als Modell wird eine dünne Scheibe unendlicher Ausdehnung mit einem Innenriss der Länge 2a (Griffith-Riss) unter allseitigem Zug betrachtet, Abb. 5.58. Unter Verwendung komplexer Spannungsfunktionen ergeben sich für die Spannungen die in Abb. 5.58 angegebenen Beziehungen.

Von besonderer Bedeutung für die Beanspruchung an der Rissspitze ist die Spannung σ_y senkrecht zur Rissfläche, speziell die Spannungen in der Rissebene ($\varphi = 0$). Da für r = 0 die Spannung σ_y unendlich groß wird, liegt an der Rissspitze offensichtlich eine Singularität vor. Auch wird die Gleichgewichtsbedingung in x-Richtung an der Rissspitze verletzt ($\sigma_x = \infty$). In genügend großem Abstand vom Riss würde man erwarten, dass sich die Spannung in y-Richtung der Nennspannung σ nähert, was nicht der Fall ist. Dies zeigt, dass die Gleichungen nur in der Nähe der Rissspitze, jedoch nicht an ihr selbst, gültig sind.

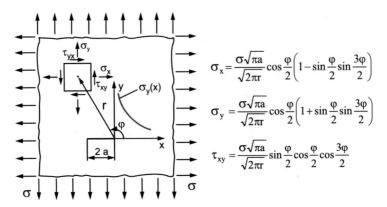

Abb. 5.58 Spannungsverlauf in einer dünnen unendlichen Scheibe mit Riss unter allseitigem Zug

Der Ausdruck $\sigma\sqrt{\pi a}$ ist nur von der Nennspannung σ (äußere Belastung) und von der Risslänge a (im Beispiel halbe Risslänge) abhängig. Er ist ein Maß für die Intensität des Spannungszustandes im Bereich der Rissspitze und wird deshalb als Spannungsintensitätsfaktor K_I bezeichnet. Die Dimension des Spannungsintensitätsfaktors ist $MPa\sqrt{m} = \sqrt{1000} \cdot N/mm^{3/2}$.

$$K_I = \sigma \cdot \sqrt{\pi \cdot a} \qquad (5.42)$$

Der Index I bezeichnet den Rissöffnungsmodus I. Steigert man die Belastung σ und berücksichtigt die jeweilige Risslänge 2a, so nimmt auch der Spannungsintensitätsfaktor K_I zu.

Zur Bestimmung des K_I-Wertes für praxisrelevante Geometrien stehen Handbücher zur Verfügung, in denen entsprechende Beziehungen angegeben sind. Der Spannungsintensitätsfaktor wird hierzu um die Formfunktion f erweitert.

$$K_I = \sigma \cdot \sqrt{\pi \cdot a} \cdot f(\text{Geometrie}) \qquad (5.43)$$

Ein verformungsarmer Bruch tritt ein, wenn K_I einen kritischen Wert K_{Ic} erreicht. Dieser Wert, der einen Werkstoffkennwert darstellt, wird als *Bruchzähigkeit* bezeichnet.

5.6.1.1 Ermittlung der werkstoffabhängigen Bruchzähigkeit K_{Ic}

Die Ermittlung von Werkstoffkennwerten kann nur in experimentellen Untersuchungen erfolgen. Hierzu werden in der Regel genormte Proben eingesetzt, um die Vergleichbarkeit der Versuchsergebnisse zu gewährleisten. Im Bereich der Bruchmechanik ist die weitaus am häufigsten eingesetzte Probe die Kompakt-Zugprobe (C(T)-Probe, Compact Tension), die in der amerikanischen Norm ASTM E 399-20a genormt ist und deren Abmessungen proportional zur Probendicke sind, Abb. 5.59. Dies wird durch die Probenbezeichnung gekennzeichnet, C(T)-25 bedeutet Probendicke 25 mm.

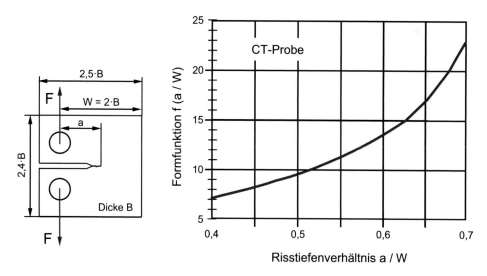

Abb. 5.59 Kompakt-Zugprobe (C(T)-Probe), Abmessungen und Formfunktion

Abb. 5.60 Kraft-
Aufweitungs-Diagramm zur
K_{Ic}-Ermittlung

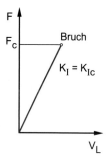

Die Probe, die einen durch Anschwingen erzeugten scharfen Anriss enthält, wird mit stetig zunehmender Last F bis zum Bruch belastet. Der hierbei aufgezeichnete F-V_L-Verlauf ist bei sprödem Werkstoffverhalten bis zum Bruch näherungsweise linear, Abb. 5.60. Dabei ist V_L die im Versuch ermittelte Aufweitung der Probe in der Lastangriffslinie. Die Spannungsintensität einer C(T)-Probe berechnet sich zu:

$$K_I = \frac{F}{B\sqrt{W}} \cdot f\left(\frac{a}{W}\right),$$

(5.44)

wobei f(a/W) die Formfunktion der C(T)-Probe darstellt, Abb. 5.59. Der kritische Spannungsintensitätsfaktor bei Bruch wird als Bruchzähigkeit K_{Ic} bezeichnet, Abb. 5.60. Die Vorgehensweise und Gültigkeitskriterien sind in der Norm ASTM E399-20a (für ferritische Stähle) enthalten. Das Versagenskriterium ergibt sich dann zu:

$$K_I(\text{Bruch}) = K_{Ic} \text{ beziehungsweise } K_I(\text{Bruch}) = K_{Jc}$$

(5.45)

5.6.2 Verformungsbruch

Der makroskopische Verformungsbruch wird auch als duktiler Bruch- oder Zähbruch bezeichnet, Er ist im Gegensatz zum Sprödbruch durch seine zum Teil sehr hohen plastischen Verformungen vor und während des Versagens gekennzeichnet. Die beim Bruch vom Werkstoff aufgenommene Energie ist wesentlich höher, als die beim spröden Bruch. Das Risswachstum verläuft in der Regel stabil, aber auch instabile Verläufe werden beobachtet.

Bei Metallen wird beim Verformungsbruch auf der mikroskopischen Ebene meist ein transkristallin verlaufender Wabenbruch beobachtet. Die mikromechanischen Vorgänge bei der Wabenbruchentstehung werden im Wesentlichen vom Mikrogefüge bestimmt. Besondere Bedeutung kommt dabei den Ausscheidungen und Einschlüssen zu.

In fast allen technischen Metallen und Metalllegierungen sind derartige Phasen vorhanden.

Untersuchungen zeigen, dass bei Metalllegierungen, die derartige Phasen aufweisen, die mikromechanischen Vorgänge, die zur Bruchentstehung führen, in drei Stadien (Hohlraumentstehung, Hohlraumwachstum und Hohlraumkoaleszenz) aufgegliedert werden können, Abb. 5.61.

Das Wachstum und die Koaleszenz von Hohlräumen führt zu der für den zähen Bruch charakteristischen wabenartigen Bruchfläche, Abb. 5.62 und 5.63. In den Waben sind oft die zur Hohlraumbildung führenden Einschlüsse zu finden.

Neue Werkstoffmodelle beschreiben mit Hilfe kontinuumsmechanischer Ansätze die im Werkstoff beim Bruch ablaufenden mikromechanischen Vorgänge. Diese sogenannten Schädigungsmodelle versuchen mit geometrie- und größenunabhängigen, also mit rein werkstoffabhängigen Kenngrößen, den Versagensablauf (Hohlraumentstehung, Hohlraumwachstum und Hohlraumkoaleszenz) zu beschreiben, um daraus das makroskopische Verformungs- und Versagensverhalten zu berechnen.

Abb. 5.61 Stadien des zähen Bruchs, 20MnMoNi5-5, Rasterelektronen – Mikroskop (REM)

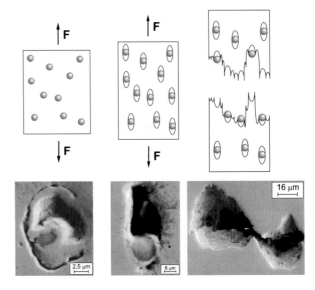

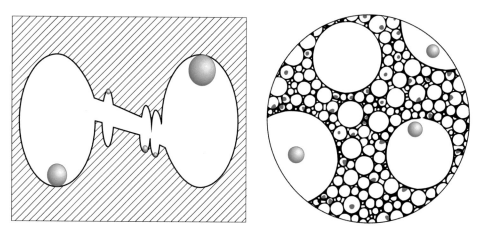

Abb. 5.62 Entstehung der Waben beim zähen Bruch

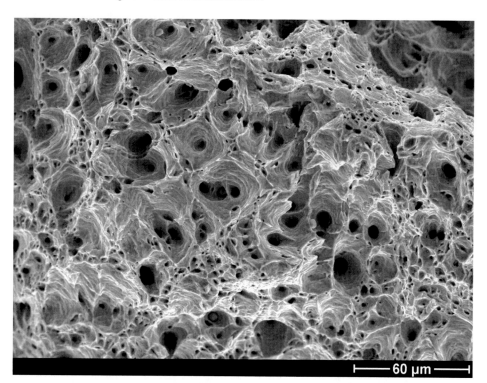

Abb. 5.63 Zäher Wabenbruch, Kupfer, REM-Aufnahme

Außerdem existieren zahlreiche bruchmechanische Modelle, die spezielle Teilvorgänge der duktilen Bruchentstehung mathematisch beschreiben. Bei vorhandenen Kerben und Rissen führt die hohe Spannungskonzentration an der Rissspitze in Abhängigkeit von der Werkstoffzähigkeit zu mehr oder weniger ausgeprägten plastischen Verformungen. Die Rissbildung bei duktilem Werkstoffverhalten wird durch folgende, nacheinander ablaufende Stadien bestimmt, siehe Abb. 5.64.

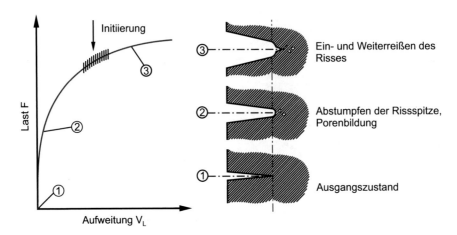

Abb. 5.64 Rissentstehung beim Zähbruch

- Plastifizierung und Abstumpfung der Rissspitze („Blunting")
- Risseinleitung (Beginn des stabilen Rissfortschritts) („Crack Initiation")
- Stabiles Risswachstum („Stable Crack Growth")
- Instabilität (instabiler Rissfortschritt) („Unstable Crack Growth")

5.6.3 Ermittlung des J-Integrals (Bauteilcharakteristik)

Zur Charakterisierung des elastisch-plastischen Spannungs- und Verschiebungsfeldes im Bereich der Rissspitze ist das J-Integral geeignet. Das J-Integral ist ein Maß für die zur Rissausbreitung zur Verfügung stehende Energie und kann numerisch oder experimentell bestimmt werden. Zur numerischen Berechnung eignet sich die Formulierung nach Rice als Linienintegral, das bei bekannter Spannungs- und Verschiebungsverteilung durch Integration längs eines Weges Γ um die Rissspitze den Wert des J-Integrals liefert, mit der Dimension N/mm.

$$J = \oint_{\Gamma} \left(W \, dy - T_i \frac{\partial u_i}{\partial x} ds \right) \tag{5.46}$$

Die Formänderungsenergiedichte W und der Spannungsvektor T_i lassen sich nach den elementaren Grundgesetzen der Technischen Mechanik berechnen.

$$W = \int_0^{\varepsilon_{mn}} \sigma_{ij} d\varepsilon_{ij} \quad \text{und} \quad T_i = \sigma_{ij} n_j \tag{5.47}$$

Es lässt sich zeigen, dass unter bestimmten Voraussetzungen der Wert des J-Integrals wegunabhängig ist. Für die Anwendung ist dies von Bedeutung, da das Spannungs- und

Verschiebungsfeld an der Rissspitze in der Regel nicht oder nur unzureichend genau bekannt ist. Damit kann der Wert des Linienintegrals nach Rice anhand eines beliebigen Integrationsweges bestimmt werden. Voraussetzung hierfür ist allerdings, dass keine Entlastungen auftreten und der plastische Dehnungsanteil auf mäßige Verformungen beschränkt bleibt. Weiterhin wird ein eindeutiger Zusammenhang zwischen Spannung und Dehnung gefordert. Dies ist strenggenommen nur für linearelastisches und hyperelastisches Werkstoffverhalten erfüllt. Da die meisten technischen Werkstoffe elastisch-plastisches Verhalten zeigen, führt dies zu Einschränkungen der Gültigkeit des J-Integrals, insbesondere bei Entlastungsvorgängen.

Bei linearelastischem Werkstoffverhalten lässt sich ein Zusammenhang zwischen dem J-Integral und dem Spannungsintensitätsfaktor angeben.

$$J = \frac{K_I^2}{E} \ (\text{ebener Spannungszustand}) \tag{5.48}$$

$$J = \frac{K_I^2}{E} \cdot (1 - \mu^2) \ (\text{ebener Dehnungszustand}) \tag{5.49}$$

Zur experimentellen Ermittlung des J-Integrals wird die Interpretation als Energiefreisetzungsrate nach Begley und Landes verwendet.

$$J = -\frac{1}{B} \frac{\partial U}{\partial a} \tag{5.50}$$

5.6.3.1 Ermittlung der zähbruchmechanischen Werkstoffkennwerte

In der EPBM ist der Kennwert der Wert des J-Integrals bei Beginn des stabilen Rissfortschritts.

Zur Kennwertbestimmung werden aus fertigungs- und messtechnischen Gründen auch hier überwiegend C(T)- und SE(B)-Proben (Drei-Punkt-Biegeproben) eingesetzt. Zur Anwendung kommen dabei zahlreiche Verfahren, die sich hinsichtlich Versuchsdurchführung, Messtechnik und nicht zuletzt in ihrer werkstoffmechanischen Begründung unterscheiden. Dabei liegt die Hauptschwierigkeit darin, den Beginn des Rissfortschritts korrekt zu erfassen.

Basis der Kennwertermittlung nach ASTM E 1820-20 ist die Kenntnis der Risswiderstandskurve (J = J(Δa) − Kurve) des Werkstoffes. Der Wert des J-Integrals wird dabei als Summe eines elastischen und eines plastischen Anteils bestimmt.

$$J = J_{el} + J_{pl} \tag{5.51}$$

Der elastische Anteil kann durch Berechnung des Spannungsintensitätsfaktors K_I nach ASTM E 399 bestimmt werden. Für den ebenen Dehnungszustand (EDZ) ergibt sich der elastische Anteil zu

$$J_{el} = \frac{K_I^2}{E} \cdot \left(1 - \mu^2\right).$$

(5.52)

Der plastische Anteil lässt sich aus der Last-Verschiebungskurve nach Bestimmung der plastischen Formänderungsenergie U_{pl} ermitteln. Für eine CT-Probe ergibt sich der plastische Anteil des J-Integrals näherungsweise zu

$$J_{pl} = \eta \cdot \frac{U_{pl}}{B\left(W\text{-}a\right)}$$

(5.53)

$$\text{mit} \quad \eta = 2 + 0{,}522 \cdot \frac{\left(W\text{-}a\right)}{W}.$$

(5.54)

Bei der Einprobentechnik lässt sich die $J(\Delta a)$−Kurve aus einer einzigen Probe bestimmen. Dabei macht man von der Tatsache Gebrauch, dass sich die Nachgiebigkeit (Compliance) der Probe mit der Risserweiterung vergrößert. Die Compliance wird anhand der Steigung während einer Teilentlastung ermittelt und damit die zugehörige Risserweiterung Δa berechnet. Die Risswiderstandskurve wird nach ASTM durch eine Potenzfunktion angenähert.

$$J = C_1 \cdot \left(\Delta a\right)^{C_2}$$

(5.55)

Die Konstanten C_1 und C_2 werden durch Anpassung an Versuchsergebnisse bestimmt, Δa wir in mm angegeben. Die scheinbare Risserweiterung durch das Abstumpfen der Rissspitze aufgrund der Plastifizierung wird in der ASTM-Vorschrift durch die Blunting Line berücksichtigt, einer Ursprungsgerade im $(\Delta a, J)$ − Koordinatensystem mit der Steigung $2 \cdot \sigma_{fl}$ gemäß

$$J = 2 \cdot \sigma_{fl} \cdot \Delta a = \left(R_e + R_m\right) \cdot \Delta a.$$

(5.56)

Parallel zur Blunting Line durch $\Delta a = 0{,}2\,mm$ verläuft die $0{,}2\,mm$−Offset Line, deren Schnittpunkt mit der Risswiderstandskurve den Wert des J-Integrals im Bereich der beginnenden stabilen Risserweiterung angibt. Bei Erfüllung weiterer Kriterien entspricht dieser Wert dem Kennwert J_{Ic} der amerikanischen Prüfvorschrift ASTM E 1820-20, Abb. 5.65.

Zum Vergleich mit den linear-elastischen Kennwerten lassen sich auch die Kennwerte der EPBM umrechnen, gemäß Gl. 5.48 und 5.49. Für den Sonderfall von rein elastischer Beanspruchung entspricht dies dabei näherungsweise der Bruchzähigkeit K_{Ic}.

$$K_{Ic} = \sqrt{J_{Ic} \cdot E} \ \ (ESZ) \ \ bzw. \ \ K_{Ic} = \sqrt{\frac{J_{Ic} \cdot E}{1 - \mu^2}} \ \ (EDZ)$$

(5.57)

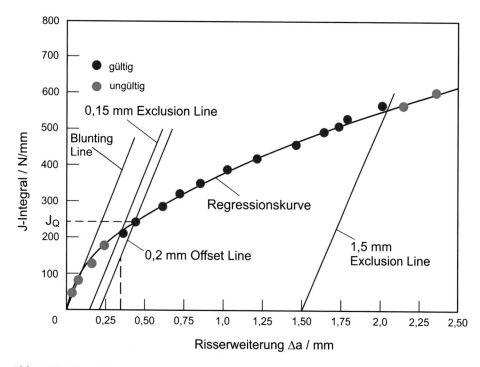

Abb. 5.65 Risswiderstandkurve (J − Δa)

Für elastisch-plastisches Werkstoffverhalten lässt sich analog hierzu die Pseudo-Bruchzähigkeit K_{Jc} *aus dem J_{Ic} -Wert bzw. K* $_{IJ}$ *aus* dem J_i -Wert bestimmen. Die Aussagekraft dieser Kenngröße ist jedoch beschränkt.

5.6.4 Zeitstand- bzw. Kriechbruch

Der Zeitstand- oder Kriechbruch tritt in Bauteilen auf, die bei einer höheren Temperatur betrieben werden. Die Grenztemperatur bei der ein Kriechbruch oder Versagen durch unzulässig große Kriechverformung auftretenen kann, ist stark werkstoffabhängig. Sie liegt beispielsweise bei warmfesten Stählen im Bereich von > 400 °C. Eine Auslegung gegen Kriechversagen muss erfolgen, wenn bei der Auslegungstemperatur die Zeitstandfestigkeit Rm/t/ϑ bzw. die Zeitdehngrenze Rp1/t/ϑ kleiner ist als die Zugfestigkeit Rm bzw. Streckgrenze Re bei gleichzeitiger Berücksichtigung der Sicherheitsbeiwerte, siehe auch Abb. 6.53.

Als Folge einer Kriechverformung stellt sich in metallischen Werkstoffen eine Schädigung ein, die folgenden zeitlichen Ablauf hat. Gegen Ende des sekundären Kriechbereichs bilden sich im Anschluss an die Kriechverformungen mikroskopische Kriechporen, die bevorzugt an Korngrenzen senkrecht zur Hauptbeanspruchungsrichtung auftreten. Diese vereinigen sich zu interkristallinen Mikrorissen. Da Korngrenzen , die mit Kriechporen oder Mikrorissen belegt sind, keine Spannungen mehr übertragen können, ergibt sich im tragenden Restligament eine Spannungserhöhung, die bei Erreichen einer kritischen Größe zum Kriechbruch führt.

Im metallografischen Schliff eines kriechbeanspruchten Rohres aus einem ferritischen Stahl nach langzeitiger Betriebsbelastung stellt die Kriechpore einen Hohlraum dar, wobei prinzipiell die Verwechslungsgefahr mit herausgelösten nichtmetallischen Einschlüssen besteht, Abb. 5.66.

Im fraktographischen Bruchbild, Abb. 5.67, ergibt sich die beginnende Kriechschädigung in Form von Kriechporen als interkristalline Korngrenzenfacette mit Verformungsanteilen zwischen den einzelnen Hohlräumen.

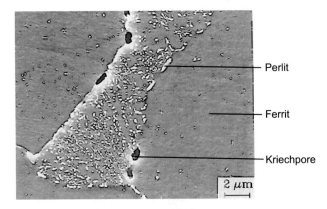

Abb. 5.66 Kriechporen an den Korngrenzen, 13CrMo4-4, REM-Aufnahme (geätzter Schliff)

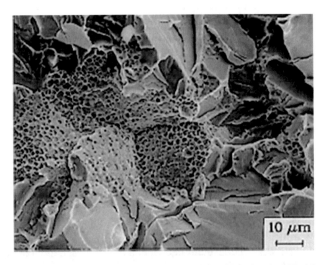

Abb. 5.67 Kriechporen, 13CrMo4-4, REM-Aufnahme (in einer durch Abkühlung in flüssigem Stickstoff und Sprödbruch erzeugten Bruchfläche mit interkristalliner Kriechschädigung, eingebettet in transkristallinen Spaltbruch)

Der Anteil des interkristallinen Kriechbruchs in der Bruchfläche hängt von den auftretenden Kriechmechanismen bzw. dem Werkstoff, der Höhe der Temperatur und der Spannung ab. In einem Temperatur-Spannungsbereich, in dem die Bewegung von Versetzungen in einem Kristallgitter dominant ist, werden sich vergleichsweise wenige interkristalline Kriechporen bilden. Der Bruch weist die phänomenologische Erscheinung eines transkristallinen Wabenbruchs auf. Hingegen tritt im Bereich, in dem Gleitungen längs Korngrenzen sowie Diffusion von Leerstellen zu beobachten ist, bevorzugt Porenbildung auf.

Da Korngrenzengleiten bzw. Diffusion von Leerstellen keine großen Beiträge zur Verformung liefert, handelt es sich in diesem Fall um einen makroskopisch spröden Bruch. Es muss jedoch darauf hingewiesen werden, dass der Werkstoff selbst nicht „spröd" ist (wie z. B. beim Vorhandensein von Korngrenzenausscheidungen) und deshalb bei zügiger Beanspruchung durchaus hohe Verformungswerte aufweist. Das Versagen durch Kriechen ist bei allen Bauteilen, die im Kriechbereich betrieben werden, eine Größe, die sowohl in der Auslegung als auch in der Überwachung des Bauteils während des Betriebs beachtet werden muss.

5.6.5 Zeit- und Dauerbruch

Ursache eines Zeit – bzw. Dauerbruchs ist die im Zuge der wiederholten Beanspruchung anwachsende Werkstoffschädigung. Diese ist komplexer Natur. Man kann vier Stadien unterscheiden:

- Verfestigung, neutrales Verhalten, Entfestigung
- Anrissbildung
- Risswachstum
- Restbruch

Die ersten drei Stadien sind in Wirklichkeit jeweils überlagert.

Die wiederholte Beanspruchung bewirkt eine inhomogene Verteilung der Versetzungen und demzufolge ein Entstehen von Gleitbändern an der Oberfläche mit stufenförmigen Auswölbungen und Einsenkungen (*Extrusionen* und *Intrusionen*) als Vorstufen feiner Anrisse, Abb. 5.68 und 5.69.

Makroskopisch gesehen ist die eigentliche Dauerbruchfläche verhältnismäßig glatt und verläuft ähnlich dem Sprödbruch senkrecht zur größten Hauptspannung. Die Restbruchfläche zeigt das Erscheinungsbild eines Gewaltbruchs (Spalt- oder Wabenbruch). Die auf der Bruchfläche makroskopisch erkennbaren *Rastlinien* (erscheinen in unterschiedlichen Farbschattierungen) sind das Kennzeichen für ungleichmäßig verlaufendes Risswachstum (Stillstandzeiten, Lasterhöhungen, Korrosion). Bei mikrofraktographischer Untersuchung im Rasterelektronenmikroskop kann man eine Feinstruktur von parallelen Furchen, sogenannten *Schwingstreifen* feststellen, deren Abstand in etwa einem Lastwechsel entspricht, Abb. 5.70 und 5.71.

Das Risswachstum bei angerissenen Bauteilen wird auch bei schwingender Belastung im Wesentlichen durch die aufgebrachte Spannungs- oder Dehnungsamplitude und die

Abb. 5.68 Schematische
Darstellung der Entstehung
von Auswölbungen
(Extrusionen) und
Einsenkungen (Intrusionen) in
schwingungsbeanspruchten
metallischen Werkstoffen

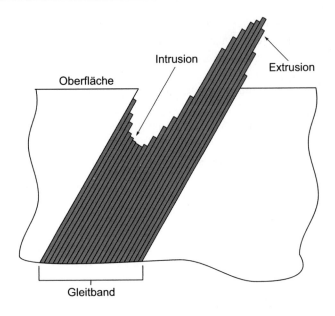

Abb. 5.69 Extrusionen an der Oberfläche einer Probe aus X6CrNiNb18 10, REM-Aufnahme

Abb. 5.70 Schematische
Darstellung der Entstehung
von Schwingstreifen
nach [Lai62]

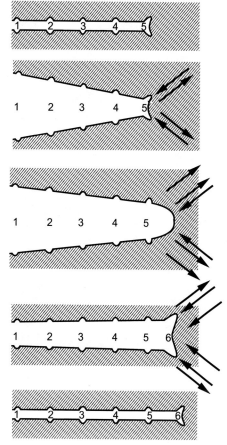

1, 2, ..: Schwingspielanzahl

Rissgröße bestimmt. Der Spannungszustand an der Rissspitze wird durch den Spannungsintensitätsfaktor charakterisiert. Demnach muss auch die Risswachstumsgeschwindigkeit vom Spannungsintensitätsfaktor beeinflusst werden. Als Beziehung zwischen der Risswachstumsgeschwindigkeit da/dN (die die Zunahme der Risslänge da mit der Lastspielzahl dN zeigt) und der Schwingbreite des Spannungsintensitätsfaktors Δ K wird häufig das Paris-Gesetz

$$\frac{da}{dN} = C_0 \left(\Delta K \right)^n \tag{5.58}$$

verwendet. Dieses Gesetz wird auch als Rissausbreitungsgesetz bezeichnet. Mit dieser Formulierung wird in doppellogarithmischer Darstellung der über einen weiten Bereich lineare Zusammenhang (II) zwischen Δ K und da/dN beschrieben, Abb. 5.72. Die Konstanten C_0 und n sind vom Werkstoffzustand und den Betriebsbedingungen abhängig und müssen experimentell ermittelt werden.

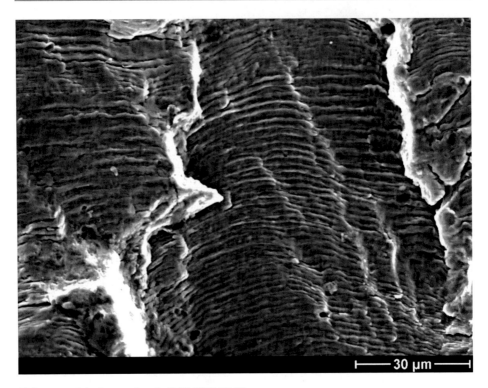

Abb. 5.71 Schwingungsbruch, X6CrNiNb18-10

Abb. 5.72 Risswachstums-
kurve bei zyklischer Belastung

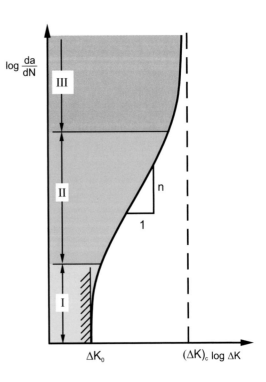

5.7 Zerstörungsfreie Prüfung

Die Herstellung völlig fehlerfreier Bauteile ist nach wie vor schwierig. Dabei hat Fehlerfreiheit die Bedeutung einer technischen Fehlerfreiheit. Technisch fehlerfrei heißt, die Prüfverfahren sind nicht in der Lage diese Fehler zu entdecken. Für die Praxis bedeutet dies die Fertigung von Komponenten mit ausreichender Qualität, also mit definierten Anforderungen, die vom Konstrukteur vorgegeben werden oder in Normen geregelt sind. Die wesentlichen Abweichungen von den spezifizierten Eigenschaften des Bauteils sind Fehler in Form von Werkstoffungänzen oder -trennungen. Dies sind beispielsweise Risse, Poren, Schlacken, Lunker oder Bindefehler sowie weitere werkstoff- und bauteilspezifische Fehlerbildungen. Zum Nachweis solcher Ungänzen sind die Verfahren der zerstörungsfreien Prüfung (ZfP) geeignet. Zerstörungsfrei bedeutet hierbei, dass durch die vorgenommenen Prüfungen die Gebrauchseigenschaften des Bauteils nicht beeinträchtigt werden. Zerstörungsfreie Prüfungen werden in praktisch allen Bereichen der Industrie durchgeführt, wobei die Haupteinsatzgebiete der Anlagenbau, der Flugzeug-, Schiffs- und Fahrzeugbau sowie die Kraftwerkstechnik sind. Neben einer Kontrolle der Fertigungsqualität spielt vor allem die regelmäßige Überprüfung auf betrieblich entstandene Fehler eine bedeutende Rolle, um die Sicherheit eines Bauteils zu gewährleisten.

Die Verfahren der ZfP machen sich die Wechselwirkung von Wellen, Feldern oder Teilchen mit dem zu prüfenden Material zu Nutze. Die gängigsten ZfP-Verfahren sind:

- Sichtprüfung
- Durchstrahlungsprüfung
- Ultraschallprüfung
- Wirbelstromprüfung
- Magnetpulverprüfung
- Eindringprüfung
- Replika-Methode (Gefügeabdrucktechnik)

Je nach Einsatzbereich und Anwendungsfall wurden für alle Verfahren eine Vielzahl von Varianten entwickelt, die den teils sehr speziellen Anforderungen gerecht werden. Eine Übersicht zu den ZfP-Standardverfahren ist in Tab. 5.4 gegeben.

Bei der Durchstrahlungsprüfung wird die Durchdringungsfähigkeit kurzwelliger elektromagnetischer Strahlung (Röntgen-, γ-Strahlung) ausgenutzt. Das Prinzip der Prüfung ist in Abb. 5.73 schematisch dargestellt. Die Strahlung wird mittels Röntgenröhren oder radioaktiven Isotopen erzeugt. Sie durchdringt das Prüfobjekt und wird dabei entsprechend den Dicken- und Dichteverhältnissen geschwächt. Das so entstandene „Strahlungsprofil" wird mit einem geeigneten Detektor (Röntgenfilm, Leuchtschirm, Speicherfolie, digitale Detektoren) aufgenommen.

Tab. 5.4 Übersicht zu den ZFP-Standardverfahren

Verfahren	Basis	Grundbegriffe	Anwendbarkeit	Haupteinsatzbereiche	Moderne Entwicklungen
Durchstrahlungsprüfung	Röntgenstrahlung, einige keV bis einige MeV, meist 50–400 keV	DIN EN 1330-3, DIN EN ISO 5579 DIN EN ISO14784-2	Alle Werkstoffe	Guss- und Schweißnahtprüfung. Praktisch alle Industriebereiche	Computertomografie, filmlose Radiografie
Ultraschallprüfung	Mechanische Wellen, etwa 100 kHz bis 2 GHz, meist 1 bis 5 MHz	DIN EN ISO 5577-4, DIN EN ISO 16810	Schallbare Werkstoffe	Halbzeug- und Schweißnahtprüfung. Stahlindustrie, Kraftwerke, Fahrzeugtechnik	mechanisierte Prüfungen, Gruppenstrahlerprüfköpfe, Signalverarbeitung, Computersimulation
Wirbelstromprüfung	Hochfrequenter Wechselstrom, einige Hz bis einige MHz, meist 10 kHz bis 1 MHz	DIN EN ISO 12718, DIN EN ISO 15549	Elektrisch leitende Werkstoffe	Halbzeugprüfung, Flugzeugwartung, Wärmetauscherrohre, Stahlindustrie, Luftfahrt, Kraftwerke	computerunterstützte Mehrfrequenzprüfung, automatische Auswertesysteme, Sensor-Arrays, SQUID, MOI
Magnetpulverprüfung	Magnetische Gleich- oder Wechselfelder (50 Hz)	DIN EN ISO 9934-1	Ferromagnetische Werkstoffe, Oberflächenprüfung	Halbzeug- und Schweißnahtprüfung. Kleinteile. Kraftwerke, Automobilindustrie	Automatische Auswertesysteme (Serienprüfung)
Eindringprüfung	Eindringmittel (Kapillarwirkung)	DIN EN ISO 3452-1	Alle Werkstoffe, außer porösen Materialien, Oberflächen	Schweißnahtprüfung. Kleinteile, praktisch alle Industriebereiche	Automatische Auswertesysteme (Serienprüfung)

Abb. 5.73 Prinzip der
Durchstrahlungsprüfung

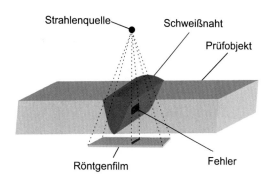

Abb. 5.74 Röntgenaufnahme
einer Schweißnaht mit Riss

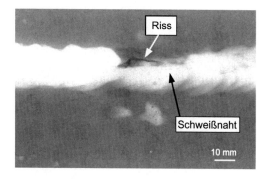

In Abb. 5.74 ist als Beispiel die Aufnahme (Röntgenfilm) einer rissbehafteten Schweißnaht wiedergegeben. Der fehlerbehaftete Bereich wird dabei als dunklerer Bereich wiedergegeben, da hier die Strahlung weniger geschwächt wird.

Bei der Ultraschallprüfung wird die Reflexion von Schallwellen an Grenzflächen ausgenutzt. Das Prinzip der Prüfung ist in Abb. 5.75 schematisch dargestellt. Der Ultraschall (MHz-Bereich) wird mittels piezokeramischen Materials erzeugt, indem durch Anlegen einer elektrischen Spannung (kurzer Impuls) z. B. ein Quarzplättchen zum Schwingen angeregt wird. Diese Schwingungen werden über ein Koppelmittel in das Prüfobjekt übertragen. Die Detektion der, beispielsweise von einer Fehlerstelle, reflektierten Schallwellen erfolgt nach dem gleichen Prinzip, da der piezoelektrische Effekt umkehrbar ist. Es werden also die empfangenen mechanischen Schwingungen in elektrische Impulse umgesetzt und können gemessen werden. Bei bekannter Schallgeschwindigkeit im Prüfobjekt lässt sich über eine Laufzeitmessung auch die Lage der Fehlerstelle ermitteln.

Die Wirbelstromprüfung beruht auf der Veränderung des Wechselstromwiderstands fehlerbehafteter Bauteilbereiche. Das Prinzip der Prüfung enthält Abb. 5.76. Mit Hilfe einer von hochfrequentem Wechselstrom (kHz bis MHz-Bereich) durchflossenen Spule werden im elektrisch leitenden Prüfgegenstand Wirbelströme erzeugt. Treten bei der Prüfung Änderungen der elektrischen Leitfähigkeit, der Permeabilität oder Geometrie auf, so verändert sich auch die Wirbelstromverteilung im Prüfgegenstand und damit das Magnetfeld der Wirbelströme. Dieses überlagert sich dem erzeugenden Spulenfeld und kann so-

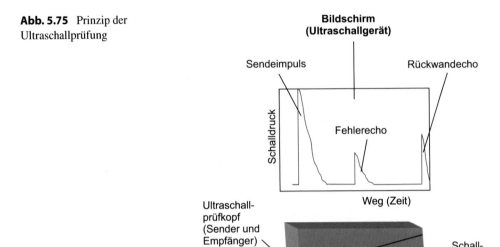

Abb. 5.75 Prinzip der Ultraschallprüfung

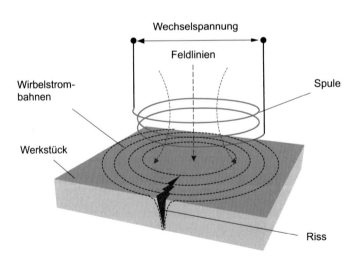

Abb. 5.76 Prinzip der Wirbelstromprüfung

mit messtechnisch erfasst werden. Wegen der geringen Eindringtiefe der Wirbelströme aufgrund des Skineffekts ist die Wirbelstromprüfung in erster Linie zur Prüfung von Oberflächenbereichen oder dünnwandigen Bauteilen geeignet.

Das klassische Oberflächenprüfverfahren für ferromagnetische Werkstoffe ist das Magnetpulververfahren. Das Prinzip der Prüfung ist in Abb. 5.77 wiedergegeben. Es wird im

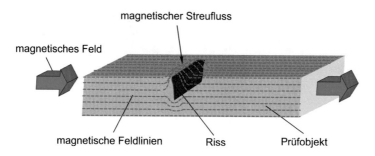

Abb. 5.77 Prinzip der Magnetpulverprüfung

Abb. 5.78 Prinzip der
Farbeindringprüfung

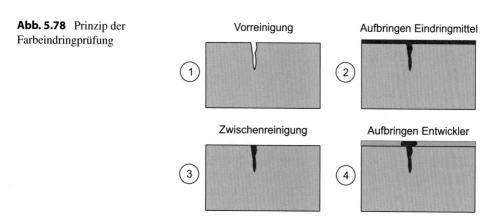

Prüfbereich ein magnetisches Feld (gleich oder wechselnd), beispielsweise mittels eines Jochmagneten eingebracht. Ist z. B. ein Oberflächenriss im Prüfgegenstand vorhanden, entsteht dort aufgrund der großen Permeabilitätsunterschiede ein magnetischer Streufluss. In die Nähe solcher Streufelder gebrachte, feinverteilte magnetisierbare Partikel („Magnetpulver") werden dort festgehalten und zeigen somit die Fehlerstelle an.

Die Eindringprüfung kann zur Detektion von oberflächenoffenen Fehlern in allen Werkstoffen, mit Ausnahme poröser Materialien, Anwendung finden. Das Prinzip der Prüfung ist in Abb. 5.78 dargestellt. Zunächst wird das sogenannte Eindringmittel aufgebracht, eine Flüssigkeit mit niedriger Viskosität, die aufgrund der Kapillarwirkung auch in sehr enge Risse eindringen kann. Unterschieden wird in farbige Eindringmittel (Farbeindringprüfung), fluoreszierende Eindringmittel und die Kombination aus beiden. Nach einer Zwischenreinigung der Oberfläche wird eine saugfähige Schicht, der sogenannte Entwickler, aufgebracht. Dieser liefert den Kontrast zum Eindringmittel und saugt das Eindringmittel aus den Trennungen heraus und macht damit die Fehlstellen sichtbar.

Die Nachweissicherheit der Verfahren spielt allgemein eine wichtige Rolle, ist aber in sensiblen Bereichen wie Luftfahrt- oder Kerntechnik von besonderer Bedeutung. Durch gezielte Untersuchungen an Testkörpern können für konkrete Prüffälle Nachweisgrenzen ermittelt und bei ausreichend großer Datenbasis auch Fehlerauffindwahrscheinlichkeiten bestimmt werden. Neben der jeweiligen Prüfaufgabe und der angewendeten Prüftechnik ist hierbei auch die Ausbildung der Prüfer von wesentlichem Einfluss.

Die Bewertung aufgefundener Fehlerstellen erfolgt meist über Regelwerke. Eine detaillierte Aussage, beispielsweise mit bruchmechanischen Methoden, macht eine möglichst genaue Kenntnis der Fehlerabmessungen erforderlich. Eine Bewertung aufgefundener Anzeigen sowie beanspruchungs- und bauteilspezifische Vorgaben für die erforderliche Detektionsgenauigkeit erfolgen mit bruchmechanischen Methoden.

5.7.1 Replika-Methode (Gefügeabdrucktechnik)

Bei der Replikatechnik wird die Bauteiloberfläche an ausgewählten Stellen metallographisch präpariert, d. h. geschliffen, poliert und geätzt, so dass sich ein Relief einstellt, siehe Abb. 5.79. Wenn eine bildsame Folie (z. B. eine Acetatfolie) oder Masse aufgepresst und wieder entfernt wird, kann ein „Negativbild" der Oberfläche hergestellt werden und dieses im Licht- oder Rasterelektronenmikroskop betrachtet und beurteilt werden.

Ziel dieser Untersuchungen am Bauteil selbst – ohne es zu zerstören oder es in seinem sicheren Betrieb zu beeinträchtigen – ist es, Informationen über das vorliegende Gefüge („z. B. Nullaufnahme") zu erhalten, um daraus Rückschlüsse auf Herstell- und Verarbeitungsbedingungen, wie z. B. auf die Wärmebehandlung zu ziehen und Herstellungsfehler zu identifizieren. Ferner können durch Vergleiche des aktuellen mit dem Ausgangszustand (Nullaufnahme) betrieblich bedingte Veränderungen wie thermische Gefügeveränderungen oder betriebliche Schädigungsvorgänge wie Kriechporen oder Rissbildungen erfasst und beurteilt werden.

5.7.2 Weiterentwicklung

Die immensen Fortschritte der Computertechnik in den letzten beiden Jahrzehnten haben auch die ZfP deutlich beeinflusst. Neben dem Bau von modernen computerunterstützten Geräten für die Standardanwendungen, wurden auch neue fortschrittliche Prüftechniken entwickelt, z. B.:

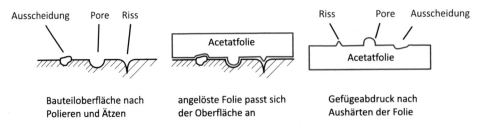

Abb. 5.79 Schematische Darstellung der Gefügeabdruck- bzw. Replikatechnik

- Durchstrahlungs-Computertomografie (2D-, 3D-CT) und filmlose Radiografie
- Einsatz von Signalverarbeitungstechniken bei mechanisierten Ultraschall- und Wirbelstromprüfungen (Echotomografie, synthetische Aperturverfahren, Mehrfrequenzverknüpfungen)
- Verwendung von Gruppenstrahlerprüfköpfen (phased-arrays) bei der Ultraschallprüfung und von Sensor-Arrays, supraleitende Detektoren (SQUID) oder bildgebender magnetooptischer Einrichtungen (MOI) bei der Wirbelstromprüfung
- Anwendung von Computersimulationen.

5.8   Fragen zu Kap. 5

1. Geben Sie die Gleichung des Hooke'schen Gesetzes an. In welchem Bereich ist es gültig?
2. Nennen Sie drei reversible Verformungsarten.
3. Erklären Sie die Begriffe Anisotropie und Isotropie.
4. Nennen Sie die Unterschiede zwischen einer Spannungs-Dehnungskurve und einer Fließkurve.
5. Was versteht man unter dem Begriff „Eigenspannungen"?
6. Beschreiben Sie den Unterschied zwischen einer Zeitstand- und einer Relaxationsbeanspruchung. Welche Voraussetzung muss bei diesen Beanspruchungen erfüllt sein?
7. Nennen Sie verschiedene Verfestigungsmechanismen.
8. Geben Sie zwei grundsätzlich unterschiedliche Bruchmechanik-Konzepte an. Wann werden diese eingesetzt?
9. Mit welchem Gesetz kann das Risswachstum bei zyklischen Beanspruchungen berechnet werden? Geben Sie dieses an.

Eisenwerkstoffe

6

Eisenwerkstoffe sind die wichtigsten und meist genutzten metallischen Strukturwerkstoffe der Menschheit. Sie zeigen vielfältige Eigenschaften, die über verschiedenste Techniken der Herstellung und Verarbeitung gezielt auf den besonderen technischen Einsatz angepasst werden können. Sie können in zwei Kategorien aufgeteilt werden: Stahl mit Kohlenstoffgehalten unter 2 % und Gusseisen mit Kohlenstoffgehalten >2 bis rd. 4,5 %.

6.1 Gewinnung und Verarbeitung von Eisen

Um aus mineralischen Eisenerzen technisch verwertbares Eisen in Form von Stahl herzustellen, sind mehrere Verfahrensschritte notwendig, Abb. 6.1. Zuerst wird das aufbereitete Erz durch Reduktion von seiner mineralischen in die metallische Form (Roheisen) überführt. Roheisen enthält aber noch Verunreinigungen, die entfernt werden müssen. Nach der gezielten Zugabe von Legierungselementen wird Rohstahl erhalten, welcher anschließend, je nach Qualitätsanforderungen, noch weiter gereinigt und veredelt wird.

6.1.1 Erze und Erzaufbereitung

Reines Eisen kommt in der Natur praktisch nicht vor. In Verbindungen ist Eisen dagegen weit verbreitet, z. B. als Oxide, Karbonate, Sulfide, Silikate. Man bezeichnet diese Verbindungen als Erze. Die folgenden Eisenerze haben die größte wirtschaftliche Bedeutung: Magneteisenstein (Magnetit, Fe_3O_4), Roteisenstein (Hämatit, Fe_2O_3), Brauneisenstein (Limonit, $Fe_2O_3nH_2O$) und Spateisenstein (Siderit, $FeCO_3$).

© Springer-Verlag GmbH Deutschland, ein Teil von Springer Nature 2022   147
E. Roos et al., *Werkstoffkunde für Ingenieure*,
https://doi.org/10.1007/978-3-662-64732-5_6

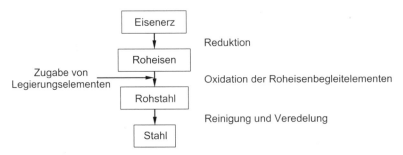

Abb. 6.1 Prozessschritte vom Eisenerz zum Stahl

Zu Beginn der Aufbereitung dieser Erze steht das Zerkleinern (Brechen). Anschließend wird das Erz von einem großen Teil der Gangart (nicht eisenhaltiges Gestein) getrennt (Anreichern des Erzes).

6.1.2 Roheisengewinnung

Die Roheisengewinnung kann mit zwei unterschiedlichen Verfahren erfolgen:

- *Hochofenprozess*
- *Direktreduktionsprozess*

Mit dem Hochofenprozess sind große Mengen realisierbar, weshalb ca. 80 % des Stahles im Hochofen erzeugt werden

6.1.2.1 Roheisengewinnung im Hochofen

Die aufbereiteten Erze werden im Hochofen, Abb. 6.2, bei Temperaturen bis zu 2000 °C zu Eisen reduziert. Der Hochofen ist bis zu 40 m hoch und hat einen Durchmesser von bis zu 15 m an der breitesten Stelle. Sein Nutzraum beträgt bis zu 5000 m³. Seine Wände bestehen aus feuerfesten Schamottsteinen, die von einem Stahlmantel umgeben sind. Täglich können bis zu 12.000 t Roheisen mit einem Hochofen erzeugt werden. Man betreibt Hochöfen Tag und Nacht ununterbrochen.

Der oberste Teil des Hochofens, die Gicht, ist durch eine Glockenschleuse abgeschlossen, die die Gase des Hochofens (Gichtgase) H_2, CH_4, CO, CO_2 zurückhält. Die Gicht kann zur Beschickung des Hochofens geöffnet werden. Es wird abwechselnd eine Ladung Koks und eine Ladung Möller eingebracht. Koks dient als Reduktionsmittel, Brennstoff und Aufkohlungsmittel. Möller ist ein Gemisch aus Eisenerzen, mit darin noch enthaltener Gangart, also den nicht metallhaltigen Begleitelementen der Eisenerze und Zusatzmitteln, welche die Gangart in niedrigschmelzende Schlacke überführen.

An die Gicht schließt sich der Schacht an. Im oberen Teil des Schachtes, der Vorwärmzone, wird das Eisenerz getrocknet. In der unteren Schachtzone finden Reduktions- und Kohlungsvorgänge statt. Bei ca. 600 °C beginnt die Reduktionszone. Bei dieser Temperatur

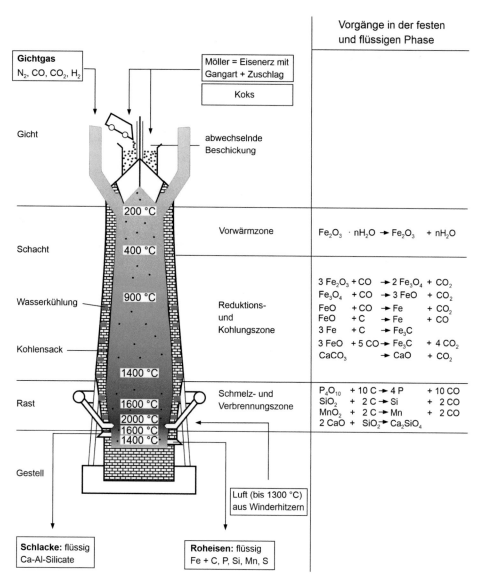

Abb. 6.2 Schnitt durch einen Hochofen

läuft die exotherme Reduktion des Eisens mittels CO ab. Erst ab 700 °C entsteht metallisches Eisen. Die Reduktion mittels C ist endotherm und läuft nur bei hohen Temperaturen im unteren Schachtbereich und im darunter gelegenen Kohlensack ab.

Im Bereich der unteren Rast wird in den Hochofen Heißwind eingeblasen. Dabei wird dem Heißwind oft noch Erdgas oder Heizöl zur Verbrennung zugesetzt, um Koks zu sparen. Koks und Möller gleiten langsam gegen die heißen aufsteigenden Gase nach unten durch die Gicht, den Ofenschacht und den Kohlensack.

In der Rast finden die in Abb. 6.2 beschriebenen Schmelz- und Verbrennungsvorgänge statt. Außerdem reagiert der Sauerstoff des Heißwindes aus den Winderhitzern im Bereich der Rast stark exotherm mit dem Kohlenstoff des Kokses zu CO_2, wodurch ein Großteil der Wärme im Hochofen erzeugt wird.

Das CO_2 steigt auf und reagiert mit dem Kohlenstoff des Kokses zu CO. Das CO reduziert wiederum die Eisenoxide des Möllers und oxidiert zu CO_2, bis es durch die nächste Schicht an Koks wieder reduziert wird. Im unteren Teil des Schachtes und im oberen Bereich der Rast findet Aufkohlung durch Diffusion statt.

Durch die Kohlenstoffaufnahme verringert sich die Schmelztemperatur von 1535 °C auf etwa 1150 °C. Das Eisen tropft dann im Bereich der Rast durch den glühenden Koks und sammelt sich im Gestell. Das Eisen nimmt neben Kohlenstoff auch noch Phosphor, Silizium und Mangan auf, das durch Reduktion der Eisenerze entstanden ist. Auch durch diese Elemente wird der Schmelzpunkt von Eisen herabgesetzt.

Im Bereich der Rast entsteht die Schlacke (hauptsächlich Calcium-Aluminiumsilikate) aus Zersetzungsprodukten der Zuschläge, Bestandteilen der Gangart sowie Koksasche. Die Schlacke sammelt sich im Gestell über dem Roheisen und schützt dieses vor erneuter Oxidation durch den Heißwind. Im Gestell sind zwei Abflüsse, einer für den Schlackenabstich, der andere für den Roheisenabstich.

Der Roheisenabstich ist meist noch sehr schwefelhaltig, da im Koks Schwefel enthalten ist. Man setzt deshalb dem Eisenabstich Soda zu, um den Schwefelgehalt zu verringern.

Entschwefelung:

$$FeS + Na_2CO_3 + 2C \rightarrow Na_2S + Fe + 3CO$$

Das Natriumsulfid ist im Roheisen nicht löslich. Es sammelt sich an der Oberfläche und wird abgeschöpft.

6.1.2.2 Direktreduktionsverfahren

Eine Alternative zum Hochofen mit dem großen Prozessaufwand zur Koks- und Heißwinderzeugung sowie den hohen Anforderungen an die Hochofenwerkstoffe aufgrund der hohen Temperaturen bildet das Direktreduktionsverfahren.

Die Direktreduktion erfolgt bei Temperaturen von ca. 1000 °C, also bei niedrigeren Temperaturen als im Hochofen. Die Prozessgase Kohlenmonoxid (CO) und Wasserstoff (H_2) werden extern erzeugt und in den Schachtofen eingeblasen. Das Eisenerz wird durch die Reduktionsgase zu Eisenschwamm , es wird kein flüssiges Roheisen erzeugt.

Die Erzeugung der Reduktionsgase erfolgt am häufigsten durch Umwandlung von Erdgas in einem externen Reformer in Wasserstoff und Kohlenstoffmonoxid und in geringerem Umfang durch Einsatz von Kohle als Reduktionsmittel. Die Reduktion verläuft nach folgenden Beziehungen:

$$Fe_2O_3 + 2CO \rightarrow 2Fe + 3CO_2$$

$$Fe_2O_3 + 3H_2 \rightarrow 2Fe + 3H_2O$$

Im Gegensatz zum Hochofenprozess ist der CO_2 Ausstoß beim Direktreduktionsverfahren geringer. Wie die Beziehungen zeigen, ist eine weitere CO_2 Reduktion möglich, wenn Kohlenstoffmonoxid als Prozessgas durch Wasserstoff ersetzt wird.

Die Weiterverarbeitung des HBI (Hot Briquetted Iron) = Eisenschwamm erfolgt im Elektrolichtbogenofen.

Neuere Ansätze verfolgen diese Richtung unter Verwendung von Wasserstoff, erzeugt mit Strom aus regenerativen Quellen. Durch die Verwendung von („grünem") Wasserstoff anstelle von Erdgas ist die CO_2-freie Erzeugung von Roheisen über diesen Prozess technisch machbar. Der Reduktionsvorgang wird über folgende Reaktionsgleichungen beschrieben:

$$1/2Fe_2O_3 + 1/2FeO \rightarrow FeO + 1/2H_2O \quad \left(obere \quad Schachtofenzone\right)$$
$$FeO + H_2 \rightarrow Fe + H_2O \quad \left(untere \quad Schachtofenzone\right)$$

Das dabei entstehende Produkt wird als H2BI (Hydrogen – Hot Briquetted Iron) bezeichnet. Der Prozess ist unter den aktuellen Bedingungen im Vergleich zur konventionellen Erzeugung noch nicht wirtschaftlich.

6.1.3 Roheisenweiterverarbeitung zu Stahl (Frischen)

Um aus Roheisen Stahl zu gewinnen, müssen verschiedene Begleitelemente oxidiert werden, welche entweder ausgasen oder verschlackt werden. Elemente wie Phosphor, Silizium und Mangan werden fast vollständig oxidiert und verschlackt. Der Gehalt an Kohlenstoff wird dagegen von 3–5 % auf maximal 2 % abgesenkt. Der gesamte Prozess aus Oxidation und Verschlackung heißt Frischen.

Sämtliche Frischreaktionen mit elementarem Sauerstoff und die meisten Frischreaktionen mit Eisen(III)-Oxid verlaufen exotherm, so dass die Temperatur der Schmelze während des Frischens von etwa 1250 auf 1620 °C ansteigt. Durch diesen Temperaturanstieg ist gewährleistet, dass die Schmelze nicht erstarrt.

Die Schmelztemperatur von Stahl liegt bei 1450–1500 °C.

- Frischreaktionen mit Sauerstoff (exotherm):

$$2C + O_2 \rightarrow 2CO$$
$$Si + O_2 \rightarrow SiO_2$$
$$4P + 5O_2 \rightarrow P_4O_{10}$$
$$2Mn + O_2 \rightarrow 2MnO$$

- Exotherme Frischreaktionen mit Eisenoxiden:

$$3Mn + Fe_2O_3 \quad \rightarrow \quad 2Fe + 3MnO$$
$$12P + 10Fe_2O_3 \quad \rightarrow \quad 20Fe + 3P_4O_{10}$$
$$3Si + 2Fe_2O_3 \quad \rightarrow \quad 4Fe + 3SiO_2$$

Die gebildeten Oxide gehen in die Schlacke über und können so entfernt werden.

Um zu vermeiden, dass die Temperatur im Frischbad zu hoch wird, sorgt man durch Zugabe von Schrott (evtl. auch Eisenerz) für den Ablauf einer endothermen Reaktionen von Kohlenstoff mit Eisen(III)-Oxid.

6.1.3.1 Windfrischverfahren

Die Verarbeitung von Roheisen zu Stahl durch das sogenannte Windfrischen erfolgt in einem birnenförmigen Konverter (Abb. 6.3). Sein Fassungsvermögen kann 50 bis 500 t Roheisen betragen.

Phosphorarmes Roheisen wird im sogenannten *LD-Verfahren* (benannt nach den österreichischen Stahlwerken *Linz* u. *Donawitz*) verarbeitet. Hierbei wird durch eine wassergekühlte Lanze Sauerstoff auf das Metallbad geblasen. Es entsteht eine Wirbelströmung, die garantiert, dass der Sauerstoff mit allen Bereichen des Bades in Berührung kommt. Der Blasvorgang dauert bei einem Fassungsvermögen von 200 t rd. 20 min. Durch Zugabe von Legierungselementen, Ferromangan, Ferrosilizium und Aluminium wird die vorgeschriebene Stahlzusammensetzung erzielt.

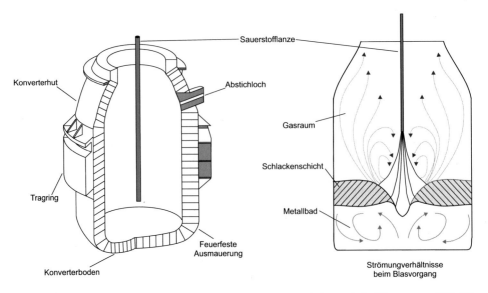

Abb. 6.3 Sauerstoffblas-Verfahren; Konverter und Strömungsverhältnisse beim Blasvorgang [Vde89]

Phosphorreiches Roheisen wird im sogenannten *LDAC-Verfahren* (benannt nach *L*inz, *D*onawitz und *A*rbed, Luxemburg, *C*entre National de Recherches Métallurgiques, Belgien) verarbeitet. Es wird Sauerstoff mit gebranntem staubförmigen Kalk auf die Schmelze geblasen. Der Blasvorgang ist in zwei Schritte unterteilt. Im ersten Abschnitt (2/3 der Blaszeit) wird hauptsächlich Phosphor entfernt. Die phosphorreiche Schlacke wird am Ende des ersten Abschnitts entfernt. Im zweiten Abschnitt wird hauptsächlich Kohlenstoff entfernt.

Beim sogenannten *OBM-Verfahren* (*O*xygen-*B*odenblasen-*M*axhütte) erfolgt das Einblasen des Sauerstoffs und eines Kühlgases (z. B. Erdgas, Propan oder Butan) durch eine Düse im Konverterboden. Die Kühlwirkung basiert auf der Zersetzung der Gase. Hierbei wird eine verbesserte Entschwefelung des Roheisens erreicht, da in den Sauerstoffstrom gebrannter Kalk gebracht werden kann. Das OBM-Verfahren hat den Vorteil, dass kürzere Blaszeiten infolge besserer Durchmischung ausreichen und weniger Rauch entsteht.

Die modernen Stahlherstellungsverfahren bestehen in der Regel aus einer Kombination der Aufblas- und Bodenblasverfahren.

6.1.3.2 Elektrostahlherstellung

Die Wärme zur Erschmelzung des Stahles wird bei diesem Verfahren mit elektrischem Strom erzeugt. Es entstehen keine Verbrennungsrückstände. Deshalb können die Zusätze und Begleitelemente (C, Cr, Ni, Mo) sehr genau dosiert werden. Man verwendet daher das Verfahren zur Erzeugung von Qualitäts- und Edelstählen.

Mehr als 90 % der Elektrostahlherstellung erfolgt im *Lichtbogenofen* . Im Lichtbogenofen geht ein Lichtbogen von den Grafitelektroden auf das Schmelzbad über und erzeugt so die nötige Wärme. Mit diesem Verfahren ist die Erschmelzung verschiedenster Stahlsorten unabhängig vom Einsatz (Schrott, Eisenschwamm, Roheisen) möglich. Mit einem Leistungsverbrauch von bis zu 1000 kVA/t ist dieses Verfahren sehr energieintensiv.

Der Sauerstoff, der zum Frischen benötigt wird, stammt aus den Eisenoxiden des Schrotts oder wird zusätzlich in das Bad eingeblasen. Der Einsatz des Elektrostahlverfahrens hat in den letzten Jahren deshalb zur Stahlerzeugung aus Schrott stark zugenommen.

6.1.4 Verfahren der Nachbehandlung des Stahles

Zur weiteren Verbesserung der Stahlqualität schließt sich in der Regel die sogenannte Pfannenmetallurgie an die Frischeverfahren an. In der sogenannten Gießpfanne wird die Stahlschmelze durch weitere Verfahrensschritte von Gasen und ungewollten Verunreinigungen getrennt.

6.1.4.1 Desoxidation

In der Stahlschmelze ist Sauerstoff gelöst, der bei der Erstarrung frei wird und sich mit Kohlenstoff zu Kohlenmonoxid verbindet. Durch die starke Entstehung von Gasblasen wird das Schmelzbad durchmischt (Kochen der Schmelze). Der Stahl erstarrt unberuhigt. Es entstehen Blasen im oberflächennahen Bereich und im Inneren sind Entmischungen (Seigerungen), speziell von P und S, zu beobachten.

Um das Kochen der Schmelze zu verhindern wird der verbleibende Sauerstoff durch Desoxidation entfernt. Es werden Stoffe zugesetzt, die leicht oxidieren, wie z. B. Ferrosilizium, Mn und Al. Die Reaktionsprodukte bleiben in der Schmelze oder werden in Schlacke überführt. Durch Desoxidationsmittel wird die Bildung von CO weitgehend verhindert. Es kommt nicht zum Kochen. Der Stahl erstarrt beruhigt. Es entstehen keine Seigerungen.

Nach dem Grad der Oxidation unterscheidet man unberuhigten, halbberuhigten, beruhigten und besonders beruhigten Stahl. Die Wahl richtet sich nach dem Verwendungszweck.

6.1.4.2 Entkohlung

Ein Teil des Kohlenstoffs wird durch die Blasverfahren beim Frischen schon entfernt. Kohlenstofftiefstwerte werden durch eine anschließende Teilmengen-Vakuumentgasung eingestellt. Durch das Vakuum wird das Entweichen von Gasen aller Art begünstigt, so auch von CO und CO_2.

6.1.4.3 Entschwefelung

Obwohl der größte Teil des Schwefels schon in der Roheisenentschwefelung entfernt wird, bleiben im Stahl nach dem Frischen immer noch zu hohe Mengen an Schwefel, die in einem gesonderten Prozess, der Nachentschwefelung des flüssigen Stahles, entfernt werden. Wie bei der Roheisenentschwefelung werden Elemente, die leicht mit Schwefel reagieren zugesetzt, z. B. Soda, Magnesium- und Calciumverbindungen. Damit können Schwefelgehalte von unter 0,001 % erreicht werden.

6.1.4.4 Entphosphorung

Die Entphosphorung sollte weitestgehend mit Abschluss der Schmelzprozesse abgeschlossen sein. Geringe Phosphorgehalte lassen sich nachträglich durch Vermischung von synthetischer Schlacke mit Rührgas einstellen.

6.1.4.5 Entfernung von Wasserstoff

Die Entfernung von Wasserstoff erfolgt durch eine Vakuumbehandlung unter intensivem Rühren der Schmelze.

6.1.5 Elektro-Schlacke-Umschmelzverfahren (ESU)

Die bisher besprochenen Nachbehandlungsverfahren kommen zum Einsatz, bevor der Stahl erkaltet ist. Im Gegensatz dazu wird der Stahl beim ESU-Verfahren zunächst in Blöcke vergossen und erneut wieder aufgeschmolzen.

Der Schmelzvorgang findet in einer Kokille statt. Am Kokillenboden sammelt sich der flüssige Stahl. Darüber liegt eine Schicht aus flüssiger Schlacke. Der umzuschmelzende Stahlblock taucht mit einem Ende in die Schlackeschicht. Ein starker Strom, der durch die Kokille und das Bad fließt, hält die Schlacke auf hoher Temperatur. Das eingetauchte Ende des Stahlblocks schmilzt ab und tropft durch das Schlackebad, wodurch der Stahl gereinigt wird. Durch die langsame Zuführung des flüssigen Metalls verläuft die Erstarrung gerichtet von oben nach unten. Das Gefüge verbessert sich deutlich, höchste Reinheit kann erreicht werden und dadurch verbessern sich technologische Eigenschaften. Unter anderem wird das Verfahren zur Entschwefelung eingesetzt. Der Nachteil ist, dass das Verfahren relativ teuer ist.

Abwandlungen des ESU-Verfahrens bestehen im Umschmelzen unter Überdruck oder unter Schutzgasatmosphäre.

6.2 Eisen-Kohlenstoff-Legierungen

6.2.1 Eisen-Kohlenstoffdiagramm

6.2.1.1 Metastabiles und stabiles System

Das (binäre) Eisen-Kohlenstoff-Diagramm ist gültig für den Gleichgewichtszustand von Eisen und Kohlenstoff bei langsamer Abkühlung, Abb. 6.4. Je nach Ausscheidungsform des Kohlenstoffs unterscheidet man das

1. Stabile Fe-C-System (gestrichelte Linien in Abb. 6.4) und das
2. Metastabile Fe-Fe$_3$C-System (durchgezogene Linien in Abb. 6.4).

Wie aus Abb. 6.4 ersichtlich, unterscheiden sich die Phasengrenzlinien beider Systeme nicht wesentlich. Unterhalb des Zustandsbildes befindet sich das Gefügeanteil-Diagramm für Raumtemperatur.

Von technischer Bedeutung ist vor allem das metastabile Fe-Fe$_3$C-Diagramm. Man unterscheidet Stahlteile mit einem Kohlenstoffgehalt <2 % von Gusseisenteilen mit einem Kohlenstoffgehalt >2 %.

Beim metastabilen System liegt der Kohlenstoff in Form von Fe$_3$C vor. Durch Glühen wird die stabile Form, nämlich Eisen und Kohlenstoff (Grafit) erreicht.

$$\underset{\text{metastabil}}{Fe_3C} \quad \underset{\text{Glühen}}{\rightarrow} \quad \underset{\text{stabil}}{3Fe + C}$$

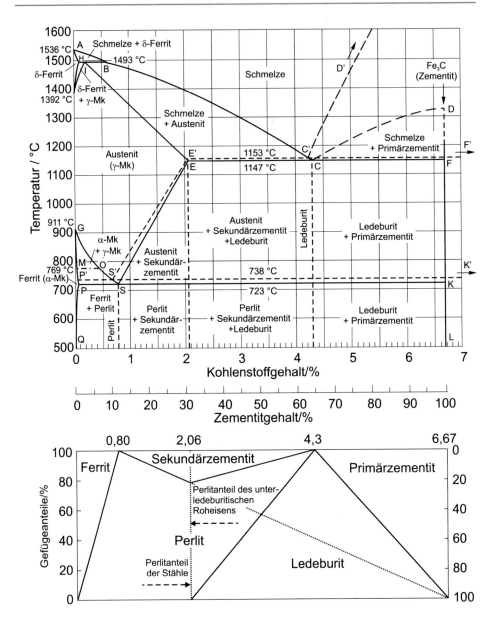

Abb. 6.4 Zustandschaubild Eisen-Kohlenstoff (metastabil; stabil)

Abb. 6.5 Zustandsfelder im
System Fe–Fe$_3$C
(metastabiles System)

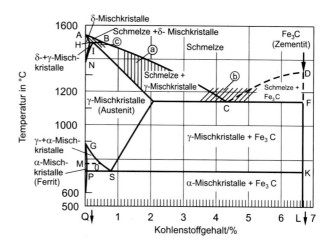

Das Fe-Fe$_3$C-Diagramm weist eine vollständige Löslichkeit im flüssigen und eine teilweise Löslichkeit im festen Zustand auf. Es setzt sich aus folgenden Grundtypen zusammen, Abb. 6.5.

- Linsendiagramm
- eutektisches System (V-Diagramm)
- peritektisches System

Der technische Anwendungsbereich von Eisen-Kohlenstoff-Legierungen reicht bis zu einem Kohlenstoffgehalt von 6,67 %, entsprechend 100 % intermetallischer Phase Fe$_3$C.

6.2.2 Phasen- bzw. Gefügeausbildungen im metastabilen System

Die einzelnen Phasen sind im Fe-Fe$_3$C-Diagramm Abb. 6.5 eingetragen. Die Beständig-
keit der Phasen hängt von der Temperatur und dem Kohlenstoffgehalt ab. Die wichtigsten
Phasengrenzlinien sind GS, die mit A$_{c3}$ (A$_3$), PSK, die mit A$_{c1}$ (A$_1$) und NH, die mit A$_{c4}$
(A$_4$) bezeichnet werden.

Im Wesentlichen unterscheidet man die nachstehend aufgeführten Phasen und Gefüge:

- δ – MK mit dem zugehörigen Gefüge δ – Ferrit, Gittertyp: krz, bei RT nicht beständig.
  Die maximale Löslichkeit von Kohlenstoff im δ-MK beträgt 0,1 % bei rd. 1500 °C.
- γ – MK mit dem zugehörigen Gefüge Austenit, (Abb. 6.6) Gittertyp: kfz, γ – MK ist bei
  RT nicht beständig. Die maximale Löslichkeit von Kohlenstoff beträgt bei
  1147 °C 2,06 %.

Abb. 6.6 Austenit (γ–MK)

- α – MK mit dem zugehörigen Gefüge Ferrit, (Abb. 6.7) Gittertyp: krz, die Härte von α – MK beträgt rd. 80 HV, ist also sehr gering. α – MK ist bei RT beständig, die maximale Löslichkeit von Kohlenstoff beträgt bei 723 °C 0,02 %.
- Fe_3C = Zementit, Gittertyp: rhombisch. Zementit ist eine Verbindung aus Eisen und Kohlenstoff (Eisenkarbid), HV 0,1 = 1000, der Kohlenstoffgehalt beträgt 6,67 %. Das bedeutet, wenn man das System Fe-Fe_3C betrachtet, entsprechen 100 % Fe_3C gleich 6,67 % C.
- Je nach Ausscheidungszeitpunkt unterscheidet man die folgenden Gefüge:
  - *Primärzementit* : Bildung von Fe_3C aus der Schmelze (Fe-Legierung mit 4,3 bis 6,67 % C), Abb. 6.8. Primärzementit ist als grobnadliger weißer Gefügebestandteil in einer meist ledeburitischen Grundmasse erkennbar.

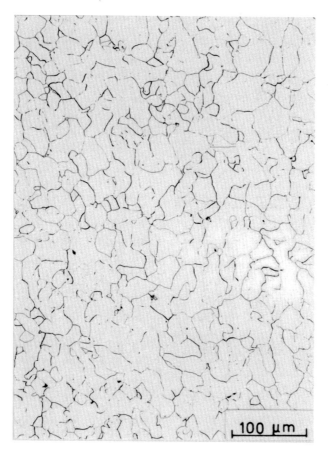

Abb. 6.7   Ferrit (α–MK)

- *Sekundärzementit* : Bildung von Fe₃C aus γ−MK (Fe-Legierung mit 0,8 bis 4,3 % C), Abb. 6.9. Bei Legierungen mit C > 0,8 % kann der Sekundärzementit als hellere Phase entlang den Korngrenzen von Perlit erkannt werden. Diese Ausscheidung wird auch als Schalenzementit, der aufgrund seiner versprödenden Wirkung unerwünscht ist, bezeichnet.
- *Tertiärzementit* : Bildung Fe₃C aus α−MK bei Abkühlung unterhalb von A₁ (723 °C). Die metallographische Unterscheidung der einzelnen Zementitarten ist teilweise sehr schwierig oder gar nicht möglich. Tertiärzementit bei C <0,02 % scheidet sich an den Korngrenzen ab. Tertiärzementit im Bereich 0,02 < C <0,8 % kristallisiert am bereits vorhandenen Zementit des Perlits, ebenso Tertiärzementit, der aus dem Ferrit des Perlits ausgeschieden wird, und kann daher nicht identifiziert werden, Abb. 6.10.

Abb. 6.8 Nadeliger
Primärzementit (Fe-Legierung
mit 5,5 % C)

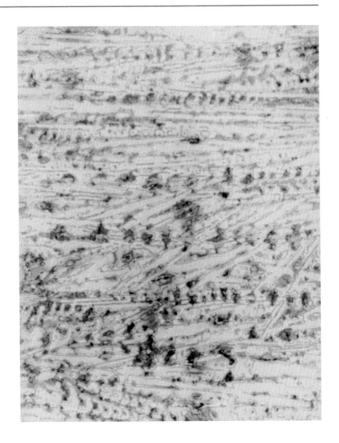

- *Perlit* Abb. 6.11:
  Perlit ist das Eutektoid , das sich aus dem Zerfall der γ–MK bei 723 °C und 0,8 °C
  bildet und besteht aus zwei Phasen: α–MK und Fe_3C. Die Entstehung erfolgt durch
  schichtweise Diffusion von Kohlenstoff in γ–MK, so dass Lamellen mit sehr kleinem
  (α–MK) bzw. relativ großem Kohlenstoffgehalt (Fe_3C) entstehen. Bei einer
  metallographischen Betrachtung erscheint Perlit als perlmuttartig reflektierendes, bei
  großer Vergrößerung als streifiges schwarz-weißes Gefüge.
- *Ledeburit* = Eutektikum bei 4,3 % C, Abb. 6.12.
  Besteht beim Zeitpunkt der Erstarrung aus Primärzementit und γ–MK. Beim Abkühlen
  scheidet sich aus den γ–MK Sekundärzementit aus. Unter 723 °C zerfallen die γ–MK
  mit 0,8 % Kohlenstoff in reinen Perlit. Metallographisch tritt Ledeburit als geordnete
  schwarze Inseln in weißer Grundmasse in Erscheinung. Die Inseln sind oft streifenför-
  mig angeordnet.

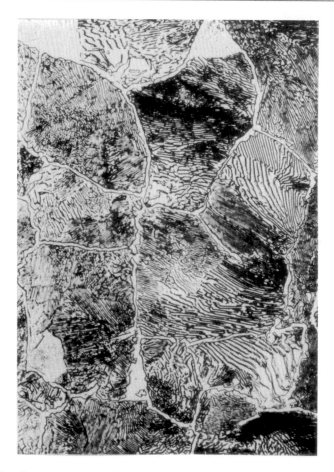

Abb. 6.9 Sekundärzementit an den Korngrenzen des Perlit-Ferritischen Gefüges (Fe-Legierung mit 1,3 % C)

Anhand einiger Beispiele soll das metastabile Eisen-Kohlenstoff-Diagramm detaillierter erklärt werden (Abb. 6.13, 6.14, 6.15 und 6.16).

Beispiel 1
C = 0,01 % (untereutektoid), Abb. 6.13.
Beispiel 2
C = 0,4 % (untereutektoid), Abb. 6.14
Beispiel 3
C = 3 %, Abb. 6.15
Beispiel 4
C = 5,5 %, Abb. 6.16

Abb. 6.10 Tertiärzementit
(Fe-Legierung mit 0,02 % C)

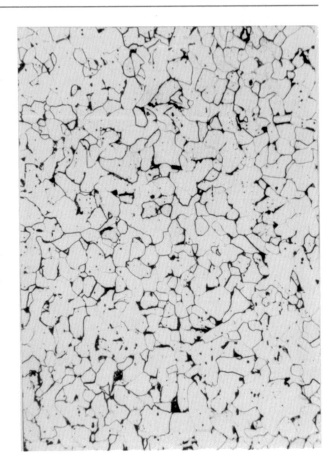

6.2.3 Phasen- und Gefügeausbildung im stabilen System

Die Ausbildung der Phasen nach dem stabilen Systen wird bei sehr langsamer Abkühlungerreicht. Höhere Abkühlgeschwindigkeiten fördern über die Behinderung der Kohlenstoffdiffusion die Erstarrung nach dem metastabilen System, Abb. 6.17. Bei sehr langsamer Abkühlung erfolgt eine Erstarrung nach dem stabilen System.

Das stabile System ist nur für Gusseisen (C > 2,06 %) von Bedeutung. Anhand zweier Beispiele soll dieser Bereich detaillierter erklärt werden (Abb. 6.18 und 6.19)

Beispiel 1
C = 3,0 % (untereutektisch), Abb. 6.18.

Abb. 6.11 Perlit (Fe-Legierung mit 0,8 % C, ca. 250 HV 30)

Beispiel 2
C = 5,5 % (übereutektisch), Abb. 6.19

Die gewollte Ausbildung von Grafit wird über die Wahl der Abkühlbedingungen in Verbindung mit der Zugabe von Legierungselementen gesteuert, vgl. Abschn. 6.7. So kann die Erstarrung zunächst nach dem stabilen System erfolgen, es bildet sich zunächst Grafit (lamellar, vermicular). Durch Steuerung der Abkühlgeschwindigkeit kann dann die eutektoide Umwandlung nach dem metastabilen System erfolgen und es bildet sich Perlit (α-Mischkristall und Fe_3C).

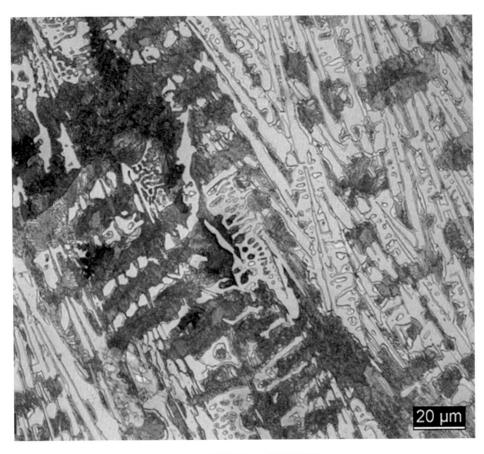

Abb. 6.12 Ledeburit (Fe-Legierung mit 5,5 % C, ca. 600 HV 30)

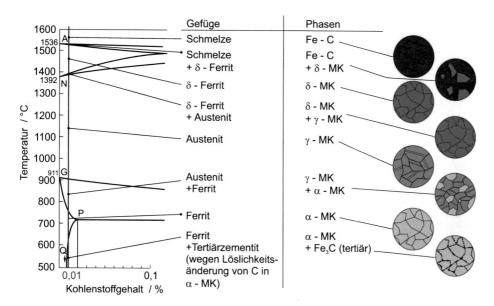

Abb. 6.13   Beispiel 1; C = 0,01 %

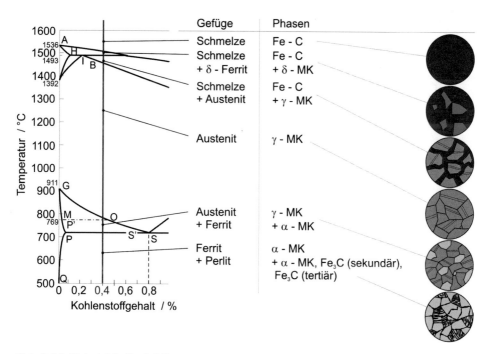

Abb. 6.14   Beispiel 2; C = 0,4 %

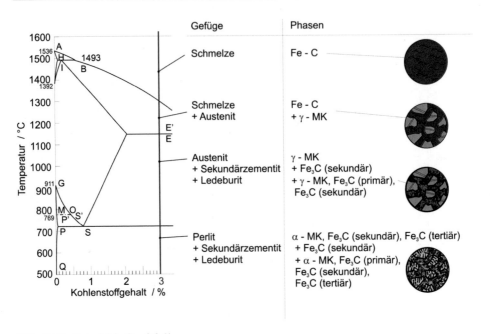

Abb. 6.15 Beispiel 3; C = 3,0 %

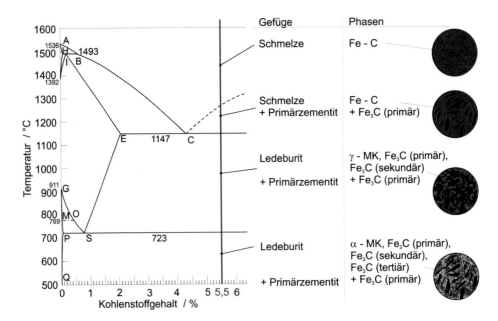

Abb. 6.16 Beispiel 4; C = 5,5 %

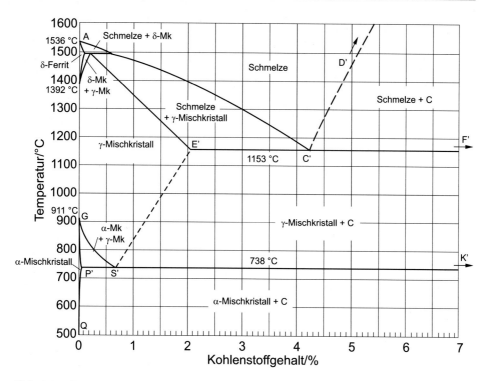

Abb. 6.17 Stabiles Eisen-Kohlenstoffdiagramm

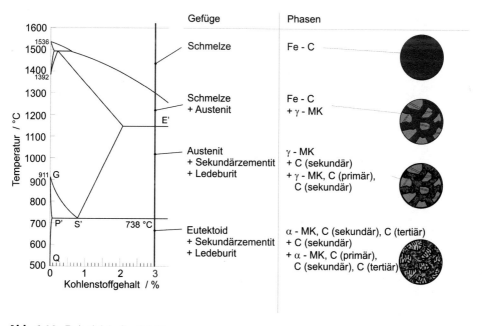

Abb. 6.18 Beispiel 1; C = 3,0 %

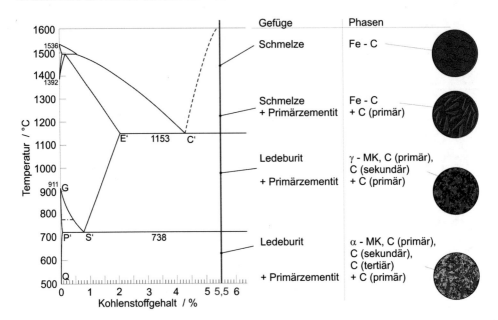

Abb. 6.19 Beispiel 2; C = 5,5 %

6.3   Legierungen

6.3.1 Stahl

Stahl wird definiert als ein Werkstoff, dessen Kohlenstoffgehalt i. Allg. kleiner als 2,06 % ist. Bei Kohlenstoffgehalten oberhalb von 2,06 % C wird von Gusseisen gesprochen.

6.3.1.1 Stahlbegleiter und Spurenelemente

Die chemische Zusammensetzung des Stahls in Verbindung mit der Wärmebehandlung sowie der Verarbeitung ist entscheidend für seine (Verwendungs-) Eigenschaften. Die Elemente, die im Stahl enthalten sind, werden als Stahlbegleiter (z. B. Si, Mn, S, P, O, N und H) oder Spurenelemente (z. B. Sn, Cu, Nb, As, Sb) bezeichnet. Legierungselemente hingegen stellen alle bewusst zur Erzeugung von gewünschten Eigenschaften zugegebene Elemente dar. Stahlbegleiter bzw. Spurenelemente stammen aus den Erzen und Zuschlagstoffen bzw. dem zugesetzten Schrott. Ihr Gehalt wird, soweit technisch-wirtschaftlich vertretbar, auf ein Minimum beschränkt, um ihren Einfluss auf die gewünschten Eigenschaften zu begrenzen. Der Gehalt an Spurenelementen kann i. Allg. nur mit sehr hohem technischem Aufwand, z. B. bei der Erschmelzung reduziert werden.

Signifikante Auswirkungen von Stahlbegleitelementen/Spurenelementen sind:

- *Schwefel*
  Bildet Sulfide: z. B. FeS, das spröde ist und einen niedrigen Schmelzpunkt hat. Es scheidet sich an den Austenitkorngrenzen aus. Ein bekannter Effekt ist die Warm- bzw. Rotbrüchigkeit beim Warmumformen des Stahls: im Temperaturbereich 800 bis 1000 °C brechen die Sulfide an den Korngrenzen. Bei Temperaturen > 1200 °C schmelzen die Sulfide. Beim Schweißen können deshalb Heißrisse entstehen.

  Daher die Bestrebungen, den Schwefelgehalt zu begrenzen bzw. z. B. über Mn zu MnS abzubinden. Allerdings stellt sich dann beim Walzen eine Textur der MnS in Verformungsrichtung ein. Bei Automatenstählen, die zerspanend bearbeitet werden, ist die Ausbildung der spröden MnS-Phase hingegen aufgrund der damit verbundenen kurzen Spanbildung erwünscht.

- *Phosphor*
  Reichert sich während der Erstarrung in der Restschmelze an und verdrängt bei der γ–α–Umwandlung den Kohlenstoff, so dass sich Ferritzeilen in C-armen und P-Zeilen in C-reichen Gebieten bilden. Die Folge ist eine Herabsetzung der Zähigkeit bzw. Förderung der Anlassversprödung (siehe Abschn. 6.6.1.2).

- *Stickstoff*
  Stickstoff fördert die Alterung durch Hemmung der Versetzungsbewegungen (siehe Abschn. 6.6.1.1). Dieser Effekt tritt besonders bei kaltverformten (versetzungsreichen) Stählen bei Temperaturen um 300 °C („Blausprödigkeit") auf.

  Stickstoff wird i. Allg. mit Al abgebunden. Beim Nitrieren will man durch die Diffusion von N in den Stahl eine verschleißfeste Oberfläche erzielen (siehe Abschn. 6.4.2.10).

- *Sauerstoff*
  Bildet Oxide, wirkt stark versprödend und verursacht wie Phosphor Rotbruch beim Umformen.

- *Wasserstoff*
  Wirkt versprödend und setzt die Verformungsfähigkeit herab. Eine weitverbreitete Theorie ist, dass durch Rekombination von Wasserstoffatomen und Anreicherung dieser Wasserstoffmoleküle in bestimmten Gefügebereichen, der Wasserstoffpartialdruck so ansteigen kann, dass es zu einer Riss- und Porenbildung kommt.

6.3.1.2 Legierungselemente

Legierungselemente werden dem Stahl absichtlich in definierten Gehalten zugefügt, die eine erwünschte Änderung von Eigenschaften erzeugen. Sie gehen ganz oder teilweise mit Fe und anderen Elementen Verbindungen ein, die wiederum die Eigenschaften beeinflussen. Legierungselemente verändern die Löslichkeit der Eisenmodifikationen für Kohlenstoff, so dass sich die Gleichgewichtslinien und -punkte im Eisenkohlenstoffdiagramm verschieben. Auch die zeitliche Abhängigkeit der Phasenbildung wird über Legierungselemente gezielt beeinflusst. Das Zeit-Temperatur-Umwandlungsschaubild (ZTU, vgl. Abschn. 6.4.2.2) ist immer nur für eine bestimmte Legierungszusammensetzung gültig und gibt an, zu welchem (Abkühlungs-)Zeitpunkt eine Gefügephase entsteht.

Während eine geringe Zugabe von Legierungselementen, wie bereits erwähnt, die Grenzen innerhalb des EKDs bzw. ZTU-Schaubildes verschiebt, kann eine massive Zugabe von bestimmten Legierungselementen dazu führen, dass ein Mischkristallgebiet abgeschnürt bzw. erweitert wird. Dies bezieht sich auf das α–Mischkristallgebiet (Ferrit) und das γ–Mischkristallgebiet (Austenit).

6.3.1.2.1 Ferritstabilisierende Legierungselemente

Durch die Zugabe von Cr, Mo, V, Si, Al, P, S, Sn, B wird das α–Mischkristallgebiet erweitert und im Extremfall das γ–Mischkristallgebiet abgeschnürt, Abb. 6.20. Dies wird technisch in besonderen Fällen, z. B. bei rost- und säurebeständigen Stählen mit Cr-Gehalten > 15 % und reduziertem C-Gehalt < 0,1 % relevant. Da das Gefüge vom Beginn der Erstarrung bis RT keine Phasenumwandlung mehr erfährt, sind die genannten Stähle nicht härtbar. Es ist zu beachten, dass dies bei ferritischen Stählen einen Sonderfall darstellt. Im Allgemeinen sind ferritische Stähle härtbar – im Gegensatz zu den nachfolgenden austeni-

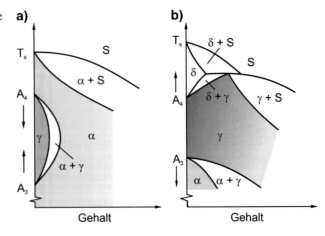

Abb. 6.20 a) α-stabilisierende Elemente: Cr, Mo, V, Si, Al, P, S, Sn, B. **b)** γ-stabilisierende Elemente: C, Mn, Ni, Cu, N, Co, Zn

tischen Stählen. Die über unterschiedliche Härteverfahren bzw. Wärmebehandlungen (siehe Abschn. 6.4) erzielten Gefügezustände (Martensit, Bainit, Perlit) können nur an ferritischen Stählen eingestellt werden.

6.3.1.2.2 Austenitstabilisierende Legierungselemente

Bei ausreichenden Gehalten von γ-stabilisierenden Elementen, wie C, Mn, Ni, Cu, N, Co, Zn, wird das Austenitgebiet bis herab zur Raumtemperatur und darunter erweitert, Abb. 6.20b. Die größte Gruppe der austenitischen Stähle sind die nichtrostenden austenitischen Chrom-Nickel- und Chrom-Nickel-Molybdän-Stähle.

Nickel als starker Austenitbildner führt in Verbindung mit Chrom ab Gehalten von $\approx$ 18 % Ni und $\approx$ 8 % Cr zu einer Stabilisierung des Austenits bis Raumtemperatur. Bei Chrom- und Nickelgehalten an der unteren Grenze sind diese Stähle dem Martensit-Austenit-Gebiet benachbart, d. h. der Austenit ist instabil und kann sich bei Abkühlung auf tiefe Temperaturen oder durch Kaltverformung bei Raumtemperatur teilweise in Martensit umwandeln. Bei höheren Chrom- und niedrigeren Nickelgehalten (sowie mit zunehmenden Molybdängehalten) sind die Stähle dem Austenit-Ferrit-Gebiet benachbart, d. h. sie können auch geringe Ferritmengen enthalten.

Da die Löslichkeit von C in Austenit mit fallender Temperatur abnimmt, wird er bei rascher Abkühlung mit Kohlenstoff übersättigt. Bei einer Wiedererwärmung auf 500 bis 800 °C wird der gelöste Kohlenstoff als Chromkarbid an den Korngrenzen ausgeschieden. Dies bewirkt außer einer gewissen Versprödung der Korngrenzen eine Sensibilisierung für interkristalline Korrosion. Weitere Versprödungen und Herabsetzungen des Korrosionswiderstands kann sich durch die Bildung der σ-Phase (FeCr) ergeben, siehe Abb. 6.21.

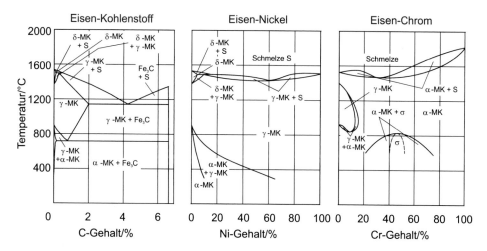

Abb. 6.21 Einfluss der Elemente Nickel und Chrom auf das Eisen-Kohlenstoff-Diagramm nach [Dom69]

6.3.1.2.3 Schaefflerdiagramm

Von Schaeffler wurde auf empirischer Basis ein Diagramm aufgestellt, mit dem bei bekannter chemischer Zusammensetzung eine quantitative Voraussage der Gefügeausbildung von nichtrostenden Chrom-, Chrom-Nickel- und Chrom-Molybdän-Stählen für das Schweißgut ermöglicht wird. Insbesondere gelingt eine ungefähre Voraussage der Gefügeausbildung beim Verschweißen unterschiedlicher Stähle mit austenitischen Elektroden, d. h. es stellt eine Basis dar zur

- Elektrodenauswahl
- Abschätzung des sich unter schweißtypischen Abkühlbedingungen einstellenden Gefüges.

Die hierzu erforderlichen Beziehungen sind an den Achsen des Schaefflerdiagramms in Abb. 6.22 aufgetragen.

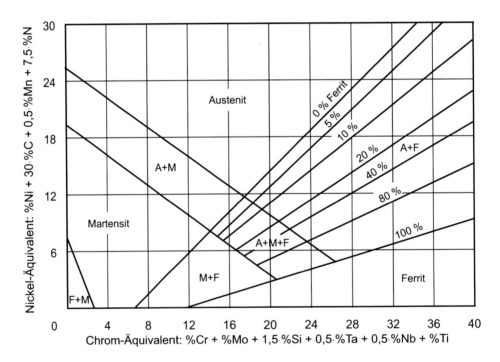

Abb. 6.22 Schaefflerdiagramm

6.3.2 Bezeichnungssysteme der Stähle

Die Bezeichnung von Stählen erfolgt mittels Kennbuchstaben oder -zahlen. Die Regeln hierfür sind in der europäischen Norm DIN EN 10027 (Teil 1: Kurznamen; Deutsche Fassung EN 10027-1:2016; Teil 2: Nummernsystem; Deutsche Fassung EN 10027-2:2015) wiedergegeben, die von der DIN EN 1560:2011 bezüglich Gusseisen ergänzt wird, Abb. 6.23.

Die DIN EN 10027-1:2016 kennzeichnet Stahl mittels Kennbuchstaben und Zahlen, wobei dieser Teil der Norm zwei Bezeichnungsvarianten definiert. Kurznamen, die Hinweise auf die Verwendung und die mechanischen oder physikalischen Eigenschaften enthalten oder solche, die Hinweise auf die chemische Zusammensetzung enthalten. Es darf nur ein Kurzname pro Stahl vergeben werden. Welche der Varianten sinnvoll ist, wird durch den Verwendungszweck des Stahles bestimmt, der generelle Aufbau der Bezeichnung bleibt jedoch gleich und ist in Abb. 6.24 schematisch dargestellt.

Bei der Verwendung von Werkstoffnummern nach der DIN EN 10027-1:2016 wird diese Unterscheidung nicht gemacht.

Die Systematik der Stahlkurznamen soll an den folgenden Beispielen erläutert werden:

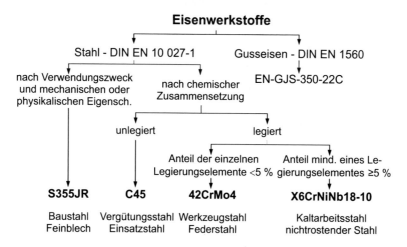

Abb. 6.23 Schema der Werkstoffbezeichnung von Eisenwerkstoffen

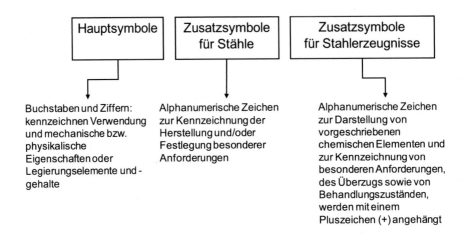

Abb. 6.24 Schematischer Aufbau der Stahlbezeichnung nach DIN EN 10027-1:2016

- Stahl S235J0, ein allgemeiner Baustahl:
  Der Buchstabe S bezeichnet die Gruppe Stähle für den Stahlbau (= Verwendung). Die Ziffern 235 geben die Mindeststreckgrenze (R_e) in MPa an (= mechanische Eigenschaft). J0 steht für eine Kerbschlagarbeit von 27 J bei 0 °C Prüftemperatur (= mechanische Eigenschaft).
- Stahl P265GH, ein warmfester Baustahl:
  Der Buchstabe P bezeichnet die Gruppe Druckbehälterstähle (= Verwendung).
      Die Ziffern 265 geben die Mindeststreckgrenze (R_e) in MPa an (= mechanische Eigenschaft). G weist auf andere Merkmale hin, H steht für Hochtemperatur (= Verwendung).

Die Buchstaben der Hauptsymbole sind in Tab. 6.1 aufgelistet:

- Stahl C16E, ein unlegierter Einsatzstahl:
  Der Buchstabe C bezeichnet die Gruppe unlegierter Stähle mit mittlerem Mn-Gehalt < 1 %, außer Automatenstähle (= chem. Zusammensetzung). Die Zahl 16 nach dem Buchstaben, dividiert durch 100 ergibt den mittleren C-Gehalt (= chem. Zusammensetzung). E weist auf einen vorgeschriebenen max. S-Gehalt hin (= chem. Zusammensetzung).
- Stahl G17CrMo9-10, Stahlguss für Druckbehälter:
  Der Buchstabe G steht für Stahlguss. Die Zahl 17 nach dem Buchstaben, dividiert durch 100 ergibt den mittleren C-Gehalt (= chem. Zusammensetzung). Die Ziffer 9 nach dem Legierungselement Cr, dividiert durch 4 ergibt den mittleren Cr-Gehalt (= chem. Zusammensetzung). Die Zahl 10 nach dem Legierungselement Mo, dividiert durch 10 ergibt den mittleren Mo-Gehalt (= chem. Zusammensetzung).

Tab. 6.1 Hauptsymbole bei der Kennzeichnung nach mech. oder phys. Eigenschaften

Abkürzung	Stahlbezeichnung
G	Stahlguss
S	Stähle für den Stahlbau
E	Maschinenbaustähle
P	Druckbehälter Stähle
PM	Pulvermetallurgie
H	Flacherzeugnisse aus höherfestem Stahl zum Kaltumformen
HS	Schnellarbeitsstähle
D	Flacherzeugnisse zum Kaltumformen
L	Leitungsrohre
R	Stähle für oder in Form von Schienen
B	Betonstähle
Y	Spannstähle
T	Verpackungsblech und -band
M	Elektroblech und -band
C	Kohlenstoffstahl
X	Mittlerer Gehalt mindestens eines Legierungselementes $\geq$ 5 %

Allgemein wird der mittlere Gehalt eines Elements mit folgendem Faktor angegeben:
- Cr, Co, Mn, Ni, Si, W: Divisionsfaktor 4
- Al, Be, Cu, Mo, Nb, Pb, Ta, Ti, V, Zr: Divisionsfaktor 10
- Ce, N, P, S: Divisionsfaktor 100
- B: Divisionsfaktor 1000

- Stahl X5CrNi18-10, ein legierter austenitischer Stahl:
  Der Buchstabe X steht für nichtrostende und andere legierte Stähle (außer Schnellarbeitsstähle) sofern der mittlere Gehalt zumindest eines der Legierungselemente $\geq$ 5 % beträgt.

  Die Ziffer 5 nach dem Buchstaben, dividiert durch 100 ergibt den mittleren C-Gehalt (= chem. Zusammensetzung). Die durch Bindestriche getrennten Zahlen geben den mittleren, auf die nächste ganze Zahl gerundeten Gehalt der vorstehenden Elemente an. Hier: 18 % Cr, 10 % Ni.

- Stahl HX220YD, ein höherfester Stahl:
  Der Buchstabe H steht für höherfestes Stahlband. X kennzeichnet den warm- oder kaltgewalzten Zustand. Die Streckgrenze bei RT beträgt min. 220 MPa. Y steht für Interstitialfree steel (IF-Stahl) und D kennzeichnet den Schmelztauchüberzug. Stahl HS2-9-1-8

  Die Buchstaben HS bezeichnen die Gruppe der Schnellarbeitsstähle (= Verwendung). Die Zahlen, die durch Bindestriche getrennt sind, geben den prozentualen Gehalt der Legierungselemente in der Reihenfolge: Wolfram – Molybdän – Vanadin – Kobalt an.

- PM1-2-2
- Die Buchstaben PM bezeichnen die pulvermetallurgische Herstellung (Werkzeugstahl). Die Zahlen, die durch Bindestriche getrennt sind, geben den prozentualen Gehalt der Legierungselemente in der Reihenfolge: Wolfram – Molybdän – Vanadin – Kobalt an.

Die Systematik der Stahlgruppennummern gemäß DIN EN 10027-2:2015 soll an den folgenden Beispielen erläutert werden:

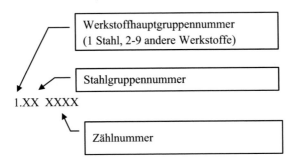

Bei den Stahl-Gruppen wird unterschieden in (siehe auch Abschn. 6.3.3):

- *Unlegierte Stähle* mit den Gruppen 00 bis 07, 90 bis 97 für Qualitätsstähle; 10 bis 19 für Edelstähle
- *Legierte Stähle* mit den Gruppen 08 bis 09 und 98 bis 99 für Qualitätsstähle; 20 bis 89 für Edelstähle mit den Unterscheidungen; 20 bis 29 für Werkzeugstähle; 30 bis 39 für verschiedene Stähle (z. B. Schnellarbeitsstähle, Wälzlagerstähle); 40 bis 49 nichtrostende und hitzebeständige Stähle; 50 bis 89 Bau-, Maschinenbau- und Behälterstähle
- *Beispiele:*
  1.3501 ist ein Wälzlagerstahl mit dem Kurznamen 100Cr2
  1.0114 ist ein allgemeiner Baustahl mit dem Kurznamen S235J0
  1.7259 ist ein druckwasserbeständiger Cr-Mo Stahl mit dem Kurznamen 26CrMo7

6.3.3 Einteilung der Stähle nach Klassen

Die DIN EN 10020:2000 teilt alle Stahlsorten in folgende Klassen ein, siehe Tab. 6.2.

An dieser Stelle sei darauf hingewiesen, dass die Edelstähle nach DIN EN 10020 – anders als im Sprachgebrauch üblich – in der Regel keine nichtrostenden Eigenschaften besitzen. Die Hauptgüteklassen der Edelstähle zeichnen sich, wie nachfolgend dargestellt, durch hohe Reinheit und exakt eingestellte chemische Zusammensetzung aus.

Tab. 6.2 Klassen und Hauptgüteklassen nach DIN EN 10020

Klassen	Hauptgüteklassen
Unlegierte Stähle	Unlegierte Qualitätsstähle
	Unlegierte Edelstähle
Andere legierte Stähle	Legierte Qualitätsstähle
	Legierte Stähle
Nichtrostende Stähle	Nickelgehalt:
	$-<2,5\,\%$
	$-\geq 2,5\,\%$
	Haupteigenschaft:
	− korrosionsbeständig
	− hitzebeständig
	− warmfest

6.3.3.1 Unlegierte Stähle

Bei unlegierten Stählen werden, die in der DIN EN 10020 festgelegte Grenzwerte für (z. B. Cr = 0,30 %, Mo = 0,08 % oder Ti = 0,05 %) nicht überschritten.

6.3.3.2 Andere legierte Stähle

Stahlsorten, die nicht der Definition für nichtrostende Stähle entsprechen und die bei mindestens einem Element, die festgelegten Grenzwerte (z. B. Cr = 0,30 %, Mo = 0,08 % oder Ti = 0,05 %) erreichen.

6.3.3.3 Nichtrostende Stähle

Der Massenanteil an Cr beträgt mindestens 10,5 %, der C-Gehalt überschreitet 1,2 % nicht.

Es ist zu beachten, dass die Haupteigenschaften nichtrostender Stähle auch auf andere legierte Stähle zutreffen können.

6.3.3.4 Unlegierte Qualitätsstähle

Stahlsorten, für die i. Allg. festgelegte Anforderungen bestehen, wie z. B. an die Zähigkeit, Korngröße und/oder Umformbarkeit.

6.3.3.5 Unlegierte Edelstähle

Unlegierte Edelstähle weisen gegenüber unlegierten Qualitätsstählen weniger nichtmetallische Einschlüsse auf, d. h. sie müssen einen höheren Reinheitsgrad aufweisen. Um dies zu erreichen, sind besondere Maßnahmen bei der Herstellung notwendig (siehe Abschn. 6.1.4). Diese Stähle weisen definierte Streckgrenzen- oder Härtbarkeitswerte, manchmal verbunden mit Eignung zum Kaltumformen oder Schweißen auf. Sie sind i. Allg. für besondere Verwendungszwecke vorgesehen (Vergüten oder Oberflächenhärten).

6.3.3.6   Legierte Qualitätsstähle

Legierte Qualitätsstähle sind Stahlsorten, für die Anforderungen, z. B. bezüglich der Zähigkeit, Korngröße und/oder Umformbarkeit bestehen. Sie werden i. Allg. nicht zum Vergüten oder Oberflächenhärten vorgesehen.

Typische legierte Qualitätsstähle sind z. B.:

1. Schweißgeeignete Feinkornbaustähle oder Stähle für Druckbehälter und Rohre mit festgelegten Grenzwerten für Streckgrenze und Kerbschlagarbeit (siehe Abschn. 6.5)
2. Legierte Stähle für Schienen, Spundbohlen und Grubenausbau
3. Legierte Stähle für warm- oder kaltgewalzte Flacherzeugnisse für schwierige Kaltumformungen mit kornfeinenden Elementen (siehe Abschn. 6.5)
4. Dualphasenstähle (siehe Abschn. 6.5)

6.3.3.7   Legierte Edelstähle

Legierte Edelstähle sind Stahlsorten, mit Ausnahme der nichtrostenden Stähle, bei denen durch eine genaue Einstellung der chemischen Zusammensetzung sowie durch besondere Herstellungs- und Verarbeitungsbedingungen verbesserte Eigenschaften erzielt werden.

Folgende Stähle fallen unter diese Gruppe:

- Legierte Maschinenbaustähle
- Legierte Stähle für Druckbehälter
- Werkzeugstähle
- Schnellarbeitsstähle
- Stähle mit besonderen physikalischen Anforderungen

6.4   Verfahren zur Eigenschaftsänderung

Die wichtigste Methode die Eigenschaften einer vorgegebenen Stahlsorte zu beeinflussen, sind Wärmebehandlungen. Der Ablauf einer Wärmebehandlung muss für den jeweiligen Stahl und die einzustellende Zieleigenschaft vorgegeben werden, um reproduzierbare Ergebnisse zu erhalten

6.4.1   Glühen von Stahl

Glühen ist eine Wärmebehandlung, bestehend aus Erwärmen auf eine bestimmte Temperatur, Halten und Abkühlen in der Weise, so dass sich bei Raumtemperatur ein dem Gleichgewicht angenäherter Gefügezustand einstellt (DIN EN ISO 4885:2018). Da diese Definition sehr allgemein ist, empfiehlt es sich, den Zweck des Glühens genauer zu bezeichnen. Der Zweck einer Glühbehandlung ist:

- Herabsetzen von Härte und Festigkeit
- Verbesserung der Zähigkeit und Umformbarkeit
- Bildung eines homogenen Gefüges (Beseitigen von Konzentrationsunterschieden, Kornverfeinerung)
- Abbau von Eigenspannungen
- Effusion von Wasserstoff (Wasserstoffarmglühen)

Die wichtigsten Glühbehandlungen sind in Anlehnung an DIN EN ISO 4885:2018 nachfolgend aufgeführt und in Abb. 6.25 im Fe-Fe$_3$C-Diagramm eingetragen.

6.4.1.1 Diffusionsglühen

Erfolgt z. B. bei Stahlguss bei sehr hohen Temperaturen zwischen 1000 und 1200 °C (meist dicht unter der Solidustemperatur) und langen Haltezeiten. Zweck ist der Ausgleich von Kristallseigerungen (= örtliche Unterschiede in der chemischen Zusammensetzung). Nachteile des Verfahrens sind die Randentkohlung beim Arbeiten ohne Schutzgas und Kornvergröberungen. Blockseigerungen können nicht bereinigt werden.

6.4.1.2 Normalglühen

Der Stahl wird austenitisiert bei Temperaturen von 30 bis 50 K oberhalb A$_3$ und an ruhender Luft abgekühlt. Durch die zweimalige Umkörnung erhält man ein feines, gleichmäßiges Gefüge mit Perlit. Grobkörniges Ausgangsgefüge, z. B. eine Gussstruktur, wird dadurch weitgehend beseitigt. Ebenso wird bei stark zeiligen Ferrit-Perlit-Gefügen untereutektoider Stähle eine Homogenisierung erreicht. Übereutektoide Stähle werden nicht normalgeglüht, da sich hier ein grobes Austenitkorngefüge ausbildet. Statt dessen werden solche Stähle weichgeglüht.

6.4.1.3 Grobkorn – (oder Hochglühen)

Grobkorn- (oder Hochglühen) wird bei untereutektoiden Stählen bei Temperaturen weit oberhalb A$_3$, jedoch unterhalb vom Diffusionsglühen durchgeführt. Bei untereutektoiden Stählen werden beispielsweise Temperaturen von etwa 950 °C eingestellt, mit dem Ziel, ein für die Zerspanung günstiges grobkörniges Gefüge zu erzeugen. Die Abkühlung muss bis zur Perlitumwandlung langsam erfolgen. Die Glühtemperatur liegt meist beträchtlich oberhalb A$_3$, jedoch noch unterhalb des Diffusionsglühens. Um grobes Korn zu erzielen, muss diese ausreichend lang gehalten werden. Die Korngröße wird nach ASTM A112 oder DIN ISO EN 643:2020 (Stahl) bestimmt. Bei Stählen werden Korngrößen ≤ 3 als Grobkorn, zwischen 4 und 6 als mittlere Korngröße und ≥ 7 als Feinkorn bezeichnet. Bei der Korngröße 1 kommen rd. 16, bei der Korngröße 8 rd. 200 Körnern auf 1 mm^2.

6.4.1.4 Weichglühen

Weichglühen ist eine Wärmebehandlung zum Vermindern der Härte eines Werkstoffes auf einen vorgegebenen Wert. Weichglühen erfolgt bei Temperaturen knapp unter A$_1$ (untereutektoide Stähle) – bzw. mit Pendeln um A$_1$ (übereutektoide Stähle) – mit anschließendem

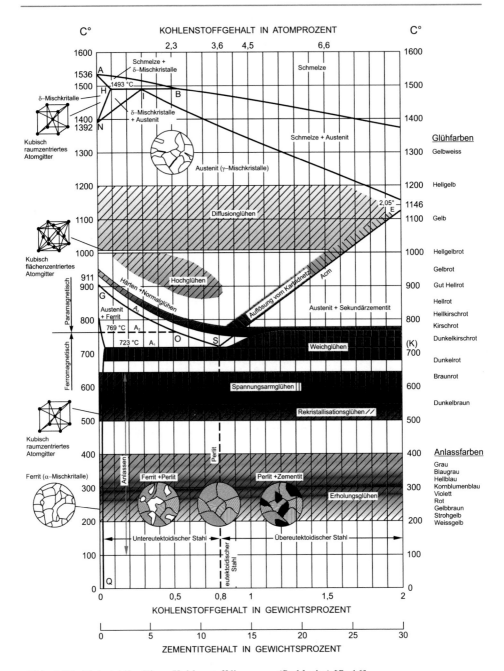

Abb. 6.25 Metastabiles Eisen-Kohlenstoffdiagramm (Stahlseite) [Str16]

langsamem Abkühlen. Dieses Verfahren wird insbesondere für Vergütungs- und Werkzeugstähle angewendet. Das Ziel ist ein für spezielle Verarbeitungszwecke, wie spanlose Umformung und Zerspanung, günstiges Gefüge zu erzielen. Beim Weichglühen entsteht körniger Perlit, der durch die Einformung der Zementitlamellen in kugelige Karbide gebildet wird. Das neue Gefüge ist weich (kugelige Zementitkörner in ferritischer Grundmasse) und weitgehend spannungsfrei.

6.4.1.5 Spannungsarmglühen

Spannungsarmglühen wird hauptsächlich zum Abbau innerer Spannungen (ohne wesentliche Änderungen des Gefüges) – bis auf das Niveau der Warmstreckgrenze der jeweiligen Glühtemperatur – insbesondere nach dem Schweißen durchgeführt. Geglüht wird bei Temperaturen unterhalb A_1 – bei unlegierten Stählen meist bei 550 °C bis 650 °C mit langsamen Abkühlen.

6.4.1.6 Rekristallisationsglühen

Rekristallisationsglühen ist eine Wärmebehandlung bei 500 bis 650 °C mit dem Ziel, durch Keimbildung und Wachstum ohne Phasenveränderung eine Kornneubildung in einem *kaltumgeformten* Werkstück zu erreichen (siehe Abschn. 4.3.2).

6.4.1.7 Lösungsbehandeln

Lösungsbehandeln oder auch Lösungsglühen, ist nach DIN EN ISO 4885:2018: eine Wärmebehandlung, bestehend aus Austenitisieren (um Ausscheidungen in Lösung zu bringen) bei einer werkstoffspezifischen Temperatur mit anschließendem schnellem Abkühlen. Es sollen sich keine neuen Ausscheidungen bei der Abkühlung auf Raumtemperatur bilden. Lösungsglühen wird z. B. bei austenitischen nichtrostenden Stählen und martensitaushärtenden Stählen angewendet.

6.4.1.8 Erholungsglühen

DIN EN ISO 4885:2018: Erholungsglühen ist eine Wärmebehandlung eines kaltumgeformten Werkstückes, um die vor dem Kaltumformen vorhandenen physikalischen Eigenschaften zumindest teilweise wiederherzustellen, ohne das Gefüge nennenswert zu ändern. Die Behandlungstemperatur liegt unterhalb der des Rekristallisationsglühens (siehe Abschn. 4.3.1).

6.4.1.9 Effusionsglühen

Effusionsglühen (Dehydrieren) ist eine Wärmebehandlung zum Wasserstoffarm- oder Wasserstofffreiglühen. Dadurch können Werkstoffe behandelt werden, um der Wasserstoffversprödung entsprechend Abschn. 11.2.2.4 vorzubeugen.

Stähle werden bei Temperaturen zwischen 230 °C und 300 °C (mehrere Stunden) effusionsgeglüht.

Allgemein muss bei einer Glühbehandlung jedoch darauf geachtet werden, dass sich bestimmte Eigenschaften nicht in unerwünschtem Maße ändern. Gegebenenfalls sind entsprechende experimentelle Voruntersuchungen durchzuführen.

Die Glühbehandlungen von unlegierten Stählen sind in Tab. 6.3 noch einmal zusammengefasst.

6.4.2 Härten und Vergüten von Stahl

Ziel und Zweck des Härtens ist:

- Erzeugung einer harten, verschleißbeständigen Oberfläche
- Erhöhung der statischen und dynamischen Festigkeit

Voraussetzung für eine technisch relevante Härtung ist ein Mindestkohlenstoffgehalt von 0,2–0,3 % bei unlegierten Stählen. Stähle, die aufgrund ihrer chemischen Zusammensetzung nicht ohne weiteres geeignet sind, können durch besondere Maßnahmen, die noch besprochen werden, ebenfalls gehärtet werden (siehe Abschn. 6.4.2.10, 6.4.2.11 und 6.4.2.12).

Das Härten läuft in zwei Stufen ab:

- Erhitzen und Halten auf Härtetemperatur = Austenitisieren
- Abkühlen = Abschrecken

6.4.2.1 Austenitisierung

Die Austenit-Mischkristallbildung ist ein diffusionsgesteuerter Vorgang, der im Gleichgewichtsfall, also bei sehr langsamer Erwärmung untereutektoider Stähle, bei A_1 beginnt und bei A_3 abgeschlossen ist. Damit ist aber noch nicht gewährleistet, dass auch der Kohlenstoffgehalt innerhalb der gebildeten Mischkristalle ausgeglichen und gleich groß ist. Diese für das Härten gewünschte Austenithomogenität ist dann noch abhängig von der Kohlen-

Tab. 6.3 Glühbehandlungen von unlegierten Stählen

Glühbehandlung	Temperatur
Diffusionsglühen	1000–1200 °C
Normalglühen	A_3 + 50 K
Grobkorn- oder Hochglühen	ca. 950 °C (bei untereutektoiden Stählen)
Weichglühen	700–750 °C
Spannungsarmglühen	550–650 °C
Rekristallisationsglühen	500–650 °C
Erholungsglühen	200–400 °C
Effusionsglühen	200–300 °C

stoffverteilung im Ausgangsgefüge und von der Temperatur sowie Zeitdauer der Austenitisierung.

Erst wenn ein Konzentrationsausgleich innerhalb des Austenits vollzogen ist, wird bei der oberen kritischen Abkühlgeschwindigkeit auch ein homogener martensitischer Zustand erreicht. Im Falle einer Hochfrequenz- bzw. Kurzzeithärtung, kann durch entsprechende Erhöhung der Austenitisierungs(Härtungs-)temperatur die Diffusion so beschleunigt werden, dass trotz der verkürzten Austenitisierungszeit homogene Härtungsgefüge – und zwar ohne Grobkornbildung – erreicht werden.

Erfasst ist dieses Geschehen in den Zeit-Temperatur-Austenitisierungs-Schaubildern (ZTA). Abb. 6.26 zeigt ein Beispiel für C53G (neue Bezeichnung Cf 53, 1.1213), normalisiert und vergütet, im Vergleich zum Eisenkohlenstoff-Schaubild. Mit sinkender Aufheizzeit (steigender Aufheizgeschwindigkeit) werden die Haltepunkte A_1 und A_3 zu höheren Temperaturen verschoben. Die zur Erreichung eines homogenen Austenits notwendigen Austenitisierungstemperaturen müssen beim normalgeglühten Zustand wesentlich höher sein als beim vergüteten Zustand. Die Ursache hierfür liegt in den unterschiedlichen Zementitausscheidungen begründet. So sind bei der perlitischen Gefügestruktur aufgrund der massiven Zementitlamellen viel größere Diffusionswege als bei den feindispersen Ausscheidungen vom Vergütungsgefüge notwendig, um eine homogene Kohlenstoffkonzentration im austenitischen Gefüge einzustellen.

6.4.2.2 Abschrecken
Abschrecken ist ein Wärmebehandlungsschritt, bei dem ein Werkstück mit größerer Geschwindigkeit als an ruhender Luft abgekühlt wird.

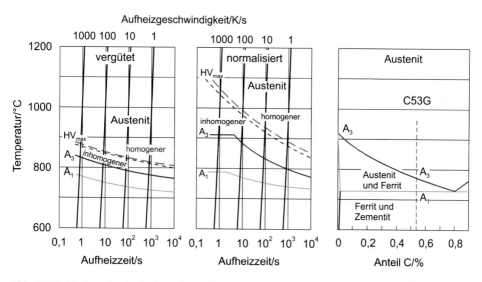

Abb. 6.26 Einfluss der Aufheizgeschwindigkeit bei C53G

Es wird empfohlen, die Abschreckbedingungen genau anzugeben, z. B. Abschrecken im Luftstrom, Abschrecken in Wasser (Wasserabschrecken) oder gestuftes Abschrecken.

Aus dem veränderten Umwandlungsverhalten ergeben sich folgende Zusammenhänge, Tab. 6.4.

Mit zunehmender Abkühlgeschwindigkeit verschwindet das α/γ- Zweiphasengebiet (Linie Ar´) und es bilden sich die Gefüge Bainit (Zwischenstufen - A_Z) und Martensit. Diejenige Abkühlungsgeschwindigkeit wird als untere kritische Abkühlungsgeschwindigkeit definiert, bei der sich zuerst Martensit bildet, als obere diejenige, bei der ausschließlich Martensit gebildet wird, Abb. 6.27.

Martensit ist das eigentliche Härtungsgefüge, Abb. 6.28a. Die Abkühlung, die zur Umwandlung in der Martensitstufe führt, verläuft so rasch, dass Diffusionsvorgänge nicht mehr ablaufen können. Dadurch kommt es zu einem Umklappen des γ-Gitters (kfz) in ein tetragonales verzerrtes α-Gitter (Martensit), dessen Orientierung mit der des Austenits zusammenhängt, Abb. 6.28b und 6.29a.

Das Umklappen in Martensit erfolgt nicht für alle Kristalle gleichzeitig bei einer bestimmten Temperatur, sondern als kontinuierlicher Vorgang in einem Temperaturbereich der von der Höhe des lokalen C-Gehalts im Austenit abhängig ist.

Die Temperatur bei beginnender Martensitbildung wird Martensitpunkt (M_s = Beginn (start) der Martensitbildung), die Temperatur, bei der die Martensitbildung abgeschlossen ist, wird M_f = Ende (finish) genannt.

Mit dem Umklappvorgang des γ-Mischkristalls in Martensit ist aufgrund der größeren Packungsdichte des γ-Mischkristalls im Vergleich zum tetragonal verzerrten α-Mischkristall, eine legierungsabhängige Volumenvergrößerung von ca. 1 % verbunden, die im Dilatometerversuch sichtbar gemacht wird, siehe Abb. 6.29b.

Tab. 6.4 Einfluss der Abkühlungsgeschwindigkeit auf das Umwandlungsverhalten bei unlegierten Kohlenstoffstählen

Abkühlgeschwindigkeit	Umwandlungsverhalten
Normale Abkühlgeschwindigkeit (< 1 K/s)	Perlitpunkt (S, 723 °C), vergrößerter Perlitanteil, reduzierter Ferritanteil
Abkühlgeschwindigkeit (1 bis 50 K/s)	Erweiterung des Perlitpunktes zu einem Bereich
Abkühlgeschwindigkeit (50–200 K/s); Rekaleszenz (freiwerdende Umwandlungswärme)	Feinlamellarer Perlit, Perlitbildung verläuft bis zum Ende
Abkühlgeschwindigkeit höher als untere kritische Abkühlgeschwindigkeit (200 K/s); keine Rekaleszenz; unvollständige Perlitumwandlung; Restaustenit wandelt sich bei Abkühlung in Bainit und Martensit um	Feinlamellarer Perlit + Bainit + Martensit
Abkühlgeschwindigkeit (200–500 K/s)	Bainit + Martensit
Abkühlgeschwindigkeit höher als (obere) kritische Abkühlgeschwindigkeit (> 500 K/s; abhängig vom C-Gehalt)	Martensit

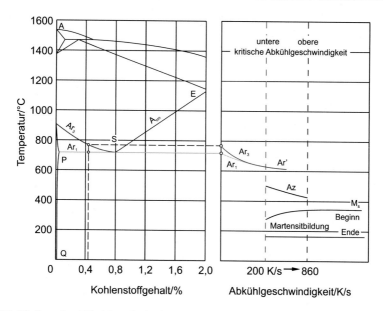

Abb. 6.27 Einfluss der Abkühlgeschwindigkeit auf die Werkstoffstruktur (A_r: Ende des zweiphasengebietes; A_z: Beginn Bainitbildung (Zwischenstufe); A_{cm}: Bildung Sekundärzementit)

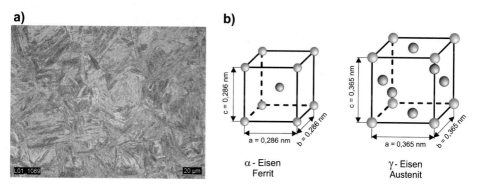

Abb. 6.28 **a)** Martensitisches Gefüge, lichtmikroskopische Aufnahme. **b)** Kubisch- raumzentrierte Elementarzelle von α-Eisen und kubisch-flächenzentrierte Elementarzelle von γ-Eisen

Die große Härte des Martensits ist vor allem auf Mischkristallhärtung zurückzuführen, die der in hoher Übersättigung vorliegende Kohlenstoff verursacht. Zusätzlich wirken noch die hohe Gitterfehlerdichte (viele Versetzungen) und die inneren Verspannungen (verursacht durch die Volumenzunahme beim Umklappvorgang) härtesteigernd.

Praktisch erreichbare Härtewerte sind abhängig vom Kohlenstoff- und Martensitgehalt, Abb. 6.30.

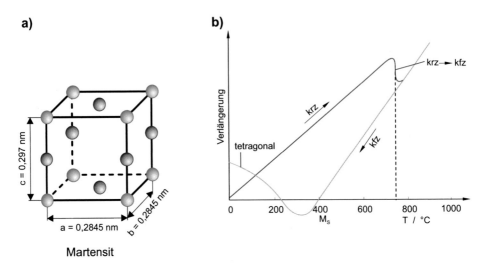

a)

Martensit

Fe-Atome

Zwischengitterplätze, auf denen die
C-Atome sitzen können (nur ein
geringer Teil ist besetzt)

Abb. 6.29 a) Tetragonal verzerrte α-Elementarzelle von Martensit. **b)** Längenänderung bei der Martensitumwandlung

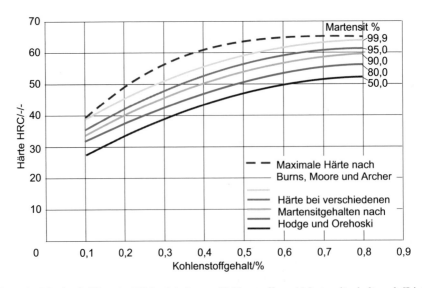

Abb. 6.30 Maximale Härte in Abhängigkeit vom Kohlenstoff- und Martensitgehalt nach [Lie03]

Das Ende der Martensitbildung bei RT wird bei C-Gehalten über 0,6 % (für unlegierte Stähle) nicht mehr erreicht, so dass ein bestimmter Anteil an Restaustenit im Gefüge verbleibt, was niedrigere Härtewerte zur Folge hat, Abb. 6.31.

Um eine Stabilisierung und bessere Alterungsbeständigkeit bei nur teilweise in Martensit umgewandelten Gefügen zu erreichen, können diese auf Temperaturen unterhalb der Raumtemperatur abgekühlt werden. Auf diese Art und Weise kann der Restaustenit beim Unterschreiten der M_f-Temperatur vollständig in die martensitische Struktur umklappen. Wird der Werkstoff im Anschluss wieder auf Raumtemperatur erwärmt, bleibt das martensitische Gefüge vollständig erhalten.

Bei Abkühlgeschwindigkeiten, die zwischen der unteren und der oberen kritischen Abkühlgeschwindigkeit liegen, erfolgt die sogenannte Bainitbildung (Zwischenstufe). Im Gegensatz zum Perlit, der sich durch Diffusion direkt aus dem Austenit bildet, ist in der Zwischenstufe durch die schnellere Abkühlung die Diffusion des Kohlenstoffs im Austenit stark erschwert. Es klappen, meist von Korngrenzen ausgehend, kleinere Austenitbereiche in ein verzerrtes α-Gitter um. In Abb. 6.32 ist eine bainitische Struktur dargestellt.

Die Umwandlungscharakteristik von Stählen in Abhängigkeit von den Abkühlungsverhältnissen unter technischen Bedingungen wird durch das ZTU-Schaubild (Zeit-Temperatur-Umwandlung) beschrieben, da das Fe-Fe$_3$C-Diagramm nur für („unendlich") langsame Abkühlung gültig ist. Man unterscheidet zwischen dem ZTU-Schaubild für isotherme Umwandlung, Abb. 6.33 und für kontinuierliche Abkühlung, Abb. 6.34.

Das isotherme ZTU-Diagramm ist parallel zur Zeitachse zu lesen. Aus diesem ZTU-Diagramm können Zeitpunkte, bei denen eine Umwandlung beginnt und endet, für eine bestimmte Haltetemperatur abgelesen werden.

Das kontinuierliche ZTU-Schaubild ist längs der eingezeichneten Abkühlkurven zu lesen. Gefügebestandteile werden mit Abkürzungen (F = Ferrit, M = Martensit, Zw = Zwi-

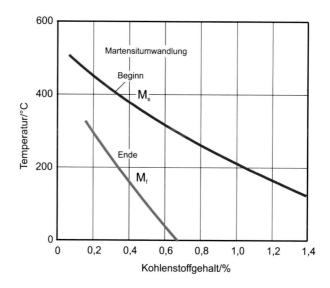

Abb. 6.31 Einfluss des Kohlenstoffgehalts auf Martensitfinish- (M_f) und Martensitstarttemperatur (M_s)

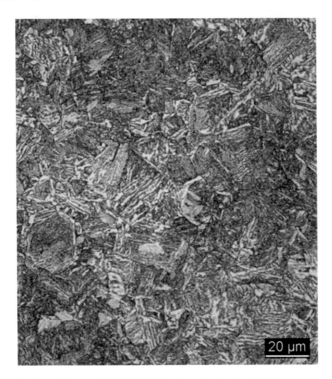

Abb. 6.32 Bainitisches Gefüge (42CrMo4), lichtmikroskopische Aufnahme

schenstufe bzw. B = Bainit, P = Perlit), die zugehörigen Härtewerte meist in Kreisen angegeben und die prozentualen Gefügeanteile eingetragen. Es ist zu beachten, dass jeder
Stahl ein charakteristisches ZTU-Schaubild aufweist, das zusätzlich von der Aufheizzeit,
der Austenitisierungstemperatur und der Haltezeit im Austenitgebiet abhängig ist.

   Die wichtigsten Härtemethoden sind nachstehend aufgeführt, Abb. 6.35:

6.4.2.3   Direktes Härten
Direkthärten ist das Härten eines Werkstückes mit direktem Abschrecken. Im Allgemeinen
wird diese Behandlung aus einer für das Härten des Werkstückes am besten geeigneten
Temperatur durchgeführt.

6.4.2.4   Gebrochenes Härten
Bei der gebrochenen Härtung wird der Stahl zunächst in Wasser abgeschreckt, bis knapp
oberhalb von M_s, und dann wird in einem milderen Mittel (z. B. Öl) zu Ende gehärtet. Die
Wasserabschreckung hat den Zweck, die Perlit- bzw. Bainitbildung zu verhindern. Wenn
diese Stufe unterdrückt ist, kann die weitere Abkühlung langsamer verlaufen, da die Martensitbildung selbst und damit die erreichbare Härte unabhängig von der weiteren Abkühlungsgeschwindigkeit bei niedrigen Temperaturen ist, siehe ZTU-Diagramm. Das mildere
Abschreckmittel verringert die durch die Abkühlung hervorgerufene Wärmespannungen,

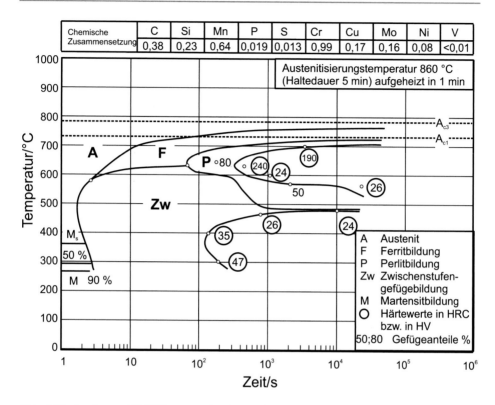

Chemische Zusammensetzung	C	Si	Mn	P	S	Cr	Cu	Mo	Ni	V
	0,38	0,23	0,64	0,019	0,013	0,99	0,17	0,16	0,08	<0,01

Abb. 6.33 Isothermes ZTU-Diagramm für den Werkstoff 42CrMo4 [Vde61]

welche durch die Wechselwirkung mit der martensitischen Phasenumwandlung einen für den Werkstoff besonders kritischen Zustand schaffen können. Vorsicht ist bei niedriglegierten Baustähle angebracht, bei denen der Bereich der Blausprödigkeit ebenfalls in den Bereich der martensitischen Umwandlung fällt.

6.4.2.5 Warmbadhärten

Warmbadhärten ist eine Wärmebehandlung, bestehend aus Austenitisieren, anschließendem gestuftem Abschrecken auf eine Temperatur dicht oberhalb M_s mit solcher Geschwindigkeit, dass die Bildung von Ferrit, Perlit oder Bainit vermieden wird und einem ausreichend langen Halten bei dieser Temperatur, um einen Temperaturausgleich über den Querschnitt zu erzielen. Die anschließende Abkühlung erfolgt in der Regel an Luft, wobei die Martensitbildung über den Querschnitt annähernd gleichzeitig eintritt.

Die Haltezeit oberhalb der M_s-Temperatur darf nicht zu lang sein, um Bainit-Bildung zu verhindern. Ist die M_s-Temperatur unterschritten, kann die weitere Abkühlung zur Martensitbildung langsam erfolgen. Durch Halten im Warmbad werden die thermischen Spannungen ausgeglichen und beim weiteren Abkühlen die Umwandlungsspannungen, wegen mehr oder weniger gleichzeitiger Umwandlung über den ganzen Querschnitt, weitgehend reduziert und damit die Härterissgefahr eingeschränkt.

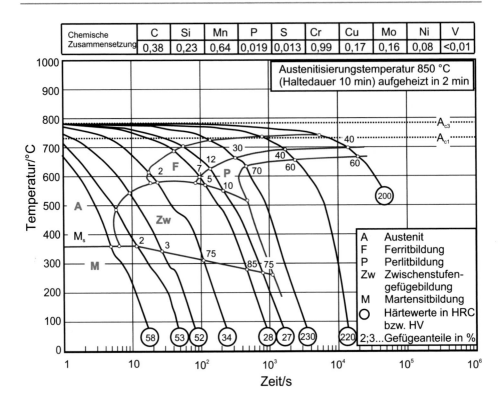

Chemische Zusammensetzung	C	Si	Mn	P	S	Cr	Cu	Mo	Ni	V
	0,38	0,23	0,64	0,019	0,013	0,99	0,17	0,16	0,08	<0,01

Abb. 6.34 Kontinuierliches ZTU-Diagramm für den Werkstoff 42CrMo4 [Vde61]

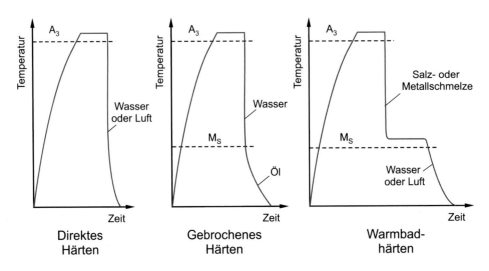

Abb. 6.35 Wichtige Härtemethoden

Anwendung: Rissempfindliche Teile, stark unterschiedliche bzw. dicke Querschnitte aus Kaltarbeitsstählen, Warmarbeitsstählen sowie Schnellarbeitsstählen (Abb. 6.36).

6.4.2.6 Einflussgrößen auf das Härten

6.4.2.6.1 Härtetemperatur und Härtezeit

Härtetemperatur und -zeit werden entsprechend der chemischen Zusammensetzung des Ausgangszustandes, der Erwärmungsgeschwindigkeit und des Endzustandes gewählt. Für das Härten wird üblicherweise ein homogener Austenit angestrebt. Dies wird aber nicht immer erreicht. Liegt beispielsweise eine sehr inhomogene Gefügestruktur oder Seigerungen mit einer damit verbundenen ungleichmäßigen Kohlenstoff- bzw. Karbidverteilung vor, kann daraus ein inhomogener Austenit entstehen. Auch bei großen Körnern sind die Diffusionswege sehr lang, sodass oft kein vollständiger Konzentrationsausgleich im Austenit erfolgt. Manchmal ist eine vollständige Auflösung auch nicht erwünscht. Die für die Austenitbildung erforderlichen Parameter sind den Zeit-Temperatur-Austenitisierungsschaubildern (ZTA) zu entnehmen, Abb. 6.37a.

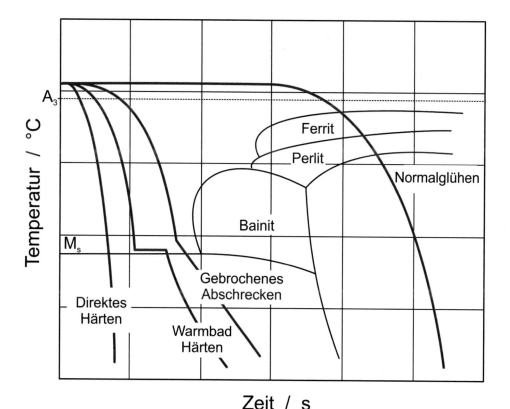

Abb. 6.36 Wichtige Wärmebehandlungen im ZTU-Diagramm

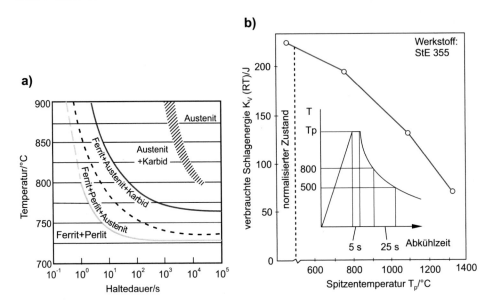

Abb. 6.37 a) Isothermes ZTA-Schaubild für C45E [Vde73]. **b)** Einfluss der Härtetemperatur auf die verbrauchte Schlagenergie

Die Härtetemperatur darf jedoch nicht zu hoch gewählt werden, da mit steigender Temperatur die Korngröße zunimmt. Schon bei einer Kurzzeitüberhitzung nimmt die Austenitkorngröße stark zu, wenn die Austenitisierungstemperatur von 900 auf 1100 °C erhöht wird. Bei schneller Abkühlung des grobkörnigen austenitischen Gefüges bildet sich grobkörniger Martensit mit einer Härte, je nach C-Gehalt, von bis zu 600 HV 10, die weit über der Härte feinkörniger Gefüge liegt. Mit zunehmender Härtetemperatur und somit Kornvergröberung fällt nach schneller Abkühlung die im Kerbschlagbiegeversuch ermittelte verbrauchte Schlagenergie gegenüber dem normalisierten Zustand beträchtlich ab, Abb. 6.37b.

Die ungünstige Gefügeausbildung nach hohen Austenitisierungstemperaturen resultiert aus den erschwerten Diffusionsbedingungen in grobkörnigen Gefügen und daraus, dass die als Keime wirkenden Gefügebestandteile (z. B. Karbide, Nitride) gelöst sind und somit nicht mehr als Keimbildner wirksam werden. Beide Eigenschaften verringern die Neigung des Austenits umzuwandeln, so dass bei gleicher Abkühlgeschwindigkeit höhere Restaustenitanteile vorliegen.

Zu niedrige Härtetemperaturen bewirken eine unvollständige Auflösung der Karbide, siehe ZTA-Schaubild, die bei der folgenden Abkühlung als Keime die Umwandlung in der Perlitstufe (anstatt in der Martensitstufe) begünstigen, Abb. 6.38. Außerdem ergibt sich durch den geringeren Gehalt an gelöstem Kohlenstoff eine niedrigere Härte des Martensits. Bei nicht vollständiger Austenitisierung untereutektoider Stähle (zwischen A_1 und A_3) bleibt der nicht umgewandelte Ferrit als weicher Gefügebestandteil erhalten (Weichfleckigkeit).

6.4.2.6.2 Chemische Zusammensetzung und Abmessungen

Die Härtbarkeit eines Stahles wird mit der Aufhärtbarkeit und der Einhärtbarkeit beschrieben. Die gewünschten Gebrauchseigenschaften werden u. a. nur erreicht, wenn Werkstoffe eine den Abmessungen und Wärmebehandlungsbedingungen gemäße ausreichende Härtbarkeit aufweisen. Die Aufhärtbarkeit gibt die höchste erreichbare Härte an und wird überwiegend vom Kohlenstoffgehalt bestimmt. Mit zunehmendem Kohlenstoffgehalt nehmen einerseits die kritischen Abkühlgeschwindigkeiten für die Martensitbildung ab, Abb. 6.39, andererseits nimmt die Härte des Gefüges zu.

Bei der unteren kritischen Abkühlgeschwindigkeit erfolgt erstmals eine teilweise Umwandlung in der Martensitstufe. Ab der oberen kritischen Abkühlgeschwindigkeit wird eine vollständige Umwandlung erreicht. Da ab einem Kohlenstoffgehalt von rd. 0,6 % die M_f-Temperatur unterhalb 0 °C liegt, nimmt die erreichbare Härte der Stähle mit C > 0,6 %

Abb. 6.38 Einfluss der Austenitisierungstemperatur auf die Phasenumwandlungen

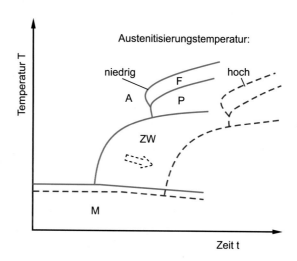

Abb. 6.39 Kritische Abkühlgeschwindigkeiten in Abhängigkeit vom Kohlenstoffgehalt

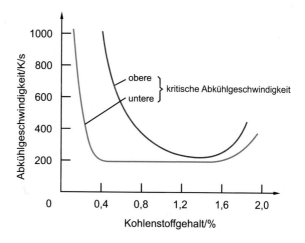

beim Abschrecken selbst bis herunter auf ± 0 °C infolge des nicht umgewandelten Restaustenits wieder ab, Abb. 6.40.

Für C-Gehalte zwischen 0,15 und 0,60 % lässt sich bei vollständiger Martensitumwandlung die maximal erreichbare Härte HV_{max} nach der folgenden (empirischen) Beziehung abschätzen:

$$HV_{max} = 802 \cdot C + 305 \; [C \, in\%]$$

Eine völlige Durchhärtung von unlegierten Kohlenstoffstählen ist auch bei schroffster Abschreckung nur bei kleinen Abmessungen möglich. Ein Rundstab aus C45 ist beispielsweise bis zu einem Durchmesser von 10 mm durchhärtbar. Bei größeren Abmessungen wird im Inneren die obere kritische Abkühlgeschwindigkeit nicht mehr erreicht. Die martensitische Umwandlung findet wegen der langsameren Abkühlung in den einzelnen Bauteilzonen nur teilweise oder gar nicht statt.

Die Einhärtbarkeit beschreibt den Härteverlauf von der Oberfläche in das Werkstoffinnere und wird primär von den Legierungselementen und der Abkühlgeschwindigkeit beeinflusst. Als Maß für die Einhärtbarkeit wird die Härtetiefe verwendet. Als Härtetiefe wird der Abstand von der abgeschreckten Oberfläche, bis zu der Tiefe, bei welcher eine Grenzhärte erreicht wird, bezeichnet. Den Einfluss der Legierungselemente auf die Einhärtbarkeit zeigt Abb. 6.41. Je nach Härteverfahren wird die Härtetiefe unterschiedlich bezeichnet und ermittelt:

- Beim Randschichthärten (Abschn. 6.4.2.9) wird die Einhärtungs-Härtetiefe SHD verwendet. Die Grenzhärte beträgt hier in der Regel bei 80 % der vorgeschriebenen Oberflächenmindesthärte in HV.
- Wenn vor dem Härten aufgekohlt (eingesetzt) wird (Abschn. 6.4.2.10) wird die Härtetiefe als Einsatzhärtungs-Härtetiefe CHD bezeichnet. Die Grenzhärte beträgt im Regelfall 550 HV 1.

Abb. 6.40 Maximale Härte in Abhängigkeit vom Kohlenstoffgehalt

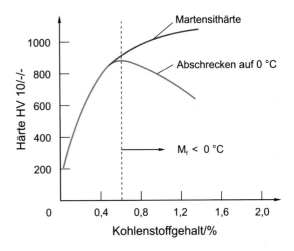

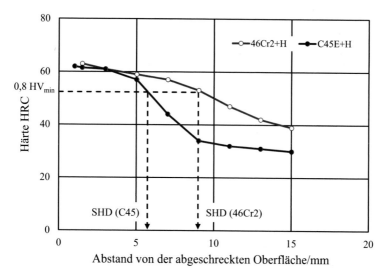

Abb. 6.41 Einfluss der Legierungselementen Cr und Mo auf die Einhärtbarkeit von Vergütungs-stählen. Mindestwerte der Härte nach DIN EN 683-1:2018 und DIN EN 683-1:2018 für die normale Härtbarkeitsanforderung H.

- Die Nitrier-Härtetiefe NHD wird verwendet, wenn die Oberflächenhärte durch Nitrieren (Abschn. 6.4.2.12) erzeugt wurde. Als Grenzhärte wird die Istkernhärte plus 50 HV 0,5 verwendet.

6.4.2.6.3 Abkühlgeschwindigkeit

Die Legierungselemente beeinflussen ganz wesentlich das Umwandlungsverhalten eines Stahls, Abb. 6.42. An der Oberfläche kühlt das Bauteil schneller ab als im Inneren; es stellen sich unterschiedliche Gefügezustände ein. In Abb. 6.43 sind die Abkühlmittel nach steigender Abkühlgeschwindigkeit geordnet: Luft, Pressluft, Salzschmelzen, Metallschmelzen, Öle, Ölemulsionen, Wasser, Eiswasser, wässerige NaOH. Je größer die Oberfläche des Werkstückes im Verhältnis zum Volumen ist, desto schneller erfolgt die Abkühlung.

Bei der Härtung von Konstruktionsteilen ist darauf zu achten, dass die dabei entstehenden Eigenspannungen zum Verzug oder zu Rissen führen können. Eigenspannungen beim Härten entstehen als

1. thermisch bedingte Eigenspannungen aufgrund von Temperaturdifferenzen über Werkstückquerschnitte, die eine örtliche plastische Verformung zur Folge haben,
2. Spannungen, bedingt durch ungleichartige α/γ-Umwandlungen und die damit verbundenen örtlich unterschiedlichen spezifischen Volumina.

6.4.2.7 Anlassen

Wärmebehandlung, die i. Allg. nach einem Härten oder einer anderen Wärmebehandlung durchgeführt wird, um gewünschte Werte für bestimmte Eigenschaften zu erreichen.

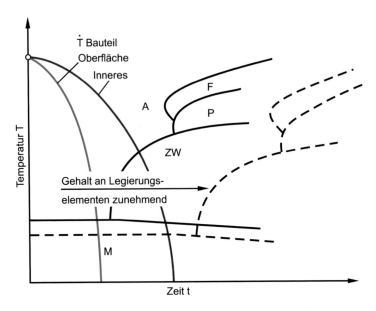

Abb. 6.42 Einfluss von Legierungselementen und Abkühlgeschwindigkeit auf die Phasen-umwandlung

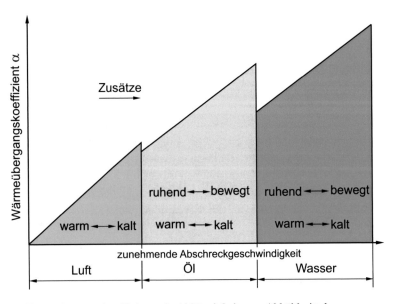

Abb. 6.43 Wärmeübergangskoeffizient α in Abhängigkeit vom Abkühlmittel

Sie besteht aus ein- oder mehrmaligem Erwärmen auf vorgegebene Temperatur ($<A_1$), Halten auf dieser Temperatur und anschließendem zweckentsprechendem Abkühlen.

Das Anlassen führt i. Allg. zu einer Verringerung der Härte.

Vorgänge beim Anlassen (Anlassstufen):

Die durch Martensitbildung entstandene Sprödigkeit des Stahles kann durch Anlassen vermindert werden, Abb. 6.44, was sich in der Abnahme der inneren Spannungen und somit auch der Härte und Festigkeit und in einer Steigerung der Zähigkeit mit steigender Anlasstemperatur und -zeit auswirkt. Auch Restaustenit wandelt sich beim Anlassen um. Den Anlassvorgängen liegt eine Diffusion der C-Atome und die Ausscheidung von Karbiden zugrunde. Wegen der Volumenunterschiede lassen sich die einzelnen Anlassstufen z. B. anhand eines Stahles mit rd. 1,3 % Kohlenstoff (abgeschreckt von 1150 °C/Wasser und dadurch mit relativ hohem Anteil an Restaustenit) im Dilatometerversuch darstellen, Abb. 6.45.

Abb. 6.44 Einfluss einer Anlassbehandlung auf Festigkeits- u. Verformungseigenschaften

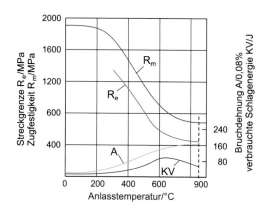

Abb. 6.45 Anlassbehandlung im Dilatometerversuch [Guy76] Die Längenänderungen in den Bereichen 1 bis 4 können folgendermaßen erklärt werden:

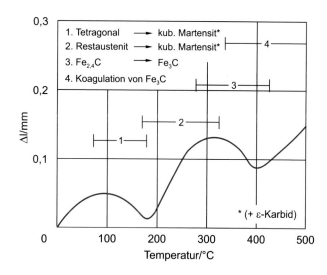

1. Verkleinerung der Messlänge verursacht durch Übergang des tetragonalen Martensits (Gitterkonstanten a = b ≠ c) in den kubischen (Gitterkonstanten a = b = c) aufgrund der Ausscheidung von $Fe_{2,4}C$ (ε-Karbid). Die Härte fällt dadurch kaum ab, jedoch wird eine nicht unbedeutende Entspannung erreicht.

2. Aufgrund der weiteren Ausscheidung von ε-Karbid destabilisiert sich der noch vorhandene Restaustenit und wandelt sich hauptsächlich in kubischen Martensit um. Dadurch kommt es wegen der höheren Packungsdichte des Austenits im Vergleich zu Martensit zu einer Volumenvergrößerung, d. h. weiterer Ausdehnung des Werkstoffes. Ab einer Temperatur von etwa 250 °C beginnt sich das ε-Karbid über mehrere Zwischenschritte in den Zementit Fe_3C umzuwandeln.

3. Verkleinern der Messlänge infolge Ausscheidens nahezu des gesamten Kohlenstoffgehaltes des kubischen Martensits unter Bildung von Fe_3C, wodurch ein ferritisches Gefüge mit eingelagerten sehr feinen Karbiden entsteht. Die nadelige Struktur des Gefüges bleibt jedoch erhalten.

4. Koagulation (Zusammenwachsen des Fe_3C zu größeren Teilchen). Das Gefüge nähert sich dem des weichgeglühten Zustandes. Die ursprüngliche nadelige Struktur wird bei diesen Temperaturen aufgelöst. Bei Vergütungsstählen wird die Anlasstemperatur nach oben hin begrenzt: die Auflösung des kubischen Martensits wird hier nicht angestrebt bzw. sollte vermieden werden.

In legierten Stählen mit genügend großem Gehalt an karbidbildenden Elementen (wie Cr, W, V, Mo) bilden sich beim Anlassen eine Reihe stabiler Mischkarbide, die eine Ausscheidungshärtung (Sekundärhärtung) bewirken, die allerdings durch den Härteabfall durch die Martensitentspannung i. Allg. aufgehoben werden kann. Die Höhe der Anlasstemperatur ist stahlsortenspezifisch und liegt bei legierten Stählen über 600 °C. Beim Anlassen ist ggf. mit Versprödungserscheinungen zu rechnen, siehe Abschn. 6.6.

6.4.2.8 Vergüten

Vergüten beinhaltet die Arbeitsschritte Härten und Anlassen bei höherer Temperatur, um die gewünschte Kombination der mechanischen Eigenschaften, insbesondere hohe Zähigkeit, zu erreichen.

Die beim Vergüten nach dem Härten durchgeführte Anlassbehandlung bewirkt im wesentlichen die Ausscheidung und anschließende Koagulation der Eisenkarbide sowie die Bildung stabiler Sonderkarbide. Die Folgen können sein:

- Härteabnahme
- Zunahme der Zähigkeit

Die wesentlichen Eigenschaften von Vergütungsstählen sind in Tab. 6.5 zusammengefasst. Der Kohlenstoffgehalt von unlegierten Vergütungsstählen liegt zwischen min. 0,22 bis max. 0,65 % (DIN EN 683-1:2018).

6.4.2.9 Randschichthärten

Unter dem Randschichthärten wird ein auf die Werkstoffoberfläche beschränktes Austenitisieren mit anschließender Abschreckung verstanden.

Anmerkung: Es ist zweckmäßig, den Begriff durch die Art des Wärmens zu kennzeichnen, z. B. Flammhärten, Induktionshärten, Elektronenstrahlhärten, Laserstrahlhärten.

Beim Randschichthärten mit hoher Wärmeenergiedichte, Abb. 6.46a und b, wird nur ein oberflächennaher Bereich eines Werkstückes (in der Regel aus Vergütungsstahl,

Tab. 6.5 Werkstoffkennwerte bei Raumtemperatur von Vergütungsstählen, Querschnitte d < 16 mm oder t < 8 mm (Gewährleistung nach DIN EN 683-1:2018 bzw. 683-2:2018)

Kurzbezeichnung			Streckgrenze ReH/ Rp0, 2/MPa	Zugfestigkeit R_m/ MPa	Bruchdehnung min. A/ %
C30E	Normalgeglüht	1.1178	280	510	22
C30E	Vergütet	1.1178	400	600–750	18
C45E	Normalgeglüht	1.1191	340	620	14
C45E	Vergütet	1.1191	490	700–850	14
C60E	Normalgeglüht	1.1221	380	710	10
C60E	Vergütet	1.1221	580	850–1000	11
28Mn6	Normalgeglüht	1.1170	345	630	17
28Mn6	Vergütet	1.1170	590	800–950	13
41Cr4	Vergütet	1.7035	800	1000–1200	11
42CrMo4	Vergütet	1.7225	900	1100–1300	10
30CrNiMo8	Vergütet	1.6580	850	1030–1230	12

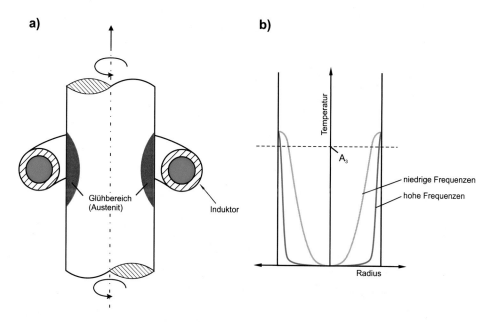

Abb. 6.46 **a)** Induktionserwärmung **b)** Temperaturverlauf im Bauteil (Abb. 6.46a)

z. B. Cf53/C55E, 42CrMo4) austenitisiert, unmittelbar danach abgeschreckt und dadurch gehärtet. Dadurch lassen sich durchaus ähnliche Wirkungen erzielen wie beim Einsatzhärten in Bezug auf Härte, Verschleißwiderstand und Eigenspannungszustand (Druckeigenspannungen im Bereich der Martensitbildung), wobei der Härteverzug wesentlich geringer ist.

In vielen Fällen (z. B. Kurbelwellenzapfen, Zahnräder u. a.) wird dadurch

- ein möglichst günstiger Eigenspannungszustand (Druck in der Randzone)
- ein möglichst harter verschleißbeständiger Oberflächenbereich in Kombination mit
- einem möglichst zähen Kern erreicht, Abb. 6.47.

6.4.2.10 Einsatzhärten

Voraussetzung für die (übliche) Stahlhärtung ist i. Allg. ein Mindest-C-Gehalt von rund 0,2 bis 0,3 %. Bei den Einsatzstählen, die einen darunter liegenden C-Gehalt von 0,05 bis 0,20 % haben, muss erst durch ein besonderes Verfahren – Aufkohlen der Randzone – ein ausreichender C-Gehalt zur Verfügung gestellt werden, um diese Stähle ebenfalls härten zu können. Dadurch wird ein „Verbund" zwischen einer harten, verschleißbeständigen und dauerfesten Oberflächenschicht und einem zähen Kern erreicht. Die erhöhte Dauerfestigkeit wird hauptsächlich verursacht durch Druckeigenspannungen in der martensitischen Randzone und kommt insbesondere bei ungleichförmiger Spannungsverteilung, z. B. bei Biegung oder Torsion, zum Tragen. Einsatzstähle werden deshalb zur Herstellung von z. B. Zahnrädern, Wellen, Nockenwellen, Bolzen, Zapfen, Hebeln, Spindeln verwendet.

Es ist allerdings zu beachten, dass durch das Aufkohlen auch die Schweißbarkeit der Stähle stark beeinträchtigt wird. So wird ab einem Kohlenstoffgehalt von ca. 0,22 % eine Wärmevor- bzw. -nachbehandlung notwendig. Da jedoch nicht nur Kohlenstoff die

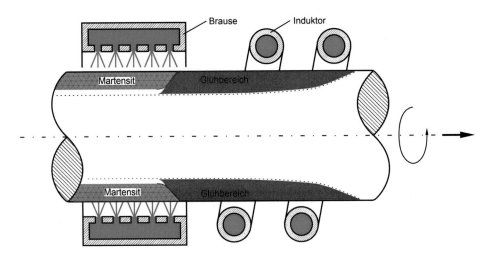

Abb. 6.47 Induktives Vorschubhärten

Schweißeignung von Stählen reduziert, sondern auch viele andere Legierungselemente, wurde ein Kohlenstoffäquivalent CET eingeführt, welches einen oberen Grenzwert für eine problemlose Schweißung angibt, siehe Abschn. 6.5.2.

Das Einsatzhärten ist eine thermochemische Behandlung.

6.4.2.11 Aufkohlen

Thermochemisches Behandeln eines Werkstückes im austenitischen Zustand zum Anreichern der Randschicht mit Kohlenstoff (Einsetzen), der dann im Austenit in fester Lösung vorliegt. Das aufgekohlte Werkstück wird anschließend gehärtet (unmittelbar oder nach Wiedererwärmen = Einsatzhärten).

Das Mittel, in dem aufgekohlt wird, ist anzugeben, z. B. Aufkohlen in Gas: Gasaufkohlen, Aufkohlen in Pulver: Pulveraufkohlen, Aufkohlen in Plasma: Plasmaaufkohlen.

Als kohlenstoffabgebende Mittel werden feste Stoffe (z. B. Holzkohle, Braunkohlenkoks mit Aktivierungsmitteln), flüssige Salzschmelzen aus Alkalizyanid mit Zusatz von Erdalkalichloriden und gasförmige Stoffe (Trägergas, bestehend aus einem Gemisch von Wasserstoff, Kohlenmonoxid und Stickstoff, mit Kohlungsgas, z. B. Propan) verwendet. Anwendung der Aufkohlungsmittel:

1. Pulver, Granulat: Für Einzelstücke und bei gelegentlicher Einsatzhärtung
2. Salzbad: Für kleinere Teile mit kleiner Einhärtungstiefe (CHD), reproduzierbarere Ergebnisse als mit Pulver, kleinere Einsatzzeiten, Serienfertigung
3. Gas: Massenfertigung in Durchstoß- oder Kammeröfen

Die Aufkohlung erfolgt durch Diffusion des an der Stahloberfläche durch chemische Reaktion entstehenden Kohlenstoffes. Sie wird bei einer Temperatur dicht oberhalb der A_3-Linie, üblicherweise in einem Temperaturbereich von 880 bis 950 °C durchgeführt. Das Gefüge des Stahles hat in diesem austenitischen Zustand (γ-Gebiet) die größte Aufnahmefähigkeit für Kohlenstoff. Damit die Bildung von Restaustenit und Korngrenzenzementit beim Härten vermieden wird, sollte die eutektoide Konzentration von rd. 0,8 % C im Rand nicht überschritten, sondern ein C-Gehalt von 0,6 bis 0,8 % angestrebt werden. Die mit einem C-Gehalt von 0,6 % erreichbare Härte von 60 bis 65 HRC ist für viele Fälle bereits ausreichend. Die Aufkohlungstiefe ist außer vom Aufkohlungsmedium von der Temperatur und Zeit abhängig, Abb. 6.48.

Ein flacheres C-Gefälle ist günstiger, da sonst ein schroffer Übergang zwischen Martensitgefüge und ungehärtetem Kerngefüge mit hohen Spannungen entsteht, was die Gefahr des Abplatzens in sich birgt. Bei zu hoher Aufkohlungstemperatur und/oder zu hohem C-Pegel besteht die Gefahr, dass sich Restaustenit bildet, der Kohlenstoffgehalt im Rand die eutektoide Konzentration überschreitet und sich an den Korngrenzen Sekundärzementit ausscheidet, wodurch der Randbereich verspödet. Ein übereutektoider C-Gehalt lässt sich durch Diffusionsglühen verringern. Die Zielwerte für die Regelung der Aufkohlung sind der Randkohlenstoffgehalt und die Aufkohlungstiefe. Überhitzung sowie Überzeitung (zu lange Zeiten) können stahlabhängig noch zu einer mehr oder weniger starken

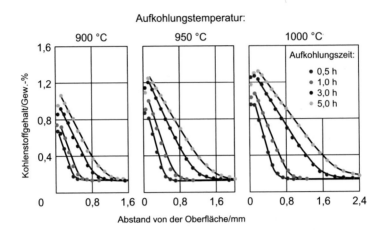

Abb. 6.48 Aufkohlungskurven des Stahls 16MnCr5 (1.7131) nach Salzbadaufkohlung bei 900, 950 und 1000 °C

Kornvergröberung führen. Die Mo-haltigen Einsatzstähle sind weniger überhitzungsempfindlich.

Für eine Aufkohlungstiefe von 0,8 mm bei 930 °C beträgt die Aufkohlungsdauer beim Salzbadaufkohlen ca. 3 h, beim Gasaufkohlen rd. 4 h und beim Pulveraufkohlen etwa 8 h. Die Dicke der Einsatzschicht wird normalerweise auf 3 mm begrenzt.

Das Aufkohlen selbst führt bereits zu einer Härtesteigerung. An Stellen, die nicht auf-gekohlt werden sollen, kann eine Härteschutzpaste (in der Regel borsäurehaltige Pasten) oder eine ca. 10–15 µm dicke Kupferschicht angebracht werden.

Die hohe Härte in der Oberflächenschicht wird durch das anschließende Härten be-wirkt, das auf die unterschiedlichen C-Gehalte zwischen Rand und Kern, den jeweiligen Werkstoff und die Bauteilabmessung abgestimmt sein muss. Die Wärmebehandlung kann deshalb wie beim normalen Härten auf verschiedene Arten vorgenommen, Abb. 6.49 und 6.50.

Beim Direkthärten wird nach dem Aufkohlen unmittelbar von der Aufkohlungstempe-ratur abgeschreckt. Dieses Verfahren wird hauptsächlich bei der Gasaufkohlung in der Serien- und Massenfertigung angewandt. Die Temperatur von 900 bis 950 °C bei der Auf-kohlung setzt die Verwendung von Feinkornstählen voraus, um das Kornwachstum bei diesen Temperaturen zu begrenzen, andernfalls kommt das Verfahren nur für Teile mit mittleren Qualitätsansprüchen in Betracht. Als Abschreckmedium wird, je nachdem ob unlegierter oder niedriglegierter Werkstoff vorliegt, Wasser oder Öl, evtl. auch Warmbad, verwendet. Außerdem sind Modifikationen entsprechend dem gebrochenen Härten oder dem Warmbadhärten möglich

Das *Doppelhärten*, Abb. 6.50, wird zur optimalen Wärmebehandlung angewandt, wenn hohe Zähigkeit vom Kern und hohe Härte vom Rand gefordert werden. Nach dem Aufkohlen wird von der höheren Härtetemperatur des Kerns abgeschreckt ①. Anschlie-ßend wird auf die Härtetemperatur der Randschicht erwärmt und abgeschreckt ②. Diese

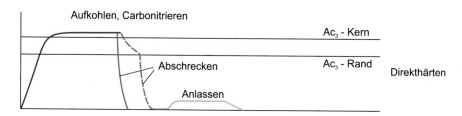

Abb. 6.49 Zeit-Temperatur-Schaubilder verschiedener Härteverfahren

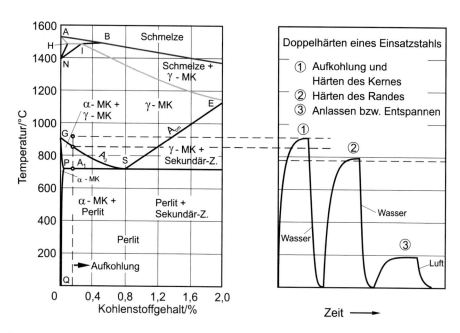

Abb. 6.50 Doppelhärten

Maßnahme bedeutet für den Kern eine Anlasstemperatur größer A_1, was als Weichglühen bei etwas erhöhter Temperatur angesehen werden kann; dies ist erfahrungsgemäß ohne praktische Nachteile. Die Verzugsneigung ist infolge der mehrmaligen Härtung am größten, liefert aber die besten Gefügeeigenschaften. Nach dem Härten erfolgt ein Niedrigtemperatur-Anlassen bei 150 bis 180 °C für unlegierte und bei 170 bis 210 °C für legierte Einsatzstähle ③. Die Neigung zur Bildung von Härte- bzw. Schleifrissen bei der Bearbeitung wird dadurch verringert. Die Härte nimmt hierbei in der Randzone nur geringfügig ab.

Als Abschreckmedien kommen je nach der Legierungszusammensetzung und den Bauteilabmessungen Wasser, Öl und Warmbäder in Frage. Vorzugsweise wird Öl zum Abschrecken verwendet. Komplizierte Teile sollten im Warmbad von 160–250 °C abgeschreckt werden, an das sich eine Luftabkühlung anschließt. Wasserabschreckung wird für einfache und unempfindliche Werkstücke gewählt.

Der Härteverlauf stellt sich entsprechend dem Konzentrationsgefälle des Kohlenstoffes ein.

Die bei der Einsatzhärtung ablaufenden Gefügeumwandlungen bewirken relativ starke Form- und Maßänderungen im Vergleich zu Verfahren, bei denen der Kern bei der Wärmebehandlung praktisch kalt bleibt, wie Flammhärten und Induktionshärten.

6.4.2.12 Nitrieren

Das Nitrieren ist eine thermochemische Behandlung zum Anreichern der Randschicht eines Werkstückes mit Stickstoff.

Entsprechend der stickstoffhaltigen Medien werden die Nitrierverfahren Salzbad-, Gas-, Pulver- bzw. Plasmanitrieren angewendet. Das Nitrieren erfolgt bei Temperaturen unterhalb der Umwandlungstemperatur im Temperaturbereich zwischen 450 °C und 600 °C, wobei allerdings der Hauptanwendungsbereich zwischen 480 °C und 550 °C liegt.

Beim Nitrieren erfolgt ein Härten der Oberflächenschicht von Stählen, wobei Stickstoffatome aufgrund ihres im Vergleich zu Eisen kleineren Atomdurchmessers relativ leicht in Eisen eindiffundieren und dabei mit Eisen und Legierungsbestandteilen zu Nitriden reagieren. Die aufgestickte Randschicht lässt sich in zwei Bereiche aufteilen:

- in eine äußere stickstoffreichere Verbindungsschicht, die $\gamma' - (Fe_4N)$ und/oder ϵ-Nitride $(Fe_{2\text{-}3}N)$ enthält, welche im Schliff weiß erscheinen
- in eine sich anschließende Diffusionsschicht
  Der Zweck des Nitrierens ist eine Erhöhung
- der Oberflächenhärte
- des Verschleißwiderstandes
- der Dauerfestigkeit (durch höhere Festigkeit und wegen des Aufbaues von Druckeigenspannungen infolge Aufstickung)
- der Korrosionsbeständigkeit von un- und niedriglegierten Stählen

Der Härtungseffekt kann gesteigert werden durch geringe Zugaben von Legierungselementen die mit Eisen Nitride bilden. Dies ist vor allem Al aber auch Cr, Mo, Ti und V.

Da das Nitrieren bei einer Temperatur unterhalb der Umwandlungstemperatur erfolgt, gibt es keine Phasenumwandlung, und Abschrecken ist nicht erforderlich. Somit bleibt der Bauteilverzug sehr gering.

Je nachdem wie der Stickstoff mit dem Stahl zur Reaktion gebracht wird, unterscheiden sich Nitrierzeit, Nitrieraufwand und Nitrierschicht.

Ein Vergleich mit dem Einsatzhärten zeigen die Abb. 6.51 und 6.52.

Für das Nitrieren wurden spezielle Nitrierstähle entwickelt. In Tab. 6.6 ist eine entsprechende Auswahl von Stählen und deren mechanisch-technologischen Kennwerte im vergüteten Zustand für den Wanddickenbereich von 16 mm bis 40 mm zusammengestellt (DIN EN ISO 683-5 Entwurf 2021).

Abb. 6.51 Vergleich von
Einsatzhärtung und
Badnitrierung

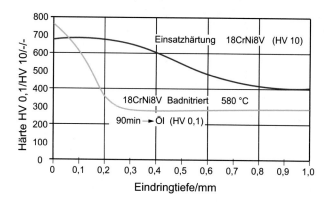

Abb. 6.52 Härte in
Abhängigkeit von der
Glühtemperatur bei Nitrier-
und Einsatzstahl

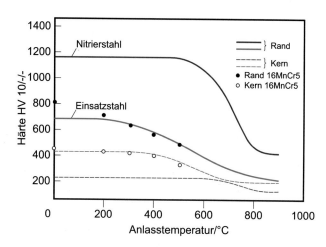

Tab. 6.6 Mechanische Eigenschaften von Nitrierstählen im Dickenbereich 16 bis 40 mm. Härtewerte nach dem Nitrieren (DIN EN ISO 683-5: 2021)

Stahlbezeichnung					
Kurzname	Zugfestigkeit R_m/MPa	Streckgrenze min. R_e/MPa	Bruchdehnung A/%	Kerbschlagarbeit KV/J	HV1*
31CrMo12	1030–1230	835	10	25	800
31CrMoV9	1100–1300	900	9	25	800
34CrAlNi7-10	900–1100	680	10	30	950
34CrAlMo5-10	800–1000	600	14	35	950

*Härte der nitrierten Oberfläche (Anhaltswerte)

Eine Modifikation des Nitrierens ist das Carbonitrieren, dabei diffundieren neben
Stickstoffatomen auch Kohlenstoffatome in den Werkstoff ein. Den stickstoffhaltigen Me-
dien werden dabei noch kohlenstoffhaltige Stoffe zugeführt. Das Carbonitrieren erfolgt in
Gasatmosphäre bei Temperaturen zwischen 750 °C und 930 °C, im Salzschmelzbad bei
Temperaturen zwischen 700 °C und 870 °C (DIN 17022 Teil 3), d. h. oberhalb der

Umwandlungstemperatur. Nach dem Carbonitrieren werden die Bauteile dementsprechend im Öl- oder Wasserbad abgeschreckt. Aufgrund der, im Gegensatz zum Nitrieren, höheren Prozesstemperatur wird der Werkstoff austenitisiert, so dass sich beim Abschrecken ein martensitisches Gefüge bildet.

6.4.3 Ausscheidungshärtung

Neuere Entwicklungen auf dem Gebiet der Legierungstechnik messen der Ausscheidungshärtung wachsende Bedeutung zu. Die entsprechende Wärmebehandlung bei Stahl besteht aus einer Lösungsglühung mit anschließendem raschem Abkühlen (Bildung übersättigter Mischkristalle) und eine sich anschließende Warmauslagerung. Die Warmauslagerung führt zu einem Zerfall der übersättigten festen Lösung und der Ausscheidung disperser intermetallischer Phasen sowie von Nitriden, Karbiden und Karbonitriden.

Von Einfluss auf das Ausscheidungsgeschehen sind:

- Anzahl und Verteilung der strukturellen Gitterfehler (Leerstellen, Versetzungen u. a.)
- Abschrecktemperatur und -geschwindigkeit.

Für die Erzielung der Eigenschaften des dispersionsverfestigten Zustandes sind

- Größe und Form,
- Anzahl und Verteilung

der ausgeschiedenen Teilchen von Bedeutung.

Ein bekanntes Beispiel sind die sogenannten Maraging-Stähle (martensite + ageing = martensitaushärtbar), die ihre hohe Festigkeit durch die Ausscheidung intermetallischer Phasen aus einer zähen, nahezu kohlenstofffreien Nickelmartensit-Grundmasse erreichen. Zur Anwendung kommt der Mechanismus auch z. B. bei den Feinkornbaustählen (Abschn. 6.5.2), den Mehrphasenstählen (Abschn. 6.5.3) und den auscheidungshärtenden ferritisch-perlitischen (AFP) Stählen (Abschn. 6.5.4)

6.5   Stähle für besondere Anforderungen

6.5.1   Stähle für die Anwendung im erhöhten Temperaturbereich

Beim Einsatz in Luft wird der Stahl mit zunehmender Temperatur einem verstärkten Oxidationsangriff ausgesetzt. Hitzebeständige Stähle weisen eine besondere Widerstandsfähigkeit gegen Verzunderung oberhalb 500 °C auf, sie werden im Allgemeinen nicht oder nur sehr geringen mechanischen Belastungen ausgesetzt. Bei Temperaturen, bei denen Kriechen als dominierender Schädigungsmechanismus zu beachten ist (siehe Abschn. 5.3.6), werden warmfeste Stähle mit erhöhter Kriechfestigkeit eingesetzt. Diese lässt sich aus dem Schnittpunkt der temperaturabhängigen Werte für die Warmstreckgrenze mit den vorgegebenen Werten für die Zeitstandfestigkeit ableiten, wobei die entsprechenden Sicherheitsbeiwerte zu berücksichtigen sind. Abb. 6.53 zeigt beispielhaft die Schnittpunkte für eine Auswahl von warmfesten Werkstoffen (ohne Berücksichtigung der Sicherheitsbeiwerte).

6.5.1.1 Hitzebeständige Stähle

Hitzebeständige Stähle werden mit Chrom, Silizium und/oder Aluminium legiert. Diese Elemente weisen eine höhere Affinität zum Sauerstoff als Eisen auf. Sie bilden an der Oberfläche eine passivierende Oxidschicht und machen den Stahl – solange die Schicht nicht verletzt wird – hitzebeständig: sie verhindert, dass sich eine Zunderschicht aus porösem Eisenoxid bildet. Der Widerstand gegen Verzunderung wird wesentlich vom Cr-, Si- bzw. Al-Gehalt bestimmt. Je höher dieser ist, umso größer kann die zugelassene Betriebstemperatur sein. Allerdings ist zu beachten, dass dadurch andere Eigenschaften, wie z. B. die Kerbschlagzähigkeit oder die Schweißbarkeit (bei hohen Si-Gehalten) sich verschlechtern können. Durch die Zugabe von Cr ergibt sich zusätzlich eine erhöhte Korrosionsbeständigkeit („rostfreie" Stähle).

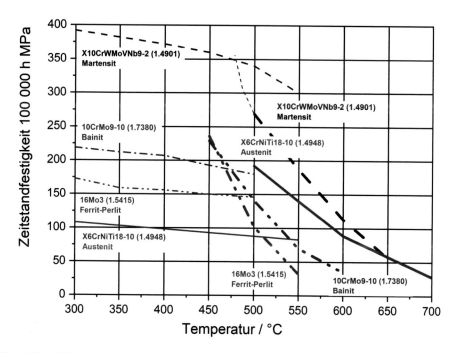

Abb. 6.53 Abhängigkeit der Warmstreckgrenze und der 10^4 h Zeitstandfestigkeit für Stähle mit unterschiedlicher Gefügestruktur zur Festlegung der Schnittpunktstemperatur für technisch relevantes Kriechen

Hitzebeständige Stähle können nach ihren Gefügen eingeteilt werden. In Tab. 6.7 sind beispielhaft verschiedene hitzebeständige Stähle aufgeführt. Hitzebeständige Stähle sind in der DIN EN 10095:2018 zusammen mit Nickellegierungen erfasst.

6.5.1.2   Warmfeste Stähle

Warmfeste Stähle sind in der DIN EN 10302:2008 zusammen mit warmfesten Nickel- und Cobaltlegierungen erfasst.

6.5.1.2.1   Warmfeste Stähle mit ferritischer Gefügestruktur

Die Einstellung einer erhöhten Kriechfestigkeit erfolgt über die Optimierung der chemischen Zusammensetzung des Stahls in Verbindung mit einer an die jeweilige Legierung angepassten Wärmebehandlung.

Die höchsten Zeitstandfestigkeitswerte werden mit martensitischen Stählen erreicht. Die Martensitstruktur stellt sich beim Härten ein. Bei der darauf folgenden Anlasswärmebehandlung erfolgt eine Ausscheidung feindisperser Karbide und Nitride. Der Widerstand gegen Kriechen resultiert aus der Mischkristallverfestigung, den Korn- bzw. Subkorngrenzen, die durch die feindispersen Ausscheidungen stabilisiert werden und dem Effekt der Ausscheidungsverfestigung. Die thermodynamische Stabilität dieser Größen ist begrenzt: über Diffusionsvorgänge vergröbern sich mit zunehmender Betriebstemperatur und langen Zeiten die Ausscheidungen bzw. lösen sich teilweise auf und scheiden sich in grober Form über eine andere chemische Verbindung wieder aus. Aus diesem Grund ist die Einsatztemperatur für eine langzeitige Kriechbeanspruchung begrenzt. Bei modernen martensitischen Stählen liegt die obere Anwendungsgrenze für einen Einsatz bis 200.000 h bei 600 °C bis 620 °C für Legierungstypen 10 % CrMo(W)VNb(N)B, Entwicklungen zum Einsatz bis 650 °C sind im Gange. Für noch höhere Einsatztemperaturen sind martensitische Stähle grundsätzlich nicht geeignet, da die Anlasstemperatur nach dem Härten mit rd. 750 °C einen zu geringen Abstand zur Betriebstemperatur aufweist und deswegen eine längerfristige thermodynamische Stabilität der Ausscheidungen nicht mehr gegeben ist. Darüber hinaus treten – in Abhängigkeit vom Cr-Gehalt ab rd. 600 °C – Probleme mit der

Tab. 6.7 Einteilung von hitzebeständigen Stählen nach Gefügeausbildung

Gefüge	Zusammensetzung	Stahl	Besonderheit
Ferritisch	Cr: 2–25 %, Si: 1–2 %, Al: max. 6 %	X10CrAlSi18-1-1	Gefahr der Versprödung bei 450 bis 525 °C bzw. 650 bis 850°C (bei Cr-Gehalten von 25 %); geringerer Ausdehnungskoeffizient als unlegierter Stahl
Ferritisch-austenitisch	Cr: rd. 25 %, Si: 1–2 %, Ni: max 5,5 %	X15CrNiSi25-4	Gefahr der Versprödung bei 650 bis 850 °C
Austenitisch	Cr: 16–26 %, Si: 1,5–2,5 %, Ni: 10–21 %	X15CrNiSi20-12	Gefahr der Versprödung bei 650 bis 850 °C; größerer Ausdehnungskoeffizient als unlegierter Stahl

Oxidation auf. In diesem Fall kommen austenitische Stähle bzw. bei Temperaturen größer 700 °C Nickelbasislegierungen zur Anwendung, Abb. 6.54.

Der in Abb. 6.54 vorgenommene Vergleich zeigt, dass die Zeitstandfestigkeit der ferritischen Stähle bei höheren Temperaturen unter der von austenitischen Stählen liegt. Der Grund hierfür ist – wie bereits erwähnt – die abnehmende thermodynamische Stabilität der festigkeitssteigernden Ausscheidungen.

Eine Zusammenstellung von ausgewählten warmfesten Stählen ist in Tab. 6.8 wiedergegeben.

6.5.1.2.2 Warmfeste Stähle mit austenitischer Gefügestruktur

Austenitische Stähle weisen im Vergleich mit den ferritischen Stählen bei mäßig erhöhten Temperaturen bis 600 °C im Allgemeinen eine geringere (Zeitstand)Festigkeit auf, vgl. Abb. 6.54 und Tab. 6.8, da keine festigkeitssteigernden Gefügeumwandlungen möglich sind (vgl. Abschn. 6.3.1.2). Unter Temperatureinwirkungen laufen in austenitischen Stählen Ausscheidungsvorgänge ab, die zu einer Steigerung der Härte bis hin zu Versprödungserscheinungen führen können, wie z. B. der Ausbildung von σ-Phase der Zusammensetzung {Cr-Fe} bzw. {Cr-Mo-Ni-Fe}, die sich in einer Herabsetzung der Verformungsfähigkeit und einer Erhöhung der Korrosionsanfälligkeit äußert.

Wegen den schlechteren thermischen Eigenschaften im Vergleich zu ferritischen Stählen (größerer Ausdehnungskoeffizient), der schlechteren Verarbeitbarkeit und wegen des höheren Preises kommen austenitische Stähle dann zum Einsatz, wenn ferritische Stähle keine ausreichende Oxidationsbeständigkeit und/oder keine ausreichende Zeitstandfestigkeit bei der entsprechenden Temperatur aufweisen.

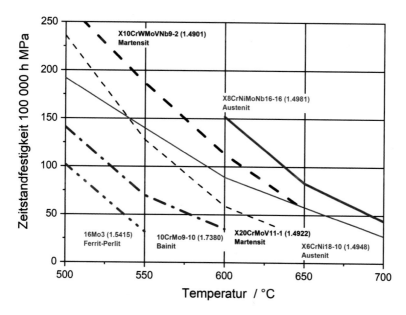

Abb. 6.54 Vergleich der Zeitstandfestigkeit für 100.000 h für Stähle mit unterschiedlichen Gefügestrukturen (Mittelwerte nach DIN EN 10216:2014 bzw. 10216-2:2020)

Tab. 6.8 Eigenschaften von warmfesten Stählen (Mindestwerte bei Streckgrenze bzw. Bereich für Minimal- und Maximalwerte bei der Zugfestigkeit nach DIN EN 10216-2:2020 bzw. 10216-5:2014)

Bezeichnung/Gefügezustand		Wärmebehandlung[1]	Streckgrenze $R_{p0,2/20°C}$ (MPa)	Zugfestigkeit $R_{m/20°C}$ (MPa)	Zeitstandfestigkeit $R_{m/10^5\,h}$ Mittelwert (MPa)		
					500	600	700 °C
16Mo3/Ferrit-Perlit	1.5415	Normalglühen	260	450–600	102		
10CrMo9-10/Bainit	1.7380	Normalglühen + Anlassen Vergüten (bei größeren Dicken)	270	480–630	141	35	
7CrMoVTiB10-10 / Bainit-Martensit	1.7378	Normalglühen + Anlassen oder ggf. Vergüten	430	565–840	240	64	
X10CrWMoVNb9-2 Martensit	1.4901	Normalglühen + Anlassen oder ggf. Vergüten	440	620–850		113	
X6CrNi18-10 Austenit	1.4948	Lösungsglühen + Wasserabschrecken	185	500–700	192	89	28
X8CrNiMoNb16-16 Austenit	1.4981	Lösungsglühen + Wasserabschrecken	215	530–690		152	44

[1]für 16 <T < 40 mm bzw. < 50 mm bei Austeniten

6.5.2   Hochfeste Feinkornbaustähle

Die Entwicklung moderner Werkstoffe wird durch die Forderungen nach höchster Festigkeit und Duktilität z. B. für Leichtbauanwendungen, Ressourcenschonung, einfache Verarbeitung und Kostendruck beeinflusst. Für Leichtbaukonstruktionen werden z. B. Werkstoffe mit

- einer möglichst hohen gewichtsspezifischen Festigkeit (Streckgrenze/Dichte und Zugfestigkeit/Dichte) als entscheidende Gebrauchseigenschaft,
- einem günstigen Verhalten beim Fügen, speziell beim Schweißen als wichtige Verarbeitungseigenschaft und
- einer ausreichenden Zähigkeit bzw. Sprödbruchsicherheit

gefordert. Vergleicht man die hochfesten Feinkornbaustählen mit den üblichen Leichtbauwerkstoffen (Al-, Ti-, Mg-Legierungen) ordnen sich diese in das Streuband der spezifischen Festigkeitswerte ein, Abb. 6.55.

Die hochfesten Feinkornbaustähle sind gut schweißbar und erfüllen alle Forderungen in nahezu idealer Weise.

Schweißbare Feinkonbaustähle werden im Anlagen-, Fahrzeug- und Schiffsbau sowie in der Offshoretechnik aber auch im Bauwesen eingesetzt. Sie lassen sich je nach Herstellung in die Gruppen

- normalgeglühte/normalisierend gewalzte Feinkornbaustähle,
- thermomechanisch gewalzte Feinkornbaustähle und
- vergütete Feinkornbaustähle

unterteilen.

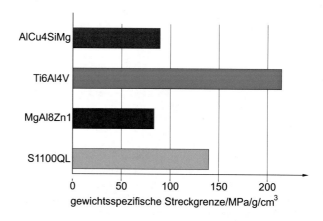

Abb. 6.55 Spezifische Streckgrenzen für ausgewählte Legierungen

6.5.2.1 Mechanismen zur Festigkeitssteigerung von Feinkornbaustählen

Resultierend aus der Forderung nach guter Schweißbarkeit muss der Kohlenstoffgehalt nach oben hin beschränkt werden um z. B. Härterisse zu vermeiden. Bei Stählen wird die Schweißbarkeit durch eine Absenkung des Kohlenstoffgehalts auf $\leq 0,2$ % und Begrenzung des Kohlenstoffäquivalents CET nach DIN EN 1011-2:2001, siehe auch Abschn. 6.8.5, gewährleistet:

$$CET = C + \frac{Mn + Mo}{10} + \frac{Cr + Cu}{20} + \frac{Ni}{40}$$

Mit Hilfe von CET können die Schweißparameter gemäß den Vorgaben in der DIN EN 1011-2:2001 festgelegt und optimiert werden, um die Gefahr der Rissbildungen zu reduzieren.

In der DIN EN 10025-1:2004 wird das folgende Kohlenstoffaquivalent CE bzw. CEV angegeben. Es darf für die in der Norm angegebenen Werkstoffe in Abhängigkeit von der Blechdicke nicht überschritten werden:

$$CEV = C + \frac{Mn}{6} + \frac{Cr + Mo + V}{5} + \frac{Ni + Cu}{5}$$

Abb. 6.56 zeigt die CEV Werte für unterschiedliche Feinkornbaustähle. Man erkennt, dass die mikrolegierten, thermomechanisch gewalzten (M) sowie überwiegend die normalisierten Baustähle (NL) trotz höherer Festigkeit eine bessere Schweißbarkeit gegenüber den unlegierten Sorten (JR/J0) aufweisen.

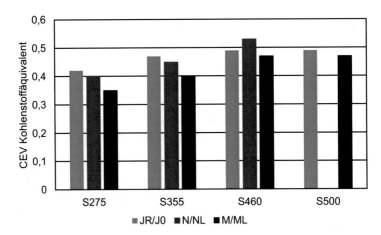

Abb. 6.56 CEV Kohlenstoffäquivalent für verschiedene Stähle nach DIN EN 10025-2; −3; −4:2019. JR/J0: unlegierter Baustahl der Gütegruppe JR bzw. J0 mit festgelegter Kerbschlagarbeit bei RT bzw. 0 °C; N/NL: normalgeglühter/normalisierend gewalzter Feinkornbaustahl mit festgelegten Mindestkerbschlagarbeit bei −50 °C (L); M/ML: thermomechanisch gewalzter Feinkornbaustahl mit festgelegten Mindestkerbschlagarbeit bei −50 °C (L). Blechdicke ≤ 63 mm

Durch die Begrenzung des Kohlenstoffgehalts ist eine klassische Festigkeitssteigerung mit Kohlenstoff durch die Bildung von Mischkristallen oder/und die Bildung von Martensit eingeschränkt. Eine zusätzliche Steigerung der Festigkeit erfolgt durch Mischkristallverfestigung mit anderen Elementen, Ausscheidungshärtung, Verformungsverfestigung und durch eine Kornverfeinerung, siehe auch Abschn. 5.5 Wie diese Verfestigungsmechanismen bei den Feinkornbaustählen realisiert werden, wird im Folgenden beschrieben.

6.5.2.1.1 Mischkristallverfestigung

Zur Bildung von Substitutionsmischkristallen tragen bei Stählen die Elemente Mn, Si, P, Cr, Ni, Al, Mo und Cu bis zu ihrer Löslichkeitsgrenze bei, siehe auch Abb. 6.57. Bei den Feinkornbaustählen führen im Wesentlichen die Elemente Mn ($\leq 1,7$ %) und Si ($\leq 0,8$ %) in begrenztem Umfang zur gewünschten Festigkeitssteigerung.

Da mischkristallbildende Elemente wie Mn die kritische Abkühlgeschwindigkeit herabsetzen, wird die Aufhärtung beim Schweißen begünstigt und die Gefahr von Härterissen steigt. Das festigkeitssteigernde Potenzial der Mischkristallverfestigung ist also begrenzt und reicht allein nicht aus um höherfeste, schweißbare Stähle zu entwickeln.

6.5.2.1.2 Ausscheidungshärtung

Die während des kontrollierten Warmwalzens und der anschließenden Abkühlung ausgeschiedenen Teilchen behindern die Versetzungsbewegung und führen dadurch zu einem Anstieg der Festigkeit. Besonders effektive Ausscheidungsbildner sind die Mikrolegierungselemente Ti, V und Nb. Ihre Zugabe erfordert eine Absenkung des C-Gehaltes auf Werte unter 0,2 %. Sie bilden zusammen mit im Stahl gelöstem C und N sehr kleine und harte Nitride, Karbide oder Karbonitride, die auch bei höheren Temperaturen beständig sind. Ihre Zugabe ist auf wenige Hunderstel- bis Zehntelprozent begrenzt (Ti $\leq 0,06$ %, V

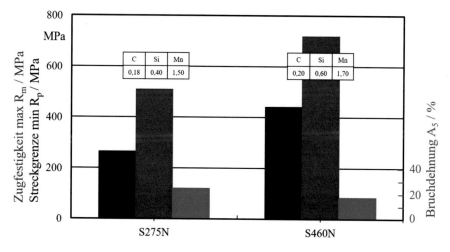

Abb. 6.57 Einfluss von Legierungselementen auf die Festigkeitseigenschaften bei normalgeglühten Feinkornbaustählen

$\le 0, 22\,\%$, Nb $\le 0, 06\,\%$; Summe V + Nb + Ti $\le 0{,}26\,\%$ nach DIN EN 10025-3:2019) und führen zu einer Festigkeitssteigerung. Die Ausscheidungen behindern im Austenitgebiet das Kornwachstum und die Rekristallisation. Nach einer γ/α-Umwandlung liegt ein feines Ferritkorn vor, so dass auch die Übergangstemperatur im Kerbschlagbiegeversuch absinkt. Trotz abgesenkten Kohlenstoffgehaltes werden vergleichbare Festigkeits- und Verformungswerte erhalten.

6.5.2.1.3 Verformungsverfestigung

Beim Fertigwalzen unterhalb von Ar_3 (siehe Abb. 6.60) wird der entstehende Ferrit plastisch verformt. Bei der plastischen Verformung entstehen Versetzungen, die sich aufstauen und die Versetzungsbewegung behindern, was wiederum zu einer Festigkeitssteigerung führt. Allerdings nimmt die verbleibende Verformbarkeit stark ab, weshalb dieser Verfestigungsmechanismus nur sehr eingeschränkt genutzt wird.

6.5.2.1.4 Kornverfeinerung

Korngrenzen stellen wirksame Hindernisse für die Versetzungsbewegung dar. Je feinkörniger ein Werkstoff ist, desto mehr Korngrenzen enthält er. Feinkörnige Werkstoffe haben somit eine größere Festigkeit als vergleichbare grobkörnigere, siehe Abb. 6.58, sofern der gleiche Gefügezustand vorliegt.

Feinkornstähle nach DIN EN 10025-3 bzw. −4:2019 müssen eine Korngröße größer 6 nach DIN EN ISO 643 haben, dies entspricht einem mittleren Korndurchmessser von 44,2 µm. Bei üblichen Feinkornbaustählen liegen Korngrößen im Bereich 7 bis 11 vor. Bei Feinstkornbaustähle werden Korngrößen größer 10, entsprechend einem mittleren Korndurchmessser von 10 µm eingestellt.

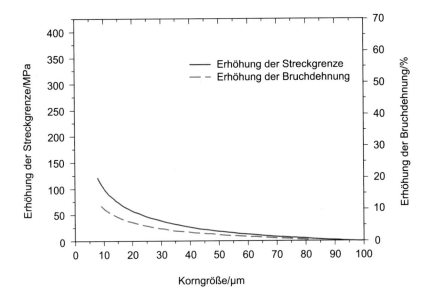

Abb. 6.58 Einfluss der Korngröße auf die Streckgrenze

Zur Bildung des feinkörnigen Gefüges der Feinkornbaustähle werden die folgenden Mechanismen genutzt, siehe auch Abschn. 6.5.2.2:

- Ausscheidungen auf Basis der Mikrolegierungselemente und von Al dienen als Keime für die Ferritkornbildung.
- Möglichst kleine und/oder langgestreckte Austenitkörner, da die Austenitkongrenzen als Keime für die Ferritbildung wirken.
- Beschleunigte Abkühlung um das Austenit- bzw. Ferritkornwachstum zu hemmen.

Der wesentliche Vorteil der Festigkeitssteigerung durch Kornverfeinerung ist, dass die Verformbarkeit dadurch kaum beeinträchtigt oder sogar verbessert wird.

6.5.2.2 Einteilung der Feinkornbaustähle

Je nach Walzverfahren werden die Feinkornbaustähle in die Klassen

- normalgeglühte/normalisierend gewalzte Feinkornbaustähle (N),
- thermomechanisch gewalzte Feinkornbaustähle (M) und
- vergütete Feinkornbaustähle (Q)

eingeteilt. In Abb. 6.59 ist die Streckgrenze der zu den Klassen gehörenden Werkstoffen über der Bruchdehnung dargestellt. Es ist die starke Abnahme der Bruchdehnung für die hohen Festigkeitsklassen zu erkennen.

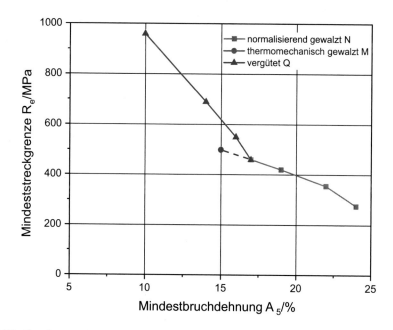

Abb. 6.59 Streckgrenze in Abhängigkeit der Bruchdehnung von Feinkornbaustählen

6.5.2.2.1 Normalgeglühte/normalisierend gewalzte Feinkornbaustähle

Die Stähle dieser Gruppe werden so hergestellt, dass im Endzustand ein ferritisch-perlitisches Gefüge, das dem normalgeglühten Zustand nahe kommt, vorliegt. Grundsätzlich sind zwei Fertigungsmethoden üblich:

Warmwalzen mit anschließender Normalglühung: Der eigentliche Walzprozess endet bei hohen Temperaturen oberhalb der Rekristallisationsfinish T_R Temperatur im γ-Mischkristallgebiet. Durch die Ausscheidungen, die sich aus den Mikrolegierungselementen bilden, wird zwar das Kornwachstum im γ-Mischkristallgebiet gehemmt, aber die entstehende Korngröße ist für ein Feinkorngefüge noch deutlich zu grob. Beim anschließenden Normalglühen knapp oberhalb der A_{r3}-Temperatur (ca. 900 °C) entsteht dann das gewünschte feinkörnige ferritisch-perlitische Gefüge.

Normalisierendes Walzen: Der Walzprozess läuft bei wesentlich geringeren Temperaturen ab, was die Prozesskräfte deutlich erhöht. Der Walzprozess endet 30–50 °C oberhalb der A_{r3}-Temperatur, sodass ein dem Normalisieren vergleichbares Gefüge bei Raumtemperatur ohne weitere Wärmebehandlung vorliegt.

Normalgeglühte bzw. normalisierend gewalzte Feinkornbaustähle weisen Mindeststreckgrenzen bis zu 460 MPa bzw. Zugfestigkeiten von bis zu 720 MPa auf, Tab. 6.9.

Tab. 6.9 Werkstoffkennwerte bei Raumtemperatur von Feinkornbaustählen (Gewährleistungswerte nach DIN EN 10025, Teil 2 bis 5:2019 bzw. Teil 6:2020 außer*); JR: Kerbschlagarbeit bei RT: 27 J; N: normalgeglüht; M: thermomechanisch gewalzt; Q: vergütet

Kurzbezeichnung		Mindeststreckgrenze R_{eH}/$R_{p0,2}$/MPa; Nenndicke $\leq$ 16 mm (längs in Walzrichtung)	Zugfestigkeit R_m/MPa; Nenndicke $\geq$ 3 bis $\leq$ 100 mm bzw. $\leq$ 40 mm (längs)	Mindestbruchdehnung A_s/%; Nenndicke $\geq$ 3 bis $\leq$ 40 mm (längs)
S235JR	1.0038	235	360–510	26
S275JR	1.0044	275	370–510	24
S275N	1.0490	275	370–510	24
S355JR	1.0045	355	470–630	22
S420N	1.8902	420	520–680	19
S460JR	1.0507	460	550–720	17
S275M	1.8818	275	370–530	24
S355M	1.8823	355	470–630	22
S420M	1.8825	420	520–680	19
S460M	1.8827	460	540–720	17
S500M	1.8829	500	580-760	17
S460Q	1.8908	460	550–720	17
S500Q	1.8924	500	590–770	17
S550Q	1.8904	550	640–820	16
S620Q	1.8914	620	700–890	15
S690Q	1.8931	690	770–940	14
S890Q	1.8940	890	940–1100	11
S960Q	1.8941	960	980–1150	10
S1100QL*	1.8942	1100	1200–1500	10

6.5.2.2.2 Thermomechanisch gewalzte Feinkornbaustähle

Bei thermomechanisch gewalzten Stählen entsteht ein Gefüge, das durch eine konventionelle Wärmebehandlung nicht erzeugt werden kann. Während des Walzprozesses wird durch eine entsprechende Temperaturführung das gewünschte, feinkörnige Gefüge direkt erzeugt, Abb. 6.60. Die Korngröße wird durch die folgenden Mechanismen nach oben hin begrenzt:

- Geringere Ausgangskorngröße der γ-Mischkristalle durch eine leicht abgesenkte Glühtemperatur.
- Hemmung des Kornwachstums im γ-Mischkristallgebiet durch die gebildeten Ausscheidungen auf Basis der Mikrolegierungselemente.
- Die gebildeten Ausscheidungen wirken auch als Keime für die γ-α-Umwandlung.
- Erzeugung eines stark verformten γ-Mischkristallgefüges oberhalb der γ-α-Umwandlung. Die gestreckten Korngrenzen dienen dann als Keime für die entstehenden α-Mischkristalle.

Teilweise wird auch noch unterhalb von A_{r2} im γ-α-Mischkristallgebiet fertiggewalzt, was neben einer Kornverfeinerung zusätzlich zu einer Kaltverfestigung des Stahls führt.

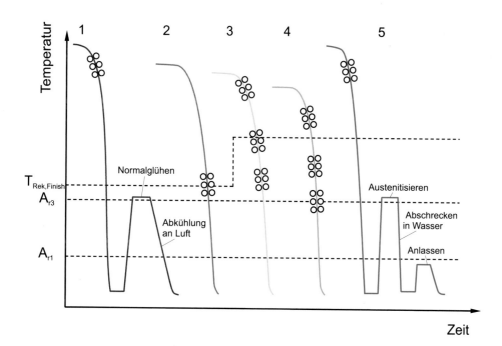

Abb. 6.60 Schematische Wärmeführung während und nach dem Walzprozess; 1: Warmwalzen mit anschließendem Normalisieren, 2: normalisierendes Walzen, 3 und 4: thermomechanisches Walzen, 5: Vergüten

Mit thermomechanisch gewalzten Feinkornbaustählen können Mindeststreckgrenzen bis zu 500 MPa und Zugfestigkeiten von bis 760 MPa erreicht werden, Tab. 6.9. Die Stähle sind für Warmumformvorgänge und Wärmebehandlungen über 580 °C nicht geeignet.

6.5.2.2.3 Vergütete Feinkornbaustähle

Vergütete Feinkornbaustähle werden bei hohen Temperaturen warmgewalzt, was trotz der Mikrolegierungselemente zu einem relativ groben Korn führt. Das gewünschte Gefüge aus angelassenem Martensit wird erzeugt durch Vergüten, bestehend aus Härten mit anschließendem Anlassen bei Temperaturen um 600 °C. Stähle mit einer Mindeststreckgrenze von bis zu 1100 MPa und einer Zugfestigkeit von 1500 MPa können so hergestellt werden. Verformungen und Wärmebehandlungen über 560 °C bei den niederfesten bzw. über 220 °C bei den höchstfesten Güten dürfen nicht angewendet werden, da sich Gefüge und mechanische Eigenschaften verändern würden. Ein erneutes Vergüten muss dann durchgeführt werden.

6.5.3 Karosseriestähle für den Automobilbau

Um dem Anforderungsprofil der Industrie im Hinblick auf den Leichtbau mit Stahl gerecht zu werden, wurden in den letzten Jahren hochfeste und höchstfeste Stähle entwickelt. Diese zeichnen sich durch eine Kombination von hoher Festigkeit bei sehr guter Verformungsfähigkeit aus. Die Entwicklung dieser Stähle ist in den letzten Jahren besonders durch die Dualphasenstähle (DP), die Complex-Phasen (CP) und Martensit-Phasen Stähle (MS) sowie die TRIP-Stähle (Transformation Induced Plasticity), die TWIP-Stähle (Twinning Induced Plasticity) und die tiefstentkohlten höherfesten IF-Stähle (Interstitiell Free) geprägt. Ein erster Überblick über die Eigenschaften dieser höherfesten Stähle ist in Abb. 6.61 gegeben.

Die mechanischen Eigenschaften der Karosseriestähle decken heute ein weites Eigenschaftsspektrum mit Zugfestigkeiten zwischen 300 MPa bis über 1000 MPa ab, wobei die unterschiedlichen Möglichkeiten zur Festigkeitssteigerung für Anwendungen im Automobilbau differenziert zu bewerten sind.

Eine Festigkeitssteigerung durch Kaltverfestigung ist wegen der damit verbundenen Duktilitätseinbuße nicht immer attraktiv. Die Mischkristallverfestigung, bspw. durch die Legierungselemente Mn, P, Si oder die Ausscheidungsverfestigung durch geringe Zugaben der Mikrolegierungselemente Ti oder Nb, wird heute in großem Umfang genutzt. Beispiele hierfür sind die mikrolegierten (MS) und die phosphorlegierten Stähle (PS).

Durch gezielte Steuerung der Gefügeumwandlung kann eine attraktive Kombination von Zugfestigkeit und Verformbarkeit eingestellt werden: hier haben sich zum Beispiel ferritisch-bainitische Stähle oder Stähle mit Dual-Phasen Gefüge bewährt.

Die Dualphasenstähle (DP) sind untereutektoide Stähle mit 0,02–0,2 % Kohlenstoffgehalt. Durch eine besondere Glühung liegt bei Raumtemperatur statt des üblichen ferritisch-perlitischen Gefüges eine Mischung aus ferritischen und martensitischen Bestandteilen vor. In der ferritischen Grundmasse sind kleine Martensitinseln gleichmäßig verteilt, die keine Verbindung miteinander besitzen. Der Martensitanteil darf höchstens 30 Vol.-% betragen, da sich sonst größere zusammenhängende Martensitgebiete bilden und diese die Verformbarkeit beeinträchtigen, siehe Abb. 6.62

In der Praxis stellt sich im Gegensatz zu der in Abb. 6.62 gezeigten schematischen, idealen Verteilung des Martensits eine eher zeilige Struktur ein, die die Biegefähigkeit des Stahls aufgrund der Härte des Martensits einschränkt.

Dualphasenstähle sollten nicht mit Duplexstählen verwechselt werden, deren Gefüge zu je 50 % aus Ferrit und Austenit besteht.

Abb. 6.61 Festigkeits- und Verformungsverhalten höherfester Stähle für den Automobilbau

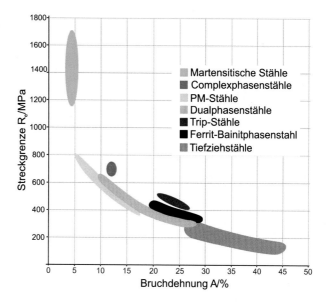

Abb. 6.62 Schematisches Gefüge eines Dualphasenstahls

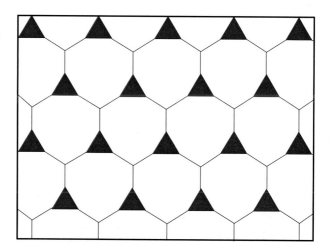

Hergestellt werden derartige Stähle durch eine „interkritische" Glühung im Zweiphasengebiet zwischen A_1 und A_3. Im schematischen Fe-Fe$_3$C-Diagramm und ZTU-Diagramm wird diese Glühbehandlung verdeutlicht, siehe Abb. 6.63

In einem kaltgewalzten Stahl mit ferritisch-perlitischem Gefüge, der von Raumtemperatur aus auf die Temperatur T_{DP} erwärmt wird, wandelt sich beim Überschreiten der eutektoidalen Linie (A_1-Linie) der Fe$_3$C-Anteil des Perlits in Austenit (γ-Mischkristall) um, während sich der Ferrit erst mit steigender Temperatur allmählich umwandelt. Bei T_{DP} ist neben Austenit also noch Ferrit vorhanden. Das Mengenverhältnis beider Phasen kann aus dem Fe-Fe$_3$C-Diagramm nach dem „Gesetz der abgewandten Hebelarme" bestimmt werden. Wird nun der Stahl rasch genug abgeschreckt, klappt der Austenitanteil in Martensit um, während der Ferrit erhalten bleibt, Abb. 6.63 Linie DP.

Bei den mechanischen Eigenschaften der DP-Stähle ist insbesondere das extrem niedrige Streckgrenzenverhältnis $R_{p0,2}/R_m$ von etwa 0,5 hervorzuheben (niedrige Ersatzstreckgrenze bei hoher Zugfestigkeit). Mit Bruchdehnungen von 20–40 % werden ähnlich hohe Dehnungswerte wie bei unlegierten Stählen niedrigerer Festigkeit, aber deutlich höhere Werte als bei mikrolegierten Stählen ähnlicher Festigkeit erreicht.

Eine Weiterentwicklung der Dualphasenstähle sind die Mehrphasenstähle, wie die Complexphasenstähle (CP). Die Entwicklung der Familie der Mehrphasenstähle ist in Abb. 6.64 schematisch anhand der Gefügebilder dargestellt.

Dualphasenstahl (DP)	Ferritische Matrix mit eingelagerten Inseln überwiegend aus Martensit an den Korngrenzen
Restaustenitstähle (RA bzw. TRIP)	Ferritische Matrix mit eingelagerten inselförmigen Bainit- und Restaustenitphasen
Complexphasenstahl (CP)	Überwiegend bainitisches Gefüge mit Restanteilen Ferrit und Martensit. Geringe Korngröße in Verbindung mit der Ausscheidung feinverteilter Karbid und/oder Nitride
Martensitphasenstahl (MS)	Vorwiegend Martensit
Partiell martensitischer Stahl (PM)	Ferrit und Martensit

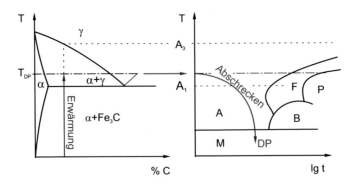

Abb. 6.63 Darstellung der „interkritischen" Glühung im Fe-C- und ZTU-Diagramm

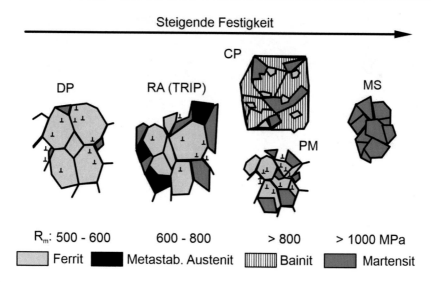

Abb. 6.64 Schematische Gefügedarstellung bei Mehrphasenstählen

Die Festigkeitssteigerung wird in diesen Werkstoffen erzielt, indem harte Phasen in die weichen Phasen des Gefüges eingebracht werden. Je nach Art und Verhältnis der Phasen zueinander lässt sich die vorher schon gezeigte Bandbreite der Festigkeiten zusammen mit wesentlich verbesserten Umformbarkeiten einstellen.

Dabei unterscheidet man die Dual-Phasen Stähle (DP), die Stähle mit Restaustenit (RA bzw. TRIP-Stähle), die Complex-Phasen Stähle (CP) oder die partiell-martensitischen Stähle (PM) sowie als höchstfeste Variante die Martensit-Phasen-Stähle (MS).

Die höchsten Festigkeiten bis derzeit maximal 1400 MPa lassen sich mit den Martensit-Phasen-Stählen erreichen.

Die TRIP-Stähle (Restaustenitstähle) besitzen eine ferritisch-bainitische Grundmatrix, die einen Anteil an Restaustenit enthält. Die Umwandlung des Austenits beim gezielten Abkühlen aus dem vollaustentischen Bereich erfolgt normalerweise in Ferrit und Bainit Bei den TRIP-Stählen hingegen erfolgt die Abkühlung derart, dass noch Anteile an Austenit (Restaustenit) im Gefüge verbleiben. Der TRIP-Effekt ist dann eine beim Umformen mechanisch eingeleitete, diffusionslose Umwandlung des Restaustenits in harten Martensit was zur gewünschten Verfestigung des Werkstoffs führt.. Man spricht dabei auch von induzierter Plastizität. Dadurch werden örtliche Verformungen durch lokale Verfestigungen begrenzt und eine gleichmäßige Verformung über den gesamten Querschnitt sichergestellt. Der Anteil Restaustenit im Ausgangszustand bestimmt die Höhe der Verfestigung. Abb. 6.65 zeigt das Schliffbild des Stahls TRIP 800 (CR450Y780T-TR) mit und ohne plastische Verformung (Abb. 6.65a). Deutlich wird der Rückgang des Flächenanteils der Restaustenitphase nach 20 % Verformung (Abb. 6.65b). An dieser Stelle sei darauf hingewiesen, dass zur Verdeutlichung der Phasen bei diesen Stählen besondere Ätz- und Präparationsverfahren anzuwenden sind.

Abb. 6.65 Gefügebilder des Stahls TRIP 800 (CR450Y780T-TR): Ausgangszustand **a**) mit 17 % Restaustenit (weiße Flecken) und **b**) nach 20 % plastischer Verformung mit 7 % Restaustenit. Farbniederschlagsätzung

Bei den sogenannten TWIP Stählen (Twinning Induced Plasticity) handelt es sich um austenitische Stähle mit hoher Bruchdehnung. Die Bezeichnung TWIP-Stahl beruht auf der mechanischen Zwillingsbildung bereits bei geringen Belastungen. Damit eine mechanische Zwillingsbildung auftreten kann, ist ein stabiles austenitisches Gefüge mit einer geringen Stapelfehlerenergie erforderlich. TWIP-Stähle haben typischerweise C-Gehalte < 1 %, Mn-Gehalte zwischen 12 % und 30 %, Si-Gehalte < 3 % und Al-Gehalte < 3 %.

Bei der Umformung werden eine Vielzahl von Zwillingen in den Austenitkörnern gebildet, die die Versetzungsbewegung verhindern und den Stahl verfestigen. Das hohe Umformvermögen von TWIP-Stählen wird in Abb. 6.66 gezeigt.

Bei relativ weichen Tiefziehstählen haben sich die Bake-Hardening-Stähle, die bereits zu den höherfesten Stählen zählen, bewährt. Dabei wird die Abschreckalterung durch den gelösten Kohlenstoff zur Festigkeitssteigerung ausgenutzt, siehe Abb. 6.67. Beim Bake-Hardening erfahren fertig umgeformte Bauteile durch die Wärmeeinbringung bei einer automobiltypischen Lackeinbrenn-Behandlung einen Streckgrenzenanstieg von mindestens 40 MPa. Dabei kommt es zur Diffusion von Kohlenstoff an Versetzungen. Dieser Vorgang kann durch entsprechende legierungs- und verfahrenstechnische Maßnahmen gezielt kontrolliert werden.

Die isotropen Stähle, d. h. Stähle mit einem richtungsunabhängigen Umformverhalten, liegen im Festigkeitsniveau der Bake-Hardening Stähle. Die Erhöhung der Streckgrenze wird vorwiegend durch die Feinkörnigkeit des Gefüges erreicht. Das sehr gute Verfestigungsvermögen dieser Stähle beruht auf Feinstausscheidungen, wobei die Isotropie von der zugegebenen Menge an Ti und dem Kaltwalzgrad abhängt. Aufgrund der lediglich geringfügig niedrigeren Verformbarkeit und der höheren Verfestigung verhalten sich die isotropen Stähle bei der Umformung ähnlich wie die Bake-Hardening Stähle.

In dynamischen Beanspruchungsfällen ist es erforderlich, dass die positiven mechanischen Eigenschaften wie die Verformungsfähigkeit auch bei hohen Umformgeschwindigkeiten wie z. B. beim Crash sichergestellt sind. Die Mehrphasenstähle weisen starke Ver-

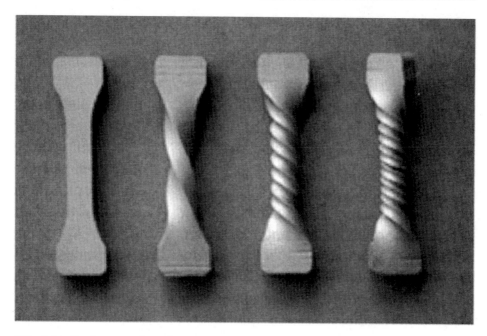

Abb. 6.66 Torsionsversuch an einem TWIP-Stahl

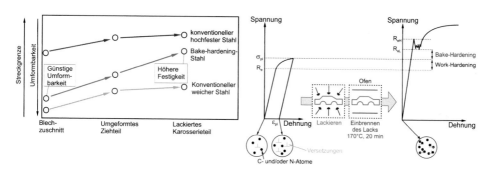

Abb. 6.67 Schematische Darstellung der Zunahme der Bauteilfestigkeit durch den Bake-Hardening Effekt

festigungen bei großen Gesamtverformungen auf, aus denen ein entsprechend hohes Energieabsorptionsvermögen resultiert, siehe Abb. 6.68. Eigenschaften von Vergütungsstählen sind in Tab. 6.10 zusammengefasst.

Als IF-Stahl werden Legierungen ohne interstitiell gelöste C- und N-Atome bezeichnet. Durch die gezielte Zugabe von Ti und Nb werden die C- bzw. N-Atome zu Carbiden, Nitriden und Carbonitriden fest abgebunden. Dies verhindert die Bildung von Cotrell-Wolken (siehe Abschn. 6.6.1), die Versetzungen bei der Kaltverformung blockieren. Dies ermöglicht eine kontinuierliche Streckgrenze im Zugversuch, was zusammen mit der hohen Duktilität vorteilhaft beim Tiefziehen ist: Fließfiguren werden vermieden.

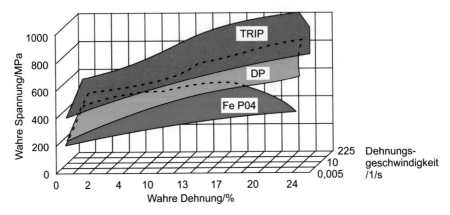

Abb. 6.68 Einfluss der Dehngeschwindigkeit auf das Festigkeits- und Umformverhalten (Fe P04: Feinblech)

Tab. 6.10 Werkstoffkennwerte bei Raumtemperatur für höher und höchstfeste Stahlbleche, Längsrichtung (VDA 239-100) [VDA239]

Kurzbezeichnung nach VDA 239-100		Streckgrenze R_{eH}, $R_{p0,2}$/MPa	Zugfestigkeit R_m/ MPa	Bruchdehnung A_{80mm}/%
HR300Y-450T-FB	ferritisch-bainitischer Stahl	300–400	450–550	≥24
HR440Y-580T-FB	ferritisch-bainitischer Stahl	440–600	580–700	≥15
HR600Y-780T-FB	ferritisch-bainitischer Stahl	600–760	780–920	≥12
CR180IF	IF-Stahl	180–240	330–400	≥35
CR210IF	IF-Stahl	210–270	340–410	≥33
CR240IF	IF-Stahl	240–300	360–430	≥31
CR240BH	Bake-Hardening Stahl	240–300	340–440	≥29
CR570Y780T	Complexphasenstahl	570–720	780–920	≥10
CR780Y980T	Complexphasenstahl	780–950	980–1140	≥6
CR330Y590T	Dualphasenstahl	330–430	590–700	≥20
CR440Y780T	Dualphasenstahl	440–550	780–900	≥14
CR700Y980T	Dualphasenstahl	700–850	980–1130	≥8
CR400Y690T	TRIP-Stahl	400–520	690–800	≥24
CR450Y780T	TRIP-Stahl	450–570	780–910	≥21
HR900Y1180T	Martensitstahl	900–1150	1180–1400	≥5

Zunehmend werden auch warmumgeformte Stähle verwendet. Der Einsatz der höchstfesten, warmumgeformten Stählen bietet den Vorteil neben der sehr hohen Festigkeit, im Vergleich zu den kaltumgeformten Stählen auch eine sehr gute Maßgenauigkeit aufzuweisen. Die Blechplatine wird auf die Austenitisierungstemperatur des Werkstoffes aufgeheizt, wodurch sich das Verformungsvermögen deutlich erhöht und in der Presse umgeformt. Durch gesteuertes Abkühlen im Gesenk wird der martensitische Zustand erreicht und damit verbunden die sehr hohe Festigkeit. Die wesentlichen Legierungselemente sind

Mangan und Bor. Ein typischer Vertreter dieser Stahlsorte ist der 22MnB5. Dabei liegt der Mangananteil im Bereich von 1,10 % bis 1,40 % und der Boranteil zwischen 0,0010 % und 0,0050 %. Im Ausgangszustand liegt die Zugfestigkeit zwischen 500 und 700 MPa bei einer Bruchdehnung A_{80mm} von größer 10 %. Nach der Warmumformung steigt die Streckgrenze auf Werte von 1100 MPa und die Zugfestigkeit auf Werte von 1500 MPa, wobei die Bruchdehnung A_{80mm} immer noch ca. 6 % beträgt. Diese Stähle ordnen sich in das Streuband der martensitischen Stähle in Abb. 6.61 ein.

6.5.4 Stähle für Wärmebehandlungen

Mit Hilfe einer Wärmebehandlung, siehe Abschn. 6.4, erhalten Bauteile die gewünschten Eigenschaften, z. B. ist bei Wellen in vielen Anwendungsfällen eine hohe Verschleißfestigkeit im Randbereich bei gleichzeitiger hoher Festigkeit und Zähigkeit im Kern gefordert. Darüber hinaus werden bei der Herstellung der Bauteile besondere Anforderungen an die Verarbeitbarkeit (Umformen, Trennen, Zerspanen) gestellt, die ebenfalls über entsprechende Wärmebehandlungen sichergestellt werden können.

Die Stähle, die für Wärmebehandlungen geeignet sind, werden in der DIN EN ISO 683-1:2019 (unlegierte Vergütungsstähle), DIN EN ISO 683-2:2018 (legierte Vergütungsstähle) erfasst. Die für diese Werkstoffe üblichen Wärmebehandlungen für den Lieferzustand des Halbzeuges sind in Tab. 6.11 zusammengestellt.

Voraussetzung für eine Wärmebehandlung ist eine entsprechende chemische Zusammensetzung. Die in den og. Normen aufgeführten unlegierten Kohlenstoffstähle weisen C-Gehalte zwischen 0,2 % bis 0,6 % auf. Legierte Stähle enthalten Zusätze von Chrom, Mangan, Molybdän und/oder Nickel. Besonders hohe Festigkeiten erzielen Mangan-Bor-Stähle bzw. Borstähle, Abb. 6.69. Die besonderen Eigenschaften erhalten die Stähle durch die Vergütungsbehandlung, siehe Abschn. 6.4.2.8. Die Höhe der Anlasstemperatur wird mit Vorgaben verbunden. So wird z. B. eine auf eine vorgegebene Oberflächenhärte randschichtgehärtete Welle aus 42CrMo4 bei sehr niederen Temperaturen im Bereich von 150 bis 180 °C wärmebehandelt, um eine Entspannung des Härtegefüges über die Ausscheidung von Kohlenstoff zu erzielen. Hingegen wird ein Bauteil, das im Kern eine hohe Festigkeit und Zähigkeit aufweisen soll, nach dem Härten bei 540 bis max. 680 °C ange-

Tab. 6.11 Wärmebehandlungszustände nach DIN EN ISO 683 bzw. DIN EN 10277

Wärmebehandlungszustand	Symbol	Bemerkung
Behandelt auf Scherbarkeit	+S	maschinell bearbeitbar (Trennen)
weichgeglüht	+A	Herabsetzung der Festigkeit, Härte für bessere Zerspanbarkeit und Kaltumformbarkeit
Vergütet	+QT	Hohe Festigkeit bei zufriedenstellender Zähigkeit
behandelt auf Härtespanne	+TH	Vorgegebener Toleranzbereich für die Härte
behandelt auf Ferrit-Perlit-Gefüge	+FP	Gefüge besteht aus Ferrit-Perlit (mit Anteilen von Bainit bei legierten Stählen)
normalgeglüht oder normalisierend umgeformt	+N	gleichmäßige und feinkörnige Struktur

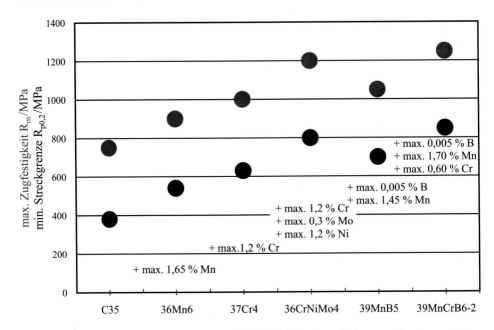

Abb. 6.69 Einfluss der Zusammensetzung auf die Festigkeitseigenschaften von Vergütungsstählen nach DIN EN 683-2:2018

lassen. Anlasstemperaturen, die über den Angaben in der Norm hinausgehen, wirken sich negativ auf die Eigenschaften aus.

Die unlegierten Vergütungsstähle werden bei geringeren Beanspruchungen eingesetzt, legierte Vergütungsstähle sind für dynamisch und statisch stark beanspruchte Bauteile geeignet. Vor allem für dynamisch beanspruchte Teile werden zusätzliche Anforderungen an die Reinheit in Bezug auf makroskopische und mikroskopische Einschlüsse gestellt. Maßgeblich für die Stahlsortenauswahl sind neben den Festigkeits- und Zähigkeitsanforderungen auch die Bauteilabmessungen im Hinblick auf die erzielbare Durchvergütung, siehe Abb. 6.51. Aufgrund ihrer chemischen Zusammensetzung sind Vergütungsstähle nur eingeschränkt – unter Berücksichtigung besonderer Maßnahmen – schweißbar.

Kostengünstige Alternativen zu Vergütungsstählen sind die ausscheidungshärtenden ferritisch-perlitischen Stähle (AFP-Stähle). Sie enthalten 0,1 bis 0,4 % Anteil von Vanadium. Beim Warmschmieden (circa bei 1250 °C) wird das Vanadium vollständig im Austenit gelöst. Beim kontrollierten Abkühlen aus der Schmiedehitze bildet sich ein ferritisch-perlitisches Gefüge mit feinen Ausscheidungen aus Vanadiumcarbiden oder -carbonitriden. Diese stellen Hindernisse für die Versetzungen bei der Verformung dar und heben deswegen die Festigkeit an. Da die Bauteile nicht abgeschreckt werden, können sich keine Härterisse bilden. Die modernen Varianten der AFP-Stähle zeigen im Bereich der Schwingfestigkeit vergleichbare Werte wie gleich feste Vergütungsstähle.

Bainitische Stähle (hoch duktile bainitische – HDB Stähle) stellen eine Weiterentwicklung der Vergütungsstähle und wegen der Einsparung von Prozessschritten bei der Herstellung, eine kostengünstige Alternative dar. Durch eine geeignete Legierungszusammensetzung, wie z. B. der Kombination von Mangan und Chrom, sowie geringem Zusatz von Molybdän, stellt sich beim Abkühlen aus der Umformhitze ein stabiles Gefüge aus Bainit mit Martensitanteilen ein. Durch die Zugabe von Niob und Titan kann ein besonders feines Korn eingestellt werden (Tab. 6.12).

6.5.5 Korrosionsbeständige Stähle für wasserstoffführende Medien

Wasserstoff wird als eine mögliche, speicherbare Energiequelle der Zukunft diskutiert. Physikalisch wird Wasserstoff entweder als Gas oder als flüssiges Medium gespeichert. Wegen seiner geringen Dichte muss das Gas verdichtet werden, damit ein ausreichender und wirtschaftlicher Energieinhalt pro Volumeneinheit erzielt wird. Massenbezogen enthält 1 kg Wasserstoff annähernd gleich viel Energie wie 3 kg Benzin. Je höher der Druck, umso größer der Energieinhalt des Wasserstoffspeichers. Bei 700 bar können rd. 40 kg pro m^3 gespeichert werden. Wird Wasserstoff flüssig gespeichert, muss der Speicher dauerhaft auf −253 °C gekühlt bleiben.

Wie in Kap. 11 dargestellt, können Wasserstoffatome in den Stahl bzw. andere metallische Werkstoffe diffundieren und ihn dabei verspröden, wobei unterschiedliche Schädigungsmechanismen auftreten können. Seit rd. 100 Jahren wird Wasserstoff in Stahlflaschen bei vergleichsweise moderaten Drücken im Bereich 20 MPa und mehr gespeichert und über Pipelines transportiert. Für eine dichte Umschließung ist nach dem Stand der Technik ein vollmetallischer Speicher bzw. ein metallischer Liner, der mit einem Faserverbundwerkstoff umwickelt ist, erforderlich.

Der Begriff „Wasserstoffbeständigkeit" ist technisch-wissenschaftlich, z. B. in einer Norm/Standard nicht eindeutig definiert. Ein „wasserstoffbeständiger" Stahl sollte gegen folgende Schädigungsmechanismen unempfindlich sein:

- Versprödungseffekte, d. h. Herabsetzung der Duktilität wie z. B. der, Bruchzähigkeit oder der Bruchdehnung.
- wasserstoffinduzierte Spannungsrisskorrosion infolge kathodischer Reaktion an der Rissspitze in Verbindung mit mechanischen Spannungen, Riss- bzw. Blasenbildungen durch Rekombination von Wasserstoffatomen bzw. Bildung von Methan (Entkohlung – Druckwasserstoff).

In früheren Normen und Standards wurde unter druckwasserstoffbeständigen Stähle solche verstanden, die gegen Entkohlung durch Wasserstoff bei höheren Drücken und hohen Temperaturen und gegen die mit ihr verbundene Versprödung und „Korngrenzenrissigkeit" wenig anfällig sind. Diese Eigenschaft konnte durch Legieren mit kohlenstoffabbindenden Elementen erreicht werden, die auch bei höheren Betriebstemperaturen thermodynamisch beständige Karbide, bilden, wie z. B. durch Chrom. Deshalb wurden/werden auch niederlegierte Stähle eingesetzt.

Im Allgemeinen werden Stählen mit einem austenitischen Gefüge eine hohe Wasserstoffbeständigkeit zugeschrieben. Ferritische Stähle (Gefüge: Ferrit-Perlit, Bainit; Mar-

Tab. 6.12 Stähle für Wärmebehandlungen, Anlassbedingungen und die zugeordneten mechanisch-technologischen Werte

Werkstoff-bezeichnung	Zu-stand	$R_{p0,2}$ min MPa	R_m MPa	A min %	KV_2 min J	Anlassen bei °C	Norm
C60	QT	490	750 bis 900	14	-	550 bis 660	Vergütungsstähle DIN EN ISO 683-1:2018 16 mm < d ≤ 40 mm 8 mm < t ≤ 20 mm
42Mn6	QT	590	880 bis 950	14	30	550 bis 650	
37Cr4	QT	630	850 bis 1000	13	35	540 bis 680	Vergütungsstähle DIN EN ISO 683-2:2018 16 mm < d ≤ 40 mm 8 mm < t ≤ 20 mm
42CrMo4	QT	750	1000 bis 1200	11	35	540 bis 680	
30MnB5	QT	600	800 bis 950	15	60	400 bis 600	
39MnCrB6-2	QT	850	1050 bis 1250	12	40	400 bis 600	
C30E	QT+SH	350	550 bis 750	20	40	200[1]	Einsatzstähle DIN EN ISO 683-3:2019 DIN EN 10277:2018-09 16 mm < d ≤ 40 mm
42Mn6	QT+SH	590	800 bis 900	14	40		
19MnVS	P	390	600 bis 750	16	–	–	Ausscheidungsgehärtete Ferritisch-Perlitische Stähle EN 10267:1998 Stäbe mit Abmessungen von 30 mm bis 120 mm
46MnVS6	P	580	900 bis 1050	10	–		
27MnCrSi6-3	AR[2]	k. A.	1250	12	k. A.	–	Bainitische Stähle Stahl Eisen Werkstoffblatt SEW 605:2019 Durchmesser 20 bis 50 mm
32MnCrMo6-4-3	AR[2]	k. A.	1400	8	k. A.		

$R_{p0,2}$: Streckgrenze; R_m: Zugfestigkeit; A: Bruchdehnung; KV_2: Kerbschlagarbeit: Charpy-V-Kerbschlagproben, Hammer mit 2 mm Radius; Mittelwert dreier Einzelwerte, kein Einzelwert darf geringer als 70 % des in der Tabelle angegebenen Mindestwertes sein;

[1] nach dem Einsatzhärten

[2] AR: Luftabkühlung nach Warmwalzen

tensit) weisen eine höhere Diffusionskonstante und eine geringere Löslichkeit für atomaren Wasserstoff auf. Die Beständigkeit von ferritischen Stählen gegen Druckwasserstoff kann durch die Herabsetzung des Kohlenstoffgehaltes, was allerdings zu relativ geringen Festigkeitswerten führt oder aber durch Zusatz von karbidbildenden Elementen wie Chrom, Molybdän, Wolfram und Vanadin erhöht werden. Dies hat den Vorteil der besseren Durchvergütbarkeit und der höheren Festigkeitswerte.

In der chemischen Industrie bzw. der Erdöl- und Erdgasindustrie werden Bauteile eingesetzt, die unterschiedlichen aggressiven (gasförmigen) Medien ausgesetzt sind. Der Partialdruck des darin enthaltenen Wasserstoff ist zusammen mit der Temperatur ein wichtiger Parameter für eine mögliche Schädigungsentwicklung.

Für die werkstoffauswahl in diesem Industriebereich hat sich die Beurteilung der Anfälligkeit gegen Schädigung durch Wasserstoff das Nelson-Diagramm (nach G. A. Nelson, siehe auch „Steels for Hydrogen Serviceat Elevated Temperatures and Pressures in Petroleum Refineries and Petrochemical Plants", API RECOMMENDED PRACTICE 941 EIGHTH EDITION, FEBRUARY 2016) bewährt, Abb. 6.70. Die eingezeichneten Linien stellen Grenzen dar, unter denen auch bei längerer Betriebszeit keine Schädigung eintritt. Die roten Linien grenzen den Temperatur – Partialdruck – Bereich ab, in dem die aufgeführten Werkstoffe eingesetzt werden, ohne dass sich der eindiffundierte Wasserstoff im Gefüge rekombiniert und zu interkristallinen Rissbildungen führt (Druckwasserstoff). Entkohlung tritt bei Überschreitung der schwarzen Grenzlinien auf: Wasserstoff diffundiert in den Stahl hinein und entkohlt ihn über die Bildung von Kohlenwasserstoffverbindungen, z. B. Methan. Die Korngrenzenkarbide werden aufgelöst, es bilden sich Risse. Es ist er-

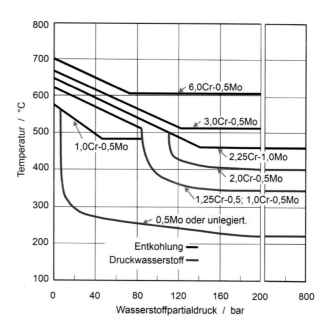

Abb. 6.70 Grenzen der Beständigkeit gegen Druckwasserstoff nach Nelson für ferritische Stähle

sichtlich, dass bei ferritischen Stählen durch den Zusatz von Chrom und Molybdän, zu denen der Kohlenstoff bei Betriebstemperatur eine größere Affinität hat als zu Wasserstoff, die Anfälligkeit gegen Druckwasserstoff herabgesetzt werden kann. Ebenso bewährt haben sich austenitische Stähle, die aufgrund ihrer Gefügestruktur, wie z. B. der geringe Anteil von Eisenkarbiden und dem niedrigen Diffusionsvermögen, eine geringe Anfälligkeit gegen Druckwasserstoff haben. Eine Zusammenstellung von Anforderungen zum Einsatz von Stählen, die in H_2S-haltiger Umgebung bei der Öl- und Gasgewinnung eingesetzt werden, findet sich z. B. in der Normenreihe DIN EN ISO 15156 (Entwurf 2020).

Eine Auswahl von (korrosionsbeständigen) Stählen, die Anwendung im Bereich Erdöl- und Erdgasindustrie bzw. Energie- und Wasserstofftechnik finden, ist in Tab. 6.13 zusammengestellt.

Wird der Wasserstoff flüssig gelagert bzw. transportiert, kommen ausschließlich austenitische Stähle (z. B. X2CrNi19-11) bzw. Werkstoffe, z. B. Nickellegierungen in Frage, da nur sie über die ausreichende Zähigkeit bei diesen tiefen Temperaturen verfügen.

Tab. 6.13 Aufstellung von CrMo-Stählen

Werkstoff	Norm	Gefüge[1]	Min. Streckgrenze[2] $R_{p0,2}$/MPa	Max. Zugfestigkeit R_m/ MPa	Beständig gegen Korrosion[10]
10CrMo9-10	DIN EN 10216-2:2020	B	280[3]	450	k.A.
X10CrMoVNb9-1	DIN EN 10216-2:2020	M	450[3]	280	k.A.
X10CrNi18-8[5]	DIN EN 10088-1:2014	A	195	750	ja
X2CrNi18-9[5]	DIN EN 10088-2:2014	A	190	750	
X1CrNiMoCuNW24-22-6[5]		A	420[4]	1000	
X2CrNiN23-4[5]		A-F	400[4]	830	
X20Cr13[6]	DIN EN 10088-3:2014	M	450[4]	850	
X2CrNi19-11[5]	DIN EN 10222-5:2017	A	180[4]	680	
X3CrNiMo13-4[6]		M	520[4]	850	
X3CrNiMoBN17-13-3[5, 9]	DIN EN 10222-5:2017	A	260	750	ja
42CrMo4[10]	DIN EN 683-2:2018	B	750	1200	k.A.
GS26CrMo4[9]	DIN EN 10293:2015	B	450[8]	750	k.A.

[1]B: Bainit (mit Anteilen Ferrit, Martensit); M: Martensit; A: Austenit; F: Ferrit
[2]für Wanddicken t: 16 < t ≤ 40 mm
[3]obere Streckgrenze
[4]für Wanddicken t ≤ 160 mm
[5]im lösungsgeglühten Zustand
[6]im wärmebehandelten Zustand QT, Anlassen bei 700 °C
[7]für Wanddicken t ≤ 100 mm
[8]im wärmebehandelten Zustand QT, Anlassen bei max. 650 °C
[9]Dicke des maßgeblichen Querschnitts t_R < 75 mm
[10]nach Angabe der genannten Normen (Korrosionsbeständig bzw. beständig gegen interkristalline Korrosion) – genannte Randbedingungen sind zu beachten

Schweißnähte stellen bei Geräten, die einem Wasserstoffangriff oder einem ähnlichen Korrosionsangriff wie eingangs geschildert ausgesetzt sind, besondere Gefährdungszonen dar. Dies ist auf die durch das Schweißen eingebrachte Wärme und die damit verbundene Änderung der Gefügestruktur bzw. die entstehenden Eigenspannungen zurückzuführen, siehe Abschn. 6.8:

Bei ferritischen (martensitischen, bainitischen) Stählen können sich beim Schweißen grobkörnige Aufhärtungszonen in der Wärmeinflusszone bilden. Sonderkarbide, die im unbeeinflussten Grundwerkstoff atomaren Wasserstoff gebunden haben (Wasserstofffallen, „Traps") lösen sich in der Wärmeinflusszone auf. An durch das Schweißen entstandenen Unregelmäßigkeiten (Risse, Poren..) kann sich atomarer Wasserstoff sammeln und rekombinieren. Als Gegenmaßnahme sollte der Schweißprozess so gesteuert werden, dass die Bildung von grobkörnigen Aufhärtungszonen durch Vorwärmung, Zwischenlagentemperatur und Lagenaufbau vermieden wird.

6.6   Versprödungserscheinungen an Stählen

Versprödungsvorgänge werden durch ungünstige Beanspruchungs- und Werkstoffzustände hervorgerufen. Die Angabe, ein Werkstoff sei versprödet, besagt zunächst nur wenig. Bekannt sein müssen stets die Gebrauchsbedingungen, bei denen ein technisches Produkt spröde bzw. verformungsarm bricht, oder, wenn man an den prüftechnischen Nachweis spröden Werkstoffzustandes denkt, die Prüfbedingungen.

Das Gefährliche am spröden Werkstoffzustand ist die mögliche Auslösung von Sprödbrüchen, die unter anderem aus nachfolgenden Gründen besonders gefürchtet sind:

- Sie treten ohne vorherige plastische Verformung ein (keine Vorwarnung).
- Bei spröden Brüchen kommt es zu hohen Rissfortpflanzungsgeschwindigkeiten, die der Grund für die Entstehung von Brüchen großer Länge sind. Somit ist die Gefahr totaler Zerstörung und Splitterwirkung besonders groß.
- Die Sprödigkeit des Werkstoffes kann i. Allg. nur durch zerstörende Werkstoffprüfung festgestellt werden. Die Methoden der zerstörungsfreien Werkstoffprüfung sind für praktische Zwecke noch ungeeignet.
- Spröde Brüche können bereits bei niedrigen, durch äußere Beanspruchung verursachte Lastspannungen entstehen, also bei Beanspruchungen, die über die konventionelle Festigkeitsberechnung als abgedeckt gelten (Niedrigspannungsbrüche).
- Die in vielen Bauteilen und vor allem in geschweißten Konstruktionen zusätzlich zu den Lastspannungen vorhandenen Eigenspannungszustände können das Entstehen von Sprödbrüchen fördern.
- Die Sprödigkeit eines Bauteils oder Werkstoffes tritt normalerweise erst beim Schadensfall (Rissbildung, Bruch) zutage. Bei vielen Schadensfällen stellte sich bei im Anschluss durchgeführten Untersuchungen heraus, dass mangelndes Verformungsvermö-

gen des Werkstoffes zumindest an der Bruchausgangsstelle für den Schaden maßgeblich mitverantwortlich war.

6.6.1 Diffusions – und Ausscheidungsvorgänge

6.6.1.1 Alterung

Unter Alterung versteht man eine zeitbedingte, meist unerwünschte Änderung von Werkstoffeigenschaften als Folge von Diffusions- bzw. Ausscheidungsvorgängen in der Mikrostruktur bei erhöhten Temperaturen und/oder plastischen Verformungen (siehe auch Abschn. 5.5). Sie tritt vor allem bei unberuhigten Stahlsorten auf.

Bei Stahl äußert sich die Versprödung im Zugversuch in einer Erhöhung von Streckgrenze und Zugfestigkeit (Härte) und einer Verminderung der Brucheinschnürung und Bruchdehnung, Abb. 6.71 sowie beim Kerbschlagbiegeversuch in einer Abnahme der verbrauchten Schlagenergie bzw. einer Verschiebung der Übergangstemperatur der KV-T-(Verbrauchte Schlagenergie-Temperatur-) Kurve zu höheren Temperaturen.

Im Stahl gelöste Stickstoff- und Kohlenstoffatome können sich an vorhandenen Versetzungen anlagern („Cotrell-Wolke") und deren Gleitbewegungen behindern, wodurch sich die erwähnten Eigenschaftsänderungen ergeben. Diese Vorstellung hilft auch bei der Er-

Abb. 6.71 Alterung von Feinblech aus weichem, unlegiertem, unberuhigtem Stahl bei Raumtemperatur nach 1,2 % Kaltverformung [Eck72]

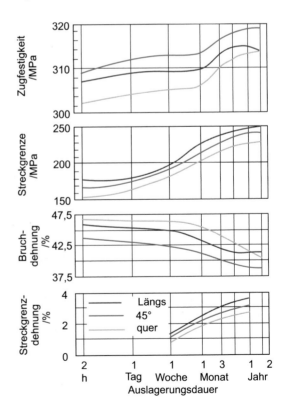

klärung der oberen und unteren Streckgrenze. Die durch die Hindernisse erhöhte (obere) Streckgrenze sinkt auf die untere, sobald sich die Versetzungen von der „Cottrell-Wolke" losgerissen haben.

Weiterhin kann sich ein Teil des bei höheren Temperaturen im Ferrit in Lösung befindlichen Stickstoffs (590 °C, N-Löslichkeit = 0,1 %), der bei Abkühlung zum großen Teil nicht mehr gelöst werden kann (Raumtemperatur, N-Löslichkeit = $0{,}2 \cdot 10^{-4}$ %), auch als Eisennitrid ausscheiden und, wie oben erwähnt, die Versetzungen blockieren. Wenn bei der dynamischen Reckalterung die Geschwindigkeiten von Diffusions- und Versetzungsbewegung übereinstimmen, ist eine erhöhte Fließspannung zu beobachten (Blausprödigkeit von Stählen zwischen 200 und 350 °C).

Alterungseffekte werden durch metallurgische Maßnehmen unterbunden bzw. reduziert: hierzu gehört die Vakuumbehandlung der Schmelze („Beruhigen") zur Reduzierung von freien C-bzw. N-Atomen sowie Zugabe von karbid- bzw. nitridbildenden Elementen wie Nb oder Ti zum Abbinden von C und N (siehe auch IF-Stahl, Abschn. 6.5.3). Darüber hinaus können bei alterungsempfindlichen Stählen Wärmebehandlungen auf einem niederen Temperaturniveau (≤250 °C) so durchgeführt werden, dass der zwangsgelöste Kohlenstoffanteil nach dem Abkühlen auf Raumtemperatur weitgehend reduziert wird.

6.6.1.2 Anlassversprödung (reversibel)

Die „reversible Anlassversprödung" – oder auch „500 °C Versprödung" genannt – tritt hauptsächlich in niedrig legierten Mn-, Cr-, Cr-Mn- und Cr-Ni-Stählen auf, die gleichzeitig P, Sn, As oder Sb enthalten und entweder im Temperaturbereich zwischen 350 und 600 °C wärmebehandelt bzw. betrieben werden oder dieses Temperaturgebiet bei der langsamen Abkühlung durchlaufen, Abb. 6.72 und 6.73.

Bei einer nachfolgenden Glühbehandlung oberhalb dieses Temperaturbereiches, jedoch unterhalb der A_1-Temperatur, mit anschließender schneller Abkühlung, kann die Versprödung wieder rückgängig gemacht werden. Bei erneutem Glühen im kritischen Tempe-

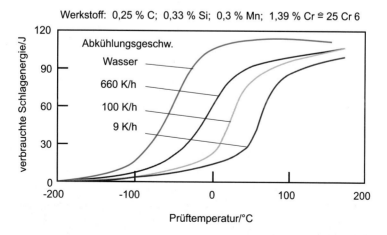

Abb. 6.72 Einfluss der Abkühlgeschwindigkeit bei einem für Anlasssprödigkeit empfindlichen Stahl (Wärmebehandlung 850 °C/Öl, 1 h, 625 °C)

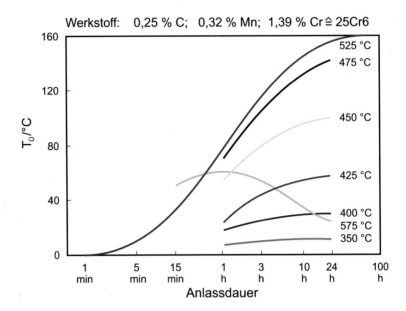

Abb. 6.73 Einfluss von Anlasstemperatur und -dauer auf die Übergangstemperatur ($T_Ü$ entspricht der Temperatur, bei der der Sprödbruchanteil 50 % der Bruchfläche der Kerbschlagprobe beträgt) (Wärmebehandlung 850 °C/Öl, 1 h, 625 °C) [Hou39]

raturbereich tritt die Versprödung wieder auf und kann erneut mit derselben Glühbehandlung beseitigt werden, d. h. der Vorgang ist reversibel. Dies ist charakteristisch für die Anlassversprödung. Verursacht wird diese Versprödungserscheinung durch eine Mikroseigerung vor allem der Verunreinigungselemente an den Korngrenzen, wodurch die Kohäsionskräfte entlang den ehemaligen Austenitkorngrenzen geschwächt werden.

In einem Zeit-Temperatur-Versprödungs-Diagramm weisen Kurven gleichen Versprödungsgrades bei gleichbleibender Mikrostruktur und Korngröße ein C-förmiges Verhalten auf. Dabei wird die Versprödung durch die Übergangstemperatur Tü beschrieben (Abschn. 5.3.1.3.4). Glühungen bei Temperaturen oberhalb der „Nasen" dieser C-Kurven mit nachfolgendem Abschrecken bewirken eine Aufhebung der Versprödung, Abb. 6.74.

Grobes Korn und die daraus resultierende Verringerung der Kornoberfläche bewirken eine lineare Erhöhung der Anlassversprödung bei gleichbleibendem Gehalt von Elementen (z. B. As und Sn).

Der Stahl 15 NiCuMoNb 5 zeigt sowohl Alterungserscheinungen bedingt durch Ausscheidung von Kupferatomen im nm-Bereich bei Betriebstemperaturen größer 300 °C (thermische Alterung) als auch im Zusammenhang mit plastischen Wechselverformungen und Anfälligkeit für die Bildung von Relaxationsrissen nach dem Schweißen (siehe Abschn. 6.6.1.3). Die negative Auswirkung der Ausscheidung von Kupferatomen auf die Zähigkeit lässt sich durch eine Erholungsglühung bei 550 °C aufheben bzw. durch eine vorherige Stabilisierungsglühung bei 550 bis 600 °C mit langsamer bzw. gestufter Abkühlung vermeiden.

Abb. 6.74 Zeit-Temperatur-Versprödungsdiagramm

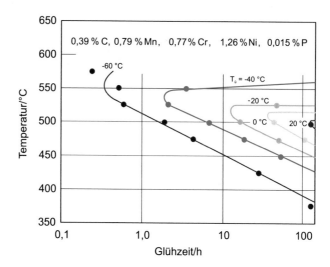

0,39 % C, 0,79 % Mn, 0,77 % Cr, 1,26 % Ni, 0,015 % P

6.6.1.3 Relaxationsversprödung

Bei vielen Mn-, Cr-, Mo-, Ni-Stählen besteht die Neigung zu Relaxationsversprödung, d. h. zur Bildung von Relaxationsrissen. Die Voraussetzungen hierfür ist, dass der Stahl auf Temperaturen deutlich oberhalb der Austenitisierungstemperatur A_{c3} erhitzt wird (z. B. während des Schweißens): in der überhitzten Zone entsteht ein grobes Austenitkorn. Die Ausscheidungen, vor allem in Verbindung mit den Legierungselementen Cr, Mo, V und Nb werden hierbei aufgelöst. Es wird rasch abgekühlt, sodass sich Martensit bildet und die genannten Legierungselemente in Lösung bleiben und aufgrund der Umwandlung und der Gefügeinhomogenität lokale Eigenspannungen entstehen: Im Korninneren liegen kohärent verspannte Ausscheidungen vor, die von „weicheren", mit inkohärenten Ausscheidungen belegten Korngrenzen umgeben sind. Bei einer nachfolgenden Erwärmung im Bereich des Spannungsarmglühens werden die lokalen Spannungen über die plastischen Verformungen vorwiegend an den Korngrenzen abgebaut. Da die grobkörnige Struktur ein begrenztes Aufnahmevermögen für plastische Verformungen hat, können sich interkristalline Korngrenzentrennungen bilden. Reduziert werden kann die Empfindlichkeit für Relaxationsrissbildung durch einen Anlassvorgang, bei dem die zwangsgelösten Atome neue Ausscheidungen bilden und die Zähigkeit der Kornmatrix verbessert wird, sodass plastische Verformungen nicht ausschließlich über die Korngrenzen ablaufen.

Die Empfindlichkeit für Relaxationsrissbildung kann über den Kurzzeitstandversuch an schweißsimulierten (d. h. bei >1200 °C überhitzten) Proben ermittelt werden. Entsprechende Zustände werden im Schweißsimulationsversuch erzeugt, Abb. 6.75. Stähle mit der Neigung zur Bildung von Relaxationsrissen (englisch: stress relief cracking – SRC) weisen nach entsprechender Überhitzung bei Belastungen, die zu Zeitstandbrüchen im Bereich << 100 h führen, ein Minimum des Zeitstandbruchwertes von wenigen Prozent auf (mittlere Bildreihe). Die Versprödung, d. h. die reduzierte Zähigkeit als Folge des beschriebenen Ausscheidungszustandes zeigt sich im Verlauf der verbrauchten Schlagener-

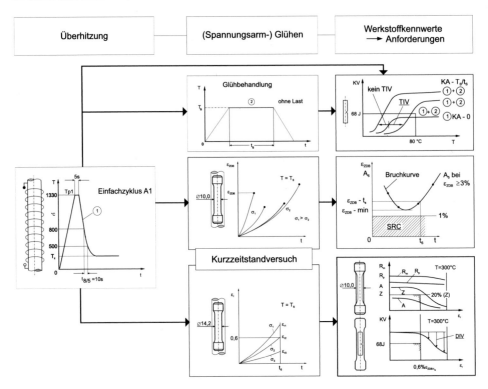

Abb. 6.75 Prüfung auf Relaxationsversprödung (*TIV* temperaturinduzierte Versprödung; *DIV* dehnungsinduzierte Versprödung; *SRC* Relaxationsrisse (Stress Relief Cracking); ε_{ZDB} Bruchdehnung)

gie („Kerbschlagarbeit") KV, sowohl nach Überhitzung ohne Zeitstandbelastung (obere Bildreihe; TIV – temperaturinduzierte Versprödung) als auch nach Zeitstandvorbelastung bzw. im Zugversuch bei den Kennwerten des Zugversuchs (untere Bildreihe – DIV – dehnungsinduzierte Versprödung).

6.6.1.4 Zeitstandkerbversprödung

Metallische Werkstoffe, insbesondere Stähle, zeigen unter der Wirkung einer langandauernden Kriechbeanspruchung deutlich geringere Bruchverformungskennwerte. So werden bei niedriglegierten Turbinenbaustählen des Typs 1 % CrMoV im Temperaturbereich > 450 °C bei Zeitstandproben, die eine Bruchzeit größer als 10.000 h aufweisen, Bruchdehnungen im Bereich von < 10 % gemessen. Höher belastete Proben mit kürzeren Bruchzeiten hingegen weisen Bruchdehnungen > 20 % auf. Der Rückgang der Verformungsfähigkeit im Zeitstandversuch im Bereich langer Versuchszeiten ist eine Folge der Änderungen in der Mikrostruktur, die Kriechmechanismen wie Korngrenzengleiten und Leerstellendiffusion begünstigen, die Versetzungsbeweglichkeit hingegen benachteiligen. Als Folge ergibt sich eine Schädigung durch interkristalline Kriechporen und Mikrorisse. Der Zusammenhang zwischen Verformungsfähigkeit im Zeitstandversuch und der sich einstellenden Kriechschädigung ist aus Abb. 6.76 ersichtlich.

Abb. 6.76 Porendichte nach 60 % der Bruchzeit in Abhängigkeit von der Bruchdehnung nach 100.000 h für verschiedene Werkstoffe

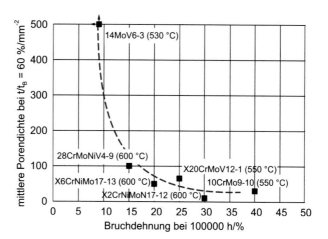

Da in Bauteilen konstruktive Kerben unvermeidlich sind, stellt der Rückgang der Bruchverformungswerte unter Kriechbeanspruchung für diese Bereiche in Hochtemperaturbauteilen ein besonderes Auslegungsproblem dar. Die Empfindlichkeit gegen Zeitstandkerbversprödung wird daher an einer genormten gekerbten Zeitstandprobe überprüft. Weisen die gekerbten Zeitstandproben kürzere Bruchzeiten als die glatten Proben auf, spricht man von Kerbversprödung, Abb. 6.77.

Im Bereich 10000 h unterschreitet die Bruchkurve der gekerbten Proben die der glatten Proben – die Schmelze weist eine Empfindlichkeit gegen Zeitstandkerbversprödung auf.

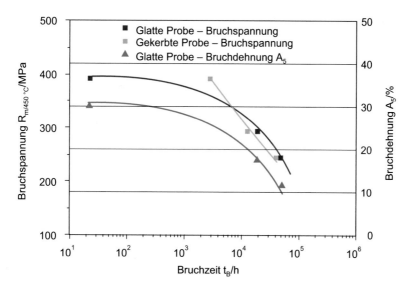

Abb. 6.77 Zeitstandbruchlinien von glatten und gekerbten Proben aus dem Stahl 15Mo3 bei 450 °C. Die Spannung ist auf den jeweiligen Nettoprobenquerschnitt bezogen

Der Effekt der Zeitstandkerbversprödung ist i. Allg. die Folge einer ungünstigen Wärmebehandlung, die einen Gefügezustand erzeugt, in dem wie bereits ausgeführt, Versetzungsbewegungen nur eingeschränkt möglich sind. Zusätzlich können sich Effekte der Anlass- und Langzeitversprödung überlagern. Hierbei ergibt sich eine Anreicherung von Verunreinigungs- und Spurenelementen wie z. B. P und Zn auf den Korngrenzen bei langzeitiger Auslagerung im Bereich erhöhter Temperaturen über 350 °C. Das Potenzial von Korngrenzengleiten wird dadurch reduziert, es entstehen Spannungsspitzen an den Korngrenzen, die die Bildung von Kriechporen fördern.

6.7   Eisengusswerkstoffe

Gusseisen oder Roheisen stellen Fe-C-Legierungen dar, die mehr als 2,06 % C aufweisen. Diese Werkstoffe können nicht geschmiedet werden. Ihr Einsatzbereich konzentriert sich auf die kostengünstige Herstellung kompliziert geformter Bauteile. Die Gießtemperatur ist allgemein geringer als die von Stahlguss. Ein weiterer Vorteil ist das gute Formfüllungsvermögen und die geringe Schwindung bei der Erstarrung.

Gusseisen stellt eine technische Alternative zu „modernen" Werkstoffen wie Aluminium dar: Neben den technischen Vorteilen (Festigkeit, E-Modul) liegt ein wesentlicher Vorteil in der kostengünstigen Herstellung von Bauteilen.

6.7.1   Einteilung

Gusseisen wird nach der Erstarrungsform des Kohlenstoffs unterschieden. Beim weißen Gusseisen (Farbe der Bruchfläche metallisch hell) wird über karbidstabilisierende Elemente wie Mn eine Ausscheidung des Kohlenstoffs in der chemisch gebundenen Form als Karbide (Fe_3C) erreicht. Die harte und spröde Phase Fe_3C im weißen Gusseisen bringt zwar eine hohe Verschleißbeständigkeit mit sich, die hohe Sprödbruchanfälligkeit eröffnet jedoch nur ein geringes Anwendungspotenzial.

Weißes Gusseisen hat demzufolge technisch als Werkstoff eine untergeordnete Bedeutung; es stellt jedoch ein Zwischenprodukt bei der Stahlherstellung dar. Es kann beispielsweise durch eine Wärmebehandlung in Temperguss überführt werden. Dieser wird in schwarzen und weißen Temperguss eingeteilt.

Wird weißes Gusseisen in neutraler Atmosphäre (nichtentkohlend) geglüht, zerfällt Fe_3C in α-Eisen und Grafit und man erhält schwarzen Temperguss (Bezeichnung nach DIN EN 1562 z. B. EN-GJMB-350-10: Mindestzugfestigkeit 350 MPa, 10 % Bruchdehnung), welches eine Form des grauen Gusseisens darstellt. Weißer Temperguss (Bezeichnung nach DIN EN 1562 z. B. EN-GJMW-350-4: Mindestzugfestigkeit 350 MPa, 4 % Bruchdehnung bei 12 mm Probendurchmesser) ergibt sich beim entkohlenden Glühen in oxidierender Atmosphäre, das Fe_3C wird in α-Eisen und CO_2 in Abhängigkeit von der

Wanddicke umgewandelt. Der jeweils vorliegende Grafit liegt dann in Form von Temperkohle vor.

Das Anwendungspotenzial von Gusseisen kann gesteigert werden über die Bildung von Grafit anstelle von Zementit bzw. Zersetzung des Zementits in Eisen und Grafit mit verbessertem Sprödbruchverhalten. Die Ausscheidung des C in Form von Grafit nach dem stabilen Fe-C-System kann durch eine langsame Erstarrung der Schmelze bei gleichzeitig ausreichendem Gehalt an grafitisierenden Elementen (Si, Al) erreicht werden. Man erhält graues Gusseisen.

Eine Einteilung des Gusseisens zeigt Abb. 6.78.

Graues Gusseisen kann aufgrund der Form des ausgeschiedenen Grafits eingeteilt werden in die Klassen: Gusseisen mit Lamellengrafit (GJL), Gusseisen mit Kugelgrafit (GJS) und Gusseisen mit Vermiculargrafit (GJV).

Da die Gefügeausbildung stark von den Abkühlbedingungen bestimmt wird, liegt eine Wanddickenabhängigkeit der mechanischen Eigenschaften von Gusseisen vor (höhere Kennwerte bei dünneren Wanddicken). Die Eigenschaften können an Proben, die aus getrennt gegossenen oder aus angegossenen Probestücken oder dem Gussstück selbst entnommen wurden, bestimmt werden. Letztere ergibt keine Normwerte, sondern nur Erwartungswerte, weshalb der resultierenden Werkstoffbezeichnung in Bezug auf die Zugfestigkeit i.d.R. ein C angehängt wird.

Die Werkstoffbezeichnung innerhalb der einzelnen Klassen geschieht anhand von Mindestwerten mechanischer Kennwerte, die an Proben aus einer repräsentativen Material-

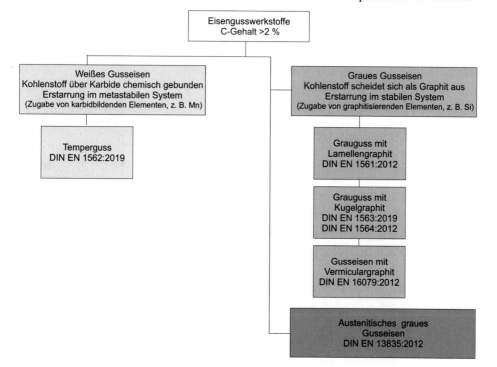

Abb. 6.78 Einteilung des Gusseisens

menge des Gusswerkstoffs (Probestücke), einschließlich getrennt gegossener Probestücke und parallel gegossener Probestücke ermittelt werden.

6.7.2   Gusseisen mit Lamellengrafit (GJL)

Gusseisen mit Lamellengrafit wird für Bauteile für Kraftfahrzeuge, Werkzeugmaschinen sowie für Pumpen und Verdichter eingesetzt.

Das Gefüge von Gusseisen mit Lamellengrafit besteht aus einem ferritischen bis hin zu einem perlitischen Grundgefüge. Die Einstellung des Grundgefüges erfolgt durch den C-Gehalt und durch die Steuerung der Abkühlgeschwindigkeit. Die Ausbildung des Grafits ist lamellen- oder rosettenartig, Abb. 6.79. Die frühere Bezeichnung lautete GGL.

Die Festigkeit kann bis zu 400 MPa (perlitische Matrix) betragen. Nach EN 1561:2012 werden Bezeichnungen nach Kenngrößen angewendet:

- bei der Verwendung der Zugfestigkeit sind sechs Sorten definiert: 100, 150, 200, 250, 300 und 350 – Beispiel EN-GJL-150 bezeichnet eine Gusseisensorte mit einzuhaltenden Werten von 150 bis 250 MPa.
- bei der Verwendung der Brinellhärte HB werden sechs Sorten, eingeteilt in 20er-Schritten, von 155 bis 255 vorgenommen – Beispiel EN-GJL-HB195 ist eine Sorte mit zwingend vorgeschriebenen Werten HBW von 135 bis 195.

Zwischen der Brinellhärte (HBW) und der Zugfestigkeit R_m besteht nach DIN EN 1561:2012 die folgende empirische Beziehung:

$$HBW = RH \times \left(100 + 0{,}44 \times R_m\right)$$

Dabei ist

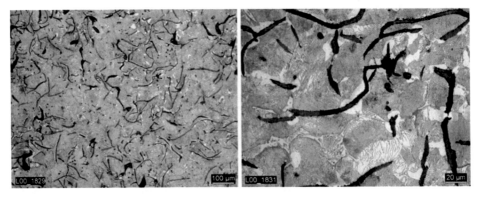

Abb. 6.79 Lamellares Gusseisen

- R_m die Zugfestigkeit;
- RH die relative Härte.

Der Faktor RH schwankt zwischen 0,8 und 1,2. Der Faktor RH wird im Wesentlichen von den Rohstoffen, vom Schmelzverfahren und von der metallurgischen Bearbeitung beeinflusst und kann innerhalb ein und derselben Gießerei annähernd konstant gehalten werden.

Gusseisen mit Lamellengrafit zeigt wegen des steilen Spannungsgradienten an der Grafitlamelle, der geringen Verformbarkeit der metallischen Matrix sowie der Verringerung des tragenden Querschnittes (Grafit als weiche Phase trägt nicht zur Festigkeit bei) eine inhärente Kerbempfindlichkeit bei statischer und zyklischer Zugbeanspruchung. Demgegenüber kann die Druckfestigkeit nahezu den dreifachen Wert der Zugfestigkeit annehmen. Es weist gute Dämpfungseigenschaften auf, der E-Modul ist geringer als der von Stahl, aber größer als der von Aluminium. Aufgrund der Spannungsabhängigkeit wird der E-Modul in der Regel als Tangentenmodul, das ist die Steigung der Spannungs-Dehnungskurve, angegeben.

Tab. 6.14 gibt einen Überblick über Kennwerte ausgewählter Sorten von Gusseisen mit Lamellengrafit.

6.7.3 Gusseisen mit Kugelgrafit (GJS)

Der erwähnte Nachteil des Gusseisens mit Lamellengrafit – die hohe Sprödigkeit – kann durch die Änderung der geometrischen Ausscheidungsform des Grafits verbessert werden. Durch Beigabe von Magnesium oder Cer kurz vor dem Gießen („Impfen") scheidet sich der Grafit in überwiegend kugeliger Form aus, Abb. 6.80. Gusseisen mit Kugelgrafit (frühere Bezeichnung GGG) – auch Sphäroguss – besitzt dem Stahl ähnliche Zähigkeitseigenschaften.

Tab. 6.14 Eigenschaften von Gusseisen mit Lamellengrafit bei Raumtemperatur nach DIN EN 1561:2012

Merkmal	Werkstoffbezeichnung EN-GJL-		
	150	250	350
Grundgefüge	ferritisch-perlitisch	perlitisch	
Zugfestigkeit R_m/MPa	150 bis 250	250 bis 350	350 bis 450
Druckfestigkeit/MPa	3,40 R_m	3,01 R_m	2,75 R_m
0,1 %-Dehngrenze $R_{p0,1}$/MPa	98 bis 165	165 bis 228	228 bis 285
Elastizitätsmodul E/GPa	78 bis 103	103 bis 118	123 bis 143
Bruchdehnung A/%		0,8 bis 0,3	
Zug-Druck-Wechselfestigkeit/MPa	0,34 R_m		
Therm. Ausdehnungskoeffizient α (20 °–200 ℃) / µm/(mK)	11,7		

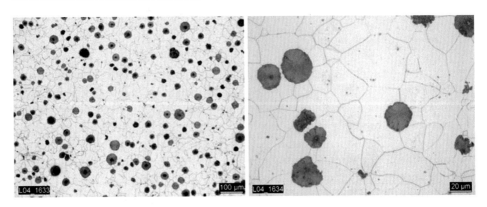

Abb. 6.80 Gusseisen mit Kugelgrafit

6.7.3.1 Ferritisch-perlitisches Grundgefüge

Gusseisen mit Kugelgrafit findet Verwendung im Kraftfahrzeug- und Pumpenbau.

Sorten mit ferritischem Grundgefüge zeigen die höchste verbrauchte Schlagenergie. Sorten mit ferritisch-perlitischem Grundgefüge sind verschleißfester.

Die Zugfestigkeit liegt in Abhängigkeit von dem Grundgefüge zwischen 350 und 900 MPa. Das Grundgefüge der niederen Festigkeitsklassen ist ferritisch, die Sorten mit hoher Zugfestigkeit weisen ein perlitisches Gefüge auf.

Nach DIN EN 1563:2019 wird Gusseisen nach einzuhaltenden Werten der Zugfestigkeit in Verbindung mit vorgeschriebenen Werten der Bruchdehnung und der Kerbschlagzähigkeit – zum Beispiel EN-GJS-350-22-RT ist eine Sorte mit einer Mindestzugfestigkeit von 350 MPa, einer Bruchdehnung $\geq$ 22 % sowie mit einer über ISO-V Proben nachgewiesenen Kerbschlagarbeit $\geq$ 14 J (Einzelwerte) bzw. $\geq$ 17 J (Mittelwert) bei Raumtemperatur.

Tab. 6.15 gibt einen Überblick über Kennwerte ausgewählter Sorten von Gusseisen mit Kugelgrafit.

6.7.3.2 Mischkristallverfestigtes ferritisches Grundgefüge

In der DIN EN 1563:2019 wurde vor wenigen Jahren die Gruppe der mischkristallverfestigten ferritischen Gusseisen aufgenommen. Diese Sorten zeichnen sich lt. Norm durch höhere Dehngrenzen sowie Dehnungen bei gleicher Zugfestigkeit wie ferritisch-perlitische Sorten und eine kaum schwankende Härte aus. In Tab. 6.15 wird dies im direkten Vergleich zwischen dem ferritisch-perlitischen Gusseisen EN-GJS-450-10 und dem mischkristallverfestigten ferritischen Gusseisen EN-GJS-450-18 veranschaulicht. Die konstantere Härte erleichtert die mechanische Bearbeitung.

Die Mischkristallverfestigung wird vor allem durch das Legierungselement Silizium erzielt (etwa 3 bis 4 %). Bei dickwandigen Bauteilen kann dadurch jedoch auch vermiculares Grafit auftreten, siehe Abschn. 6.7.4. Das Grundgefüge sollte nicht mehr als 5 % Perlit aufweisen.

Tab. 6.15 Eigenschaften von Gusseisen mit Kugelgrafit bei Raumtemperatur nach DIN EN 1563:2019 (mechanische Eigenschaften in gegossenen Probestücken mit 30-mm-Rohgussdurchmesser)

Merkmal	Werkstoffbezeichnung EN-GJS-			
	350-22-RT	500-7	700-2	500-14
Grundgefüge	Ferrit	Ferrit-Perlit	Perlit	Ferrit
Zugfestigkeit R_m/MPa	$\geq 350^2$	$\geq 500^2$	$\geq 700^2$	$\geq 500^2$
0,2 %-Dehngrenze $R_{p0,2}$/MPa	$\geq 220^2$	$\geq 320^2$	$\geq 420^2$	$\geq 400^2$
Bruchdehnung A/%	$\geq 22^2$	$\geq 7^2$	$\geq 2^2$	$\geq 14^2$
Kerbschlagarbeit J	$\geq 17^{1,2}$			
Druckfestigkeit/MPa		800	1000	
Härte HBW (Richtwerte)	< 160	170 bis 230[3]	225 bis 305[3]	170 bis 200[3]
Elastizitätsmodul E/GPa		169	176	170
Therm. Ausdehnungskoeffizient α (20°−400 °C) /μm/(mK)		12,5		

[1]bei RT, Mittelwert, [2] maßgebende Wanddicke t ≤ 30, [3] maßgebende Wanddicke t ≤ 60 mm

6.7.3.3 Ausferritisches Grundgefüge

Im Unterschied zu den beiden zuvor genannten Gusseisen mit Kugelgrafit, weist ausferritisches Gusseisen (frühere Bezeichnung bainitisches G., auch Austempered Ductile Iron (ADI)) eine höhere Zähigkeit bei gleichzeitig höherer Festigkeit auf, weshalb es für hochbeanspruchte Bauteile aus der Antriebstechnik (Zahnräder) oder Umformwalzen eingesetzt wird.

Diese höherfesten Güten bei gleichzeitiger guter Zähigkeit lassen sich über Zulegieren von Silizium, in Zusammenspiel mit einer Wärmebehandlung über Austenitisieren, Abkühlen und isothermes Halten im Bereich 250 °C < T < 400 °C im Salz- oder Ölbad erzielen. Es stellt sich ein austenitisch-ferritisches Grundgefüge aus nadligem Ferrit und kohlenstoffgesättigtem Restaustenit ein, welches man Ausferrit nennt.

Die Einteilung von ausferritischem Gusseisen erfolgt nach den mechanischen Eigenschaften der Werkstoffsorten. Zudem werden zwei Sorten verschleißbeständigen ausferritischen Gusseisens mit Kugelgrafit anhand der Härte definiert.

Die Zugfestigkeiten erreichen Werte bis zu 1400 MPa.

Tab. 6.16 gibt einen Überblick über Kennwerte ausgewählter Sorten von ausferritischem Gusseisen mit Kugelgrafit.

6.7.4 Gusseisen mit Vermiculargrafit (GJV)

Ein wichtiges Anwendungsgebiet von Gusseisen mit Vermiculargrafit ist der Bereich erhöhter Temperaturen und Bauteile, die durch Temperaturwechsel beansprucht werden.

Tab. 6.16 Eigenschaften von Gusseisen mit Kugelgrafit bei Raumtemperatur nach DIN EN 1564:2012 (gemessen an Proben, die aus Probestücken durch mechanische Bearbeitung hergestellt wurden)

Merkmal	Werkstoffbezeichnung EN-GJS-		
	800-10-RT	1400-1	HB400
Zugfestigkeit R_m^2/MPa	≥ 800	≥ 1400	≥ 1400
0,2 %-Dehngrenze $R_{p0,2}^2$/MPa	≥ 500	≥ 1100	≥ 1100
Bruchdehnung A^2/%	≥ 10	≥ 1	≥ 1
Kerbschlagarbeit J^4	$\geq 10^1$	(8,6)	
Härte HBW	(250 bis 310)	(380 bis 400)	≥ 400
Druckfestigkeit^3/MPa	1300	2200	2200
Elastizitätsmodul E/GPa	170	165	165
Therm. Ausdehnungskoeffizient α (20°−200 ℃)μm/(mK)	18 (niedrigere Festigkeitsklassen) bis 14 (höhere Festigkeitsklassen)		

[1] Mittelwert, [2]t $\leq$ 30 mm, [3]t $\leq$ 50 mm, [4]t $\leq$ 100 mm
Klammerwerte = Richtwerte (informativ) bzw. Anhaltswerte

Die Oxidations- bzw. Verzunderungsbeständigkeit wird durch Zusatz von mindestens 4 % Silizium verbessert.

Beispiele sind Abgaskrümmer, Turboladergehäuse, hochbeanspruchte Bremsscheiben, Zylinderköpfe und dünnwandige Getriebegehäuse, Stahlwerkskokillen und Glaspressformen.

Gusseisen mit Vermiculargrafit (frühere Bezeichnung GGV, englisch: compacted graphit iron) ist durch eine Graphitausbildung gekennzeichnet, die in überwiegend vermicularer Form – einer Zwischenstufe zwischen lamellar und kugelig – vorliegt, Abb. 6.81. Das Grundgefüge kann ferritisch, ferritisch-perlitisch oder überwiegend perlitisch sein. Erreicht wird die Graphitausbildung über eine Schmelzenbehandlung mit Mg- und Ti-Zusatz.

Die Eigenschaften von Gusseisen mit Vermiculargrafit liegen zwischen denen von GJL und GJS. Die Festigkeit und Zähigkeit ist höher als bei Gusseisen mit Lamellengrafit. Die Gießfähigkeit, thermische Leitfähigkeit und Dämpfung sind besser als bei Gusseisen mit Kugelgrafit. Die Wärmeleitfähigkeit ist als Folge der länglichen Graphitform deutlich höher als die von Gusseisen mit Kugelgraphit und entspricht der von Gusseisen mit Lamellengrafit.

Die Einteilung von Gusseisen mit Vermiculargrafit erfolgt gemäß DIN EN 16079 nach den mechanischen Eigenschaften der Werkstoffsorten.

Die Temperaturwechselbeständigkeit steht im Zusammenhang mit der thermischen Ausdehnung: niedriger E-Modul, hohe Wärmeleitfähigkeit in Verbindung mit einer hohen Warmfestigkeit wirken vermindernd auf die Ausbildung lokaler Spannungen aus behinderter Wärmedehnung. Bei sich wiederholenden Lastzyklen wirkt eine hohe Dauerwechselfestigkeit und Zähigkeit der Bildung von Anrissen entgegen. Die Eigenschaften von GJV stellen einen günstigen Kompromiss zwischen diesen einander widersprechenden Forderungen dar, Tab. 6.17.

Tab. 6.18 gibt einen Überblick über Kennwerte ausgewählter Sorten von Gusseisen mit Vermiculargrafit (getrennt gegossene Probestücke).

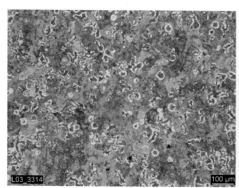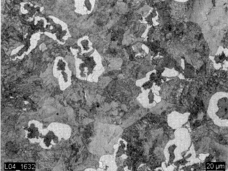

Abb. 6.81 Gusseisen mit Vermiculargraphit

Tab. 6.17 Eigenschaften von Vermiculargraphit (GJV)

Merkmal	
Dauerfestigkeit und Duktilität	Nahezu identisch mit GJS
E-Modul	Geringer als GJS
Wärmeleitfähigkeit	Höher als GJS
Verzug	Geringer als GJS

Tab. 6.18 Eigenschaften von Gusseisen mit Vermiculargrafit bei Raumtemperatur nach DIN EN 16079:2012 (Wanddicke 5 mm; Volumen-Oberflächen-Verhältnis M=0,75)

Merkmal	Werkstoffbezeichnung EN-GJV-		
	300	400	500
Grundgefüge	Ferrit	Ferrit/Perlit	Perlit
Zugfestigkeit R_m/MPa	300 bis 375	400 bis 475	500 bis 575
0,2 %-Dehngrenze $R_{p0,2}$/MPa	210 bis 260	280 bis 330	350 bis 400
Bruchdehnung A/%	2, 0 bis 5,0	1, 0 bis 3,5	0, 5 bis 2,0
Richtwert Härte HBW	140 bis 210	180 bis 240	220 bis 260
Elastizitätsmodul E/GPa (bei 23 °C)	130 bis 145	140 bis 150	145 bis 160
Therm. Ausdehnungskoeffizient α (20°–100 °C) / µm/ (mK)	11		

6.7.5 Sonderformen

Neben den Extremzuständen stabil (C liegt als Grafit vor) – metastabil (C liegt als Zementit Fe₃C vor) können beliebige Zwischenformen auftreten. Darüber hinaus gibt es noch folgende Sonderformen.

Weißes Gusseisen als Hartguss (bspw. GJN nach DIN EN 12513:2011) oder Schalenhartguss ist sehr verschleißbeständig, weshalb es für spezielle Zwecke, z. B. bei Walzen Verwendung findet. Seine Verschleißbeständigkeit erhält der Hartguss durch die Bildung von Eisenkarbid (Fe₃C) in einer perlitischen Matrix oder – im Falle Chrom-Nickel-Legierter Gusseisen – durch komplexe Karbide in einer großteils martensitischen Matrix. Beim Schalenhartguss wird gezielt eine schnelle Abkühlung der Oberfläche eingestellt, sodass eine Grafitbildung unterbunden wird (weiße Erstarrung). Im Kern wird die Abkühlgeschwindigkeit abgesenkt, sodass sich Grafit ausscheidet (graue Erstarrung).

Austenitisches Gusseisen mit Kugelgrafit weist einen Zusatz von bis zu 36 %Ni auf. Die Matrix ist austenitisch. Die Grafitausbildung erfolgt globular oder lamellar. Der Werkstoff wird als Pumpen- oder Ventilgehäuse oder im höheren Temperaturbereich (Abgaskrümmer) unter korrosiven Medien eingesetzt.

6.8 Werkstofftechnische Zusammenhänge beim Schweißen von Stählen

6.8.1 Bedeutung der Schweißtechnik

Unter Schweißen versteht man (gemäß DIN 1910-100:2008) das unlösbare und stoffschlüssige Verbinden von Werkstoffen unter Anwendung von Wärme oder Druck, mit oder ohne Schweißzusatzwerkstoffe.

Die Schweißtechnik ist ein unverzichtbarer Bestandteil der Fertigung. Ohne die große Vielfalt von Schweißtechnologien, angepasst an den Werkstoff und die Anforderungen an die herzustellende Verbindung, sind moderne Erzeugnisse nicht mehr zu fertigen. Wichtige Schweißverfahren stellen z. B. im Druckbehälterbau das Unterpulverschweißen dar, bei dem ein Lichtbogen zwischen dem Werkstück und der abzuschmelzenden Elektrode brennt. Ein Schweißpulver deckt die Schweißstelle ab. Es bildet sich eine Schlacke, die das Schmelzbad schützt. In der Automobiltechnik wird zum Verbinden von dünnen Blechen häufig das Punktschweißen eingesetzt. Hier wird eine Druckkraft durch zwei Kupferelektroden aufgebracht. Der zwischen den Elektroden fließende Strom schmilzt die zu verbindenden Bleche auf, sodass eine lokale Verbindung entsteht.

6.8.2 Werkstofftechnische Vorgänge beim Schmelzschweißen

Das Schmelzschweißen ist ein Vorgang, bei dem ein Werkstoff bzw. das einzubringende Schweißgut (Elektrode, Draht) über unterschiedliche Verfahren (Strom, Lichtbogen,

Plasma) erhitzt und sehr schnell lokal aufgeschmolzen und mit einem anderen Werkstoff verbunden wird. Dabei stellt das Schmelzschweißen unabhängig vom angewandten Verfahren eine Wärmebehandlung dar, bei welcher die Gefügestruktur des Werkstoffs im Bereich der Schweißnaht massiv verändert werden kann. Die Art der Wärmebehandlung und das sich dadurch einstellende Gefüge ist abhängig von der dabei eingebrachten Wärmemenge in Kombination mit den jeweiligen Abkühlbedingungen. Durch die lokale Wärmeeinbringung beim Schweißen kommt es in Abhängigkeit vom Abstand zur Schmelzlinie bei umwandlungsfähigen ferritischen Stählen zur Ausbildung unterschiedlicher Gefüge.

Bei nicht umwandlungsfähigen (meist austenitischen) Stählen stellen sich keine unterschiedlichen Gefüge in der Wärmeeinflusszone ein. Dennoch können – bedingt durch den Wärmeeintrag in das Grundgefüge – Änderungen in der Ausscheidungsstruktur durch Diffusions- und Auflösungsvorgänge sowie Änderungen in der Korngröße auftreten.

6.8.3   Gefügeausbildungen

Eine Abschätzung der sich in der Wärmeeinflusszone (WEZ) ausbildenden Gefüge für unlegierte Stähle kann mit Hilfe des Eisen-Kohlenstoff-Diagramms vorgenommen werden, siehe Abb. 6.82. Dabei sollte bedacht werden, dass dieses Diagramm nur für einen Gleichgewichtszustand, also eine sehr langsame Abkühlgeschwindigkeit und reine Eisen-Kohlenstoff-Legierungen Gültigkeit besitzt. Je nach Legierungszusammensetzung des Stahls können sich die Umwandlungstemperaturen und Phasengebiete im Vergleich zum Eisen-Kohlenstoff-Diagramm jedoch stark verschieben. Die Entstehung neuer Phasen aufgrund der lokal stark unterschiedlichen Abkühlgeschwindigkeiten lassen sich in Verbindung mit dem jeweiligen Werkstoff aus den ZTU-Diagrammen (vgl. Abschn. 6.4.2) quantitativ entnehmen.

Die Gusszone grenzt sich mit der Schmelzlinie zum Grundwerkstoff ab. Diese Zone entsteht aus dem eingeschmolzenen Zusatzwerkstoff und dem aufgeschmolzenen Grundwerkstoff (in Bereichen nahe der Schmelzlinie). Sie besitzt aufgrund der hohen Abkühlgeschwindigkeiten durch die Selbstabschreckung des Materials meist eine ausgeprägte gerichtete Gussstruktur. Das sich dabei einstellende Gefüge ist durch die hohen Abkühlgeschwindigkeiten – abhängig von der Zusammensetzung des Grundwerkstoffes – meist martensitisch, kann durch spezielle Wärmeführungen beim Schweißen jedoch auch einen bainitischen (bei höherlegierten Stählen) oder ferritisch-perlitischen Charakter (bei niedrig legierten bzw. unlegierten Stählen mit geringem C-Gehalt) annehmen. Nahe der Schmelzlinie kann es zu einem Aufschmelzen der mit niedrigschmelzenden Verbindungen verunreinigten Körner kommen, d. h. in diesem Bereich wird die Neigung zur Heißrissbildung begünstigt.

In der sich anschließenden Grobkornzone kommt es aufgrund der hohen Temperaturen zu einem verstärkten Wachstum der Austenitkörner, das durch die Auflösung der Nitride und Karbide begünstigt wird. Da bei diesem Gefüge der Anteil von Korngrenzen im Vergleich zum Kornvolumen durch die groben Körner sehr klein ist und die Diffusionsgeschwindigkeit über das Kornvolumen am geringsten ist, kommt es zu einer Diffusionsbehinderung und damit verbunden zu einem trägen Umwandlungsverhalten. Dieser Umstand

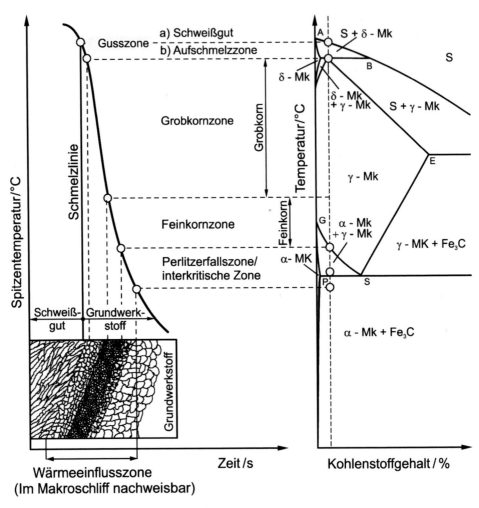

Abb. 6.82 Zusammenhang zwischen der Gefügeausbildung in der WEZ und dem Fe-Fe₃C-Diagramm

kann wiederum zu einer bevorzugten Martensitbildung mit starker Aufhärtung und dem zugehörigen Zähigkeitsabfall führen, sofern Stähle mit einem ausreichenden C-Gehalt bzw. mit das Umwandlungsverhalten beeinflussenden Legierungselementen verschweißt werden.

Noch etwas weiter in Richtung Grundwerkstoff schließt sich bei Temperaturen knapp oberhalb von A₃ die Feinkornzone an. Im Gegensatz zur Grobkornzone bleiben in diesem Bereich der WEZ die Nitrid- und Karbideinschlüsse weitgehend erhalten, weshalb aufgrund der dadurch möglichen heterogenen Keimbildung günstige Bedingungen für eine feinkörnige Gefügebildung vorliegen. Durch das feinkörnige Gefüge und der somit hohen Diffusionsgeschwindigkeit entlang der Korngrenzen, ist auch die Neigung zur Aufhärtung, also der Martensitbildung, deutlich geringer. Allerdings vergröbern sich die feindispersen Ausscheidungen.

In einer gewissen Entfernung von der Schweißnaht ist die Erwärmung durch den Schweißvorgang geringer. Wenn Temperaturen zwischen A_3 und A_1 vorliegen, ist die Perlitzerfallszone (bei niedrig- bzw. unlegierten Stählen) bzw. die interkritische Zone erreicht. Aufgrund der niedrigen Temperaturen werden hier nur noch die im Vergleich zum Ferrit sich früher auflösenden perlitischen Bereiche des Gefüges austenitisiert. Aufgrund der wirkenden Temperaturen wird dabei die lamellenförmige Struktur des Zementits aufgelöst und globular eingeformt. Bei einer ausreichend schnellen Abkühlung könnte eine teilmartensitische Gefügestruktur entstehen, welche in die noch intakte ferritische Matrix eingebettet wird. Ob diese Abkühlgeschwindigkeit erreicht wird, hängt von der Geometrie der Schweißverbindung (z. B. Blechdicke) und den Schweißbedingungen ab.

Noch weiter von der Schmelzline entfernt, schließt sich die Anlass- und im Falle eines vorangegangenen kritischen Verformungsgrades die Rekristallisationszone an. Insbesondere bei Stählen mit Vergütungsgefüge wird durch die Behandlung knapp unterhalb von A_1 eine sehr starke Anlasswirkung durch das Einformen von Karbiden erzielt, was zu einem Härteabfall gegenüber dem Grundwerkstoff führt.

Abb. 6.83 zeigt beispielhaft die sich nach einer Schweißung einstellenden Gefügebereiche des warmfesten Stahls 7CrMoVTiB10-10. Deutlich erkennbar sind die hohen Härtewerte im Bereich der WEZ, welche jedoch über eine nachfolgende Anlassbehandlung abgebaut werden können. Durch diese Wärmebehandlung können die Kohlenstoffatome aus ihren Zwangspositionen herausdiffundieren und sich Karbide auflösen bzw. vergrö-

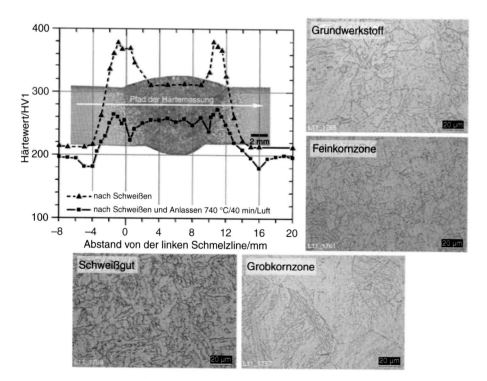

Abb. 6.83 Gefügeausbildung in der WEZ einer Rundnaht beim Stahl 7CrMoVTiB10-10

bern, was die Verzerrung und damit auch die Härte des Martensits verringert, dessen Duktilität jedoch deutlich erhöht.

Die in Abb. 6.83 dargestellten Gefügebilder zeigen deutlich die bereits in den vergangenen Abschitten erklärten Gefügeänderungen durch einen Schweißprozess. Das Schweißgut mit seiner dendritischen Struktur, die Grobkornzone, bei welcher im Schliffbild nur wenige Körner erkennbar sind, die Feinkornzone und das im Vergleich dazu etwas gröbere bainitisch-martensitische Grundgefüge des angelassenen 7CrMoVTiB10-10.

6.8.4 Auswirkungen auf das Festigkeitsverhalten

Die oben geschilderte Wärmeeinflusszone bei ferritischen Stählen stellt für bestimmte Beanspruchungen eine metallurgische Kerbe dar, da sich in der WEZ unterschiedliche Gefüge mit jeweils charakteristischen Eigenschaften einstellen. Besonders wenn geschweißte Bauteile im Bereich der Zeitstandfestigkeit betrieben werden, muss zudem beachtet werden, dass i. Allg. der Bereich der Feinkornzone bis hin zum unbeeinflussten Grundwerkstoff eine deutlich geringere Zeitstandfestigkeit aufweist.

Wie bereits geschildert, können durch den Schweißprozess typische Werkstofffehler entstehen, z. B. Poren und Risse im Schweißgut sowie Risse in der WEZ. Diese können zusammen mit den Unregelmäßigkeiten der Schweißnahtoberfläche zu lokalen Spannungskonzentrationen führen, die sich auch bei Ermüdungsbeanspruchung negativ auf die Lebensdauer auswirken.

Besonders problematisch sind die sogenannten Schwarz-Weiß- bzw. Mischverbindungen, die sich technisch oft nicht vermeiden lassen. Hier werden ferritische Stähle („schwarz") mit austenitischen („weiß") Stählen oder ein niedriglegierter mit einem hochlegierten ferritischen Stahl verschweißt. Wegen der Unterschiede in der chemischen Zusammensetzung entstehen aufgrund der Diffusionsvorgänge lokale Auf- bzw. Entmischungen. Bei Schwarz-Weiß-Verbindungen liegen zudem stark unterschiedliche Eigenschaften bezüglich der Wärmeausdehnung und Wärmeleitung vor, die dazu führen können, dass sich besondere Eigenspannungsverhältnisse in diesem Übergangsbereich einstellen.

6.8.5 Schweißeignung

Neben den verfahrenstechnischen und konstruktiven Einflüssen, stellt der Werkstoff eine maßgebende Größe für die Qualität einer Schweißverbindung dar.

Schweißeignung ist eine Werkstoffeigenschaft. Werkstoffe gelten mit den üblichen Verfahren als schweißbar, wenn

- es möglich ist, dass sie unter der Anwendung von Wärme und Druck aufschmelzen bzw. schmelzflüssig werden
- sie mit der Schmelze/Schmelzflüssigkeit des anderen Grundwerkstoffs oder dem Schweißzusatzwerkstoff eine „unlösbare" Verbindung eingehen

- sie beim Abkühlen aus dem schmelzflüssigen Zustand keine wesentlichen Eigenschaftsänderungen erfahren
- im Bereich der Schweißverbindung keine oder unwesentliche, tolerierbare Schweißfehler/Rissbildungen auftreten
- die Durchführung der Schweißung keine Zusatzmaßnahmen erfordern, die besonders unwirtschaftlich oder im Hinblick auf die geforderte Qualität nicht zuverlässig sind.

Schweißgeeignet sind Werkstoffe, die alle genannten Bedingungen erfüllen.

Bei Stählen ist das Risiko einer Rissbildung während und nach dem Schweißen von der sich einstellenden Härte und daher vom Umwandlungsverhalten (vgl. Abschn. 6.4.2) abhängig. Die Aufhärtungsneigung eines Stahles nach Aufwärmen über A_{c3} hängt bei unlegierten Stählen im Wesentlichen vom C-Gehalt (vgl. Abschn. 6.4.2) ab. Bei legierten Stählen haben die Legierungselemente einen Einfluss auf die Ausbildung des ZTU-Diagramms, die Bildung von Ausscheidungen und damit auf die Härtbarkeit. Die Auswirkung der einzelnen Legierungselemente auf diese Eigenschaften im Verhältnis zu der des Kohlenstoffs kann über das Kohlenstoffäquivalent beschrieben werden. Ein Wert des Kohlenstoffäquivalents kleiner 0,45 % wird mit einer guten Schweißeignung in Verbindung gebracht, wobei zu beachten ist, dass es für die Berechnung des Kohlenstoffäquivalents kein allgemein gültiges Verfahren gibt. Bei höheren Werten des Kohlenstoffäquivalents bzw. bei größeren Dicken des zu verschweißenden Werkstücks muss über die Temperaturführung während des Schweißens (Vorwärmen, Zwischenlagentemperatur) die Abkühlgeschwindigkeit zur Vermeidung hoher Härten reduziert werden, um die Bildung von Rissen während des Abkühlens bzw. nach dem Abkühlen zu vermeiden.

Zwischen dem nachstehenden Kohlenstoffäquivalents nach DIN EN 1011-2:2001

$$CET = C + \frac{Mn + Mo}{10} + \frac{(Cr + Cu)}{20} + \frac{Ni}{40} \text{ in } \%$$

und der erforderlichen Vorwärmtemperatur besteht ein linearer Zusammenhang, wobei zusätzlich die Werkstückdicke sowie ggf. der Wasserstoffgehalt und die Art des Wärmeeinbringens zu berücksichtigen ist. Die Anwendung dieser Beziehung ist auf die in DIN EN 1011-2:2001 vorgegebene chemische Zusammensetzungen begrenzt.

Allgemein gilt, dass mit zunehmenden C-Gehalt die Schweißeignung eingeschränkt wird. Als gut schweißgeeignet gelten unlegierte Stähle mit C deutlich unter 0,2 % und einem sehr niederen Gehalt an Legierungselementen, wie z. B. der Stahl 15Mo3. Einschränkungen der Schweißeignung liegen

- bei unlegierte Stähle mit C = 0, 2 bis 0,5 % (z. B. C35), bei höheren C-Gehalten ist die Schweißbarkeit wegen der Martensitbildung nicht mehr gewährleistet
- niedriglegierte Stähle mit C-Gehalten bis 0,25 % (z. B. 13CrMo4-5)
- legierten bzw. hochlegierten Stählen (z. B. 10CrMo9-10, X20CrMo12-1)

vor, da beim Schweißen zusätzliche Maßnahmen wie z. B. Vorwärmen erforderlich sind.

In der ISO/RT 15608:2013-8 werden schweißgeeignete Werkstoffe in Gruppen vergleichbarer kennzeichnender Eigenschaften zusammengefasst.

6.9   Fragen zu Kap. 6

1. Was ist der Unterschied zwischen Eisen und Stahl?
2. Warum erfolgt eine Nachbehandlung des Stahles nach dem Frischen?
3. Nennen Sie die Bedingungen für die Anwendung des Eisen-Kohlenstoffdiagramms. Warum ist es in der vorliegenden Form nicht für hochlegierte Stähle verwendbar?
4. Nennen Sie die Unterschiede zwischen Perlit und Martensit, wodurch entstehen sie?
5. Wozu dient das ZTU-Diagramm?
6. Welche Mechanismen bewirken die hohe Härte von Martensit?
7. Warum ist bei rissempfindlichen Teilen das Warmbadhärten sinnvoller als das gebrochene Härten?
8. Vergleichen Sie die beiden Werkstoffe 42CrMo4 und C60 bezüglich ihrer Ein- und Aufhärtbarkeit. Worauf ist die unterschiedliche Härtbarkeit zurückzuführen?
9. Was versteht man unter dem Begriff „Vergüten"?
10. Was ist der Unterschied zwischen weißem und grauem Gusseisen?

Nichteisenmetalle

7

Die Nichteisenmetalle Kupfer, Aluminium, Titan, Nickel, Magnesium und deren Legierungen sind technisch besonders relevante Werkstoffe. Für die ökologische und effiziente Verwendung sind Kenntnisse über ihre Herstellung und die daraus resultierenden Eigenschaften von Bedeutung. Kupfer- und Aluminiumlegierungen weisen eine große Vielfalt mit besonderen Eigenschaften auf, die sich über die zugehörigen Phasendiagramme und Wärmebehandlungen erklären lassen. Die besondere Struktur des Leichtbauwerkstoffs Titan wird durch die Zugabe von Legierungselementen erzeugt. Nickellegierungen spielen als Strukturwerkstoffe wegen ihrer besonderen Eigenschaften, wie z. B. extreme Korrosions- und Hitzebeständigkeit, in vielen technischen Bereichen eine wichtige Rolle. Magnesium ist eines der leichtesten Elemente, seine Legierungen zeichnen sich durch unterschiedliche Eigenschaften aus.

7.1 Kupfer und Kupferlegierungen (Buntmetalle)

7.1.1 Kupfer

7.1.1.1 Vorkommen und Aufbereitung

Gediegenes, reines Kupfer kommt nur selten vor. Metallisches Kupfer wird fast ausschließlich aus Kupfererz gewonnen. Die wichtigsten im Kupfererz vorkommenden Kupferverbindungen sind die Sulfide, Kupferkies $CuFeS_2$ und Kupferglanz Cu_2S. Kupfer kommt jedoch auch als Oxid (Rotkupfererz Cu_2O), als Karbonat, nämlich Malachit ($CuCO_3 \cdot Cu(OH)_2$) und Kupferlasur ($CuCO_3 \cdot Cu(OH)_2$) vor. Die Erze enthalten wenig Kupfer, meist nur 0,5–7,5 %.

Zur Anreicherung der verhältnismäßig Cu-armen Erze wird das Flotationsverfahren angewendet. Es beruht auf der unterschiedlichen Benutzbarkeit der Kupfermineralien und Verunreinigungen. In einer Wasser-Öl-Mischung wird fein gemahlenes Erz verteilt und

© Springer-Verlag GmbH Deutschland, ein Teil von Springer Nature 2022
E. Roos et al., *Werkstoffkunde für Ingenieure*,
https://doi.org/10.1007/978-3-662-64732-5_7

Luft durchgepresst. Während das Wasser die Verunreinigungen benetzt, lagern sich die Kupfersulfidteilchen an die Öltropfen und Luftblasen an und bilden einen angereicherten ölhaltigen Schaum, der abgeschöpft wird.

Die sulfidischen Erze werden in einem Röstofen geröstet, d. h. in einem Luftstrom oxidiert. Durch Röstung wird nur das Eisen oxidiert, wobei Schwefeldioxid (SO_2) entweicht; das Kupfer bleibt an Schwefel gebunden. Als Röstprodukt liegt ein Gemenge vor, das aus Kupfersulfid (Cu_2S), Eisensulfid (FeS) und Eisenoxid (FeO) besteht.

7.1.1.2 Reduktion, Erschmelzung und Raffination

Das Röstprodukt wird in einem Schachtofen oder Flammofen mit Zuschlägen (Sand, Quarz, Kalk) geschmolzen. Es entsteht Kupferstein, der 40 % Cu, 30 % Fe und 30 % S enthält. Der Kupferstein wird im Kupolofen eingeschmolzen, flüssig in einen Trommelkonverter gefüllt und darin unter Zusatz von SiO_2 mit Luft zu Rohkupfer verblasen. Rohkupfer enthält 96 bis 98 % Cu (Rest Fe, S, Pb).

Rohkupfer ist stark verunreinigt, deshalb muss es einem Raffinationsprozess unterzogen werden. Dieser kann entweder durch Feuerraffination im Schmelzfluss (Polprozess) oder durch die weit wirkungsvollere elektrolytische Kupferraffination erfolgen. Hierbei werden 2 bis 5 cm dicke Platten aus Rohkupfer oder aus dem im Polprozess (s. o.) gewonnenen Kupfer als Anode (Plus-Pol) in eine Kupfersulfatlösung (Elektrolyt) eingetaucht. Die Kathode (Minus-Pol) besteht aus dünnem reinem Kupferblech. Bei einer Gleichspannung von 0,2 bis 0,35 V scheidet sich nur das reine Kupfer an der Kathode ab, die anderen Elemente gehen entweder in Lösung (unedle Metalle wie Eisen, Nickel) oder fallen als Schlamm (Edelmetalle, wie Silber, Gold, Platin) zu Boden.

Das Elektrolytkupfer enthält etwa 99,95 % Cu.

Kupfer wird in folgenden Zuständen geliefert: gegossen, weichgeglüht (Knetzustand) sowie kaltverfestigt.

7.1.1.3 Eigenschaften

Die Dichte von reinem Kupfer beträgt 8,93 kg/dm^3. Kupfer kristallisiert im kubisch-flächenzentrierten System mit einer Gitterkonstante von a = 0,36 nm. Es weist nach Silber die höchste elektrische Leitfähigkeit (χ = 58m/(Ωmm^2)) aller Metalle auf. Die Wärmeleitfähigkeit λ = 395 W/(mK) übertrifft die von Eisen um das sechsfache, die von Aluminium um das Zweifache. Der mittlere lineare Wärmeausdehnungskoeffizient α beträgt $17,7 \cdot 10^{-6}$ (1/K). Der Schmelzpunkt von Kupfer liegt bei 1083 °C.

Die Poissonsche Querkontraktionszahl μ beträgt bei quasiisotropem, vielkristallinem Kupfer 0,35. Richtwerte für die mechanischen Eigenschaften von Reinkupfer (quasiisotrop, vielkristallin) sind in Tab. 7.1 aufgeführt.

Die Festigkeit von Kupfer lässt sich durch Kaltverformen steigern. Rekristallisationseffekte werden bereits durch Erwärmen auf 80 °C erzielt. Der übliche Temperaturbereich für Rekristallisationsglühen nach Kaltumformung liegt bei 450 bis 650 °C. Normalisieren erfolgt bei 650 °C, Warmumformung wird bei 800 bis 900 °C durchgeführt.

Tab. 7.1 Eigenschaften von Kupfer

Eigenschaften	Zustand		
	Gegossen	Knetzustand (weich, normalisiert)	Kaltverfestigt
Zugfestigkeit R_m/MPa	150 bis 200	210 bis 240	300 bis 440
Streckgrenze R_e/MPa		40 bis 80	200 bis 390
E-Modul /MPa	125.000	125.000	125.000
Querkontraktionszahl μ/-/-	0,35	0,35	0,35
Bruchdehnung A_5/%	25 bis 15	50 bis 35	25 bis 2
Brinellhärte HB/-/-	50	40 bis 50	75 bis 90

Kupfer ist auch bei tiefsten Temperaturen plastisch verformbar und schlagzäh. Es ist sehr gut kalt- und warmumformbar, hart- und weichlötbar sowie schweißbar.

Kupfer steht in der Spannungsreihe der Elemente auf der Seite der Edelmetalle, wird selbst aber nicht als solches bezeichnet. Es erweist sich daher als gut korrosionsbeständig. An der Atmosphäre bildet sich bei Bewitterung im Laufe der Zeit ein hellgrüner Überzug (= Patina oder Edelrost) aus $CuCO_3 \cdot Cu(OH)_2$ eventuell mit basischem Sulfat bzw. Chlorid. Einwirkung von Essigsäure unter Luftzutritt führt zur Bildung von Grünspan, einem giftigen basischen Kupfer (II)-Acetat. Es ist daher vor allem in der Lebensmittelindustrie darauf zu achten, dass bei Verwendung von kupfernen Gebrauchsgegenständen (Konserven u. a.) keine Essigsäure einwirken kann (Verzinnung von Konservendosen).

Mit Acetylen (C_2H_2) bildet Cu unter Druck hochexplosibles Kupferacetylit, daher dürfen keine Cu-Teile für C_2H_2 unter Druck verwendet werden.

7.1.1.4 Einfluss der Begleitelemente
Technisch reines Kupfer, wie es besonders in der Elektrotechnik verwendet wird, ist in seinen Eigenschaften außer vom Reinheitsgrad besonders stark auch vom Gasgehalt und damit auch von seiner Dichte abhängig.

7.1.1.5 Sauerstoff und Wasserstoff
Das in der Elektrotechnik verarbeitete Kupfer weist Sauerstoffgehalte bis zu 0,005 % auf, Abb. 7.1. Sauerstoff setzt die elektrische Leitfähigkeit herab und erhöht die Härte. Die Festigkeitseigenschaften von warmverformtem Kupfer werden durch die meist in ellipsoidrundlichen Formen vorliegenden Cu_2O-Partikel nur unwesentlich gestört. Kaltverformungsprozesse werden jedoch erschwert.

Beim Eindringen von atomarem Wasserstoff kommt es zu der Reaktion:

$$Cu_2O + 2H \rightarrow 2Cu + H_2O \tag{7.1}$$

Der Wasserstoff ist im festen Cu nicht löslich und es kommt daher an den Reaktionsstellen infolge der hohen Gasdrücke zu Trennungen (meist an den Korngrenzen) und Gefügelockerungen, die das Kupfer brüchig machen. Diesen Vorgang nennt man die Wasserstoffkrankheit von Kupfer.

Abb. 7.1 Ausschnitt aus dem
Cu$_2$-O-Zustandsdiagramm

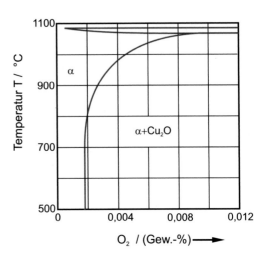

Die im flüssigen Kupfer gelöste Wasserstoffmenge m ist der Quadratwurzel aus dem
Druck p proportional:

$$m = k \cdot \sqrt{p} \qquad\qquad (7.2)$$

Allgemein wird angenommen, dass die H-Atome auf Zwischengitterplätzen sitzen.
Beim Abkühlen tritt eine sprunghafte Löslichkeitsänderung auf, wobei sich der Wasser-
stoff gasförmig ausscheidet. Dabei bilden sich Hohlräume, die die Dichte und damit die
Eigenschaften entsprechend Abb. 7.2 beeinflussen.

7.1.1.6 Weitere Beimengungen

Zu den weiteren unerwünschten Beimengungen des technisch reinen Kupfers zählen die
Elemente Bi, Pb, S, Se, Te und Sb. Auf diese Verunreinigungen ist es zurückzuführen, dass
normales Elektrolytkupfer ein ausgesprochenes Warmsprödigkeitsgebiet im Temperaturbereich zwischen 300 und 600 °C zeigt (Rotbrüchigkeit). Die Sprödigkeit äußert sich
durch interkristalline Einrisse im Gefüge. Mit steigender Reinheit des Kupfers nimmt die
Sprödigkeit ab.

Hauptanwendungsgebiet von technisch reinem Kupfer ist die Elektrotechnik (50 % des
Weltkupferverbrauchs). Dabei wird es hauptsächlich als Leiter eingesetzt.

7.1.2   Kupferlegierungen

Die Festigkeit von technischem Kupfer ist relativ gering (bis 440 MPa); sie kann jedoch
durch Legierungszusätze erheblich gesteigert werden. Die wichtigsten Legierungselemente sind: Zink, Zinn, Aluminium, Beryllium, Silber und Gold. Technisch wichtige Kupferlegierungen sind in Tab. 7.2 zusammengefasst.

Abb. 7.2 Verlauf der
Eigenschaften in Abhängigkeit
von Porosität bzw. Dichte

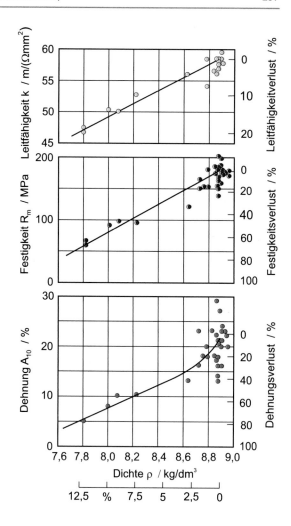

Tab. 7.2 Kupferlegierungen

Legierungsgruppe	Gebräuchliche Benennung	Kurzzeichen von Legierungsbeispielen
Cu-Zn-Legierungen	MessingSondermessing	CuZn37, CuZn38Pb, CuZn36Pb1 CuZn20Al, CuZn28Sn, CuZn40Al1
Cu-Sn-Legierungen	Zinnbronze	CuSn6, CuSn6Zn
Cu-Ni-Legierungen		CuNi5, CuNi30Fe
Cu-Al-Legierungen	Aluminiumbronze	CuAl8, CuAl8Fe

7.1.2.1 Kupfer-Zink-Legierungen

Kupfer-Zink-Legierungen mit einem Kupfergehalt größer als 50 Gew.-% werden Messinge genannt. Das Zustandsdiagramm Kupfer-Zink enthält eine Folge von 5 Peritektika, deren Umwandlungstemperaturen mit steigendem Zinkgehalt abfallen, Abb. 7.3. Weiterhin ist eine eutektoide Umwandlung bei 558 °C und 74 Gew.% Zn vorhanden.

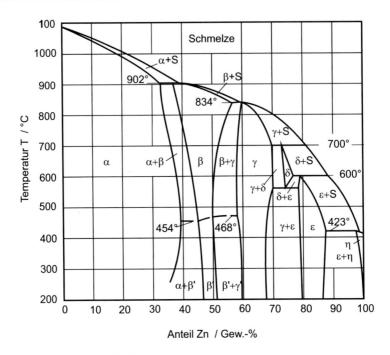

Abb. 7.3 Zustandsdiagramm Cu-Zn

Im festen Zustand treten 5 verschiedene Kristallarten (Phasen) auf:

- α-Phase: kfz wie Cu
- β-Phase: krz weist unterhalb 454–468 °C eine geordnete Verteilung von Cu- und Zn-Atomen auf den Gitterplätzen auf → β-Phase
- γ-Phase: komplex-kubisch mit 52 Atomen pro Elementarzelle
- δ-Phase: bei RT nicht beständig, kubische Elementarzelle
- ε-Phase: hexagonal dichtest gepackt
- η-Phase: hexagonal dichtest gepackt

Technische Kupfer-Zink-Legierungen haben einen Mindestgehalt von 50 Gew.-% Cu, wobei derzeit von den genormten Messingen CuZn 44 Pb 2 mit 54 Gew.-% Cu den kleinsten Cu-Gehalt aufweist. Die Eigenschaften von Messinglegierungen sind stark von der Gefügeausbildung abhängig. So lässt sich α-Messing gut kalt verformen, dagegen schlecht zerspanen. Bei β-Messing dagegen sind die Verhältnisse umgekehrt. Metallographisch unterscheiden sich α-Kristalle von β-Kristallen durch charakteristische Zwillingsstreifen in den α-Kristallen.

In Abb. 7.4 wird der Zusammenhang zwischen dem Kupfergehalt und den Festigkeitseigenschaften von Cu-Zn-Legierungen dargestellt.

Messing mit Zusätzen von Aluminium (bis rd. 7 %), Mangan (bis rd. 2,5 %), Nickel (bis rd. 4 %), Blei (bis rd. 2 %), Zinn (bis rd. 1,3 %) und Silizium (bis rd. 1,3 %) wurde

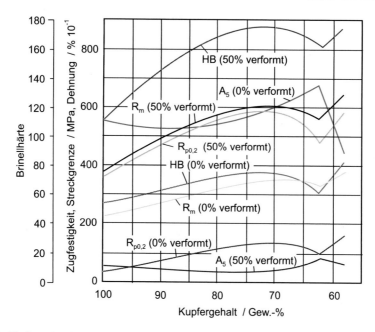

Abb. 7.4 Einfluss des Cu-Gehalts auf die Eigenschaften von Cu-Zn-Legierungen [Wie99]

früher als Sondermessing bezeichnet. Es zeichnet sich durch besondere Eigenschaften aus und wird für Spezialzwecke verwendet. Allerdings ist die Eignung zum Schweißen und teilweise auch zum Hart- und Weichlöten nur noch bedingt vorhanden. Im Allgemeinen weist Sondermessing bzw. Messing mit den oben genannten Legierungselementen gegenüber Normalmessing erhöhte Festigkeitskennwerte, höhere Warmfestigkeit und oft deutlich bessere Korrosionsbeständigkeit auf.

7.1.2.2 Kupfer-Zinn-Legierungen

Kupfer-Zinn-Legierungen werden als Bronzen bezeichnet, wenn sie aus mehr als 60 Gew.-% Kupfer und einem oder mehreren größeren Zusätzen anderer Metalle bestehen, wovon Zink ausgenommen und Zinn das Hauptlegierungselement ist. Neben dem α-Mischkristall sind β, δ ($Cu_{31}Sn_8$), γ und ε (Cu_3Sn) die wichtigsten Phasen, Abb. 7.5.

Der α-MK ist kubisch-flächenzentriert und löst bei Temperaturen zwischen 520 und 586 °C maximal 15,8 % Sn. In der Praxis ist jedoch die unvollständige Einstellung des Gleichgewichts stets zu berücksichtigen, die auf die Diffusionsträgheit des Zinns zurückzuführen ist. Danach ergibt sich der gestrichelt eingezeichnete Verlauf des α-Bereichs. Demnach weisen gegossene Zinnbronzen bis zu Zinngehalten zwischen 4 % bis 6 % homogene α-Mischkristalle auf, während bei höheren Zinngehalten ein Gefüge aus α-Phase und α −Phase und α + δ-Eutektoid vorliegt. Diese Gefügezustände lassen sich durch eine Glühbehandlung wieder beseitigen, ebenso die durch den beträchtlichen Erstarrungsbereich und die schon erwähnte geringe Diffusionsgeschwindigkeit des Zinns auftretende Kristallseigerung.

Abb. 7.5 Zustandsdiagramm
von Cu-Sn-Legierungen

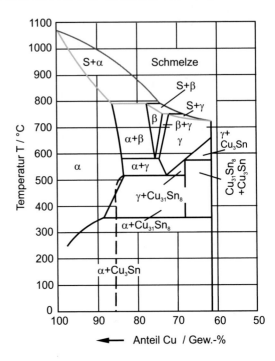

Der β-Mischkristall ist nur oberhalb 586 °C beständig und weist ähnlich wie das β-Messing ein kubisch-raumzentriert Gitter auf. Die δ-Phase weist eine Zusammensetzung entsprechend $Cu_{31}Sn_8$ auf. Sie besitzt eine kfz-Riesenelementarzelle mit einer Gitterkonstante von 1,79 nm. Es befinden sich $8 \cdot 52 = 416$ Atome in der Elementarzelle. Die δ-Phase ist sehr hart.

Der ε-MK (Cu_3Sn) enthält rd. 38,4 % Sn und besitzt eine orthorhombische Elementarzelle. Es ist zu beachten, dass dieser letzte Zerfall bei technischen Wärmebehandlungen nicht auftritt, so dass ein Gefüge mit δ- und α-Phase vorliegt.

Wie in Abb. 7.6 dargestellt, steigert Zinn die Härte und Festigkeit (bis 15 % Sn) des Kupfers, während die Bruchdehnung ab einem Zusatz von 5 % Sn stark abfällt. Zinnbronzen weisen eine ausgezeichnete Korrosionsbeständigkeit, hohe Härte und Festigkeit auf. Wegen ihrer mechanischen Verschleißfestigkeit finden sie vielseitige Verwendung im allgemeinen Maschinenbau.

7.1.2.3 Kupfer-Nickel-Legierungen

Kupfer und Nickel bilden in allen Legierungsverhältnissen vollständige Mischkristalle. Die Legierungen weisen einen guten Widerstand gegen Erosion, Kavitation und Korrosion auf. Sie sind schweißbar. Die Eigenschaften sind stark vom Ni-Anteil abhängig. Die Festigkeitswerte steigen mit zunehmendem Ni-Gehalt, während die Bruchdehnung abnimmt, Abb. 7.7.

Abb. 7.6 Abhängigkeit mechanischer Eigenschaften von Cu-Sn-Legierungen vom Sn-Gehalt

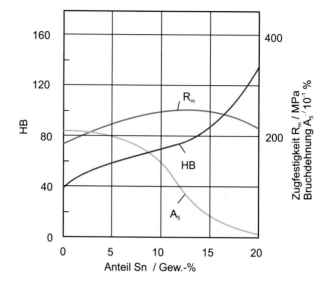

Abb. 7.7 Abhängigkeit mechanischer Eigenschaften von Cu-Ni-Legierungen

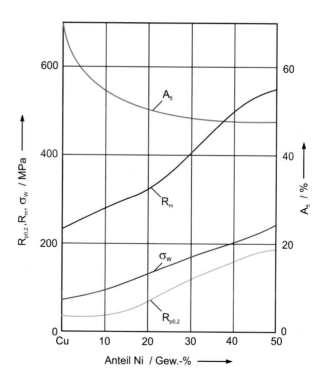

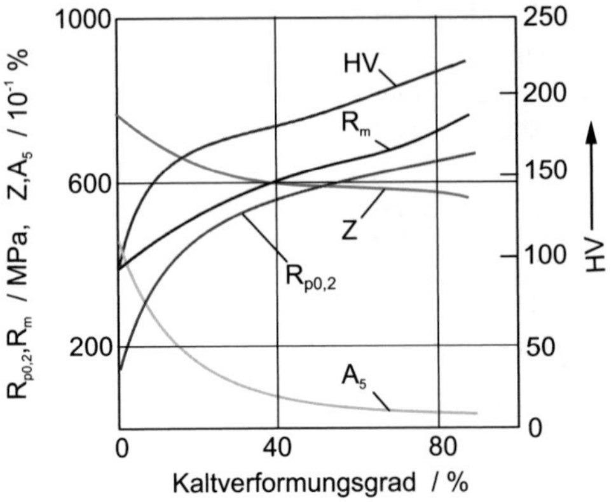

Abb. 7.8 Abhängigkeit
mechanischer Eigenschaften
vom Kaltverformungsgrad
(Cu-Ni-Legierungen)
nach [Wie99]

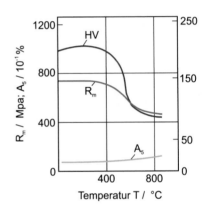

Abb. 7.9 Abhängigkeit
mechanischer Eigenschaften
von der Glühtemperatur
(Cu-Ni-Blech 60 %
kaltverformt, 1h geglüht)

Durch Kaltverformung lassen sich Werte bis zu 700 MPa bei 7 % Bruchdehnung erzielen, Abb. 7.8. Durch eine Glühbehandlung können die ursprünglichen Eigenschaften wiederhergestellt werden. Abb. 7.9 macht den Einfluss der Glühtemperatur auf die mechanischen Eigenschaften deutlich.

7.1.2.4 Kupfer-Zink-Nickel-Legierungen

Durch Zulegieren von Nickel in Kupfer-Zink-Legierungen erweitert sich das α-Gebiet, Abb. 7.10. In der technisch interessanten Kupferecke bilden sich wie beim System Kupfer-Zink ähnliche Phasen: α; β' und γ. Die technisch verwendeten Cu-Zn-Ni-Legierungen, die unter dem Begriff Alpacca eingeführt sind, enthalten 47 bis 65 % Cu, 25 bis 12 % Ni, der Rest ist Zn. Im Gusszustand bestehen diese Legierungen aus ternären, stark geseigerten α-Mischkristallen.

Durch Glühen lässt sich das Gefüge in einen homogenen Zustand überführen. Die Zugfestigkeit beträgt rd. 400 MPa bei 40 % Bruchdehnung.

Abb. 7.10 Dreistoffsystem
Cu-Zn-Ni

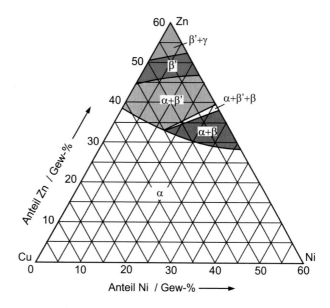

7.1.2.5 Kupfer-Aluminium-Legierungen

Die Bezeichnung Aluminiumbronze für Cu-Al-Legierungen wird nicht mehr angewandt. Bei den Kupfer-Aluminium-Legierungen ist das Hauptlegierungselement Kupfer; Al wird bis zu etwa 15 % zulegiert. Hauptsächlich treten die Phasen α (bis 9,4 % Al), β (10 bis 15 % Al) und γ auf. Die α-Phase hat eine kubisch-flächenzentrierte Struktur. Dabei ändert sich der Gitterparameter mit dem Al-Gehalt. Die β-Phase weist ein krz-Gitter mit einem Gitterparameter a = 0,205 nm bei 600 °C auf. Die γ-Phase teilt sich in die intermetallischen Verbindungen γ_1 und γ_2 auf, a beträgt in diesem Fall 0,8704 nm. Abb. 7.11 zeigt das entsprechende Zustandsdiagramm.

Mit zunehmender Temperatur tritt eine Abnahme der Löslichkeit von Al in Cu auf. Zusammen mit der eutektoiden Umwandlung bei 565 °C ($\beta \rightarrow \alpha + \gamma_2$) werden durch die damit verbundenen Eigenschaftsänderungen technisch verwertbare Wärmebehandlungen möglich, wie Homogenisieren, Abschrecken, Abschrecken und Anlassen, Weichglühen, Stabilisieren. Die Abhängigkeit der Eigenschaften vom Al-Gehalt ist im Abb. 7.12 dargestellt.

Die Verfestigungsfähigkeit durch Kaltverformung nimmt im α-Bereich mit steigendem Al-Gehalt zu. Das Verfestigungsverhalten ist insbesondere bei Legierungen mit 8 bis 10 % Al von den Verarbeitungsbedingungen (Abkühlen) abhängig. Je nach Querschnittsgröße können sich infolge unterschiedlicher Abkühlungsgeschwindigkeiten verschiedenartige Gefügezustände ausbilden. Durch Kaltverformung kann die Zugfestigkeit bis auf Werte von mindestens 850 MPa gesteigert werden.

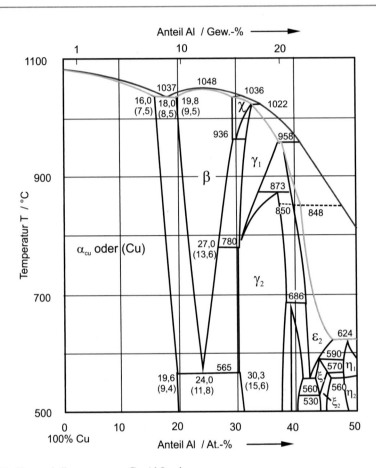

Abb. 7.11 Zustandsdiagramm von Cu-Al-Legierungen

7.1.2.6 Weitere Kupfer-Legierungen

Weitere Kupferlegierungen mit technischer Bedeutung:

- Kupfer-Mangan: Widerstandswerkstoff, Widerstand nahezu temperaturunabhängig; Verwendung auch als Gusswerkstoff
- Kupfer-Silizium: gute Gießbarkeit und Korrosionsbeständigkeit

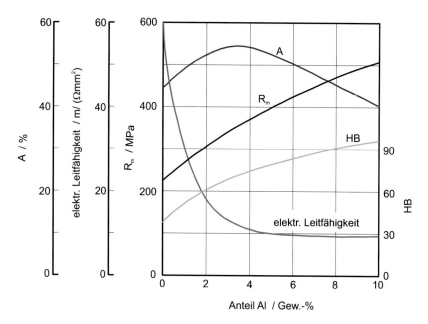

Abb. 7.12 Abhängigkeit der Eigenschaften CuAl-Legierungen vom Al-Gehalt [Guy76]

7.2   Aluminium und Aluminiumlegierungen

7.2.1   Aluminium

Aluminium ist nach Sauerstoff und Silizium das dritthäufigste chemische Element der Erdkruste. In der Natur liegt Aluminium jedoch nur chemisch gebunden in Form von Oxiden und Mischoxiden vor. Der wichtigste Rohstoff zur Aluminiumgewinnung ist Bauxit. Bauxiterz enthält 55 bis 65 % Al_2O_3, bis 8 % SiO_2, bis 28 % Fe_2O_3, 12 bis 30 % Hydratwasser H_2O, ferner kleinere Mengen TiO_2. Hauptlagerstätten des im Tagebau abgebauten Minerals liegen in Australien, Chile, Südamerika, Westafrika und Indien.

7.2.1.1 Herstellung

Aluminium wurde als Metall erst in der ersten Hälfte und als technischer Werkstoff in der zweiten Hälfte des 19. Jahrhunderts bekannt. Hierfür gibt es zwei Gründe:

Das in der Natur vorkommende Al_2O_3 zählt zu den stabilsten chemischen Verbindungen. Seine Reduktion erfordert einen sehr großen Energieaufwand. Die notwendigen Prozesse wurden erst im 19. Jahrhundert entwickelt.

Die in der Natur vorkommenden Rohstoffe zur Al-Gewinnung enthalten Beimengungen von leichter als Aluminium zu reduzierenden Elementen. Diese können nicht mit einer oxidierenden Raffination entfernt werden und führen zu starken Verunreinigungen des Aluminiums, so dass der Werkstoff unbrauchbar ist.

7.2.1.2 Reinaluminium

Der erste Schritt der Aluminiumgewinnung ist die Isolierung des reinen Aluminiumoxids. Zunächst wird der Bauxit von Fremdstoffen befreit, im Steinbrecher zerkleinert, im Drehofen getrocknet, fein gemahlen, anschließend unter Dampfzusatz mit heißer 50 %-iger Natronlauge (NaOH) in Mischern verrührt und 2–3 h bei 150–180 °C und 6 bis 8 bar im Autoklaven aufgeschlossen. Dabei entsteht Natriumaluminat (NaAlO$_2$):

$$Al(OH)_3 + NaOH \Leftrightarrow NaAlO_2 + 2H_2O$$

Natriumaluminat ist wasserlöslich und kann von unlöslichen Rückständen, bestehend aus Eisenoxid, Kieselsäure und Titanoxid durch Filtrieren getrennt werden. Diese Rückstände werden als Rotschlamm bezeichnet. Natriumaluminat ist nicht beständig. Es zerfällt in Natronlauge und Aluminiumhydroxid Al(OH)$_3$, welches im Drehofen bei 1300 °C zu reinem Aluminiumoxid entwässert wird.

$$2Al(OH)_3 \rightarrow Al_2O_3 + 3H_2O$$

Die Reduktion von Al$_2$O$_3$ erfolgt mit Hilfe der Schmelzfluss-Elektrolyse. Als Elektrolyt wird ein Gemisch aus Kryolith (Na$_3$[AlF$_6$]), Flussspat und Aluminiumoxid verwendet. Auf diese Weise wird der Schmelzpunkt des Aluminiumoxids von 2050 °C auf 950–1000 °C verringert. Elektrolysiert wird in einem im Bodenbereich mit Kohlesteine ausgekleideten Ofen. Die Kohlesteine dienen gleichzeitig als Kathode. Die Anoden, ebenfalls aus Kohle, werden in den Elektrolyt hineingetaucht.

An der Kathode scheidet sich Reinaluminium (99,0 bis 99,9 %) ab und an der Anode bildet sich Sauerstoff. Diese Sauerstoffentwicklung sorgt für eine gute Durchmischung des Bades im Bereich der Elektroden und erhöht damit die Abscheidegeschwindigkeit. Der Sauerstoff verbrennt jedoch mit dem Kohlenstoff der Anode zu CO$_2$ und führt zu einem stärkeren Verschleiß der Anoden. Das flüssige Aluminium sammelt sich am Boden unter dem leichteren Elektrolyten, der an der Oberfläche eine Kruste bildet und somit gegen die Atmosphäre und vor zu hohem Wärmeverlust schützt. Zur Beschickung oder zum Absaugen des Aluminiums muss diese Kruste durchstoßen werden. Zur Herstellung von 1 t Aluminium werden 4 t Bauxit, 0,4 bis 0,8 t Anodenkohle und elektrische Energie von 13.000 bis 16.000 kWh benötigt.

7.2.1.3 Reinstaluminium

Für verschiedene Verwendungszwecke, z. B. für eine sehr gute chemische Beständigkeit benötigt man Aluminium mit besonders hohem Reinheitsgrad (Reinstaluminium). Dies kann mit Hilfe der Dreischicht-Elektrolyse gewonnen werden. Das Elektrolysebad besteht aus drei verschiedenen Schmelzen, deren Dichten so abgestimmt sind, dass sie sich scharf voneinander trennen. Die Anode ist aus Kohlenstoff, auf ihr sammelt sich das sogenannte Anodenmaterial: eine Al-Legierung mit 30 % Al und einer Dichte von 2,9 kg/dm³. Über dem Anodenmaterial befindet sich der Elektrolyt. Er besteht aus verschiedenen Fluoriden (NaF, AlF₃, CaF₂, BaF₂). Er weist bei der Prozesstemperatur von etwa 1000 °C eine Dichte von 2,5 kg/dm³ auf. Darüber sammelt sich das kathodisch abgeschiedene Reinstaluminium (99,995 bis 99,999 % Al) mit einer Dichte von 2,3 kg/dm³ bei 1000 °C. Die Festigkeitswerte von Reinstaluminium sind mit $R_{p0,2}$ = 17 MPa und R_m = 55 MPa sehr niedrig.

7.2.1.4 Eigenschaften
Aluminium weist eine kubischflächenzentrierte Elementarzellenstruktur auf und eine Schmelztemperatur von T_S = 660 °C. Der Werkstoff Aluminium hat wegen einer Reihe von vorteilhaften Eigenschaften eine besondere Bedeutung auf vielen Gebieten der Technik erlangt. Diese Eigenschaften, die Aluminium in vielen Fällen zu einem geeigneten und wirtschaftlichen Werkstoff machen, sind vor allem:

Geringe Dichte
Die Dichte beträgt mit 2,6 bis 2,8 kg/dm³ (je nach Legierung) etwa ein Drittel der Dichte von Stahl. Aus der niedrigen Dichte in Kombination mit einer aluminiumgerechten Konstruktion ergeben sich wesentliche Masseverringerungen, die vor allem bei mobilen Konstruktionen wie Luft-, Land-, Wasserfahrzeugen und Fördermitteln von Vorteil sind. Die mögliche Herabsetzung von Massenkräften führt zur Energieeinsparung und zu günstigen Betriebskosten.

Günstige Festigkeitseigenschaften
Für die verschiedenartigsten Anwendungen stehen genormte Aluminiumwerkstoffe mit optimalen Festigkeitseigenschaften (Mindestzugfestigkeiten von etwa 60 bis über 600 MPa) zur Verfügung.

Gute chemische, Witterungs- und Seewasserbeständigkeit
Rein- und Reinstaluminium und die kupferfreien Legierungen sind gegen sehr viele Medien beständig. Kupferfreie Aluminiumwerkstoffe werden deshalb in großem Umfang im Bauwesen, in der chemischen Industrie, der Nahrungs- und Genussmittelindustrie, im Fahrzeugbau, im Schiffsbau und auf anderen Gebieten verwendet. Bei Beanspruchung durch Seewasser und Seeluft oder leicht alkalische Medien haben sich AlMg- und AlMgMn-Werkstoffe hervorragend bewährt. Durch zusätzlichen Oberflächenschutz kann die Beständigkeit weiter verbessert werden.

Gute Umformbarkeit
Die vorzügliche Umformbarkeit ermöglicht die Herstellung von Profilen und Rohren mit nahezu beliebig komplizierten Querschnittsformen durch Strangpressen. Aber auch mit fast allen anderen üblichen Verfahren des Kalt- und Warmumformens lassen sich Halbzeuge und Formteile aus Aluminiumwerkstoffen herstellen.

Gute Zerspanbarkeit
Aluminiumwerkstoffe sind gut zerspanbar, besonders die speziellen Automatenwerkstoffe.

Gute Eignung für Verbindungsarbeiten
Alle üblichen Verfahren zum Stoffverbinden sind bei Aluminiumwerkstoffen anwendbar. Schmelzschweißen erfolgt meist mit Schutzgasschweißverfahren, Kleb- und Klemmverbindungen sind ebenfalls wichtige Verbindungsverfahren.

Hohe elektrische Leitfähigkeit
Alle Aluminiumwerkstoffe weisen eine hohe elektrische Leitfähigkeit auf; diese liegt am höchsten bei Reinst- und Reinaluminium mit etwa 38 bis etwa 34 m/ $(\Omega \, mm^2)$. Für elektrische Leiter werden Reinaluminium und AlMgSi-Werkstoffe in großem Umfang verwendet.

Hohe Wärmeleitfähigkeit
Die Wärmeleitfähigkeit genormter Aluminiumwerkstoffe liegt im Bereich von 80 bis 230 W/(mK). Die gute Wärmeleitfähigkeit wird z. B. bei Kolben, Zylindern und Zylinderköpfen für Verbrennungsmotoren und Verdichter sowie bei Wärmetauschern aller Art für viele Anwendungsgebiete vorteilhaft ausgenutzt.

Die relevanten Parameter sind nachfolgend für Reinstaluminium zusammengestellt:
E-Modul = 67.000 MPa, Querdehnungszahl $\mu = 0{,}35$, mittlerer linearer Wärmeausdehnungskoeffizient zwischen 20 und 200 °C $\alpha = 24{,}5 \times 10^{-6} 1/K$.

Sonstige Eigenschaften
Aluminium weist eine gute Oberflächenbehandelbarkeit sowie im metallblanken Zustand gute optische Eigenschaften mit hohem Reflexionsvermögen auf.

7.2.2 Legierungen

Aufgrund der geringen Festigkeit wird Rein- und Reinstaluminium hauptsächlich wegen seiner chemischen und physikalischen Eigenschaften eingesetzt. Als Strukturwerkstoffe werden hingegen aufgrund der deutlich höheren Festigkeiten fast ausschließlich Aluminiumlegierungen verwendet. Aluminiumlegierungen finden als Guss- und Knetwerkstoffe (Strangpressen, Walzen) Verwendung.

Die wichtigsten Legierungselemente und deren Eigenschaften im Aluminium sind in Tab. 7.3 aufgelistet.

Auch weitere Legierungselemente wie B, Fe, Cr, Ni, Ti, V und Zr werden zur Verbesserung der Eigenschaften zulegiert. Die Legierungen lassen sich in aushärtbare und nichtaushärtbare Legierungen unterteilen.

Tab. 7.3 Wichtige Legierungselemente

Legierungselement	Gew. %	Eigenschaften
Kupfer (Cu)	meist bis ca. 5 %	Verbesserung der Festigkeit durch Ausscheidungshärtung; Verschlechterung der Korrosionseigenschaften
Mangan (Mn)	meist bis ca. 1,5 %	Verbesserung der Umformbarkeit, Warmfestigkeit und Korrosionsbeständigkeit
Silizium (Si)	meist bis ca. 13 %	Verbesserung der Gießbarkeit, Erhöhung der Rekristallisationstemperatur
Magnesium (Mg)	meist bis ca. 10 %	Mischkristallverfestigung, zusammen mit Si ausscheidungshärtend
Zink (Zn)	meist bis ca. 8 %	zusammen mit Magnesium hohe Festigkeiten durch Ausscheidungshärtung
Lithium (Li)	meist bis ca. 2,5 %	Verringerung des spezifischen Gewichts (bis ca. 15 %)

7.2.2.1 Aushärtbare Aluminiumlegierungen

Nimmt die Löslichkeit von Legierungselementen im Aluminium mit sinkender Temperatur stark ab, so ist die wichtigste Voraussetzung für eine Ausscheidungshärtung erfüllt, siehe auch Abschn. 3.5.1. Die wichtigsten Legierungssysteme sind hier Al-Cu, Al-Mg-Si und Al-Zn-Mg. Der Aushärtungsvorgang erfolgt in drei Schritten:

1. **Lösungsglühen** bei einer Temperatur, bei der die für die Ausscheidungen relevanten Legierungselemente in Lösung gehen (legierungsabhängig meist 470 bis 560 °C). Halten der Temperatur bis die Legierungselemente im Al-Mischkristall gelöst sind.
2. **Abschrecken** auf Raumtemperatur. Durch eine erhöhte Abkühlgeschwindigkeit wird Diffusion weitgehend unterbunden und es bilden sich keine Ausscheidungen – es entsteht ein übersättigter Mischkristall. Meist wird in Wasser abgeschreckt – selten reicht die Abkühlung an Luft aus.
3. **Auslagern**, sodass sich im Korninnern feinverteilte Ausscheidungen bilden, die die Versetzungsbewegung wirksam behindern und so zu einer effektiven Festigkeitssteigerung führen. Man unterscheidet in „Kaltauslagern" meist bei Raumtemperatur oder leicht erhöhter Temperaturen (bis ca. 100 °C) und in „Warmauslagern" (ca. 100–250 °C).

Beispielhaft werden diese Vorgänge in Abschn. 7.2.2.3 am System Al-Cu näher erläutert.

7.2.2.2 Nichtaushärtbare Aluminiumlegierungen

Die nichtaushärtbaren Aluminiumlegierungen werden auch als naturhart bezeichnet. Die mittlere Festigkeit dieser Legierungen beruht vorwiegend auf einer Mischkristallverfestigung, aber auch Ausscheidungen und Kornverfeinerung tragen in begrenztem Umfang zur Festigkeit bei. Eine Steigerung der Festigkeit im festen Zustand ist nur durch Kaltverformung erreichbar.

7.2.2.3 Aluminiumknetwerkstoffe

Die einzelnen Aluminiumknetlegierungen werden meist mit einem Nummernsystem nach DIN EN 573-1 bezeichnet, Abb. 7.13. Auch die Bezeichnung auf Basis der chemischen Symbole nach EN 573-2 ist üblich.

Die numerische Werkstoffbezeichnung nach DIN EN 573-1 beginnt mit den Buchstaben EN. EN bedeutet, dass der Werkstoff europäisch genormt ist. Abgesetzt durch ein Leerzeichen folgt AW, wobei das A für Aluminium bzw. Aluminiumlegierung und das W für ‚Wrought' also für einen Knetwerkstoff steht. Auf einen Bindestrich folgt eine vierstellige Nummer. Die erste Ziffer bezeichnet die Legierungsgruppe bzw. -serie, Tab. 7.4, und weist auf die Hauptlegierungselemente hin. Die zweite Ziffer sagt aus, ob es sich um die ursprüngliche Legierung oder eine Abwandlung handelt.

Bei Reinaluminium, Serie 1 geben die letzten beiden Ziffern den Reinheitsgrad an. EN AW-1050 bedeutet z. B. Reinaluminium mit 99,50 % Al. Bei den Serien 2 bis 9 haben die letzten beiden Ziffern keine ausgewiesene Bedeutung und bezeichnen eine spezielle Legierungszusammensetzung.

An die Bezeichnung kann noch ein Suffix angehängt werden, das beispielsweise den Wärmebehandlungszustand bezeichnet, Tab. 7.5

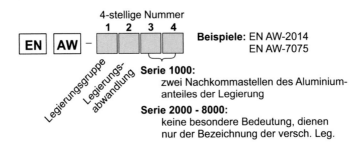

Abb. 7.13 Numerisches Bezeichnungssystem für Aluminiumknetwerkstoffe nach DIN EN 573-1

Tab. 7.4 Legierungsserien nach DIN EN 573-1

Serie	Legierungssystem	Aushärtbarkeit
1xxx	Reinaluminium (Al > 99 %)	nicht aushärtbar
2xxx	Al-Cu	aushärtbar
3xxx	Al-Mn	nicht aushärtbar
4xxx	Al-Si	nicht aushärtbar
5xxx	Al-Mg	nicht aushärtbar
6xxx	Al-Mg-Si	aushärtbar
7xxx	Al-Zn-Mg	aushärtbar
8xxx	sonstige Elemente	nicht aushärtbar
9xxx	nicht verwendete Serie	-

Tab. 7.5 Suffix zur Wärmebehandlung nach DIN EN 515-2017

Suffix	Wärmebehandlung
-T1	abgekühlt* von der erhöhten Temperatur eines Umformverfahrens und kaltausgelagert
-T2	abgekühlt* von der erhöhten Temperatur eines Umformverfahrens, kaltumgeformt und kaltausgelagert
-T3	lösungsgeglüht, abgeschreckt, kaltumgeformt und kaltausgelagert
-T4	lösungsgeglüht, abgeschreckt und kaltausgelagert
-T5	abgekühlt* von der erhöhten Temperatur eines Umformverfahrens und warmausgelagert
-T6	lösungsgeglüht, abgeschreckt und warmausgelagert
-T7	lösungsgeglüht, abgeschreckt und überaltert/stabilisiert
-T8	lösungsgeglüht, abgeschreckt, kaltverformt und warmausgelagert
-T9	lösungsgeglüht, abgeschreckt, warmausgelagert und kaltumgeformt

*abgekühlt von der erhöhten Temperatur eines Umformverfahrens mit einer Abkühlgeschwindigkeit die schnell genug ist, um die Bestandteile in der übersättigten Lösung zu halten.

Abb. 7.14 Zweistoffsystem Al-Cu

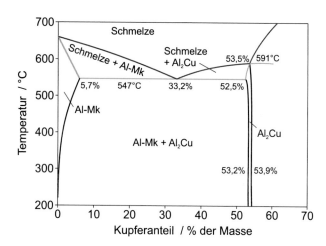

7.2.2.3.1 Al-Cu-Legierungssysteme

Aluminiumlegierungen mit Kupfer als Hauptlegierungselement bilden die 2xxx-Gruppe. Die Legierungen sind kalt- und/oder warmaushärtbar. Gebräuchliche Legierungen enthalten zwischen 2 und 5 % Kupfer. Die Legierungen haben im ausgehärteten Zustand eine hohe Festigkeit. Kupfer macht die Legierungen aber auch anfällig für Korrosion (z. B. Lochfraß und Spannungsrisskorrosion), was den Einsatz einschränkt.

Grund für die gute Aushärtbarkeit im festen Zustand ist die abnehmende Löslichkeit des Kupfers in Aluminium, siehe Abb. 7.14. Während die maximale Löslichkeit von Kupfer bei 548 °C 5,7 % beträgt, nimmt sie bis Raumtemperatur auf nahezu Null ab.

Die Aushärtung erfolgt wie in Abschn. 7.2.2.1 beschrieben in 3 Schritten:

Lösungsglühen: Die Legierungen werden auf eine Temperatur erwärmt, bei der das vorhandene Kupfer vollständig im Aluminium gelöst wird. Die Lösungsglühtemperatur ist vom Kupfergehalt abhängig und beträgt beispielsweise bei EN AW-2014 (Al-Cu4SiMg) 495 °C.

Abschrecken: Die Legierungen werden meist in Wasser abgeschreckt, sodass das Kupfer in Lösung bleibt. Es entsteht ein übersättigter Cu-Mischkristall.

Auslagern: Es wird zwischen Warm- und Kaltauslagern unterschieden. Beim Kaltauslagern bilden sich zuerst sogenannte Cluster aus dem übersättigten Mischkristall, Abb. 7.15 und 7.16. Bei den Clustern handelt es sich um wolkenförmige Anhäufungen der Legierungsatome im Aluminiummischkristall ohne eine erkennbare regelmäßige (kristalline) Struktur. Aus den Clustern bilden sich mit zunehmender Auslagerungszeit kohärente

Abb. 7.15 Schematischer Ablauf der Kaltaushärtung bei Al-Cu Legierungen

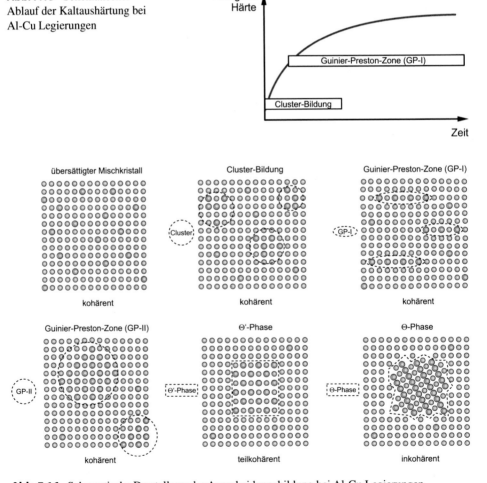

Abb. 7.16 Schematische Darstellung der Ausscheidungsbildung bei Al-Cu Legierungen

Abb. 7.17 Schematischer
Ablauf der Warmaushärtung
bei AL-Cu Legierungen

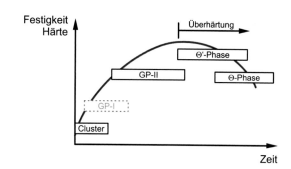

GP(I)-Zonen (nach ihren Entdeckern Guinier und Preston benannt). Die GP(I)-Zonen sind plättchenförmige Ausscheidungen, die nur eine Atomlage dick sind und einen Durchmesser von wenigen Nanometern aufweisen. Der Kaltaushärteprozess ist meist nach ca. 100 Stunden weitgehend abgeschlossen. Eine Härtesteigerung kann aber legierungsabhängig auch noch nach Monaten beobachtet werden.

Beim Warmauslagern entstehen aus Fremdatomclustern meist direkt GP(II)-Zonen, Abb. 7.17. Bei den GP(II)-Zonen handelt es sich um kohärente Ausscheidungen, die mehrere Atomlagen dick sind und einen Durchmesser in der Größenordnung von 20 nm haben. Mit zunehmender Auslagerungszeit oder bei höheren Temperaturen bilden sich aus den GP(II)-Zonen die teilkohärenten ebenfalls plättchenförmigen θ'-Ausscheidungen. Die Plättchen der θ'-Phasen sind nur geringfügig dicker als die der GP(II)-Zonen. Der Durchmesser liegt aber in der Größenordnung von 200 nm, wodurch die Teilkohärenz begründet ist. Mit der Bildung der θ'-Phasen nimmt die Festigkeit bedingt durch die abnehmende Kohärenz weiter ab. Bei langen Zeiten und hohen Temperaturen bilden sich θ-Ausscheidungen. Bei den θ-Ausscheidungen handelt es sich um die Gleichgewichtsphase Al_2Cu. Die globularen Ausscheidungen sind inkohärent zum Aluminiumgitter und wesentlich größer als die θ'-Ausscheidungen. Die Festigkeit geht weiter zurück.

Die Bildung der einzelnen Phasen ist stark von Temperatur und Zeit abhängig und in der Regel überlappend.

Reine Al-Cu-Legierungen werden in der Praxis kaum verwendet. Meist werden Mg, Si und Mn zulegiert, um die Festigkeit und Warmfestigkeit zu verbessern bzw. um die Warmauslagerungszeiten zu verkürzen. Die Legierung EN AW-2014 (ISO: Al Cu4SiMg) hat beispielsweise im weichen Zustand eine Streckgrenze von 85 MPa, nach einer Kaltauslagerung (T4 Zustand) von 275 MPa oder alternativ nach einer Warmauslagerung (T6 Zustand) von 425 MPa. Die Bruchdehnung geht dabei von 20 % auf 12 % zurück, siehe auch Tab. 7.6.

Anwendung finden die 2xxx-Legierungen für hochfeste Teile im Flug- und Fahrzeugbau.

7.2.2.3.2 Al-Mn-Legierungssysteme

Die Aluminiumlegierungen mit Mangan als Hauptlegierungselement werden in der 3xxx-Serie zusammengefasst und gehören zu den naturharten Legierungen. Sie sind gut umformbar und weisen eine gute Korrosionsbeständigkeit unter normalen Umgebungsbe-

Tab. 7.6 Typische Kennwerte von Aluminiumknetlegierungen in Anlehnung an [Ost14]

Werkstoffbez. DIN EN 573-1		Zustand	Streckgrenze $R_{p0,2}$ / MPa	Zugfestigkeit R_m / MPa	Bruchdehnung A_5 / %
EN AW-2014	AlCu4SiMg	weich	85	190	20
EN AW-2014	AlCu4SiMg	kaltausgelagert	275	430	18
EN AW-2014	AlCu4SiMg	warmausgelagert	425	485	12
EN AW-3004	AlMn1Mg1	weich	80	170	20
EN AW-3004	AlMn1Mg1	extrahart	255	285	2
EN AW-4015	AlSi2Mn	weich	60	130	24 (A_{50})
EN AW-5086	AlMg4	weich	115	275	24
EN AW-5086	AlMg4	hart	305	360	9
EN AW-6061	AlMg1SiCu	weich	55	125	27
EN AW-6061	AlMg1SiCu	kaltausgelagert	140	235	21
EN AW-6061	AlMg1SiCu	warmausgelagert	270	310	14
EN AW-7075	AlZn5,5MgCu	weich	105	255	17 (A_{50})
EN AW-7075	AlZn5,5MgCu	warmausgelagert	505	570	10

dingungen auf. Der Mangangehalt beträgt bei den gängigen Legierungen zwischen 0,4 und 1,5 %. Das Mangan bildet zusammen mit dem Aluminium die intermetallische Verbindung Al_6Mn. Al_6Mn ist jedoch inkohärent zum Aluminium und führt zu einer nur geringen Festigkeitssteigerung. Oft werden noch kleinere Mengen an Magnesium zulegiert, das mit dem Aluminium Mischkristalle bildet. Die Festigkeit der Legierungen beruht hauptsächlich auf Kaltverfestigung. Beispielsweise beträgt die Streckgrenze der Legierung EN AW-3004 (ALMn1Mg1) im weichgeglühten Zustand 80 MPa und steigt während der Kaltverfestigung auf bis zu 255 MPa an, während die Bruchdehnung von 20 % auf 2 % zurückgeht, siehe auch Tab. 7.6.

Die Legierungen werden beispielsweise für Getränkedosen, Vorrattanks und Wärmetauscher eingesetzt.

7.2.2.3.3 Al-Si-Legierungssysteme
Aluminium-Silizium 4xxx-Legierungen gehören zu den naturharten Legierungen. Größere Beimengungen von Silizium führen zu einer starken Abnahme der plastischen Verformbarkeit.

Bauteile aus Knetlegierungen der 4xxx-Gruppe als Werkstoff sind vergleichsweise wenig verbreitet. Die Legierungen finden hauptsächlich als Hartlote und Schweißzusatzwerkstoffe Anwendung.

7.2.2.3.4 Al-Mg-Legierungssysteme
Bei den 5xxx-Legierungen ist Magnesium das Hauptlegierungselement. Die Legierungen sind naturhart. Sie besitzen eine höhere Festigkeit als die ebenfalls naturharten 3xxx-Legierungen und sind ebenso gut umformbar. Hervorzuheben ist die gute Korrosionsbeständigkeit speziell gegenüber Meerwasser. Typische Legierungsanteile von Magnesium liegen zwischen 1 % bis über 6 %. Magnesium führt in der Regel zu stabilen übersättigten

Mischkristallen. Bei hohen Magnesiumgehalten und erhöhten Einsatztemperaturen kann sich auf den Korngrenzen die intermetallische Phase Al_8Mg_5 bilden, welche die Korrosionsbeständigkeit verschlechtert. Weitere wichtige Legierungselemente sind Chrom und Mangan. Sie dienen neben einer gewissen Festigkeitssteigerung auch der Steuerung der Al_8Mg_5-Entstehung. Wie bei den 3xxx Legierungen spielt auch bei den 5xxx-Legierungen die Kaltverfestigung eine wichtige Rolle. Beispielsweise hat die Legierung EN AW-5086 im weichgeglühten Zustand eine Streckgrenze von 115 MPa, die durch eine Kaltverformung auf über 300 MPa ansteigen kann. Die Bruchdehnung geht dabei von 24 % auf 9 % zurück.

Die Legierungen kommen häufig im Schiffsbau, im Behälterbau und bei Tieftemperaturanwendungen zum Einsatz.

7.2.2.3.5 Al-Mg-Si-Legierungssysteme

In der 6xxx-Serie sind aushärtbare Legierungen auf der Basis von Aluminium mit den Hauptlegierungselementen Magnesium und Silizium zusammengefasst. Bei vielen Legierungen beträgt der Gehalt von Mg und Si zusammen zwischen 0,5 % und 2,5 %. Die Aushärtung erfolgt über die Vorstadien der intermetallischen Phase Mg_2Si. Die 6xxx-Legierungen werden sowohl kalt- als auch warmausgelagert. Typische weitere Legierungselemente sind Cu zur Steigerung der Festigkeit sowie Mn und Cr zur Verbesserung der Warmfestigkeit.

Die Legierungen haben im Vergleich zur 2xxx- und 7xxx-Serie eine niedrigere Festigkeit. Die Streckgrenze der gebräuchlichen Legierungen im T6 liegt meist deutlich unter 300 MPa. Verformbarkeit und die Korrosionsbeständigkeit sind gut. Die Legierung EN AW-6061(AlMg1SiCu) besitzt z. B. im weichen Zustand eine Streckgrenze von nur 55 MPa bei einer Bruchdehnung von 27 %. Durch Kaltauslagern steigt die Streckgrenze auf 140 MPa an. Wird warmausgelagert (z. B. 170 °C 10 h), so wird eine Streckgrenze von 270 MPa erreicht, wobei die Bruchdehnung auf 14 % zurückgeht.

Die Legierungen der 6xxx-Serie werden häufig im Fahrzeugbau, aber vereinzelt auch im Flugzeugbau eingesetzt.

7.2.2.3.6 Al-Zn-Mg-Legierungssysteme

Die häufig im Flugzeugbau verwendeten 7xxx-Legierungen auf Basis der Hauptlegierungselemente Zink und Magnesium gehören zu den aushärtbaren Legierungen. Der übliche Zinkanteil liegt zwischen 4 und 8 %, der Magnesiumanteil zwischen 0,5 und 3 %. Typische weitere Legierungselemente sind Cu zur Steigerung der Festigkeit und Cr zur Steuerung der Korngröße.

Allein durch Zink ist eine Ausscheidungshärtung nicht möglich, da die Löslichkeit von Zn im Aluminium beispielsweise bei 270 °C noch über 30 % beträgt. Die Löslichkeit des Zinks im Aluminium wird aber nun durch das Magnesium stark eingeschränkt, was eine Ausscheidungshärtung ermöglicht. Typische Lösungsglühtemperaturen liegen im Bereich von 470 °C. Die 7xxx-Legierungen werden überwiegend im warmausgehärteten Zustand verwendet, da die Auslagerungszeiten für eine sinnvolle Kaltaushärtung viele Monate betragen können. Die Warmaushärtung wird oft in zwei Stufen bei unterschiedlichen Glüht-emperaturen im Bereich zwischen 110–180 °C durchgeführt.

Die 7xxx-Legierungen erreichen höchste Festigkeiten, sind aber meist korrosionsemp-findlich. Die Legierung EN AW-7075 (AlZn5,5MgCu) erreicht im warmausgehärteten Zustand eine Streckgrenze von 505 MPa bei 10 % Bruchdehnung.

Die Legierungen finden hauptsächlich in der Luft- und Raumfahrt Anwendung. Ebenso finden sich Anwendungen bei hochfesten Teilen in der Fahrzeugindustrie und in Sportgeräten.

7.2.2.4 Aluminiumgusswerkstoffe

Auch Aluminiumgusslegierungen können mit einem Ziffernsystem, das auf der Legie-rungszusammensetzung beruht, beschrieben werden, DIN EN 1780-1, Abb. 7.18. Zu Beginn steht wie bei den Knetlegierungen ein EN für genormte Legierung. Danach folgt durch ein Leerzeichen getrennt ein AC. Das A verweist auf Aluminiumlegierung, das C steht für ‚CAST' also für ein Gussstück. Danach folgt durch einen Bindestrich getrennt eine fünfstellige Nummer die den Werkstoff bezeichnet. Die erste Ziffer gibt das Hauptle-gierungselement an, Tab. 7.7. Diese Ziffer definiert auch die Gruppe bzw. Serie.

Die zweite Ziffer bezeichnet die Legierungsgruppe, Tab. 7.8. Ziffer 3 ist willkürlich und verweist auf eine bestimmte Legierung. Ziffer 4 ist Null. Die letzte Ziffer ist Null mit der Ausnahme der Legierungen für die Luft- und Raumfahrt.

Auch die Bezeichnung mit chemischen Symbolen nach DIN EN 1780-2 ist üblich.

Bei den Aluminiumgusslegierungen steht neben den physikalischen und mechanischen Eigenschaften vor allem das Gießverhalten im Fokus. Gusslegierungen sollten einen nie-deren Schmelzpunkt, ein gutes Fließverhalten der Schmelze, einen geringen Schrumpf während der Erstarrung, ein gutes Formfüllungsvermögen und eine geringe Warmrisssen-

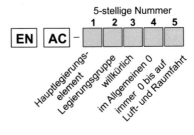

Abb. 7.18 Numerisches Bezeichnungssystem für Aluminiumgusswerkstoffe nach DIN EN 1780-1

Tab. 7.7 Hauptlegierungselemente von Aluminiumgusslegierungen nach DIN EN 1780-1

Gruppe	Hauptlegierungselement
2xxxx	Cu
4xxxx	Si
5xxxx	Mg
7xxxx	Zn

Tab. 7.8 Legierungstypen von Aluminiumgusslegierungen nach DIN EN 1780-1

Nummerncode	Legierungstyp
21xxx	Al-Cu
41xxx	Al-Si-Mg-Ti
42xxx	Al-Si7-Mg
43xxx	Al-Si10-Mg
44xxx	Al-Si
45xxx	Al-Si5-Cu
46xxx	Al-Si9-Cu
47xxx	Al-Si-(Cu)
48xxx	Al-Si-Cu-Ni-Mg
51xxx	Al-Mg
71xxx	Al-Zn-Mg

Tab. 7.9 Typische Kennwerte von Aluminiumgusslegierungen (Kokillenguss) in Anlehnung an [Ost14]

Werkstoffbez. DIN EN 1780-1		Zustand	Streckgrenze $R_{p0,2}$ / MPa	Zugfestigkeit R_m / MPa	Bruchdehnung A_{50} / %
EN AC-21100	AlCu4Ti	warmausgelagert	180	280	5
EN AC-44200	AlSi12	naturhart	80	170	6
En AC-41000	AlSi2MgTi	warmausgelagert	180	260	5
EN AC-42100	AlSi7Mg0,3	warmausgelagert	210	290	4
EN AC-43000	AlSi10Mg	warmausgelagert	220	260	1
EN AC-45000	AlSi6Cu4	wie gegossen	100	170	1
EN AC-45100	AlSi5Cu3Mg	kaltausgelagert	180	270	2,5
EN AC-45100	AlSi5Cu3Mg	warmausgelagert	280	320	< 1
EN AC-46200	AlSi8Cu3	wie gegossen	100	170	1
En AC-51000	AlMg3	wie gegossen	70	150	5
EN AC-51400	AlMg5(Si)	wie gegossen	110	180	3
EN AC-71000	AlZn5Mg	kaltausgelagert	130	210	4

sibilität haben. Um diese Ziele zu erreichen, weicht die chemische Zusammensetzung der Gusslegierungen teilweise erheblich von der Zusammensetzung der Knetlegierungen ab. Einige wichtige Legierungssysteme werden nachfolgend kurz vorgestellt.

7.2.2.4.1 Al-Cu-Gusslegierungen

Al-Cu-Gusslegierungen sind aushärtbare Legierungen. Sie enthalten meist zwischen 4 und 5 % Cu und Beimengungen von Ti. Die Legierungen erreichen im ausgehärteten Zustand hohe Festigkeiten bei guter Restverformbarkeit. Die Korrosionsbeständigkeit ist eher schlecht. Die Legierung EN AC 21100 (AlCu4Ti) hat beispielsweise im warmausgehärteten Zustand eine Streckgrenze von 180 MPa bei 5 % Bruchdehnung, siehe Tab. 7.9

Die Legierungen werden typischerweise in der Fahrzeug- und Luftfahrtindustrie eingesetzt.

7.2.2.4.2 Al-Si-Gusslegierungen

Al-Si-Gusslegierungen sind häufig verwendete naturharte Werkstoffe. Der Siliziumanteil liegt meist zwischen 5 und 25 %. Die gebräuchlichsten Legierungen haben eine annähernd eutektische Zusammensetzung mit knapp unter 12,5 % Si, Abb. 3.10. Daraus ergeben sich die besonders guten Gießeigenschaften. Übereutektische Legierungen enthalten primär erstarrte Siliziumkristalle, die zu einer hohen Oberflächenhärte, aber auch zu einer schlechten spanenden Bearbeitbarkeit führen.

Die üblichen eutektischen Legierungen haben eine niedere bis mittlere Festigkeit bei guter Korrosionsbeständigkeit. Die Gusslegierung EN AC-44200 (AlSi12) hat beispielsweise eine Streckgrenze von 80 MPa bei einer Bruchdehnung von 6 %.

Die eutektischen Legierungen lassen sich hervorragend gießen und werden unter anderem für Motorenteile, dünnwandige Gehäuse und verwinkelte Gussstücke eingesetzt.

7.2.2.4.3 Al-Si-Mg-Gusslegierungen

Übliche aushärtbare Al-Si-Mg-Gusslegierungen enthalten zwischen 2 und 10 % Si und 0,2 bis 0,6 % Mg. Neben der guten Korrosionsbeständigkeit erhalten die Legierungen durch Warmaushärtung eine hohe Festigkeit. Die Eigenschaften von typischen Legierungen sind in Tab. 7.9 gegeben.

Die Legierungen können für hochbeanspruchte Teile im Motoren- und Fahrzeugbau verwendet werden. Speziell die eutektischen Legierungen lassen sich sehr gut gießen und eignen sich für dünnwandige Bauteile. AlSi10Mg wird häufig als Pulver für additiv gefertigte Bauteile verwendet.

7.2.2.4.4 Al-Si-Cu-Gusslegierungen

Die häufig verwendeten Legierungen auf Al-Si-Cu-Basis sind kalt- und warmaushärtbar. Der Siliziumgehalt beträgt ca. 5 bis 12 % und der Kupferanteil 1 bis 5 %. Geringe Anteile an Magnesium steigern zusätzlich die Festigkeit. Die Legierungen haben je nach Wärmebehandlung eine mittlere bis hohe Festigkeit. Die Verformbarkeit und die Korrosionsbeständigkeit sind eher schlecht.

Die Legierungen sind meist gut gießbar und somit auch für dünnwandige Bauteile geeignet. Je nach Wärmebehandlung können sie auch bei höheren Temperaturen eingesetzt werden. Motorenteile wie Kolben, Zylinderköpfe und -blöcke werden beispielsweise aus diesen Legierungen gefertigt.

7.2.2.4.5 Al-Mg-Gusslegierungen

Al-Mg-Gusslegierungen enthalten meist 3 bis 10 % Mg. Durch einen Zusatz von Si lassen sie sich aushärten. Die Festigkeit dieser Legierungen ist eher niedrig, während die Verformbarkeit gut ist. Hervorzuheben ist die gute Seewasserbeständigkeit, aber auch die meist nicht gute Gießbarkeit.

Bauteile aus dieser Legierungsgruppe werden in der Nahrungsmittelindustrie, im Anlagen- und Schiffsbau eingesetzt.

7.3   Titan und Titanlegierungen

Titan ist das vierthäufigste Metall in der Erdrinde. Es liegt in der Natur als Rutil (TiO_2), Anatas (TiO_2) und Ilmenit ($FeTiO_3$) vor. Die Hauptabbaugebiete liegen in Australien, Nordamerika und Südafrika.

7.3.1   Herstellung

1940 patentierte William Justin Kroll ein industriell umsetzbares Verfahren zur Herstellung von metallischem Titan. Dieser nach ihm benannte Kroll-Prozess wir auch noch heute überwiegend zur Herstellung von metallischem Titan eingesetzt. Titan wird je nach technischer Anwendung als Reintitan oder in Form von Legierungen verwendet:

- Reintitan , zusammengesetzt aus > 99,2 % Titan, zuzüglich der Begleitelemente wie Sauerstoff, Kohlenstoff, Eisen.
- Titanlegierungen, d. h. Titan mit 2–20 % oder mehr an Legierungselementen wie Aluminium, Vanadium, Zinn, Chrom, Zirkonium.

Bei der Herstellung von Titan wird das verwendete Erz mechanisch zu einem feinen Pulver zermahlen. Das Pulver wird anschließend mit Wasser aufgeschwemmt. Anhand des spezifischen Gewichts können die relativ leichten Titanoxide von einem Großteil der schwereren Gangart getrennt werden.

Nach einer Flotation weist das Erz einen Titanoxidanteil von über 40 % auf.

Im nächsten Verfahrensschritt wird das gereinigte Erz mit Koks vermischt. Bei 800 bis 1000 °C wird dieses Gemisch in Chloratmosphäre in Titantetrachlorid umgewandelt. Das Titanoxid reagiert dabei mit dem Kohlenstoff im Koks und dem gasförmigen Chlor zu dem ebenfalls gasförmigen Titantetrachlorid und zu Kohlendioxid.

$$TiO_2 + C + 2Cl_2 \Rightarrow TiCl_4 + CO_2 + 80,4 kJ$$

Das heiße gasförmige Titantetrachlorid wird anschließend in einem Kondensator verfestigt. Zur Reduktion des Titanchlorids zu metallischem Titan wird Magnesium bzw. Natrium verwendet. Um Reaktionen mit der Luft auszuschließen, wird unter Helium- oder Argonatmosphäre reduziert. Bei ca. 1000 °C (Magnesium) bzw. bei ca. 850 °C (Natrium) wandelt sich das Titantetrachlorid in exothermer Reaktion zu Titanschwamm um.

$$TiCl_4 + 2Mg \Rightarrow Ti + 2MgCl_2 + 479,84 kJ$$
$$TiCl_4 + 4Na \Rightarrow Ti + 4NaCl + 810,3 kJ$$

Titanschwamm ist ein spröder Stoff mit nur geringer Festigkeit. Er hat weder die geforderte Reinheit noch die nötige Kompaktheit um als Konstruktionsmetall eingesetzt zu werden.

Zur Erzeugung eines kompakten, für die Weiterverarbeitung geeigneten Werkstoffzustandes wird der Titanschwamm umgeschmolzen. Dieses Umschmelzen erfolgt in der Regel im Vakuumlichtbogenofen oder vergleichbaren Anlagen. Beim Umschmelzen können auch gezielt Legierungselemente hinzugegeben werden. Mit diesem Verfahren lassen sich Titan bzw. Titanlegierungen von höchster Qualität erzeugen.

Titan kann auch kostengünstiger durch Recycling von Titanschrott hergestellt werden. Schrotte aus Titan und seinen Legierungen lassen sich wieder in hochwertige Blöcke und Brammen umschmelzen. Einer breiteren Anwendung von Titan und seinen Legierungen stehen vor allem die hohen herstellungsbedingten Materialkosten im Wege.

7.3.2   Reines Titan

Reines Titan zeichnet sich vor allem durch seine hervorragende Korrosionsbeständigkeit aus. Zu den Einsatzgebieten zählen deswegen vor allem Einsatzgebiete, die diese Korrosionsbeständigkeit nutzen, wie zum Beispiel Anwendungen in der chemischen Industrie, z. B.: Reaktoren, Rohre und Behälter, in der Verfahrenstechnik, z. B. Wärmetauscher und Meerwasserentsalzungsanlagen sowie in der Medizintechnik, z. B. Implantate.

7.3.2.1 Physikalische und mechanische Eigenschaften

Reines Titan ist silbergrau, duktil und gut schmiedbar. Die Gitterstruktur von Titan verändert sich mit der Temperatur. Die allotrope Gitterumwandlung findet bei 882 °C statt. Im Temperaturbereich unter 882 °C liegt es in der Modifikation einer hexagonal dichtesten Kugelpackung vor (hdp, α-Titan) und bei Temperaturen oberhalb des Umwandlungspunktes ist es kubisch-raumzentriert (krz, β-Titan).

Einige wichtige Kennwerte sind in Tab. 7.10 zusammengefasst.

Da Reinsttitan in der Herstellung sehr teuer ist und eine relativ niedere Festigkeit besitzt, wird in der technischen Anwendung in der Regel auf sogenannte technische Titansorten (ASTM B265 Grade 1–4) zurückgegriffen. Diese technischen Titansorten besitzen Beimengungen (meist herstellungsbedingt) von Eisen und Sauerstoff. Schon geringe Mengen an Sauerstoff (unter 0,4 %) steigern die Festigkeit bis auf das doppelte, verschlechtern dabei aber auch die Verformbarkeit und das Korrosionsverhalten.

Die Einteilung der technischen Titanlegierungen erfolgt nach der Festigkeit in vier Stufen, denn sogenannten Grades, vergleiche Tab. 7.11.

Tab. 7.10 Physikalische und mechanische Eigenschaften bei 25 °C von hochreinem polykristallinem α-Titan (Reinheit > 99,9 %)

Physikal. Größe	Wert	Einheit
Dichte	4,51	kg/dm³
E-Modul	115.000	MPa
$R_{p0,2}$	140	MPa
R_m	235	MPa
Querkontraktionszahl μ	0,33	
Wärmeleitfähigkeit	0,15	W/(cmK)
Wärmeausdehnungskoeffizient	$8,36 \cdot 10^{-6}$	K^{-1}

Tab. 7.11 Mechanische Eigenschaften von Rein- und Reinsttitan bei 25 °C nach ASTM B265

Kurzbezeichnung	$R_{p0,2}$ min MPa	R_m min MPa	A min %	Dichte kg/dm³
Reinst-Titan (99,98 Ti)	140	235	50	4,51
Grade 1 (Rein-Ti: 0,2 Fe–0,18 O)	138	240	24	4,51
Grade 2 (Rein-Ti: 0,3 Fe–0,25 O)	275	345	20	4,51
Grade 3 (Rein-Ti: 0,3 Fe–0,35 O)	380	450	18	4,51
Grade 4 (Rein-Ti: 0,5 Fe–0,40 O)	483	550	15	4,51

Tab. 7.12 Zusammenhang TiO_2-Schichtdicke und Farbe. Die Schichtdicken können je nach Oxidationsmittel und -bedingungen abweichen.

Farbe	Schichtdicke / nm	Farbe	Schichtdicke / nm
Silber/ transparent	2	Gelb	75
Gold/ Kupfer	15	Weinrot	100
Blau	40	Grün	140

7.3.2.2 Chemische Eigenschaften

Obwohl reines Titan in der elektrochemischen Spannungsreihe bei den unedlen Metallen liegt, ist es beispielsweise gegenüber der Atmosphäre, dem Meerwasser und gegenüber von oxidierenden Säuren sehr resistent. Dies liegt daran, dass Titan schon bei Raumtemperatur eine dünne, aber sehr dichte Deckschicht (TiO_2) ausbildet, die das Metall vor korrosiven Einflüssen schützt. Die Deckschicht aus TiO_2 ist transparent; durch Interferenzen erscheint sie bei Tageslicht jedoch in Abhängigkeit von der Schichtdicke und der Randbedingungen bei der Oxidation farbig, Tab. 7.12. In reduzierenden Medien, die die Deckschicht angreifen, kann je nach Konzentration Korrosion auftreten. Reines Titan kann bei Temperaturen bis zu 300°–350 °C eingesetzt werden. Die Betriebstemperaturen können durch Legieren (meist mit Al) jedoch auf über 600 °C gesteigert werden.

7.3.3 Titanlegierungen

Es gibt derzeit über 100 Titanlegierungen, von denen aber nur etwa 30 bis 40 einen kommerziellen Status erlangt haben. Auf die klassische Legierung Ti-6Al-4V (Grade 5) entfällt dabei allein ein Anteil von ca. 60 %.

Je nach Herstellungsbedingungen können Titan und Titanlegierungen in unterschiedlicher Gefügeausprägung vorliegen. Dies soll beispielhaft anhand der Legierung Ti-6Al-4V erläutert werden. Wird die Legierung aus dem β-Gebiet langsam abgekühlt so entsteht ein lamellares Gefüge mit α-und β-Mk, Abb. 7.19. Die α-Mk sind als hellere Phase zu erkennen. Wird aus dem β-Gebiet hingegen abgeschreckt, so entsteht ein martensitähnliches feinnadeliges Gefüge, Abb. 7.19. Aus der martensitische Umwandlung von β-Titan resultiert aber nur eine geringe Festigkeitssteigerung im Vergleich zu den Stählen. Wird im Zweiphasengebiet (α+β) kaltverformt, anschließend geglüht und langsam abgekühlt so entsteht durch Rekristallisation ein globulares Gefüge. Als bimodal werden Gefüge mit einer Mischung aus lamellaren und globularen Anteilen bezeichnet, Abb. 7.19. Wie sich das Gefüge auf die Eigenschaften der Titanlegierungen auswirkt, kann tendenziell Tab. 7.13 entnommen werden.

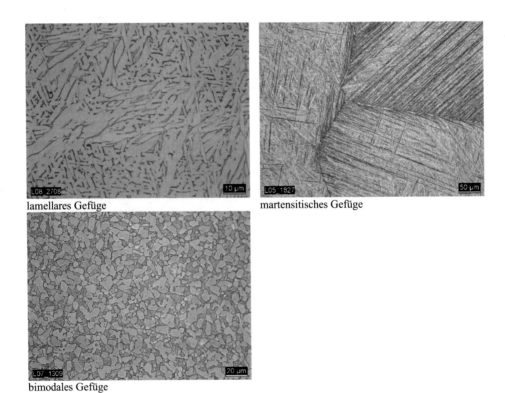

lamellares Gefüge   martensitisches Gefüge

bimodales Gefüge

Abb. 7.19 Gefügeausprägungen von Ti-6Al-4V, lichtmikroskopische Aufnahmen

Tab. 7.13 Tendenzieller Einfluss des Gefüges auf die Eigenschaften in Anlehnung an [Pet02]

Eigenschaft	lamellar	globular
Festigkeit	-	+
Verformbarkeit	+	-
Bruchzähigkeit	+	-
Zeitstandfestigkeit	+	-
Oxidationsverhalten	+	-

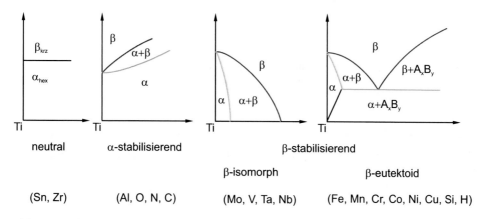

Abb. 7.20 Schematischer Einfluss der Legierungselemente auf die Zustandsdiagramme von Ti-Legierung

Die Festigkeit von Titanlegierungen kann prinzipiell mit allen in Abschn. 5.5 diskutierten Verfestigungsmechanismen (Kaltverformung, Mischkristallverfestigung, Ausscheidungshärtung, Kornverfeinerung) gesteigert werden. Um die besonderen Eigenschaften von bestimmten Titanlegierungen zu erzeugen, werden sie häufig thermomechanisch behandelt.

7.3.3.1 Klassifizierung von Titanlegierungen

Nach dem Einfluss der Elemente auf die allotrope Umwandlungstemperatur (882 °C) werden die Legierungselemente des Titans in neutrale, α-stabilisierende und β-stabilisierende Elemente unterteilt, Abb. 7.20.

Durch die α-stabilisierenden Elemente lässt sich das α-Gebiet hin zu höheren Temperaturen erweitern. Zu den α-stabilisierenden Elementen gehört Al sowie die Begleiter O, C, N.

Die β-stabilisierenden Elemente senken die Umwandlungstemperatur bis teilweise unterhalb Raumtemperatur. Man unterscheidet je nach Typ des Zustandsdiagramms in β-isomorphe und β-eutektoide Elemente. Die β-isomorphen Elemente besitzen eine hohe Löslichkeit im Titan und bilden deswegen in der Regel Mischkristalle mit Titan. Beispiele für β-isomorphe Elemente sind Mo, Nb, Ta und V. Die β-eutektoiden Elemente (Cr, Fe, Co, Cu, Mn, Ni, Si und W) sind in Ti kaum löslich und bilden intermetallische Phasen mit Ti.

7.3.3.2 α-Titanlegierungen

Aufgrund ihrer sehr guten Korrosionsbeständigkeit und ihrer Verformbarkeit werden α-Titanlegierungen, zu denen auch die besprochenen Rein-Titansorten gerechnet werden, oft in der Verfahrens- und Medizintechnik eingesetzt. Wegen der höheren Festigkeit und besseren Schweißbarkeit wird in der Praxis häufig die α-Legierung Ti-5Al-2,5Sn verwendet. Dank ihrer sehr guten Tieftemperatureigenschaften wird diese Legierung unter anderem bei kryogenen Temperaturen, wie z. B. bei Wasserstoffhochdruckleitungen und -tanks, eingesetzt.

Zu den α-Legierungen werden auch die sogenannten near-α-Legierungen gezählt, die bereits einen geringen Anteil von β-stabilisierenden Elementen enthalten. Durch das Zulegieren der β-Elemente wird die Warmfestigkeit wesentlich verbessert. Die heute bis 600 °C einsetzbaren Legierungen finden beispielsweise in Flugzeugtriebwerken Anwendung.

7.3.3.3 Eigenschaften

α-Titanlegierungen haben eine mittlere Festigkeit, Tab. 7.14. Die Verformbarkeit und die Bruchzähigkeit sind befriedigend. α-Titanlegierungen eignen sich auch für den Einsatz bei tiefen Temperaturen. Die Schweißbarkeit von α-Titanlegierungen ist meist gut, wenn der Ausschluss von Sauerstoff gewährleistet ist. Die höher legierten near-α-Titanlegierungen haben häufig eine geringe Kriechneigung und sind auch bei höheren Temperaturen oxidationsbeständig.

7.3.3.4 β-Titanlegierungen

β-Legierungen weisen höhere Festigkeiten und eine bessere Kaltverformbarkeit als die α-Legierungen auf, Tab. 7.14. Von Nachteil ist die, bedingt durch die Legierungselemente, höhere Dichte. Die hohe Festigkeit wird durch Mischkristallverfestigung und eine durch

Tab. 7.14 Eigenschaften wichtiger Titanlegierungen bei Raumtemperatur

Typ	Legierung	E-Modul MPa	$R_{p0,2}$ MPa	R_m MPa	A_5 %	Anwendungen
α	Ti-5Al-2,5Sn	109.000	827	861	15	Flüssigwasserstofftanks
Near-α	Ti-6Al-2Sn-4Zr-2Mo-0,1Si	114.000	990	1100	13	Flugtriebwerksanwendungen
Near-α	Ti-5,8Al-4Sn-3,5Zr-0,5Mo-0,7Nb-0,35Si-0,06C	120.000	910	1030	6–12	Triebwerksschaufeln (Hochtemperatur)
β	Ti-10V- 2Fe-3Al	111.000	1000–1200	1000–1400	6–16	Flugzeugfahrwerk
β	Ti-3Al-8 V- 6Cr-4Mo-4,5Sn	86.000–115.000	800–1200	900–1300	6–16	Federn
α + β	Ti-6Al-4V	110.000–140.000	800–1100	900–1200	13–16	Triebwerksschaufeln
α + β	Ti-3Al-2,5V		min. 485	min. 620		Sportgeräte

Wärmebehandlungen steuerbare Ausscheidungsverfestigung erreicht. β-Legierungen sind vielseitig einsetzbar:

- Flugzeugfahrwerksteile (hohe Festigkeit und sehr hohe Schwingfestigkeit
- Federn (Hohe Festigkeit und kleiner E-Modul)

7.3.3.5 Eigenschaften

Die Festigkeit von β-Titanlegierungen lässt sich durch eine gezielte Wärmebehandlung in einem weiten Bereich variieren. Mit zunehmender Festigkeit geht die Kaltverformbarkeit jedoch zurück. Herausragend ist die Schwingfestigkeit. Die β-Legierung Ti-10 V-2Fe-3Al hat beispielsweise eine Dauerfestigkeit von 700 MPa. Der Einsatz von β-Legierungen bei tiefen Temperaturen ist aufgrund des krz Gitters, mit der dadurch verbundenen Gefahr der Versprödung, bei tiefen Temperaturen nur eingeschränkt möglich. Die Eigenschaften einiger wichtiger Legierungen können Tab. 7.14 entnommen werden.

7.3.3.6 α +β-Titanlegierungen

α + β-Legierungen werden in der Praxis sehr häufig eingesetzt, da mit ihnen die Eigenschaften der α-Legierungen und der β-Legierungen gezielt kombiniert werden können. Zu den α + β-Legierungen zählt die mit Abstand gebräuchlichste Legierung Ti-6Al-4V. Aufgrund ihres Aluminiumanteils weist diese Legierung ein besonders gutes Verhältnis von Festigkeit zu Dichte auf. Sie wird beispielsweise in Flugtriebwerken bis 315 °C eingesetzt. Ebenso lassen sich aus ihr Flugzeugstrukturelemente durch superplastisches Umformen herstellen. Die Legierung Ti-6Al-4V wird auch häufig in der Medizintechnik für Implantate eingesetzt. Hier steht die Kombination aus Korrosionsbeständigkeit (Biokompatibilität) und Festigkeit im Vordergrund. Die Legierung Ti-3Al-2,5 V wird aufgrund des geringen spez. Gewichts und der guten Schweißeigenschaften bei Hochleistungssportgeräten eingesetzt.

7.3.3.7 Eigenschaften

Bei α + β-Titanlegierungen lässt sich die Festigkeit durch eine Wärmebehandlung wesentlich verbessern. Die Kaltverformbarkeit geht zurück, die Warmverformbarkeit ist jedoch gut. Das Verhalten bei hohen Temperaturen ist schlechter als bei den reinen α-Legierungen.

7.3.3.8 Titanaluminide

Legierungen aus Titanaluminiden sind Neuentwicklungen für Leichtbaustrukturen mit Einsatztemperaturen bis etwa 750 °C, die mit einer Dichte von teilweise unter 4 g/cm^3 in Konkurrenz zu den mehr als doppelt so schweren Nickelbasislegierungen stehen. Die derzeitige Forschung beschäftigt sich mit der Steigerung des Oxidationswiderstandes bei hohen Temperaturen durch das Aufbringen von Schutzschichten. Aktuelle Vorhaben zeigen eine Steigerung der Einsatztemperatur auf über 1000°C.

Aus dem Zweistoffsystem für Titan und Aluminium, Abb. 7.21 ist zu entnehmen, dass bei einem Aluminiumgehalt von ca. 14 bis 23 Gew% die sehr spröde, aber hochfeste inter-

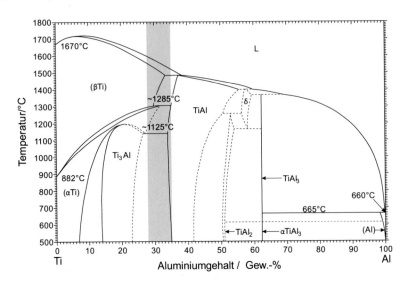

Abb. 7.21 Zweistoffsystem Aluminium-Titan

Tab. 7.15 Eigenschaften wichtiger Titanaluminide bei Raumtemperatur

Legierung	gew. Prozent					Dichte	E-Mod. MPa	$R_{p0,2}$ MPa	R_m MPa	A_5 %
	Al	Cr	Nb	Mo	B					
Ti-48Al-2Nb-2Cr	33	2,6	4,8	-	-	3,97 g/cm³	160.000	326	422	1,5
TNM©-B1	28,6	-	9,2	2,3	0,026	4,16 g/cm³	150.000	-	720	0,5

metallische Phase α_2-Ti$_3$Al und bei einem Gehalt ab etwa 35 Gew% die etwas duktilere intermetallische Phase γ-TiAl vorliegt. In Abb. 7.21 ist der Bereich der derzeit verwendeten Titanaluminid-Legierungen farbig markiert.

Titanaluminide sind im Vergleich zu den klassischen Titanlegierungen sehr spröde, Tab. 7.15, während die Festigkeitskennwerte auf ähnlichem Niveau liegen. Wie bei vielen spröden Werkstoffen streuen die Kennwerte stark, was die Anwendung schwierig macht. Die Dichte ist im Vergleich zu Titan wesentlich geringer, der E-Modul aber um bis zu 40 % höher.

Die mechanischen Kennwerte sind stark von der Wärmebehandlung und den daraus resultierenden Gefügen abhängig. Die Mikrostruktur kann gezielt zwischen einem lamellaren und globularen Gefügeaufbau eingestellt werden. Gefüge mit lamellaren und globularen Anteilen werden als Duplex-Gefüge bezeichnet. In Bezug auf die Hochtemperaturanwendungen können die besten Eigenschaften mit feinlamellaren Mikrostrukturen, d. h. dünnen Plättchen der beiden intermetallischen Verbindungen γ-TiAl und α_2-Ti$_3$Al erreicht werden.

Die Anwendungen der Titanaluminide sind derzeit noch begrenzt. Bekannte Anwendungen sind Laufräder für Abgasturbolader im Automobilbereich. Auch im Niederdruckteil von Flugturbinen werden schon Schaufeln aus Titanaluminiden eingesetzt.

7.4 Nickel und Nickellegierungen

7.4.1 Nickel

7.4.1.1 Vorkommen

Nickel ist in der äußeren Erdkruste zu 0,08 % enthalten. Es kommt als Mineral im Wesentlichen in folgenden Formen vor:

- *Sulfid:* z. B. Pentlandit $(Ni,Fe)_9S_8$ in Verbindung mit Kupfereisenkies $(CuFeS_2)$ und Magnetkies $(Fe_{1-x}S)$. Hauptfundort: Sudbury (Kanada)
- *Oxid* bzw. *Silikat:* z. B. Garnierit bzw. Silikat. Vorkommen in der tropischen Zone.

7.4.1.2 Herstellung

Die Gewinnung von Nickel erfolgt überwiegend aus sulfidischen Erzen durch Röst- und Reduktionsprozesse. Seine Trennung von den in den Erzen ebenfalls enthaltenen Metallen Eisen, Kobalt und Kupfer und weiteren metallischen und nichtmetallischen Beimengungen erfordert einen sehr komplizierten Verfahrensablauf. Der hohe Preis des Nickels liegt nicht zuletzt in seiner sehr komplizierten Metallurgie begründet. Oxidische Nickelerze werden zumeist nur zu Ferronickel verarbeitet.

7.4.1.3 Eigenschaften

Nickel hat ein kfz- Gitter. Der Gitterparameter beträgt 0,35241 nm bei 25 °C. Polymorphe Umwandlungen finden beim Erhitzen bzw. Abkühlen aus der Schmelze nicht statt. Für handelsübliche Nickelsorten ergeben sich Werte für die Dichte zwischen 8,78 und 8,88 kg/dm³. Der Schmelzpunkt von reinem Nickel liegt bei 1453 °C. Begleitelemente erniedrigen den Schmelzpunkt, so dass man für handelsübliche Nickelsorten 1440 ± 5 °C annehmen kann. Nickel ist ferromagnetisch und weist eine hohe Magnetostriktion auf. Der Curiepunkt liegt bei 360 °C. Die elastischen Eigenschaften von Nickel und einer Anzahl seiner Legierungen werden durch ferromagnetische Effekte, Gestaltsmagnetostriktion und Volumenmagnetostriktion wesentlich beeinflusst. Der Elastizitätsmodul des polykristallinen Nickels liegt bei RT im Bereich von 197.000 bis 225.000 MPa. Der obere Wert stellt sich bei Kaltverformung oder bei magnetischer Sättigung ein.

Die Festigkeit von reinem Nickel (98 %) wird durch die Kaltverformung beeinflusst: Bei RT, im weichgeglühten Zustand, liegt die Zugfestigkeit R_m zwischen 400 und 450 MPa bei einer Bruchdehnung von 30 bis 45 %. Bei kaltverfestigtem Nickel steigt die Zugfestigkeit bis auf 750 MPa bei einer Bruchdehnung <2 %. Die Härte nimmt von 80 HB auf 180 HB zu. Die Querkontraktionszahl beträgt $\mu = 0,31$, der Wärmeausdehnungskoeffizient (Reinstnickel) liegt bei $\alpha = 13,3 \times 10^{-6} 1/K$.

7.4.1.4 Verwendung

Der größte Teil des Nickels wird in der Produktion von Stählen (als Legierungselement) bzw. zur Herstellung von Nickellegierungen verwendet. Ein weiterer Einsatzbereich ist die Elektroindustrie (aufladbare Batterien) oder in der Beschichtungstechnologie, z. B. bei Armaturen oder Glas.

Aus Nickelknetlegierungen werden verschiedene Halbzeugarten, wie Bleche, Bänder, Stangen, Drähte, Rohre und Schmiedestücke hergestellt. Sie werden in unterschiedlichen Zuständen bzw. Wärmebehandlungen weichgeglüht, halbhart, hart und lösungsgeglüht geliefert. Bei Angabe des Zustandes mit dem Buchstaben F gibt die Zahl den Mindestwert der Zugfestigkeit an, siehe Tab. 7.16.

7.4.2   Nickellegierungen

Hauptlegierungselemente sind Co, Cr, Cu, Fe und Mo. In kleineren Mengen werden Al, B, Be, Mn, Nb, Si, W, V und C verwendet. Die insgesamt rd. 3000 Nickellegierungen zeichnen sich durch vielseitige Eigenschaften aus. Legierungen von Ni mit anderen Metallen ergeben Verbesserungen für:

Tab. 7.16 Mechanisch-technologischen Festigkeitskennwerte nach DIN 17752:2019 (Stangen aus Nickel und Nickellegierungen)

Werkstoff	Zu-stand	Wärmebe-handlung	Äquiv. Durch-messer bis / mm	0,2 % Dehn-grenze / MPa	1 % Dehn-grenze / MPa	Zugfestig-keit / MPa	Bruch-dehnung / %	Brinellhärte HBW 2,5/62,5 max. bzw. *Anhaltswert*
Ni99,6 2.4060	F37	weich-geglüht	55	370	100	125	40	130
	F49	halbhart	50	490	340	—	15	*150*
	F59	hart	35	590	540	—	5	*200*
NiCr15Fe 2.4816	F50	lösungs-geglüht	100	500	180	210	35	185
	F55	weich-geglüht	160	550	200	230	30	195
NiCu30Fe 2.4360	F45	weich-geglüht	55	450	180	210	35	150
	F55	halbhart	50	550	300	—	25	*170*
	F70	hart	35	700	650	—	3	*225*
NiCr22M-o9Nb 2.4856	F83	weich-geglüht	100	830	415	445	30	240
	F76	weich-geglüht	>100; bis < 250	760	345	375	30	240
	F69	lösungs-geglüht	250	690	275	305	30	—

- die Festigkeit
- die Zähigkeit
- die Verschleißfestigkeit
- die Warmfestigkeit
- die Korrosionsbeständigkeit
- die Tieftemperatureigenschaften
- die magnetischen, elastischen und katalytischen Eigenschaften.

7.4.2.1 Nickel-Eisen-Legierungen

Nickel-Eisenlegierungen werden in Bereichen mit bestimmten magnetischen Eigenschaften oder als Werkstoffe mit kontrollierter thermischer Ausdehnung eingesetzt. Der Wärmeausdehnungskoeffizient ist bei einem Zusatz von 36 % Ni am geringsten (2×10^{-6} 1/K), während er bei einem Zusatz von 20 % gegen einen Höchstwert strebt, Abb. 7.22. Diese Eigenschaftsveränderung benutzt man z. B. zur Herstellung von Thermobimetallen, z. B. Ni36 (1.3912) und NiMn20-6 (1.3932).

7.4.2.2 Nickel-Titan-Legierungen

Der Formgedächtniseffekt wurde Anfang der 50er-Jahre entdeckt und zunächst für Cd-Au-Legierungen und β-Messing phänomenologisch beschrieben.

Binäre NiTi-Formgedächtnislegierungen (FGL) weisen Anteile von 49 bis 52 Atom-% Nickel auf.

Beim Gefügeaufbau von NiTi-FGL wird zwischen einer Hochtemperaturphase (NiTi-Austenit) und einer Tieftemperaturphase (NiTi-Martensit) unterschieden. Es ist zu beachten, dass die Gefüge eine andere Gitterstruktur haben, als die gleichnamigen Gefüge beim Stahl. Die Umwandlung vom NiTi-Austenit (kubisch primitives Gitter) in den NiTi-Martensit (monoklines Gitter) kann je nach Legierungszusammensetzung über verschiedene Zwischenmodifikationen erfolgen. Durch die Ausscheidung von intermetallischen Ni-reichen Phasen wie Ni_3Ti oder Ni_4Ti_3 wird der Ni-Anteil an der NiTi-Matrix verringert, wodurch sich auch deren Umwandlungstemperaturen entsprechend verschieben. In

Abb. 7.22 Abhängigkeit des Ausdehnungskoeffizient vom Ni-Gehalt bei Fe-Ni-Legierungen

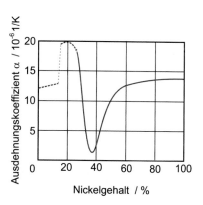

Abb. 7.23 Abhängigkeit der
Martensitstarttemperatur vom
Ni-Gehalt

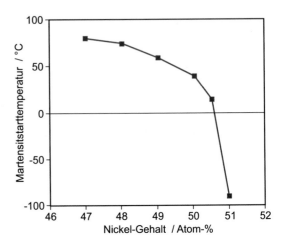

Abb. 7.24 Einteilung der
Formgedächtniseigenschaften

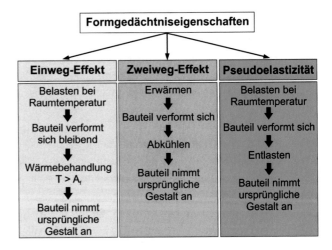

Abb. 7.23 ist dies beispielhaft für die Martensitstarttemperatur M_s dargestellt. Ni-reiche NiTi-FGL liegen demzufolge bei RT eher austenitisch, Ti-reiche eher martensitisch vor.

Spannungen begünstigen die Martensitumwandlung, so dass beim Abkühlen zunächst die die Ausscheidungen umgebenden Bereiche mit Spannungsfeldern umwandeln. Die Martensitbildung der nicht verspannten Bereiche beginnt bei entsprechend tieferen Temperaturen.

Die Formgedächtniseigenschaften von NiTi-FGL können in drei verschiedene Erscheinungsformen unterteilt werden, Abb. 7.24:

- Einweg-Effekt
- Zweiweg-Effekt
- Pseudoelastizität

Allen drei Effekten liegen Gefügeumwandlungen zugrunde, die spannungs- oder temperaturinduziert auftreten. Ausgangszustand für den Einweg-Effekt ist das martensitische Gefüge, das unterhalb der Martensitfinishtemperatur M_f ohne Vorzugsrichtung, also mit statistischer Verteilung sämtlicher möglicher Orientierungsvarianten des Martensits vorliegt. Bei Anlegen einer äußeren mechanischen Spannung wachsen durch Verschieben der in diesem Gefüge vorliegenden Zwillingsgrenzen die günstig orientierten Martensitvarianten auf Kosten der anderen (Variantenkoaleszenz). Bei der Ausbildung einer derartigen Verformungstextur werden Dehnungen von mehreren Prozent ermöglicht, die bei Entlastung bis auf einen kleinen elastischen Anteil bestehen bleiben, Abb. 7.25 und 7.26.

Die Plateauspannung, bei der die Texturbildung erfolgt, ist abhängig von der Temperatur sowie der Zusammensetzung der NiTi-Legierung. Durch eine Wärmebehandlung oberhalb A_f wird die verformte martensitische Struktur in homogenen Austenit umgewandelt, aus dem beim Abkühlen das martensitische Gefüge im Ausgangszustand, also der temperaturinduzierte Martensit ohne Vorzugsrichtungen, entsteht. Die zunächst bleibenden Dehnungen werden dadurch wieder rückgängig gemacht, weshalb man auch von pseudoplas-

Abb. 7.25 Funktionsprinzip des Einweg-Effekts (schematisch)

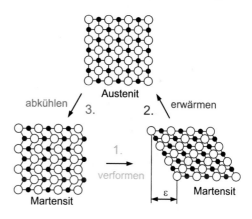

Abb. 7.26 Einweg-Effekt bei NiTi-FGL

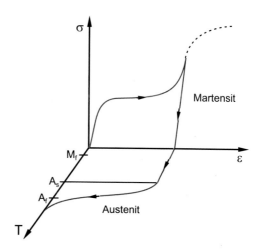

tischem Verhalten spricht, Abb. 7.26. Dieses Werkstoffverhalten wird z. B. bei chirurgischen Klammern oder Stents genutzt.

Der Zweiweg-Effekt beschreibt eine rein temperaturinduzierte Gestaltänderung zwischen zwei Grenzformen. Gezielt eingebrachte Spannungsfelder im Bereich von Versetzungen oder Ausscheidungen liefern dabei die notwendigen rückstellenden Kräfte. Eine entsprechende Versetzungsstruktur kann beispielsweise erzeugt werden, indem der Werkstoff im martensitischen Zustand über den Plateaubereich hinaus verformt wird. In der Anwendung (thermische Aktuatoren, etc.) stehen die NiTi-Legierungen in Konkurrenz zu anderen Schichtverbunden wie z. B. Bimetallen.

Neben der Nutzung des Einweg-Effektes stehen in einer Vielzahl von Anwendungen im technischen Bereich in jüngster Zeit die pseudoelastischen Werkstoffeigenschaften von NiTi im Vordergrund (flexible dehnbare Führungs- und Handhabungssysteme wie z. B. Endoskopzangen und -drähte, Spannsysteme, Verbindungselemente, elastische Baugruppen hoher Festigkeit, Zahnspangen oder Brillengestelle). In der Medizintechnik als Hauptanwendungsgebiet kann zudem die hervorragende Biokompatibilität der NiTi-FGL genutzt werden. Die Pseudoelastizität beruht darauf, dass das austenitische NiTi-Gefüge erst oberhalb der Grenztemperatur M_d (Martensit-Destructure-Temperatur $M_d > A_f$) stabil vorliegt. Zwischen A_f und M_d liegt der Austenit in einem metastabilen Zustand vor und kann durch mechanische Beanspruchung in Martensit umgewandelt werden. Dabei entsteht im Gegensatz zur temperaturinduzierten Martensitbildung eine Martensitstruktur, die vorzugsweise in Richtung der anliegenden Spannung orientiert ist. Die mit der Umwandlung verbundene Dehnung in dieser Vorzugsrichtung geht bei Entlastung infolge der Rückumwandlung in austenitisches Gefüge idealerweise auf Null zurück. Das Spannungsplateau, auf dem die Gefügeumwandlung erfolgt, ist legierungsabhängig und steigt mit der Temperatur an. Die Rückumwandlung in Austenit findet auf einem geringeren Spannungsniveau statt, so dass beim Durchlaufen dieses Zyklus im Spannungs-Dehnungs-Diagramm eine Hystereseschleife entsteht, Abb. 7.27.

Abb. 7.27 Pseudoelastisches
Verhalten von NiTi-FGL

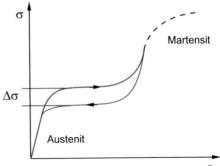

7.4.2.3 Nickel-Beryllium-Legierungen

Ni und Be bilden bei 5,7 % Be und 1157 °C eine eutektische Legierung, wobei 2,9 % Be im Ni-Gitter gelöst werden. Ni-Be-Legierungen sind aushärtbar.

Technische Ni-Be-Legierungen enthalten außer max. 2 % Be noch Zusätze von Fe, Cr, Mo, Mn und Si und sind hochkorrosionsbeständig und aushärtbar bis Festigkeiten von 1800 MPa. Verwendung finden sie für korrosionsbeständige Ventilfedern, chemische Apparate und medizinische Instrumente.

7.4.2.4 Nickel-Mangan-Legierungen

Das Zustandsschaubild von Ni-Mn hat einen sehr komplexen Aufbau, der durch die Allotropie von Mn erschwert ist. Die Löslichkeit von Mn in Ni beträgt bei RT rd. 25 %.

Ni-Mn-Legierungen weisen durch den Mn-Zusatz eine höhere Beständigkeit gegen Schwefel auf und sind unter reduzierenden Bedingungen beständig. Sie werden hauptsächlich für Innenteile von Glühlampen und Elektronenröhren, sowie für Zündkerzen-Elektroden verwendet.

7.4.2.5 Nickel- Kupfer-Legierungen

Nickel- Kupfer mit mehr als 50 % Ni wird als Monelmetall bezeichnet. Dieser Werkstoff weist eine hohe Festigkeit mit ausgezeichneter Korrosionsbeständigkeit auf und ist, je nach Legierungszusatz (Al, Ti), aushärtbar. Verwendung findet es in der chemischen Industrie, da es bei Raum- und tiefen Temperaturen beständig gegenüber allen gebräuchlichen trockenen Gasen ist. Bei höheren Temperaturen ab 425 °C muss jedoch mit Korrosion gerechnet werden. Weitere Verwendung z. B. im Schiffs- und Flugzeugbau, Wasch- und Haushaltsmaschinen.

7.4.2.6 NiCrMoCo-Legierungen

Nickellegierungen mit den Legierungselementen Cr, Mo, Co und Fe gehören zu den so genannten „Superlegierungen" und werden im Hochtemperaturbereich bis ca. 1200 °C verwendet. Bei mäßigen Temperaturen bis 600 °C werden sie eingesetzt, wenn besonders aggressive Medien vorliegen und gleichzeitig eine hohe Festigkeit gefordert ist. Sie finden daher eine breite Anwendung als Konstruktionswerkstoffe, wie z. B. in der chemischen Industrie, Luft- und Raumfahrt bzw. Energietechnik.

Wegen der hohen Gehalte an Chrom und Nickel weisen diese Legierungen eine gute Beständigkeit gegen Spannungsrisskorrosion auf. Sie werden auch in Bereichen eingesetzt, in denen wegen der Aggressivität der Medien, z. B. chloridhaltige Schwefelsäuren hochlegierte Stähle nicht mehr einsetzbar sind. Bei der Verwendung im Hochtemperaturbereich muss dennoch auf die Auswirkungen der Hochtemperaturkorrosion bzw. der thermisch bedingten Gefügeänderungen geachtet werden. Sie beeinträchtigen die Sicherheit von Bauteilen über folgende Vorgänge:

- Reduzierung des tragenden Querschnitts bzw. die lokal begrenzte Zerstörung des Werkstoffs durch Reaktionen mit dem Umgebungsmedium

- Erhöhung der Bauteiltemperatur infolge eines veränderten Wärmeübergangs durch die Ausbildung einer Korrosionsschicht mit eingeschränkter Temperaturleitfähigkeit
- Beeinflussung des Festigkeitsverhaltens bzw. Risswiderstandsverhaltens infolge besonderer Ausscheidungen in der Mikrostruktur

Das Hochtemperatur-Festigkeitsverhalten wird über die bekannten Verfestigungsmechanismen: Mischkristallhärtung, Ausscheidungs- und Dispersionshärtung erzielt. Legierungen mit überwiegender Mischkristallverfestigung sind z. B. NiCr15Fe (2.4816, Alloy 600) und NiCr23Co12Mo (2.4663, Alloy 617). Besondere Beiträge zur Mischkristallverfestigung und damit zur Zeitstandfestigkeit liefern die Elemente Cr, Co, Mo und W. Si übt einen die Zeitstandfestigkeit reduzierenden Einfluss aus. Das Gefüge, Abb. 7.28, zeigt eine bimodale Größenverteilung der Körner aus der primären, kubisch flächenzentrierten γ-Phase.

Ein bei Nickelbasislegierungen besonders wirksames Verfahren der Steigerung der Kriechfestigkeit ist die Ausscheidungshärtung, die auf der Behinderung der Versetzungsbewegung durch fein verteilte Teilchen beruht, Abb. 7.29. Ti, Al und Nb sind in der γ-Phase in Abhängigkeit von der Temperatur nur begrenzt löslich, so dass sie aus dem übersättigten Mischkristall durch eine geeignete Glühbehandlung (Ausscheidungshärtung) als fein

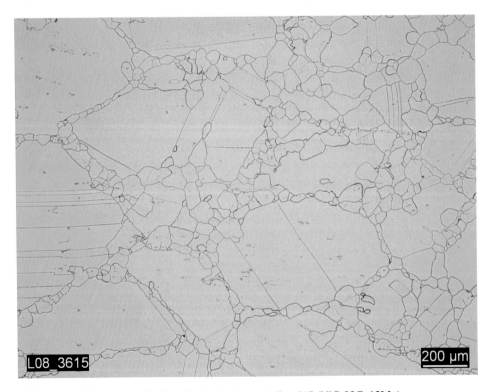

Abb. 7.28 Lichtoptisches Gefügebild der Legierung Alloy 617 (NiCr23Co12Mo)

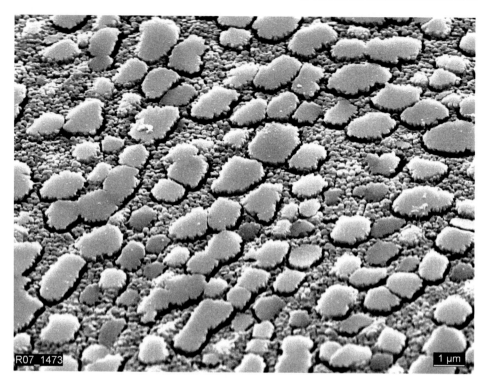

Abb. 7.29 Gefügebild der Feingusslegierung IN 939 mit γ´-Ausscheidungen (REM- Aufnahme)

verteilte Teilchen ausgeschieden werden. Es handelt sich hierbei um die kohärente intermetallische γ´-Phase vom Typ Ni_3 (Ti, Al) bzw. die γ´´-Phase vom Typ Ni_3 (Nb, Al, Ti).
Die stärkste Behinderung liegt vor, wenn diese einen Durchmesser von rd. 20 bis 60 nm
aufweisen, damit die Versetzungen die Teilchen nicht schneiden bzw. umgehen können.
Durch Vergröberung (Überalterung) bzw. Auflösung der γ´- bzw. γ´´-Phase verschlechtern sich die Festigkeitseigenschaften bei hohen Einsatztemperaturen.

Schmiedelegierungen weisen – auch aus Gründen der Weiterverarbeitbarkeit – einen
geringeren γ´-Anteil und Gusslegierungen einen wesentlich höheren γ´-Anteil auf. Letztere haben im Allgemeinen höhere Festigkeiten bei höheren Temperaturen. Typische aus-
scheidungshärtende Legierungen sind z. B. NiCr20TiAl (2.4952, Nicrofer 7520 Ti, Nimonic 80 A), NiCr15Cu15MoAlTi (2.4636, Nimonic 115) und NiCo20Cr20MoTi (2.4650,
Nicrofer 5120CoTi, Alloy 263). Zur Einstellung des optimalen Eigenschaftspotenzials
dieser Legierungen wird eine Lösungsglühung mit rascher Abkühlung auf RT sowie eine
Ausscheidungsglühung vorgenommen. Die Höhe der Lösungsglühtemperatur richtet sich
nach Art der Legierung und der chemischen Zusammensetzung. Für die Legierung Nimonic 80 A liegt diese bei rd. 960 bis 980 °C, für den Nimonic 115 jedoch deutlich höher bei
1140 bis 1160 °C. Die Lösungsglühtemperatur ist auch ein Indikator für die maximale
Betriebstemperatur. Für eine maximale Festigkeitssteigerung sollte bei der Glühung zur

Ausscheidungshärtung der volle Volumenanteil der γ´-Teilchen bei möglichst optimaler Größe und Verteilung ausgeschieden werden. Dieser Vorgang wird i. d. R. bei Temperaturen um 850 °C und entsprechenden Haltezeiten (16 bis 24 h) durchgeführt. Bei hoch γ´-haltigen Legierungen (mit sehr hohen Lösungstemperaturen) werden auch deutlich höhere Temperaturen angewendet.

Eine Folge der γ´-Aushärtung ist die herabgesetzte Duktilität im gehärteten Zustand. Die Bearbeitung sollte daher im lösungsgeglühten Zustand erfolgen. Die Schweißbarkeit ist durch den Härtungsmechanismus eingeschränkt: Beim Schweißen nach der Aushärtung wird die optimierte γ´-Einstellung als Folge der Wärmeeinbringung gestört. Erfolgt das Schweißen vorher, muss das Schweißgut über ein dem Grundwerkstoff vergleichbares Aushärtungsverhalten verfügen. Ferner ist zu berücksichtigen, dass sich als Folge der zeit- und temperaturabhängigen Strukturänderungen eine Volumenschrumpfung („Negatives Kriechen") im Ausscheidungstemperaturbereich einstellt, welche die Maßhaltigkeit eines Bauteils beeinflussen kann. Das UP-Schweißen von dickwandigen Teilen aus Nickellegierungen (> 50 mm Wandstärke) ist wegen des auftretenden Abbrandes von den die Zeitstandfestigkeit steigernden Legierungselementen mit Problemen behaftet. Um im Schweißgut Zeitstandfestigkeiten zu erzielen, die denen des Grundwerkstoffs vergleichbar sind, müssen optimierte Schweißgüter eingesetzt werden.

Ni-Legierungen weisen in Abhängigkeit von der Zusammensetzung ein breites Spektrum an Ausscheidungen auf: neben den erwähnten γ´– bzw. γ´´-Teilchen treten Boride, Karbidausscheidungen (MC, M_6C, $M_{23}C_6$) auf den Korngrenzen, Korngrenzensäume sowie die interkristallinen δ-(Ni_3Nb) und η-Phasen (Ni_3Ti) auf, die sich auf die Eigenschaften auswirken. Die γ´-Teilchen vergröbern sich, wie erwähnt in Abhängigkeit von der Temperatur und Zeit. Unter Kriechbelastung kann eine Orientierung in Abhängigkeit von der Kohärenz eine gerichtete Vergröberung dieser Teilchen senkrecht zur Belastungsrichtung („Rafting") erfolgen. Diese Erscheinungen können über den Vergleich mit Gefügebildreihen von Laborexperimenten zur qualitativen Analyse der aufgetreten Temperatur herangezogen werden.

In Nickellegierungen kann vorzugsweise im Temperaturbereich zwischen 650 und 700 °C interkristalline Oxidation auftreten. Damit verbunden ist ein Abfall der Verformung unter langsamer Dehngeschwindigkeit. Die Zugabe von B und Mg reduziert, Ce verstärkt diesen Effekt. Damit im Zusammenhang steht auch ein zeitabhängiges Risswachstum, das bereits ab Temperaturen >500 °C auftreten kann. Der SAGBO Effekt leitet sich aus dem Englischen: „stress assisted grain boundary oxidation" ab, und stellt den das Risswachstum beeinflussenden Mechanismus dar, der sich aus der Wechselwirkung mit der Umgebung an der Rissspitze ergibt. Die Diffusion von Sauerstoff entlang der Korngrenzen bewirkt eine Herabsetzung der Duktilität bzw. bringt ein interkristallines Bruchverhalten mit sich. Der SAGBO Effekt ist von der chemischen Zusammensetzung, Temperatur, Sauerstoffpartialdruck und von der Spannung bzw. der lokalen Spannungsintensitätsfaktor abhängig.

Höchste Anwendungstemperaturen bis 1200 °C lassen sich mit primär karbidgehärteten Legierungen erzielen, bei denen die Lösungstemperaturen der Karbide (MC- und M_6C, basierend auf Mo, W, Ti, Nb) über denen von γ´– Teilchen liegen.

Die Dispersionshärtung (in Verbindung mit der Herstellung) stellt eine weitere Möglichkeit der Festigkeitssteigerung dar. Im Unterschied zu den herkömmlichen Härtungsmechanismen, bei denen die Ausscheidungen bei höheren Temperaturen in der Matrix löslich sind, werden hier Teilchen verwendet, die in der Matrix unlöslich sind. Diese als Dispersoide bezeichneten Teilchen sind Oxide, meist Yttriumoxide. Solche pulvermetallurgisch hergestellten Legierungen werden auch als ODS-Legierungen (Oxide Dispersened Strengthened Alloys) bezeichnet. Da diese Teilchen weder in Lösung gehen noch koagulieren, erreichen diese Legierungen sehr hohe Einsatztemperaturen, bei denen die üblichen festigkeitssteigernden Ausscheidungen bereits aufgelöst sind. Der Nachteil ist, dass beim Schweißen die Dispersoide aufgelöst werden und die Schweißgüter auf dem Niveau der nicht dispersionsverfestigten Matrix liegen.

Neben den oben erwähnten schweißtechnischen Schwierigkeiten, ergeben sich bei den Superlegierungen Verarbeitungsprobleme bei der Herstellung größerer Teile aufgrund der hohen Festigkeit. Feingussverfahren werden z. B. bei der Herstellung von Turbinenschaufeln eingesetzt, die die Nachbearbeitung auf ein Minimum reduzieren. Dem Vorteil der guten Zeitstandfestigkeit und der günstigen Formgebung feingegossener Turbinenschaufeln stehen allerdings negative Einflüsse auf die Schwingfestigkeit gegenüber, die durch gießbedingte Poren, Mikrolunker oder Grobkornbildung entstehen. Durch geeignete Nachbehandlungsverfahren, wie etwa Kugelstrahlen oder heißisostatisches Pressen (HIP) oberhalb der Lösungsglühtemperatur, können innere Mikroporen beseitigt sowie chemische und physikalische Inhomogenitäten ausgeglichen werden. Durch die Beeinflussung der Korngröße über die Steuerung unterschiedlicher Abkühlvorgänge bzw. durch die Umformung bei Schmiedelegierungen können die Eigenschaften der Legierung weiter beeinflusst werden, allerdings treten bei größeren Querschnitten und ansteigenden γ'-Gehalten aufgrund des sich eingrenzenden Temperaturbereichs für die Warmformgebung Probleme mit dem Kornwachstum auf.

Die Fertigung von gerichtet erstarrten Bauteilen bietet die Möglichkeit einer weiteren Verbesserung der Zeitstandfestigkeit im Vergleich zu den polykristallinen Legierungen (CC – conventionally cast). Die dabei erzeugten Stängelkristalle (DS – directionally solidified) führen, insbesondere durch die Vermeidung ungünstiger Korngrenzen senkrecht zur Hauptbeanspruchungsrichtung, zu einer richtungsabhängigen, erhöhten Festigkeit bei hohen Temperaturen. Korngrenzengleiten als Ursache für interkristalline Kriechschädigung kann dadurch reduziert bzw. vermieden werden. Darüber hinaus kann durch Einstellung einer Textur, d. h. Vorgabe der Richtung in der die Kristallisation erfolgt, die (thermische) Ermüdungsfestigkeit gesteigert werden. Dies geschieht durch Einstellung der Vorzugsrichtung < 100 >, die den kleinsten E-Modul aufweist, in Längsrichtung zur größten thermischen Dehnung. Die damit mögliche Erhöhung der Werkstofftemperatur resultiert in einer Verlagerung des Versagens vom Korngrenzen- zum Matrixkriechen.

Das durch die unterschiedliche Kristallstruktur erzielbare Zeitstandverhalten ist in Abb. 7.30 für den Werkstoff MAR-M 200 dargestellt.

Abb. 7.30 Einfluss des
Gefügezustandes auf die
Zeitstandfestigkeit und das
Kriechverhalten von MAR-M
200 (NiCrWCoAlTi-
Legierung)

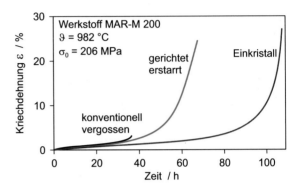

Abb. 7.31 Vergleich der
Zeitstandfestigkeit von
Nickellegierungen und
Stahllegierungen in
Abhängigkeit von der
Temperatur

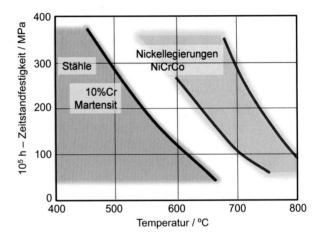

Tab. 7.17 Anwendungsgebiete typischer Nickellegierungen

Werkstoffbezeichnung	Handelsname (Beispiel)	Anwendungsbereich
NiCr15Fe (2.4816)	Alloy 600	Chemische Verfahrenstechnik, Petrochemie, Wärmebehandlungsanlagen, Triebwerksbau
NiCr23Co12Mo (2.4663)	Alloy 617	Gasturbinen, Rohrleitungen
NiCr20TiAl (2.4952)	Nicrofer 7520 Ti, Nimonic 80A	Gas-, Dampfturbinen, Kerntechnik, Anlassventile in Motoren
NiCo20Cr20MoTi (2.4650)	Nicrofer 5120CoTi, Alloy 263	Luft- und Raumfahrt, Gasturbinen
–	MAR-M 200	Luft- und Raumfahrt, Gasturbinen

In Abb. 7.31 ist die Abhängigkeit der Zeitstandfestigkeit von der Temperatur für Nickellegierungen des Typs NiCrCo vergleichsweise mit der von Stählen gegenübergestellt. In Tab. 7.17 sind einige Beispiele für die typischen Anwendungsbereiche von Nickellegierungen angegeben. Die zugehörigen mechanischen Eigenschaften sind in Tab. 7.18 und 7.19 zusammengestellt.

Tab. 7.18 Mechanische Eigenschaften von Nickellegierungen bei RT nach DIN EN 10095:2018 bzw. DIN EN 10302:2008 (Dicke bzw. Durchmesserangaben beachten); A: geglüht; AT: lösungsgeglüht; P: ausscheidungsgehärtet

Werkstoff-bezeichnung	Wärmebehandlung	Min. Streckgrenze/MPa	Zugfestigkeit/MPa	Min. Bruchdehnung /%
NiCr15Fe (2.4816)	+A	240	550 bis 850	30
NiCr23Co12Mo (2.4663)	+AT	270	Min. 700	35
NiCr20TiAl (2.4952)	+P	600	Min. 1000	18
NiCo20Cr20MoTi (2.4650)	+P	(570)*	(Min. 970)*	(30)*
NiCr20Co13Mo4Ti3Al (2.4654)	+P	760	Min. 1100	15

* keine verbindlichen Werte

Tab. 7.19 Zeitstandeigenschaften von Nickellegierungen Anhaltsangaben für die Mittelwerte nach DIN EN 10095:2018 bzw. DIN 10302:2008)

Werkstoffbezeichnung	Temperatur	10^4 h-Zeitstandfestigkeit	10^5 h-Zeitstandfestigkeit
NiCr15Fe (2.4816)	600	138	97
NiCr23Co12Mo (2.4663)	700	123	95
NiCr20TiAl (2.4952)	600	433	272
NiCo20Cr20MoTi (2.4650)	700	345	250

7.5 Magnesium und Magnesiumlegierungen

Magnesium ist am Aufbau der Erdrinde mit 2 % beteiligt. Wegen seiner großen Reaktionsfähigkeit kommt es nicht im metallischen Zustand vor, sondern hauptsächlich in Form von Carbonaten, Silikaten, Chloriden und Sulfaten, seltener als Oxid. Aus einem Carbonat des Magnesiums, dem Dolomit ($CaMg(CO_3)_2$), werden ganze Gebirgszüge z. B. die Dolomiten gebildet. Eine weitere wichtige Quelle von metallischem Magnesium ist Meerwasser das Magnesium als Mg^{2+}-Ionen in beträchtlichem Umfang ($\approx$ 1,3 g/l)) enthält.

7.5.1 Herstellung und Verarbeitung

Magnesium wird technisch vorwiegend auf chemischem Wege durch die thermische Reduktion von Magnesiumoxid mit Ferrosilizium hergestellt. Das Magnesiumoxid wird dabei in Form von gebranntem Dolomit (MgO + CaO) eingebracht. In geringerem Umfang wird Magnesium auch durch Elektrolyse einer Schmelze aus Magnesiumdichlorid ($MgCl_2$) gewonnen. Derzeit ist China mit Abstand der größte Produzent von metallischem Magnesium.

7.5.2 Eigenschaften

Magnesium kristallisiert in hexagonal- dichtester (hdp) Kugelpackung. Es besitzt ein sehr geringes spezifisches Gewicht mit $\rho = 1,74$ kg/dm^3. Der E-Modul ist mit 45.000 MPa ebenfalls gering. Die Querkontraktionszahl beträgt $\mu = 0,29$ und die Schmelztemperatur $T_S = 650$ °C. Der Wärmeausdehnungskoeffizient ist $\alpha = 26 \times 10^{-6}$ 1/K. Die Streckgrenze des reinen Magnesiums liegt je nach Kaltverformung und Korngröße zwischen $R_{p0,2} = 40$ MPa und 70 MPa; die Zugfestigkeit zwischen $R_m = 140$ MPa und 230 MPa.

Magnesium und seine Legierungen besitzen eine ausgezeichnete Zerspanbarkeit. Bei der Zerspanung ist die Entstehung von feinen Spänen und Staub zu vermeiden, da diese zu Bränden und Staubexplosionen neigen. Zum Kühlen und Nassschleifen dürfen keine wasserhaltigen Kühlmittel verwendet werden.

Magnesium und seine Legierungen eignen sich sehr gut zur Verarbeitung durch Gießen, Gesenkschmieden und Strangpressen. Beim Druckguss werden bei der Verarbeitung von Magnesium erheblich höhere Formstandzeiten als bei Zink oder Aluminium erreicht, da die Löslichkeit von Magnesium in Eisen sehr gering ist.

Magnesium ist wie Aluminium ein silberglänzendes Leichtmetall. An der Luft überzieht es sich mit einer dünnen, zusammenhängenden Oxidschicht (mattweiß). Durch diese Schutzschicht ist Magnesium trotz der hohen Affinität zu Sauerstoff bei Raumtemperatur beständig. Dieser Schutz ist jedoch nicht so gleichmäßig und dicht wie bei Aluminium oder Titan. Gegenüber Seewasseratmosphäre ist Magnesium beispielsweise sehr empfindlich. Aus diesem Grund sind bei Magnesium, je nach Anwendung, weitere Korrosionsschutzmaßnahmen vorzusehen.

7.5.3 Legierungen

Festigkeits- und Verformungseigenschaften wie Zugfestigkeit und Bruchdehnung sind stark von der Legierungszusammensetzung und dem Behandlungszustand des Werkstoffes abhängig. Das grobkristalline Primärgefüge und die geringe Verformbarkeit des hexagonalen Gitters sind die Ursachen der schlechten Zähigkeit und der hohen Kerbempfindlichkeit. Diese Nachteile lassen sich durch Legieren mit Aluminium und Zink reduzieren. Da Mangan zudem die Korrosionsbeständigkeit verbessert, enthalten die wichtigsten Magnesiumlegierungen diese Zusätze. Magnesiumlegierungen mit Cer und Thorium zeichnen sich durch die für Magnesiumlegierungen gute Warmfestigkeit bis 220 °C bzw. 300 °C aus. Zirkonium dient der Kornverfeinerung und damit der Steigerung von Festigkeit und Verformbarkeit. Durch Lösungsglühen und anschließendem Anlassen kann die Verteilung der intermetallischen Phasen im Mischkristall und dadurch das Festigkeitsverhalten der Magnesium-Legierungen beeinflusst werden. In Abb. 7.32 ist der Einfluss von Al auf die Streckgrenze, Zugfestigkeit und Bruchdehnung dargestellt.

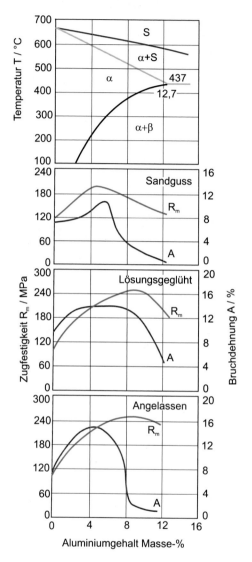

Abb. 7.32 Einfluss des Al-Gehalts auf die Festigkeits- und Zähigkeitseigenschaften von Mg

Anwendung finden Mg-Legierungen überwiegend in gegossener Form. Gussteile finden sich bei vielen Bauteilen in Hubschraubern (z. B. Getriebegehäuse) und Flugzeugen. Im Automobilbereich werden Mg-Gusslegierungen z. B. für Getriebegehäuse (leicht und gute Geräuschdämpfung) oder Felgen eingesetzt. Weit verbreitet sind Gehäuse und -teile aus Magnesiumlegierungen bei Smartphones, Kameras und tragbaren Computern. Die Eigenschaften einiger relevanter Mg-Legierungen sind in Tab. 7.20 aufgelistet.

Tab. 7.20 Zusammenstellung der wichtigsten Eigenschaften typischer Magnesium- Legierungen

Werkstoffbe-zeichnung (Nummer)	Werkstoffbe-zeichnung (Kurzzeichen)		Elastizitäts-modul/MPa	Streckgrenze/ MPa	Zugfestigkeit/ MPa	Bruch-dehnung /%
EN-MC21110	MgAl8Zn1	AZ81	45.000	140–160	200–250	1–7
EN-MC21210	MgAl2Mn	AM20	45.000	80–100	150–220	8–18
EN-MC21320	MgAl4Si	-	45.000	120–150	200–250	3–12
EN-MC21120	MgAl9Zn1	AZ91	45.000	140–170	200–260	1–6
EN-MC21230	MgAl6Mn	AM60	45.000	120–150	190–250	4–14

7.6   Fragen zu Kap. 7

1. Welchen Gittertyp besitzt Kupfer?
2. Nennen Sie wichtige Legierungselemente für Kupfer.
3. Aus welchen Hauptlegierungselementen bestehen Messing bzw. Bronze?
4. Nennen Sie günstige Eigenschaften von Aluminium im Vergleich zu Stahl.
5. Was bewirken Gehalte von Si bis 3,5 % und Mg bis 1 % in Al?
6. Wie kann bei nichtaushärtbaren Aluminium-Legierungen eine Festigkeitssteigerung erzielt werden?
7. Welche Eigenschaft zeichnet reines Titan vor allem aus?
8. Welche Härtungsmechanismen sind bei warmfesten Nickellegierungen zur Steigerung der Festigkeit möglich?
9. Wie wird Magnesium vorwiegend gewonnen?
10. Benennen Sie Vor- und Nachteile von Magnesiumlegierungen im Vergleich zu Stahl?

Kunststoffe

8

Als Kunststoffe werden makromolekulare Werkstoffe bezeichnet, die teilweise oder völlig durch Synthese („künstlich") hergestellt werden. Die der technischen Kunststoffsynthese zugrundeliegenden Polymerisationsreaktionen werden zu Beginn des Kapitels diskutiert. Wichtige Formgebungsverfahren werden erläutert. Die Kunststoffgruppen Thermoplaste, Elastomere und Duroplaste werden anhand des molekularen Aufbaus und ihrer Eigenschaften voneinander abgegrenzt. Die Eigenschaften der Kunststoffe hängen in sehr viel stärkerem Maße von den Umgebungsbedingungen ab als die der metallischen Werkstoffe. Der Einfluss von Temperatur, Dehnrate und Feuchtigkeit auf das mechanische Verhalten der Kunststoffgruppen wird anhand von Beispielen erläutert.

Kunststoffe sind eine vergleichsweise junge Werkstoffgruppe. Der Begriff Kunststoff stammt aus den 1940er-Jahren. Seitdem steigt die Produktion von Kunststoffen stetig an und erreichte im Jahr 2020 weltweit 367 Mio. Tonnen, Abb. 8.1. Kunststoffe werden zu Formteilen, Halbzeugen, Fasern oder Folien verarbeitet und in unterschiedlichsten Bereichen, Abb. 8.2, eingesetzt.

Kunststoffe werden nicht immer sortenrein sondern auch als Mischung verschiedener Polymere (Polyblend bzw. Polymerblend) verarbeitet. Meist werden auch noch zusätzlich Additive hinzugefügt, um die Polymerisation sowie den Aufbau der Moleküle zu beeinflussen sowie die physikalischen und mechanischen Eigenschaften des Polymers zu optimieren.

© Springer-Verlag GmbH Deutschland, ein Teil von Springer Nature 2022
E. Roos et al., *Werkstoffkunde für Ingenieure*,
https://doi.org/10.1007/978-3-662-64732-5_8

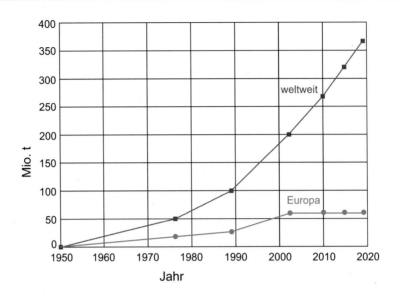

Abb. 8.1   Kunststoffproduktion in Europa und weltweit

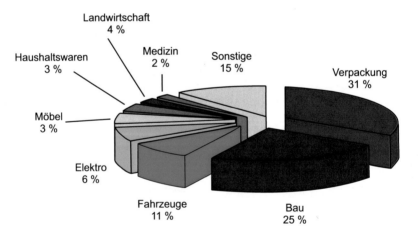

Abb. 8.2   Kunststoffverbrauch in Deutschland

8.1   Bezeichnung der Kunststoffe

Zur Bezeichnung der verschiedenen Kunststoffe wurden international einheitliche Kurzzeichen eingeführt, Tab. 8.1.

Die Kurzzeichen der Kunststoffgruppen sind in Tab. 8.2 aufgelistet.

Tab. 8.1 Internationale Kurzbezeichnung von Kunststoffen

Kurzzeichen	Bezeichnung	Typ
ABS	Acryl-Butadien-Styrol	T
BR	Butadien-Rubber	E
CR	Chlorbutadien-Rubber	E
EP	Epoxid	D
EPM	Ethylen-Propylen-Kautschuk	E
IR	Isoprene-Rubber	E
MF	Melamin-Formaldehyd	D
NBR	Acrylnitril-Butadien-Rubber	E
NR	Natural Rubber	E
PA	Polyamid	T
PA6	Polyamid hergestellt aus $[NH-(CH_2)_5-CO]_n$	T
PA12	Polyamid hergestellt aus $[NH-(CH_2)_{11}-CO]_n$	T
PBTP	Polybutylenterephthalat	T
PC	Polycarbonat	T
PE	Polyethylen	T
LDPE	Polyethylen niederer Dichte	T
HDPE	Polyethylen hoher Dichte	T
PETP	Polyethylentherephthalat	T
PF	Phenol-Formaldehyd	D
Pi	Polyimid	D, T
PMMA	Polymethylmethacrylat	T
POM	Polyoxymethylen	T
PS	Polystyrol	T
PP	Polypropylen	T
PTFE	Polytetrafluorethylen	T
PVC	Polyvinylchlorid	T
PUR	Polyurethan	D
SAN	Styrol-Acryl-Nitril	T
SBR	Styrol-Butadien-Rubber	E
SI	Silikon	D
UF	Harnstoff-Formaldehyd	D
UP	Ungesättigte Polyester	D, T

Tab. 8.2 Kurzzeichen für Kunststoffgruppen

Kurzzeichen	Kunststoffgruppe
D	Duroplast
E	Elastomer
T	Thermoplast

8.2   Herstellung von Kunststoffen

8.2.1   Synthese

Ausgangsstoffe zur Synthese von Kunststoffen sind primär Erdöl, Erdgas und Kohle. Rund 4 bis 6 % der jährlich geförderten Erdölmenge werden zur Herstellung von Kunststoffen verwendet. Aus den Ausgangsstoffen werden niedermolekulare Monomere (Grundbausteine) synthetisch hergestellt. Die Momomere enthalten entweder (ungesättigte) Doppelbindungen oder bi- oder höherfunktionelle Gruppen, Abb. 8.3. Doppelbindungen und bifunktionelle Gruppen führen zu Polymeren mit linearem Aufbau (Fadenmoleküle), während aus Monomeren mit höherfunktionellen Gruppen verzweigte oder vernetzte Polymere entstehen.

Als Starter der Polymerisation kommen thermische oder fotochemische Anregung, Initiatoren, Katalysatoren und deren Kombination in Frage.

Die Verfahren zur Synthese der Polymere aus Momomeren sind die Kondensationspolymerisation und die Additionspolymerisation. Die Additionspolymerisation lässt sich wiederum aufspalten in die Kettenreaktion und in die Stufenreaktion.

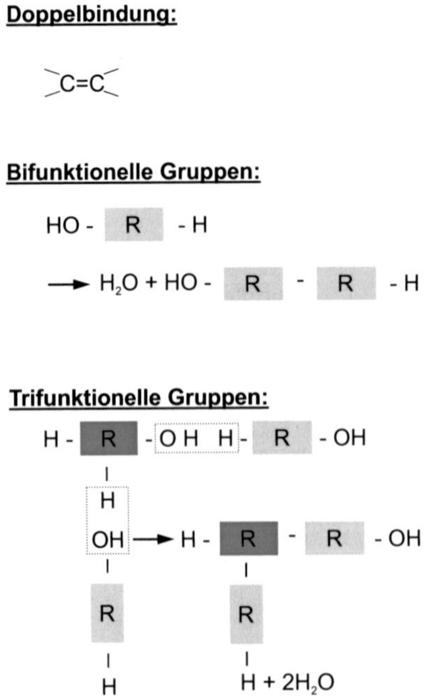

Abb. 8.3 Monomere mit funktionellen Gruppen (R: organische Radikale , die bei der chemischen Reaktion ihre Identität behalten, z. B. CH_3-, C_2H_5-, C_6H_5- Gruppe)

8.2.1.1 Kondensationspolymerisation

Bei der Kondensationspolymerisation entstehen aus Monomeren mit bifunktionellen Gruppen Thermoplaste (Kettenmoleküle ohne Vernetzung untereinander), aus Monomeren mit mehrfunktionellen Gruppen Duroplaste (stark vernetzte Molekülstruktur). Bei der Kondensationsreaktion werden niedermolekulare Substanzen, z. B. H_2O, NH_3, HCl oder Alkohole, abgespalten, Abb. 8.4. Beispiele für Polykondensate sind PA, PC, PF, UF, UP.

8.2.1.2 Additionspolymerisation als Kettenreaktion

Aus ungesättigten Monomeren mit C=C-Doppelbindung entstehen unter Wärmezufuhr und mit Katalysatoren fadenförmige Makromoleküle. Bei der Aktivierung wird eine der beiden Bindungen in der C=C-Doppelbindung „aufgebrochen", wodurch Valenzen für eine Verbindung mit zwei Nachbarmolekülen frei werden, Abb. 8.5. Die Länge des Makromoleküls hängt von der Temperatur sowie von der eingesetzten Art und Menge an Katalysatoren ab. Typische Polymerisate sind PS, PVC, PMMA, PE, POM, PTFE und PP.

8.2.1.3 Additionspolymerisation als Stufenreaktion

Monomere werden ohne Abspaltung eines Nebenprodukts durch Umlagern eines Wasserstoffatoms zu einem Makromolekül verknüpft, Abb. 8.6. Wie bei der Kondensationspolymerisation entstehen durch bifunktionelle Gruppen lineare Polymere (Thermoplaste) und

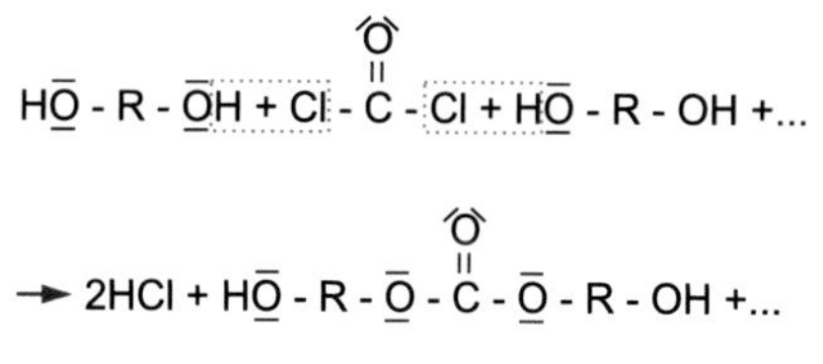

Abb. 8.4 Kondensationspolymerisation am Beispiel der Herstellung von Polycarbonat (PC)

Abb. 8.5 Additionspolymerisation als Kettenreaktion am Beispiel der Herstellung von Polyvinylchlorid (PVC)

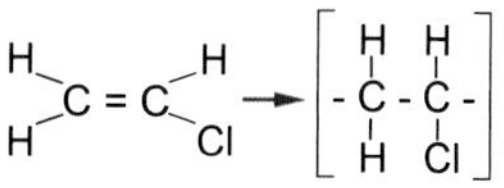

Abb. 8.6 Additionspolymerisation als Stufenreaktion am Beispiel der Herstellung von Epoxidharz (EP)

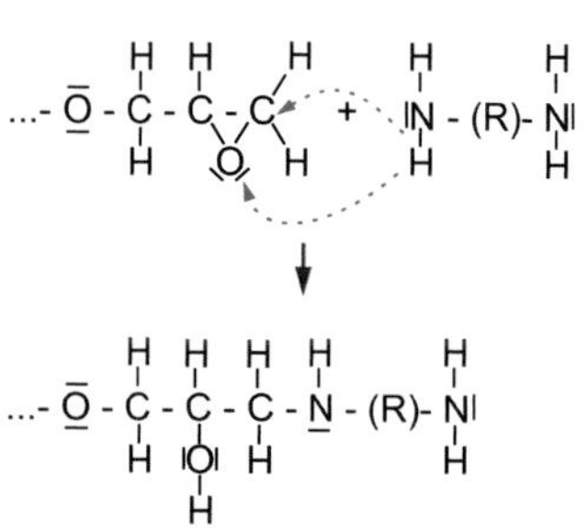

bei höherfunktionellen Gruppen vernetzte Moleküle (Duroplaste). Typische Vertreter dieser Gruppe sind beispielsweise lineares oder vernetztes PUR und EP.

8.2.2 Technische Herstellung (Polymerisation)

Der erste Schritt bei der Kunststofferzeugung ist die in Abschn. 8.2.1 beschriebene Polymerisation bei der die Monomere zu Makromolekülen bzw. -strukturen reagieren. Zur Auslösung der Polymerisation werden spezifische Initiatoren hinzugefügt. Für die technische Umsetzung der Polymerisation werden folgende Verfahren angewendet:

Substanzpolymerisation
Bei der Substanzpolymerisation wird das oder die reinen Monomere verwendet. Lösungs- oder Verdünnungsmittel werden nicht eingesetzt (PS, UP, PA6).

Fällungspolymerisation
Das oder die Monomere sind in einem Lösungsmittel oder ineinander löslich. Das entstehende Polymer ist hingegen unlöslich und fällt als Feststoff aus (Styrol, PP, PS, PVC).

Gasphasenpolymerisation
Bei gasförmigen Monomeren kann die Polymerisation direkt in der Gasphase stattfinden. Das Polymer fällt als Feststoff aus (LDPE).

Lösungspolymerisation
Bei der Lösungspolymerisation müssen sowohl das oder die Monomere als auch das entstehende Polymer im Lösungsmittel löslich sein. Das entstehende Polymer wird nach Abschluss des Polymerisationsvorgangs vom Lösemittel getrennt (Lacke, HDPE).

Suspensionspolymerisation
Das im Lösungsmittel (meist Wasser) unlösliche Monomer wird durch Rühren dispergiert. Die Polymerisation läuft dann in den feinen Monomertröpfchen ab. Das Polymer fällt als Pulver aus (PS, PMMA).

Emulsionspolymerisation
In Wasser wird ein Emulgator gelöst. Anschließend wird das unlösliche füssige Monomer hinzugegeben. An den zu Mizellen zusammengelagerten Emulgatormolekülen polymerisiert dann der Kunststoff. Das Polymer fällt als Pulver aus (E-PVC, SBR, ABS).

Die technische Herstellung von Kunststoffen erfolgt in Reaktoren, in denen die Monomere miteinander reagieren. Zur Herstellung großer Mengen werden die Reaktoren meist kontinuierlich betrieben. Das heißt, dass dem Prozess kontinuierlich Monomer zugeführt und Polymer entzogen wird.

8.2.3 Formgebung

Die Formgebung von Polymeren kann vor, während oder nach der Polymerisation erfolgen. Zur Formgebung werden dünnflüssige Kunststoffvorprodukte oder Kunststoffschmelzen eingesetzt. Im Folgenden werden die wichtigsten Formgebungsprozesse vorgestellt:

Extrudieren

Granulate oder Pulver werden mit Hilfe einer Schnecke verdichtet. Durch das Verdichten und durch externe Heizung wird der Kunststoff erwärmt und in einen plastischen Zustand gebracht. Beim Verlassen des Extruders erfolgt die eigentliche Formgebung durch eine Düse, durch die der Werkstoff gepresst wird, Abb. 8.7. Mit dieser Technik lassen sich Fäden, Rohre, Filme, Platten bis hin zu komplizierten Strangpressprofilen im Endlosverfahren herstellen.

Spritzgießen

Der erhitzte, geschmolzene oder sich im plastischen Zustand befindliche Kunststoff wird in eine Form gespritzt. Der Spritzvorgang erfolgt mittels eines Kolbens oder einer Förderschnecke. Nach dem Erkalten des Kunststoffes wird die Form geöffnet und das Teil aus der Form ausgeworfen, Abb. 8.8. Das Spritzgießen ermöglicht die Fertigung von komplexen Halbzeugen und Fertigprodukten.

Blasformen

Als Ausgangsprodukt dient ein erwärmtes dickwandiges Kunststoffrohr, das sich im plastischen Zustand befindet. Vor dem Blasvorgang wird das Rohr unten abgeschnitten und so verschlossen, Abb. 8.9. Das unten verschlossene Rohr wird als Kübel bezeichnet. Anschließend wird der Kübel mit Innendruck beaufschlagt und in eine Form „geblasen". Mit dem Verfahren können dünnwandige Behälter und andere Hohlkörper hergestellt werden. Auch sehr dünne Folien (Blasfolien) können mit diesem Verfahren gefertigt werden.

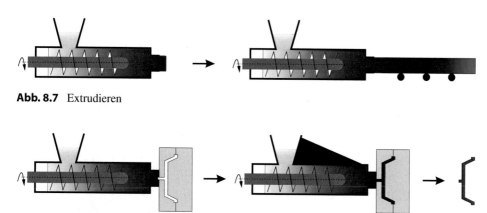

Abb. 8.7 Extrudieren

Abb. 8.8 Spritzgießen

Kalandrieren

Der flüssige Kunststoff wird auf gegenläufig drehende Walzenpaare gegossen. Das Spaltmaß zwischen dem letzten Walzenpaar bestimmt die Dicke der Kunststoffplatte bzw. der Kunststofffolie. Anschließend wird das Produkt gekühlt, Abb. 8.10.

Pulvertechnik

Beim Presssintern wird ein Kunststoffpulver in eine Form gefüllt und dort unter Temperatur und Druck gesintert, Abb. 8.11. Eine andere Pulvertechnik stellt das elektrostatische Beschichten dar. Ein elektrostatisch aufgeladenes Kunststoffpulver wird auf das zu beschichtende Metallbauteil aufgeblasen und bleibt dort haften. Beim anschließenden Er-

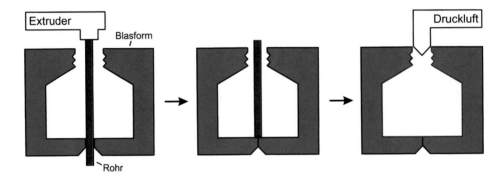

Abb. 8.9 Blasformen

Abb. 8.10 Kalandrieren

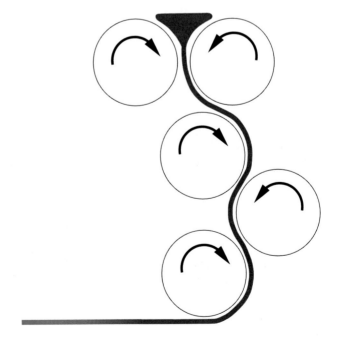

hitzen schmilzt der Kunststoff auf und es bildet sich eine dichte Beschichtung. Solche Beschichtungen ersetzen oft Lackschichten.

Gießen

Das flüssige Polymer wird in eine Form gegossen und härtet dort aus, Abb. 8.12. Um dünnwandige Bauteile zu erzeugen, wird der flüssige Kunststoff in eine rotierende Form gegossen. Die Fliehkräfte sorgen für eine Verteilung des Kunststoffes in der Form.

Schäumen

Durch Einbringen von Gasen werden in einer Kunststoffschmelze kleine Gasblasen erzeugt, die beim Aushärten zu den Hohlräumen im Schaum führen, Abb. 8.13. Beispielsweise kann gasförmiges CO_2 unter Druck in einer Schmelze gelöst werden. Durch das Entspannen der Schmelze entstehen Gasbläschen, die zu einem Aufschäumen der Kunststoffe führen.

3D-Druck

Die technisch relevanten Polymerdruckverfahren lassen sich in vier Klassen einteilen: Pulverbettverfahren, Extrusionsverfahren, Spritzverfahren und Fotopolymerisation.

Pulverbettverfahren, Abb. 8.14a: Das feine Polymerpulver wird schichtweise mit einem Rakel großflächig auf eine Bauteilplattform aufgebracht. An den Schichtbereichen wo das

Abb. 8.11   Presssintern

Abb. 8.12   Gießen

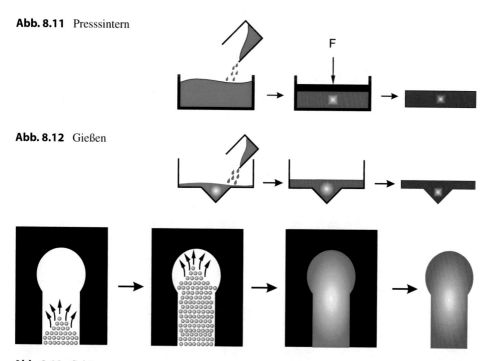

Abb. 8.13   Schäumen

Bauteil entstehen soll wird das Pulver lokal mit einem Laser gesintert (SLS Selective Laser Sintering) oder mit einem Binder lokal benetzt (und ggf. dort mit Infrarotstrahlung aufgeschmolzen) (Binder Jetting). Das Bauteil entsteht schichtweise durch absenken der Bauplattform.

Extrusionsverfahren, Abb. 8.14b: Kunststofffilamente oder Granulate werden plastifiziert und raupen- oder tröpfchenförmig auf die Bauplattform oder das schon bestehende Kunststoffteil abgelegt. Auch hier entsteht das Bauteil schichtweise.

Spritzverfahren: Beim Material Jetting, Abb. 8.14c, wird ein flüssiges Photopolymer (z. B. UV-aushärtend) schichtweise im flüssigen Zustand aufgespritzt und durch eine UV-Lichtquelle ausgehärtet. Meistens wird wie beim Druckkopf eines Tintenstrahldruckers das Fotopolymer durch mehrere Düsen aufgebracht.

Fotopolymerisation: Bei der Stereolithografie, Abb. 8.14d, entsteht das Bauteil wie beim Material Jetting aus einem flüssigen Fotopolymer. Eine Bauplattform die als Behälter ausgeführt ist wird schichtweise mit dem Fotopolymer befüllt oder die Bauplattform wird in einem gefüllten Behälter schrittweise abgesenkt. Dort wo das Bauteil entstehen soll wird das Fotopolymer mit einem Laser ausgehärtet. Der schichtweise Aufbau entsteht durch eine schichtweise Befüllung des Behälters.

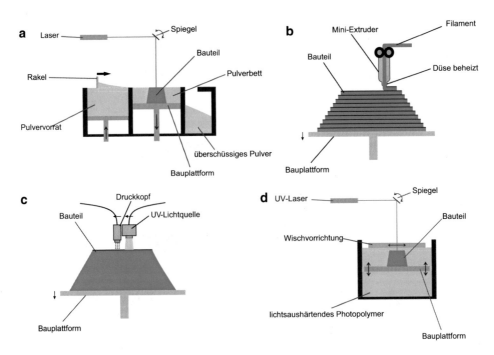

Abb. 8.14 (**a**) Pulverbettverfahren. (**b**) Extrusionsverfahren. (**c**) Material Jetting. (**d**) Stereolithografie

8.2.4 Additive

Um die Synthese, die Fertigung und die Eigenschaften von Polymeren gezielt zu beeinflussen, werden weitere Stoffe, sogenannte Additive, beigemengt. Die Additive können
grob in drei Gruppen eingeteilt werden. Die erste Gruppe dient zur Steuerung der Kunststoffsynthese. In diese Gruppe gehören Initiatoren, Beschleuniger, Inhibitoren,
Emulgatoren und teilweise Stabilisatoren. Gruppe Zwei beeinflusst die physikalischen
und chemischen Eigenschaften. Stabilisatoren, Antistatika, Treibmittel, und Farbmittel
bilden diese Gruppe. Die dritte Gruppe dient zur Steuerung der mechanischen Eigenschaften. Hier sind Weichmacher, Benetzungsmittel und Füllstoffe zu nennen. Einzel-
heiten zu den Additiven können Tab. 8.3 entnommen werden.

8.3 Kunststoffgruppen

Kunststoffe werden bezüglich ihres Aufbaus in drei Gruppen unterschieden: Thermoplaste, Elastomere und Duroplaste . Der Gebrauchsbereich und die Eigenschaften der
Kunststoffe können mit Hilfe der folgenden Temperaturen charakterisiert werden: Glasübergangstemperatur (T_g), Schmelztemperatur (T_m), Fließtemperatur (T_f), Zersetzungstemperatur (T_z).

8.3.1 Thermoplaste

Bei den Thermoplasten sind die den Kunststoff bildenden langen Molekülketten unver-
netzt. Thermoplaste sind wegen der fehlenden Vernetzung beliebig oft erweichbar/
schmelzbar. Sie sind schweißbar, löslich, quellbar und verhalten sich bei Raumtemperatur
spröde oder zähelastisch. Es wird unterschieden zwischen amorphen und teilkristallinen
Thermoplasten. In amorphen Thermoplasten liegen die Molekülketten völlig ungeordnet
vor (Knäuelstruktur), während bei teilkristallinen Thermoplasten neben amorphen Bereichen solche mit kristalliner Struktur vorhanden sind. Die Kristallite werden durch
parallelliegende Bereiche verschiedener oder gefalteter Molekülketten gebildet. Zwischen
diesen Bereichen sind Sekundärbindungskräfte wirksam.

8.3.1.1 Amorphe Thermoplaste
Bei amorphen Thermoplasten liegen die Molekülketten völlig ungeordnet vor, Abb. 8.15.
Sie sind häufig transparent; je ungeordneter und je weniger verzweigt die Moleküle sind,
desto steifer wird der Werkstoff bei gleichzeitig steigender Dichte. Eingesetzt werden
amorphe Thermoplaste im Temperaturbereich unterhalb einer Temperatur, die als Glasübergangstemperatur bezeichnet wird. Oberhalb dieser Glasübergangstemperatur erweichen die amorphen Bereiche. Die Glasübergangstemperatur liegt bei diesen Kunststoffen bei etwa 80 °C und höher.

Tab. 8.3 Kunststoffadditive

Additiv	Ziel	Funktionsweise	Beispiele
Antistatika	Verhinderung einer elektrischen Aufladung	Bildung einer leitenden Schicht auf der Oberfläche oder Erhöhung der Leitfähigkeit des Polymers	Z. B. Grafit bei Epoxid-Gie ßharzen
Benetzungsmittel (Schlichte)	Verbesserung der Haftung zwischen Füllstoff und Polymer	Wird z. B. erreicht durch chemische Bindung des Benetzungsmittels mit dem Füllstoff	Auf Silanbasis (Siliziumverbindungen)
Beschleuniger	Polymerisation wird beschleunigt	Initiator wird verstärkt aktiviert	Bei Naturkautschuk organische schwefelhaltige Stoffe, die eine Aktivierung des Schwefels bewirken
Emulgatoren	Bildung eines feinen Polymerpulvers	Emulgator dient als Keimstelle für Polymerpartikel	Glyzerinmonostearat bei der Herstellung von E-PVC
Farbmittel	Durchfärben eines Polymers	Vor dem Extrudieren Einmischung von Farbpigmenten oder Einbringung von löslichen Farbstoffen im flüssigen Zustand	Azofarbstoffe in Polystyrol
Füllstoffe	Veränderung der physikalischen und mechanischen Eigenschaften	Einbringen von Teilchen (nano bis mehrere mm) oder Fasern (Whisker, Kurz- oder Langfasern)	Kohlestaub zur Erhöhung der elektrischen Leitfähigkeit; Glasfaser zur Erhöhung der Festigkeit
Initiatoren	Auslösung der Polymerisation	Chemischer Radikalbildner, katalytisch	Peroxide bei PVC; Schwefel bei Naturkautschuk
Stabilisatoren	Antioxidantien, Lichtschutzmittel, Wärmestabilisatoren,	Z. B. Bindung freier Radikale	Phenole bei Polyethylen (PE)
Treibmittel	Generierung von Schäumen	Chemische oder physikalische Gasblasenbildung	Verdichteter Stickstoff (physikalisch); Azodicarbonamid (chemisch)
Weichmacher	Reduzierung der Härte und Steigerung der Zähigkeit	Zumischung eines weiteren Polymers (Polymerblend) oder eines niedermolekularen Weichmachers	Einmischung von PMA in PMMA (Polymerblend)

Abb. 8.16 zeigt schematisch den Verlauf der Zugfestigkeit und der Dehnung über der Temperatur.

Beispiele für amorphe Thermoplaste sind PS, PVC, PMMA, ABS, SAN, PC. Sie lassen sich spritzgießen, extrudieren, folienblasen, tiefziehen, schweißen, kleben und drucken.

8.3.1.2 Teilkristalline Thermoplaste

Die kristallinen Bereiche, Abb. 8.17, bewirken ein opakes bis undurchsichtiges Aussehen. Der Einsatzbereich liegt zwischen Glasübergangs und Schmelztemperatur. In diesem Temperaturbereich zeigen teilkristalline Thermoplaste noch ausreichend gute Festigkeitseigenschaften, Abb. 8.18. Beispiele sind PA, PE, POM, PTFE, PBTP. Bei der Verarbeitung kommen dieselben Verfahren zur Anwendung wie bei amorphen Thermoplasten. Eine Sonderstellung nimmt PTFE ein, da es durch Sintern hergestellt wird.

Abb. 8.15 Struktur amorpher Thermoplaste (ungeordnete Makromoleküle)

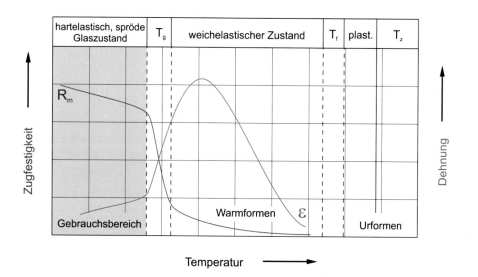

Abb. 8.16 Zugfestigkeit über der Temperatur für amorphen Thermoplast [Fra11]

Abb. 8.17 Struktur
teilkristalliner Thermoplaste
(amorphe und kristalline
Bereiche)

kristalliner Bereich
(geordnete Molekülketten)

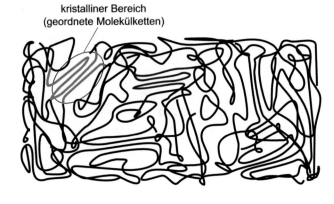

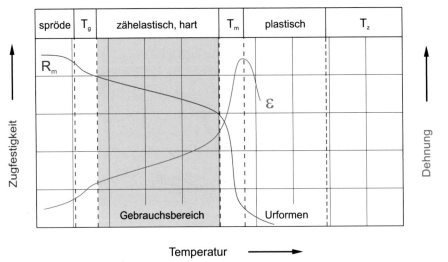

Abb. 8.18 Zugfestigkeit über der Temperatur für teilkristallinen Thermoplast [Fra11]

8.3.2 Elastomere

Bei den Elastomeren sind die Molekülketten untereinander vernetzt. Der Grad der Vernetzung ist jedoch gering, Abb. 8.19. Bedingt durch die Vernetzung sind die Elastomere
gut elastisch verformbar, Abb. 8.20, jedoch nicht mehr schmelzbar. Elastomere sind unlöslich und quellbar. Die Vernetzung erfolgt über Schwefelatome oder über Benzoxyl-, Me-
thylethylketon- oder Cyclohexanon-Peroxid. Beim NR heißt diese durch Schwefel aus-
gelöste Vernetzung Vulkanisation und wurde von Charles Goodyear entdeckt. Elastomere
werden im gummielastischen Zustand eingesetzt, d. h. oberhalb der Glasübergangstemperatur, Abb. 8.21. Beispiele für Elastomere sind IR, NR , BR, SBR, NBR, CR. Anwendungstemperaturen sind bei IR, NR bis 65 °C, bei SBR bis 80 °C und NBR, CR
bis 110 °C.

Abb. 8.19 Struktur eines weitmaschig vernetzten Elastomers

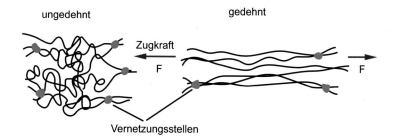

Abb. 8.20 Elastische Verformung unter Einwirkung einer Zugkraft

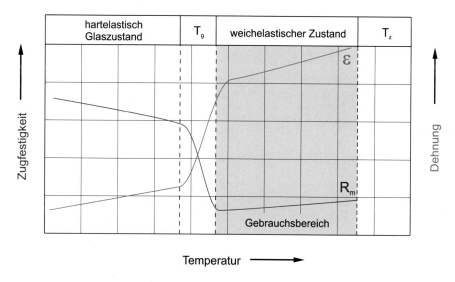

Abb. 8.21 Zugfestigkeit über der Temperatur für Elastomere [Fra11]

8.3.3 Duroplaste

Bei den Duroplasten sind die Molekülketten engmaschig miteinander vernetzt, Abb. 8.22.
Durch den Vernetzungsprozess wird im Grenzfall das gesamte Bauteil zu einem Makromolekül. Duroplaste sind weder erweich- noch schmelzbar, sie zersetzen sich ohne vor-
herigen Schmelzbereich bei hohen Temperaturen, Abb. 8.23. Bei Raumtemperatur verhalten sie sich hart und spröde, sie sind unlöslich, nicht plastisch verformbar, nicht
schweißbar und temperaturstandfest. Häufig werden Duroplaste bis zu über 80 % mit Füll-
und Verstärkungsstoffen (Fasern, Pulver, Schnitzel, Bahnen) versehen.
Als Konstruktionswerkstoffe stehen 3 Gruppen zur Verfügung:

Technische Harze
zum Gießen von Formkörpern, Einbetten, Kleben oder Schäumen, z. B. Herstellung von
Bootskörpern, lsolierteilen. Die Härtung erfolgt warm oder kalt, meist ohne Druck.

Abb. 8.22 Stark vernetzte
Struktur eines Duroplasts

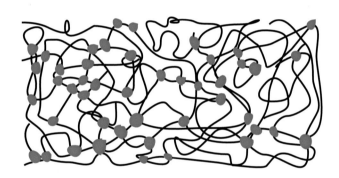

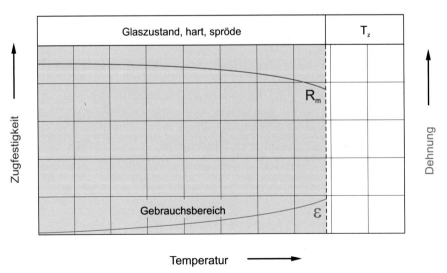

Abb. 8.23 Zugfestigkeit über der Temperatur für Duroplaste [Fra11]

Härtbare Formmassen

zur spanlosen Verarbeitung. Anwendung für elektrotechnische Isolierteile, Hartpapier, Formteile im Maschinen- und Apparatebau, als Bindemittel für Schleifscheiben, Kupplungs- und Bremsbeläge. Spanlose Verarbeitung, Aushärtung unter Druck und Wärme.

Technische Schichtpressstoffe

als Kunststoffhalbzeug in Form von Tafeln, Blöcken und Profilen. Verarbeitung durch spanende Bearbeitung.

Beispiele für Duroplaste sind PF, MF, UP, EP. Als Füllstoffe für Duroplaste werden insbesondere eingesetzt: Carbon-, Aramid- und Glasfasern, Holz und Zellulose in Form von Pulver sowie harte Partikel.

8.4 Physikalische und mechanische Eigenschaften

Die physikalischen und mechanischen Eigenschaften von Kunststoffen werden durch Aufbau und Größe der Makromoleküle, durch den Vernetzungsgrad sowie durch die Art der Herstellung bestimmt. Die Eigenschaften werden zusätzlich durch Umgebungsbedingungen wie Temperatur, Feuchte, Umgebungsmedium und Belastungsgeschwindigkeit stark beeinflusst. Der Einfluss der Umgebungsbedingungen auf die Eigenschaften ist wesentlich stärker ausgeprägt als bei Metallen.

8.4.1 Physikalische Eigenschaften

Kunststoffe weisen einige Eigenschaften auf, die sie stark von Metallen unterscheiden. So zeichnen sie sich besonders durch niedrige Dichte, Tab. 8.4, hohen elektrischen Isolationswiderstand, hohes Dämpfungsvermögen, geringe Wärmeleitfähigkeit und gute Beständigkeit gegen elektrolytische Korrosion aus. Die Einsatztemperatur der Kunststoffe ist im Vergleich zu Metallen und Keramiken niedrig.

8.4.2 Mechanische Eigenschaften

Das Verformungsverhalten von Werkstoffen kann mit Hilfe von Fließkurven beschrieben werden. Amorphe Thermoplaste und Duroplaste zeigen ein fast linearelastisches Verhalten bis zum Bruch , Abb. 8.24. Dieses Verhalten ändert sich bei den Duroplasten bis zur Zersetzungstemperatur nicht, also bis zur Zerstörung des Kunststoffes, während bei den amorphen Thermoplasten oberhalb des Gebrauchsbereichs starke bleibende Verformungen beobachtet werden. Auch Elastomere zeigen so gut wie keine bleibenden Verformungen. Ihr Verhalten ist reversibel, aber nicht linearelastisch; es wird als hyperelastisch bezeichnet. Teilkristalline Thermoplaste zeigen im Gebrauchsbereich ein viskoses Verhalten.

Tab. 8.4 Physikalische Eigenschaften von Kunststoffen

Werkstoff	Typ	Dichte/g/ cm³	Maximale Einsatztem- peratur/°C	Thermischer Ausdehnungskoeffizient μm/(m K)	Max. Wasseraufnahme/%
PS	Amorpher T	1,05	55	80	<0,1
ABS	Amorpher T	1,06	85	95	0,7
PVC	Amorpher T	1,39	65	75	0,2
PA12	Teilkrist. T	1,02	80	150	2,3
PP	Teilkrist. T	0,91	100	160	<0,1
PTFE	Teilkrist. T	2,2	280	100	10^{-3}
PE	Teilkrist. T	0,94	90	210	<0,1
NR	E	1,34	70	–	–
IR	E	0,93	60	–	–
BR	E	0,94	90	–	–
UP	D	1,25	80	60	0,15–0,6
EP	D	1,21	80	20	0,1–0,5

Abb. 8.24 Fließkurven bei 20 °C von gebräuchlichen Polymeren

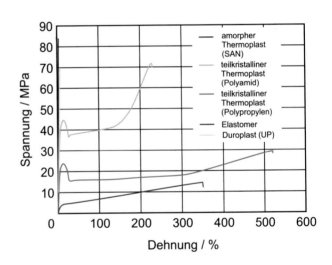

Der Grad der bleibenden Verformungen ist stark von Temperatur und Belastungsgeschwindigkeit abhängig. Die mechanischen Eigenschaften einiger gebräuchlichen Kunststoffe sind in Tab. 8.5 aufgeführt.

Viel stärker als bei Metallen hängen die Werkstoffkennwerte bei Kunststoffen von der der Dehnrate und der Belastungsdauer ab. Sowohl die Festigkeitswerte als auch die Verformungskennwerte sind im Gebrauchsbereich dehnratenabhängig. Bei Betrachtung der Fließkurven von Polypropylen, Abb. 8.25, wird der Abfall der Festigkeit bei gleichzeitig zunehmender Bruchverformung mit abnehmender Dehnrate deutlich erkennbar. Diese Entfestigung wird auch sichtbar, wenn die Zeitstandfestigkeit von Polystyrol über der Beanspruchungsdauer aufgetragen wird, Abb. 8.26.

Tab. 8.5 Mechanisch technologische Eigenschaften von Kunststoffen

Werkstoff	Typ	E-Modul / MPa	Streckgrenze/ MPa	Zugfestigkeit/ MPa	Reissdehnung/%
PS	Amorpher T	2300–4100		30–100	1,6
ABS	Amorpher T	1900–2700		32–56	15–30
PVC	Amorpher T	2500–4000		25–70	60
PA12	Teilkrist. T	1100–1600		50–55	bis 300
PP	Teilkrist. T	900–1500		25–40	150–300
PTFE	Teilkrist. T	300–800		10–40	100–500
PE	Teilkrist. T	100–1200		5–40	bis 400
NR	E	–		22	600
IR	E	–		1	500
BR	E	–		2	450
UP	D	3500–20000		6–82	1–6
EP	D	2700		61	5

Abb. 8.25 Von der Dehnrate abhängiges Fließverhalten von Polypropylen

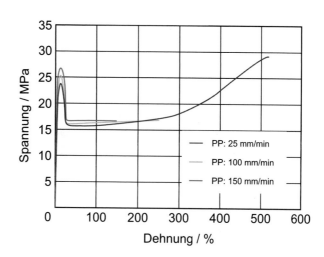

Das Verhalten der Polymere ist ebenfalls stark von der Umgebungstemperatur abhängig. Kleine Temperaturerhöhungen können schon zu einer starken Festigkeitsabnahme führen. In Abb. 8.27 sind die Fließkurven von Polypropylen für verschiedene Temperaturen aufgetragen. Deutlich ist die starke Abnahme der Streckgrenze im Temperaturbereich zwischen Raumtemperatur und 60 °C zu beobachten. Die Temperaturabhängigkeit der Zugfestigkeit für verschiedene Kunststoffe ist in Abb. 8.28 gezeigt.

Bestimmte Kunststoffe neigen zur Feuchteaufnahme. In Abb. 8.29 ist gezeigt wie der Wassergehalt von Polyamid (PA6) in Abhängigkeit von der relativen Luftfeuchte ansteigt. Diese Wasseraufnahme führt wiederum zu einem Abfall der Festigkeit, Abb. 8.30. Feuchtigkeitsaufnahme stellt auch ein Problem im Leichtbau dar, da nicht nur die Festigkeit abfällt, sondern auch das Gewicht eines Bauteils durch die Wasseraufnahme ansteigt.

Abb. 8.26 Zeitstandfestigkeit
in Abhängigkeit von der
Temperatur für Polystyrol

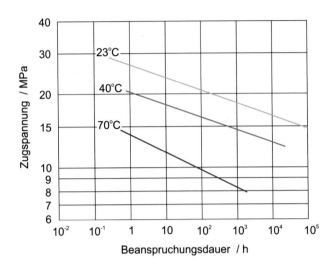

Abb. 8.27 Temperatur-
abhängiges Fließverhalten von
Polypropylen

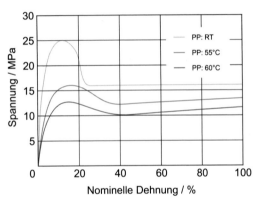

Abb. 8.28 Zugfestigkeit in
Abhängigkeit von der
Temperatur

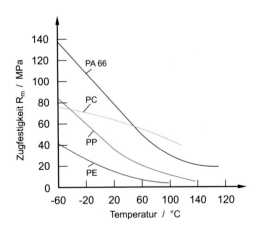

Abb. 8.29 Wassergehalt von Polyamid in Abhängigkeit von der Luftfeuchtigkeit

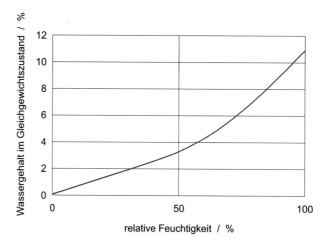

Abb. 8.30 Fließkurven von Polyamid bei 23 °C und verschiedenen Feuchtigkeitsgehalten

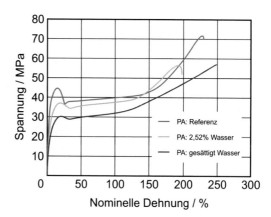

Während des Gebrauchs können sich infolge äußerer Einwirkungen wie Temperatur, organischen Lösungsmitteln und Strahlung die Eigenschaften durch die Aufspaltung kovalenter Bindungen stark verändern. Bei Bewitterung überlagern sich dann chemische, fotochemische und thermische Prozesse.

8.5   Wichtige Kunststoffe mit Anwendungen

Kunststoffe zeichnen sich durch eine extrem große Bandbreite ihrer Eigenschaften aus. Sie sind einfach zu fertigen und zu bearbeiten. Sie lassen sich gut fügen, schweißen (Thermoplaste) und kleben. Die erzielbaren Oberflächen sind hochwertig. Durch Beifügen von Zusatzstoffen lassen sich die mechanischen Eigenschaften, die Farbe, die Haptik und die Lebensdauer in einem großen Bereich variieren. Bedingt durch dieses breite Eigenschaftsspektrum ist der Anwendungsbereich der verschiedenen Kunststoffe entsprechend groß. In Tab. 8.6 sind für eine Auswahl von Kunststoffen Anwendungsbeispiele gegeben.

Tab. 8.6 Anwendungsbeispiele von Kunststoffen

Kurzzeichen	Spezielle Eigenschaften	Anwendungen
PC	Hohe Transparenz, hohe Festigkeit, gute Schlagzähigkeit	Visiere von Motoradhelmen, Sicherheitsscheiben, Spulenkörper, Schaugläser, Gehäuse
PS	Hohe Transparenz, spröde, hart	Verpackungen, Isolierteile, Haushaltsartikel, Spielwaren, geschäumt als Styropor
PVC (hart)	Hohe chem. Beständigkeit, schwer entflammbar, spröde	Rohrleitungen, Apparatebau, Haushaltsgegenstände, Folien
PA	sehr zäh, abriebfest,	Zahnräder, Gehäuse, Lagerbuchsen, Textilfasern
LDPE	Niedere Dichte, hohe chem. Beständigkeit, hohe Zähigkeit, geringe Wasseraufnahme	Folien, Kabelummantelungen, Tragetaschen, Behälter
HDPE	Hohe chemische Beständigkeit, hohe Zähigkeit, geringe Wasseraufnahme	Schutzhelme, Transportkästen, Haushaltsartikel, Sitzschalen, Mülltonnen, Kraftstofftanks, Surf- bretter, Seile
PP	Steif, gute Festigkeit, Oberflächenhärte, preisgünstig	Folien, Gartenmöbel, Verpackungen, Kfz-Komponenten
POM	Hohe Festigkeit, steif, zäh, verschleißfest	Gehäuse, Zahnräder, Elektrokleinteile, Ketten, Schrauben, Kfz-Komponenten
PTFE	Zäh, gute Gleiteigenschaften, wetter- und lichtbeständig, temperaturbeständig, nicht brennbar, geringe Festigkeit, kriechanfällig	Dichtungen, Gleitlager, Kolbenringe, Beschichtungen mit abweisender Oberfläche, Medizintechnik, dampfduchlässige dünne Folien ('Gore-Tex')
NR	Hoch elastisch, relativ zugfest	Autoreifen, Matratzen, Schwämme, geschäumt als Dämpfungsmaterial auf Teppichböden
SBR	Hitzebeständig bis 100 °C, mittlere Elastizität, gute Verschleißbeständigkeit	Formteile, O-Ringe, Membranen
BR	Hoch elastisch, abriebfest, rissbeständig	Reifen (meist als Blend mit NR), technische Gummiwaren
UP	Spröde bis zäh, geringe Festigkeit, temperaturbeständig, geringe Kriechneigung	Lacke, elektrische Isolierschichten
EP	Hohe Festigkeit, hart, schlagunempfindlich, maßhaltig, hohe Haftfestigkeit, teuer	Lacke, Gießharze, Hochspannungsisolatoren, Klebstoffe, Matrixwerkstoff in Verbundwerkstoffen

8.6   Fragen zu Kap. 8

1. Nennen Sie die drei Syntheseverfahren von Kunststoffen.
2. Welche Vorteile haben Kunststoffe gegenüber metallischen Werkstoffen?
3. Skizzieren Sie das Verhalten von teilkristallinen Thermoplasten im Zugversuch. Wie ändert sich der Kurvenverlauf bei Zunahme der Dehngeschwindigkeit?
4. Nennen Sie Eigenschaften von Thermoplasten.
5. Warum sind Elastomere und Duroplaste nicht schweißbar?

Keramische Werkstoffe

Die Keramik ist wohl einer der ältesten Werkstoffe der Menschheit. Er wurde schon vor vielen tausend Jahren zur Herstellung von Gefäßen und Kunstgegenständen verwendet, aber auch als Baumaterial. Ton wurde zu Formen verarbeitet und gebrannt. Grundsätzlich ist dies auch heute noch das Herstellungsverfahren. Bei der Weiterentwicklung wurden auch andere Verfahren eingesetzt. So gelten heute Keramiken als Hochleistungswerkstoffe, die extremen thermischen, mechanischen, chemischen und elektrischen Beanspruchungen ausgesetzt werden können.

9.1 Übersicht

Keramiken zeichnen sich durch besondere, vielfältige Eigenschaften aus und eignen sich damit speziell für hochbeanspruchte Bauteile in Maschinen, Anlagen und Geräten. Keramiken erhalten ihre speziellen Eigenschaften erst beim Herstellungsprozess, dem Sintern. Dabei kann die Mikrostruktur des Konstruktionsteils gezielt entsprechend der Anforderung eingestellt werden.

Keramische Werkstoffe werden in den verschiedensten Bereichen eingesetzt, z. B.: Motoren- und Turbinenbau (Wärmeisolation, Ventilsitze, Turbolader, Gasturbine, Lager), Hochtemperaturtechnik (Wärmeübertrager, Heizleiter, Brenner), Fahrzeugtechnik (Bremsen, Motorventile, Rußfilter, Katalysatoren), Verfahrenstechnik (Armaturen, Dichtungstechnik) und Medizintechnik (Hüftgelenk, Zahnimplantat).

Die Technische Keramik kann in drei Gruppen unterteilt werden: Silikatkeramik, Oxidkeramik und Nichtoxidkeramik, Abb. 9.1. Dabei unterscheidet man zwischen Gebrauchskeramik (z. B. Sanitärbereich), Strukturkeramik und Funktionskeramik. Die Einteilung ist dabei weniger werkstoff-, sondern vielmehr anwendungsspezifisch.

© Springer-Verlag GmbH Deutschland, ein Teil von Springer Nature 2022
E. Roos et al., *Werkstoffkunde für Ingenieure*,
https://doi.org/10.1007/978-3-662-64732-5_9

Abb. 9.1 Einteilung
keramischer Werkstoffe

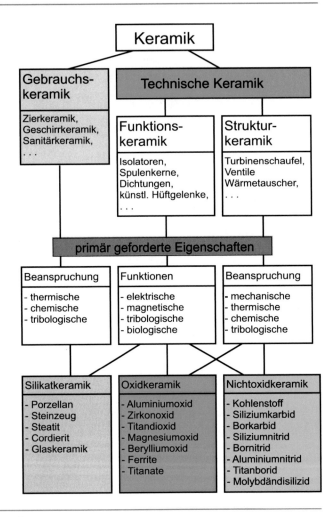

9.2   Herstellung, Struktur

Die Herstellung keramischer Bauteile lässt sich vereinfacht auf das in Abb. 9.2 dargestellte Schema bringen. Dieses ist für Silikatkeramik, Oxid- bzw. Nichtoxidkeramik gleichermaßen gültig. Vereinzelt gibt es Abweichungen bei Sonderarten, bei denen Formgebung und Brennvorgang zusammenfallen.

9.2.1   Einteilung der keramischen Massen

Neben der Einteilung nach der Anwendung können keramische Werkstoffe auch nach der Art der keramischen Masse unterschieden werden (siehe Abb. 9.1).

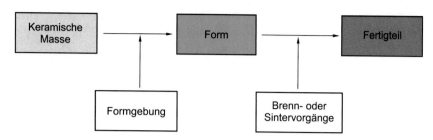

Abb. 9.2 Schematischer Ablauf der Herstellung von keramischen Bauteilen

- **Silikatkeramik**

Hauptbestandteile der silikatkeramischen Massen sind Tonsubstanzen und Wasser sowie als Zusatzstoffe Urgestein, z. B. Quarz und Feldspat. Die Silikatkeramik besteht in der Regel aus mehreren Komponenten.

- **Oxidkeramik**

Bei der Oxidkeramik gibt es eine Vielzahl von Einzelmassen, die im Wesentlichen aus einer Komponente wie Al_2O_3, MgO, BeO, ZrO_2 oder Spinell, Titanat oder Ferriten bestehen. Es gibt jedoch auch Massen aus mehreren Komponenten, z. B. $Al_2O_3 - ZrO_2$. Allen Massen wird ein gewisser Anteil von Binde- bzw. Flussmitteln zugesetzt, üblicherweise etwa 3 %.

- **Nichtoxidkeramik**

Keramische Massen aus Nichtoxiden bestehen entweder aus Karbiden, Nitriden, Boriden oder Siliziden. Die wichtigsten Elemente sind Bor, C und N, sowie Si und die Elemente der 4. Nebengruppe des Periodensystems (Ti, Zr, Hf), der 5. Nebengruppe (V, Nb, Ta) und der 6. Nebengruppe (Cr, Mo, W). Die Massen bestehen in der Regel aus einer Verbindung. Von Bedeutung sind z. B. Massen aus SiC, Si_3N_4. Auch hier werden bestimmte Mengen an Bindemitteln zugesetzt.

9.2.2 Formgebung

Für die Formgebung keramischer Massen werden das Pressen, Gießen und Extrudieren eingesetzt. Die Auswahl des geeigneten Formgebungsverfahrens richtet sich im Wesentlichen nach:

- Art und Zusammensetzung der benötigten Masse,
- Geometrie des zu formenden Bauteils,
- Stückzahl (rationelle Fertigung).

In Abb. 9.3 sind Verfahren bzw. der Ablauf der Formgebung schematisch dargestellt.

Der Schlickerguss wird im Wesentlichen für Nichtoxidkeramik angewendet. Dazu wird das Ausgangspulver (z. B. Siliziummetallpulver, Korngröße ca. 60 μm) mit besonders geeigneten Plastifizierungsmitteln und u. U. auch im Wasser gemeinsam vermahlen, gemischt und in Gipsformen gegossen. Nach einem Trocknungs- und Ausheizungsprozess der Bindemittel können die Rohlinge für die weitere Bearbeitung bereitgestellt werden.

Bei Oxid – und Nichtoxidkeramiken werden als Plastifizierungsmittel bzw. Bindemittel häufig Thermoplaste verwendet. Dadurch können die von der Kunststoffindustrie bekannten Verfahren wie Extrudieren und Spritzgießen angewandt werden. Nach der Plastifizierung im beheizten Zylinder erfolgt das Spritzen in die Form (Spritzgießen, diskontinuierlich) bzw. Spritzen mit Formung im Freien (Extrudieren, kontinuierlich). Nach dem Spritzvorgang erfolgt ein Temperprozess, um die in die Massen eingebrachten Bindemittel zu entziehen.

Beim Pressen werden in der Regel Trockengranulate verwendet. Der Vorteil des isostatischen Pressens liegt in der Möglichkeit, den Pressling nach allen Richtungen gleichmäßig zu verdichten und so dünnwandige Formteile herzustellen.

Die sogenannte Grünbearbeitung, d. h. eine spanabhebende Bearbeitung der formstabilen Rohlinge, muss nach nahezu allen Formgebungsverfahren erfolgen, um ein Höchstmaß an Maßgenauigkeit zu erzielen.

9.2.3 Brennvorgang – Sintern – Reaktionssintern

An die Formgebung schließt sich eine Wärmebehandlung an, deren Temperatur abhängig von der Art der keramischen Masse ist und daher stark schwankt. Allgemein liegt für den Bereich der Silikatkeramik die Brenntemperatur zwischen 900 und 2000 °C, für Oxidkeramik (Sintern) zwischen 1600 und 1800 °C. Nichtoxidkeramik (Reaktionssintern) wird zwischen 1300 und 1500 °C hart gebrannt. Mit Heißpressen bezeichnet man gleichzeitiges Formgeben und Sintern.

9.2.4 Atomare Vorgänge beim Brennen

Die Silikatkeramik ist in der Regel ein Vielstoffsystem. Die beim Brennen entstehenden ternären Verbindungen und eutektischen Phasen weisen hohe Viskositäten auf, die dazu führen, dass beim Abkühlen keine Kristallisation, sondern glasige Erstarrung erfolgt. Technische Produkte aus den üblichen mehrkomponentigen keramischen Massen bilden daher während des Brennens Glasphasen aus, die je nach Art der Keramik einen großen Bestandteil des Gefüges ausmachen können. Die anderen Gefügebestandteile erstarren kristallin.

Im Unterschied dazu sind oxidkeramische und nichtoxidkeramische Werkstoffe i. Allg. durch das Fehlen jeglicher Glasphase charakterisiert; sie bestehen in der Regel nur aus

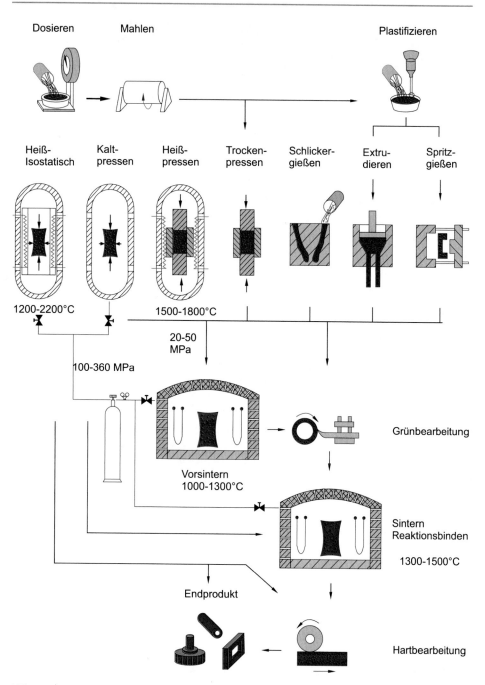

Dosieren Mahlen Plastifizieren

Heiß-Isostatisch Kalt-pressen Heiß-pressen Trocken-pressen Schlicker-gießen Extru-dieren Spritz-gießen

1200-2200°C 1500-1800°C

20-50 MPa

100-360 MPa

Grünbearbeitung

Vorsintern 1000-1300°C

Sintern Reaktionsbinden 1300-1500°C

Endprodukt

Hartbearbeitung

Abb. 9.3 Herstellungsverfahren für keramische Bauteile

einer Komponente. Nach dem Sintern – die Sinterung von Oxidkeramik erfolgt in oxidierender Atmosphäre – weisen die Fertigteile aus Oxidkeramik ein polykristallines Gefüge auf, wie es auch bei metallischen Werkstoffen vorhanden ist. Im Endstadium des Sintervorgangs bilden sich im Werkstoff Hohlräume, sogenannte Poren aus. Diese Poren und Verunreinigungen der keramischen Masse wirken als Einschlüsse. Trifft die Grenzfläche eines Korns beim Wachsen auf einen Einschluss, dann ist eine zusätzliche Energie notwendig, das Wachstum über den Einschluss hinaus fortzusetzen. Da diese Energie meist nicht vorhanden ist, begrenzen Einschlüsse das Kornwachstum, so dass in der Praxis immer eine begrenzte Korngröße zu beobachten ist.

Das Reaktionssintern von Nichtoxidkeramik, insbesondere von Siliziumnitrid, unterscheidet sich vom Sintern der Oxidkeramikteile insofern, als hier der Sintervorgang in einem Reaktionsgas, z. B. Stickstoff, abläuft. Die Vorkörper aus Siliziumnitrid (geringes Sintervermögen) werden dazu in einem Ofen in kontrollierter Stickstoffatmosphäre bei ca. 1000 bis 1300 °C unter Abwesenheit von Sauerstoff gebrannt. Dabei reagiert ein Teil des Siliziums mit dem Stickstoffgas zu Si_3N_4 und sorgt so für eine Verfestigung der Rohkörper. Diese können nun zum Erreichen der Toleranzen spanend bearbeitet werden. Der eigentliche Reaktionssintervorgang läuft wieder in Stickstoffatmosphäre bei 1300 °C bis etwa 1500 °C ab, wobei das gesamte Silizium zu Si_3N_4 reagiert und wiederum Diffusionsprozesse ablaufen.

9.2.5 Gefügeaufbau

Das Gefüge, z. B. von Al_2O_3-Keramik (kristallin), besteht aus Elementarzellen in der Form von Polyedern. Das mechanische Verhalten von Keramiken wird im Wesentlichen durch herstellungsbedingte Gefügedefekte (Poren, Mikrorisse, Gefügeinhomogenitäten) bestimmt. Bei mechanischer Beanspruchung entstehen und wachsen Mikrorisse, die bei fortschreitender Belastung zum Sprödbruch führen.

9.3 Eigenschaften

Keramische Werkstoffe weisen gegenüber metallischen Werkstoffen den Nachteil von vergleichsweise hoher Sprödigkeit auf. Das führt dazu, dass Spannungsspitzen oder scharfe Temperaturwechsel zum Bruch führen. Auch die Ermittlung der Werkstoffeigenschaften ist daher nicht ohne weiteres möglich.

Anstelle der Zugfestigkeit aus dem Zugversuch wird bei keramischen Werkstoffen nahezu ausschließlich die Biegefestigkeit angegeben. Der Grund für die Bevorzugung der Biegeprüfung liegt in der einfachen Probengeometrie, der einfachen Herstellung der Proben und an der unproblematischen Einspannung der Proben beim Versuch. Die Angabe einer Biege- bzw. Zugfestigkeit ist bei keramischen Werkstoffen als Festigkeitskriterium jedoch unzureichender als z. B. die 0,2 %-Dehngrenze bei metallischen Werkstoffen. Diese Unbestimmtheit gründet sich auf folgende Besonderheiten:

- relativ große Streuung der Festigkeitskennwerte
- Abhängigkeit der Festigkeit von der Größe und Form des belasteten Körpers (Volumen- und Oberflächeneinfluss)
- Festigkeitsabnahme bei statischer Belastung (statische Ermüdung).

Die Ursache für die große Festigkeitsstreuungen bei keramischen Werkstoffen sind Werkstoffinhomogenitäten bzw. Volumen- und Oberflächendefekte, die eine Größen- und Orientierungsverteilung aufweisen. Selbst dichte, porenfreie Al_2O_3-Keramik zeigt eine Festigkeitsstreuung von ± 20 %.

Abb. 9.4 stellt die an zehn identischen 3-Punkt-Biegeproben ermittelte Biegefestigkeit einer reinen (99,7 % Al_2O_3, Rest Sinteradditive) Aluminiumoxidkeramik dar. Die Streuung ist signifikant und äußert sich in einem niederen Weibullmodul m.

Es ist offensichtlich, dass die Angabe einer mittleren Festigkeit ungenügend ist. Maßgebend für die konstruktive Anwendung ist die Kenntnis der Festigkeit für sehr kleine Bruchwahrscheinlichkeiten. Bei der Werkstoffentwicklung strebt man möglichst hohe Festigkeiten bei kleiner Streuung an. In beiden Fällen ist eine Quantifizierung der Festigkeitsverteilung erforderlich.

Zur Beschreibung der Festigkeitsverteilung wird im Allgemeinen eine Weibullverteilung herangezogen, die auch häufig im Bereich der Schadens- und Ausfallstatistik verwendet wird. Weibull gibt für die Bruchwahrscheinlichkeit P_f bei einachsigem Spannungszustand folgende Beziehung an:

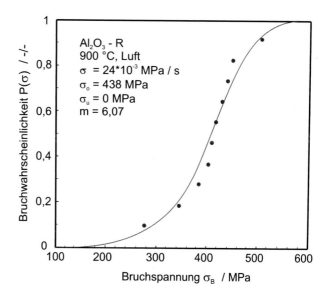

Abb. 9.4 Streuung der Biegefestigkeit einer reinen Aluminiumoxidkeramik

$$P_f = 1 - e^{\frac{V}{V_0}\left(\frac{\sigma - \sigma_u}{\sigma_0}\right)^m} \tag{9.1}$$

Dabei entspricht σ_u der Schwellspannung, σ_0 der Normierungsspannung, m einem Materialparameter, auch Weibullmodul genannt, V dem belasteten Volumen und V_0 dem Referenzvolumen. Meist reicht zur Beschreibung der Bruchspannung die 2-parametrige Weibullverteilung aus, bei der σ_u zu 0 gesetzt ist. Bei der 2-Parameter Weibullverteilung kennzeichnet m die Streuung und σ_0 die Lage der Verteilung bezüglich der Bruchspannungsachse. Wie Abb. 9.5 zeigt, gilt: je größer m, desto geringer ist die Streuung der Festigkeitswerte.

Das besondere Versagensverhalten von Keramik muss in der Konstruktion und Auslegung von Bauteilen berücksichtigt werden. Keramikgerecht konstruieren bedeutet:

Vermeidung scharfer Absätze, Kanten und starker Querschnittsveränderungen. Nach Möglichkeit sollten die Belastungen bevorzugt auf Druck erfolgen, wobei allerdings hohe Kantenpressungen zu vermeiden sind. Bei Konstruktionen mit unterschiedlichen Werkstoffkombinationen sind Unterschiede im Ausdehnungskoeffizient zu beachten.

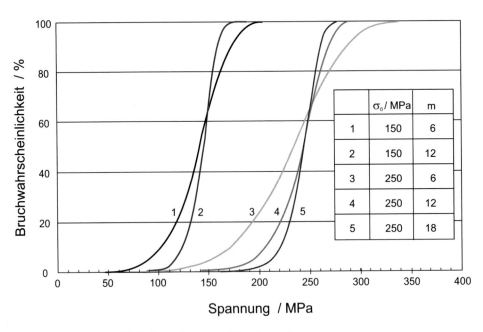

Abb. 9.5 2-Parameter Weibullverteilungen $(V/V_0 = 1, \sigma_u = 0)$

9.3.1 Oxidkeramik

9.3.1.1 Aluminiumoxid Al$_2$O$_3$

Aluminiumoxid in seinen zahlreichen Varianten zählt zu den technisch wichtigsten oxid-keramischen Werkstoffen.

Ein optimal gesintertes Material, mit einem dichten homogenen Gefüge, zeichnet sich durch gute mechanische, thermische und chemische Eigenschaften aus. Weiterhin sind die elektrischen und optischen Eigenschaften dieses Materials für die Industrie von großer Bedeutung.

Bedingt durch die hohe Härte von gesintertem Al$_2$O$_3$ sollten die Hauptbearbeitungsschritte im Grünzustand durchgeführt werden (Sägen, Schleifen, Drehen oder Bohren). Die Verdichtbarkeit des Grünkörpers und die organischen Additive beeinflussen im Wesentlichen die Grünbearbeitung. Um eine hohe Maßgenauigkeit der Fertigprodukte zu erzielen, ist ein Hartbearbeiten nach dem Sintern notwendig. Wegen der extremen Härte von gesinterten Aluminiumoxidprodukten werden vorzugsweise Diamant – oder CBN-Werkzeuge eingesetzt.

Die in Tab. 9.1. aufgeführten Werte der mechanischen sowie physikalischen Eigenschaften sind Richtwerte, da je nach Ausgangsmaterial, Verarbeitungsverfahren sowie Messbedingungen die Eigenschaften bzw. die Messergebnisse stark beeinflusst werden können.

Aufgrund der Verunreinigung durch die während der Herstellung notwendigen Sinterhilfsmittel kommt es bei hoher Temperatur zum Kriechen und damit zum Festigkeitsverlust. Die große thermische Ausdehnung sowie die nur mäßige Wärmeleitfähigkeit führen zu schlechter Temperaturwechselbeständigkeit .

Dichtes, polykristallines Al$_2$O$_3$ ist sehr beständig gegen Säuren und Laugen, wird jedoch von aggressiven Lösungen und Schmelzen wie HF, heißer konzentrierter H$_2$SO$_4$, Aluminiumfluorid, geschmolzenen Alkali-Verbindungen und konzentrierter H$_3$PO$_4$ gelöst.

Tab. 9.1 Mechanische und physikalische Eigenschaften von Aluminiumoxid (RT)

Eigenschaft	Wert
Biegefestigkeit σ_{bB}/MPa	400 ± 50 (4-Punkt-Biegung)
Zugfestigkeit R$_m$/MPa	320 ± 40
Druckfestigkeit σ_{dB}/MPa	4300 ± 300
E-Modul /GPa	400
Bruchzähigkeit K$_{Ic}$ / MPa$\sqrt{m}$	3,4 ± 0,2
Härte HV 30/-/-	1700 ± 500
Dichte ρ/kg/dm^3	3,98
Wärmeleitfähigkeit /W/(mK)	30; 13 (400 °C)
Wärmeausdehnungskoeffizient/10^{-6} 1/K	6,7–9,5
Schmelztemperatur/°C	2040 ± 10

Weiterhin ist hochreines Al_2O_3 gegen sehr viele Metall- und Glasschmelzen beständig und kann durch geeignete Zumischung von anderen Oxiden (z. B. Cr_2O_3) in der chemischen Beständigkeit bzw. Schlackenbeständigkeit verbessert werden.

9.3.1.2 Aluminiumtitanat Al_2TiO_5

Aluminiumtitanat ist ein Werkstoff von weißer, cremegelber oder grauer Farbe, der eine herausragende Eigenschaftskombination für thermische Einsatzbedingungen aufweist: Sehr hohe Temperaturwechselfestigkeit sowie sehr niedrige Wärmeleitfähigkeit und Wärmeausdehnung bei einem für Keramik ungewöhnlich niedrigen Elastizitätsmodul eröffnen diesem Material ein vielfältiges Anwendungsspektrum. Allerdings ist die Festigkeit des Materials auch entsprechend niedrig.

Die Grün- und Hartbearbeitung der Bauteile wird bevorzugt mit Diamantwerkzeugen durchgeführt. Die Komponenten sind wegen der geringen mechanischen Festigkeiten der Aluminiumtitanatkeramik vorsichtig zu bearbeiten, um Deformationen oder Beschädigungen der Bauteile zu vermeiden.

Aus der starken Anisotropie der Wärmedehnung in Aluminiumtitanat-Kristallen resultiert der niedrige Wärmeausdehnungskoeffizient des Werkstoffes und ein Gefüge, das gewöhnlich durch ein Mikrorisssystem gekennzeichnet ist.

Aluminiumtitanat besitzt eine gute Korrosionsbeständigkeit gegenüber vielen NE-Metallschmelzen, z. B. Al- und Cu-Legierungen, Tab. 9.2.

Demgegenüber wird Aluminiumtitanat von silicatischen Ca-, Fe- und Mg-haltigen Schlacken angegriffen.

9.3.1.3 Zirkonoxid ZrO_2

In der Gruppe der oxidischen Keramiken steht Zirkonoxid bezüglich der Härte nach dem Aluminiumoxid an zweiter Stelle. Zirkonoxid ändert beim Erhitzen bzw. Abkühlen seine Morphologie.

Hierbei ist die reversible Phasenumwandlung tetragonal ⇔ monoklin mit einer ca. 5–8 %igen Volumenzunahme verbunden. Formkörper aus reinem Zirkonoxid würden daher nach dem Sintern beim Abkühlen zerbersten.

Tab. 9.2 Mechanische und physikalische Eigenschaften von Aluminiumtitanat (RT)

Eigenschaft	Wert
Biegefestigkeit σ_{bB}/MPa	25–50, 40–70 (750 °C)
Druckfestigkeit σ_{dB}/MPa	≈ 300
E-Modul /GPa	10–25, 25–60 (750 °C)
Dichte/kg/dm³	≈ 3,7
Wärmeleitfähigkeit /W/(mK)	1–3
Wärmeausdehnungskoeffizient/10^{-6} 1/K	0,5–3
Schmelztemperatur/°C	1860

Zur Verhinderung dieser Volumenänderung wird das Zirkonoxid mit einem oder mehreren sogenannten Stabilisatoren wie MgO, CaO, Y_2O_3 oder Ce-, Yb-, Ti-Oxiden dotiert, so dass es dadurch gelingt, bis zur Raumtemperatur die tetragonale bzw. kubische Phase des Zirkonoxides metastabil zu erhalten bzw. zu stabilisieren. Mit Hilfe dieser Stabilisatoren können je nach Art, Mischung und Menge ganz bestimmte metastabile Zustände im ZrO_2-Werkstoff eingestellt werden, die die physikalischen und chemischen Eigenschaften mitbestimmen.

Je nach Stabilisierungsgrad unterscheidet man folgende ZrO_2-Keramiken:

1. PSZ (partially stabilized zirconia) teilstabilisierte ZrO_2-Keramik
2. TZP (tetragonal zirconia polycrystals) tetragonal stabilisierte ZrO_2-Keramik
3. CSZ (cubic stabilized zirconia) vollstabilisierte kubische ZrO_2-Keramik

Zirkonoxid kann im „grünen" oder „vorgebrannten" Zustand mittels Hartmetall – oder Diamantwerkzeugen spangebend bearbeitet werden. Im gesinterten Zustand kann Zirkonoxid aufgrund seiner hohen Härte nur mit Diamantwerkzeugen schleifend wirtschaftlich bearbeitet werden. Zur Senkung der Bearbeitungskosten sollte das Bauteil durch entsprechende Formgebung der notwendigen Endkontur möglichst weit angenähert werden.

Die in Tab. 9.3. angegebenen Werte variieren in Abhängigkeit des Ausgangsrohstoffes ZrO_2, der zugegebenen Art und Menge der Stabilisatoren sowie der angewandten Brennbedingungen. Aufgrund der Verunreinigung durch die während der Herstellung notwendigen Sinterhilfsmittel kommt es bei hoher Temperatur zum Kriechen und damit zum Festigkeitsverlust. Große thermische Ausdehnung sowie geringe Wärmeleitfähigkeit führt zu schlechter Temperaturwechselbeständigkeit .

Die Biegefestigkeit von Zirkonoxid fällt mit zunehmender Temperatur stark ab. Dies kann auf die reversiblen Phasenänderungen monoklin <=> tetragonal zurückgeführt werden. Auch die Temperaturwechselbeständigkeit des Zirkonoxids hängt sehr stark von Art und Menge des zugesetzten Stabilisators ab.

Tab. 9.3 Mechanische und physikalische Eigenschaften von Zirkonoxid (RT)

Eigenschaft	PSZ porös MgO stabilisiert	PSZ dicht MgO stabilisiert	TZP dicht Y_2O_3 stabilisiert
Biegefestigkeit σ_{bB}/MPa	40–100	300–800	900–1200
E-Modul /GPa	20–80	100–200	140–200
Bruchzähigkeit K_{Ic} / MPa$\sqrt{m}$	–	9	5–10
Dichte/kg/dm³	5,7	5,8	5,95–6,05
Wärmeleitfähigkeit /W/(mK)	1–1,5	2–3	2–3
Wärmeausdehnungskoeffizient 20–800 °C/10^{-6} 1/K	7–8,5	9–10,6	10–11
Gesamtporosität/Vol.-%	10–15	0,1–3,0	0,1–6,05
Offene Porosität /Vol.-%	9–14	0	0

Zirkonoxid ist in reduzierender und oxidierender Atmosphäre beständig. Die Einsatz-temperaturen bei schmelzstabilisiertem Zirkonoxid können bis zu 2400 °C betragen.

Yttriumoxid-stabilisiertes Zirkonoxid ist in Wasserdampfatmosphäre bei Temperaturen zwischen 200–300 °C nicht beständig, insbesondere verringern sich die mechanischen Eigenschaftswerte.

Zirkonoxid eignet sich hervorragend als Tiegelmaterial, da es von praktisch allen tech-nischen Metallschmelzen nicht benetzt wird. Gegen basische und saure Schlacken ist es weitgehend beständig. Der Angriff zielt stets nur auf den Stabilisator, so dass es zu sehr langsamen Stabilisierungs- bzw. Entstabilisierungsreaktionen kommen kann. Der chemi-sche Angriff durch Laugen und Säuren ist sehr gering.

Zirkonoxid wird überall dort eingesetzt, wo Isolationsfähigkeit und Temperatur-beständigkeit sowie Erosions- und Korrosionsfestigkeit gefordert werden.

Poröses Zirkonoxid wird aufgrund höherer Temperaturwechselbeständigkeit in Stahl-und Metallgießereien als Tiegelmaterial, Auslaufdüsen und Schieberplatten eingesetzt. Weiterhin findet poröses Zirkonoxid als Brennhilfsmittel bei der Herstellung von Elektro-keramik sowie als Membranwerkstoff beim Wasserdampf-Elektrolyseverfahren zur Ge-winnung von Wasserstoff Verwendung.

Dichtes Zirkonoxid wird aufgrund seiner Eigenschaften, insbesondere durch die hohe Wärmedehnung, die z. T. mit metallischen Werkstoffen vergleichbar ist, als Metall-Keramik- Verbund in Verbrennungsmotoren erprobt. Hierbei handelt es sich um Kolben-mulden, Ventilführungen, Zylinderauskleidungen und Nocken.

9.3.2 Nichtoxidkeramik

9.3.2.1 Dichtes Siliziumnitrid Si_3N_4

Siliziumnitrid ist ein möglicher Strukturwerkstoff für Anwendungen bei Temperaturen bis 1400 °C. Si_3N_4-Werkstoffe sind im Gegensatz zu vielen anderen Hochleistungskeramiken nicht einphasig. Sie enthalten neben dem polykristallinen Siliziumnitrid eine amorphe oder teilkristalline Korngrenzenphase zwischen 2 und 30 Vol.-%. Die dadurch gegebenen Möglichkeiten der Gefüge- und Eigenschaftsmodifikation erlauben die Anpassung des Werkstoffes an die im Bauteil auftretenden Beanspruchungen. Daher kann nicht von einem Werkstoff mit einem relativ begrenzten Eigenschaftsspektrum gesprochen werden, sondern von einer ganzen Werkstoffpalette. Diese Palette wurde in jüngster Zeit noch durch die Entwicklung von Verbundwerkstoffen, z. B. Si_3N_4/TiN, Si_3N_4/SiC, erweitert.

Siliziumnitrid wird oft nach Sintertechnologie in gesintertes (SSN), gasdruckgesintertes (GPSSN), heißgepresstes (HPSSN), heißisostatisch gepresstes (HIPSSN) oder gesintertes reaktionsgebundenes Si_3N_4 (SRBSSN) eingeteilt. Die Eigenschaften werden einmal durch die Sintertechnologie und zum anderen durch die Wahl der Ausgangspulver, die Art und Menge der Additive und die Aufbereitung der Versätze bestimmt.

Zur Herstellung von Si_3N_4-Keramiken werden Si_3N_4-Pulver verwendet. Diese werden kommerziell über unterschiedliche Verfahren hergestellt. Zur Formgebung sind alle bekannten keramischen Technologien wie z. B. Matrizenpressen, kaltisostatisches Pressen,

Schlickergießen, Spritzgießen einschließlich eine Grünbearbeitung der Werkstücke einsetzbar. Durch die geringe Eigendiffusion von Silizium und Stickstoff in Si_3N_4 und die niedrige Zersetzungstemperatur (1900 °C bei 0,1 MPa Stickstoffpartialdruck) werden Sinterhilfsmittel für die Verdichtung von Si_3N_4 eingesetzt. Diese Sinterhilfsmittel (die wichtigsten sind: Y_2O_3, Seltenerdmetalloxide, Al_2O_3, AlN, MgO, CaO) bilden während des Verdichtungsprozesses eine flüssige Phase und liegen nach dem Sinterprozess als amorphe oder teilkristalline Korngrenzenphase vor. Reines Si_3N_4 kristallisiert in zwei hexagonalen Modifikationen, der α- und ß-Phase, die sich in den Eigenschaften unterscheiden. Laufen die durch die flüssige Phase hervorgerufenen Umlösungsprozesse des Si_3N_4 vollständig ab, so entstehen nadelförmige ß-Si_3N_4-Körner, die wesentlich für die Erreichung von hohen Bruchzähigkeiten sind. Je nach verwendeten Herstellungsverfahren sowie Art und Menge der Sinteradditive erfolgt die Verdichtung im Temperaturbereich 1700–2000 °C und bei Gasdrücken von 0,1–200 MPa. Durch die druckunterstützten Sinterverfahren (HIP, GP, HP) können bei gleichen sonstigen Bedingungen geringere Streuungen und höhere Zuverlässigkeiten erreicht werden. Diese Verfahren ermöglichen die vollständige Verdichtung auch bei geringen Additivgehalten. So kann z. B. reine Si_3N_4-Keramik (mit 2–4 Vol.-% SiO_2 als Korngrenzenphase) durch heißisostatisches Pressen hergestellt werden.

Auf Grund der Ausbildung von Sinterhäuten müssen alle beanspruchten Oberflächen nachbearbeitet werden. Bedingt durch die hohe Härte von dichtem Si_3N_4 werden bisher zur Endbearbeitung von Formkörpern nur Schleifverfahren mit Diamantwerkzeugen sowie das Diamantläppen eingesetzt.

In Tab. 9.4 sind typische Eigenschaften für Werkstoffvarianten mit 20 Vol.-% Sinteradditiven aufgeführt.

Tab. 9.4 Mechanische und physikal. Eigenschaften von dichtem Siliziumnitrid (RT)

Eigenschaft	Wert
Biegefestigkeit σ_{bB}/MPa	
SSN, SRBSSN	700–1000
GPSSN, HIPSSN, HPSSN	700–1300
Zugfestigkeit R_m/MPa	140
Druckfestigkeit σ_{dB}/MPa	2500
E-Modul /GPa	280–330
Bruchzähigkeit K_{Ic} / MPa$\sqrt{m}$	4–8,5
Härte HV 10/-/-	1400–1700
Eigenschaft	Wert
Dichte/kg/dm^3	3,18–3,4
Wärmeleitfähigkeit /W/(mK)	10–30
Wärmeausdehnungskoeffizient/10^{-6} 1/K	2,9–4
Thermoschockverhalten kritische Abschrecktemperatur/K	
ΔT_c (Wasser)	400–800
ΔT_c (Öl)	>1400
Zersetzungstemperatur/°C bei 0,1 MPa in N_2	≈ 1900

Höchste Festigkeiten und Härten bei Raumtemperatur werden mit feinkörnigen Gefügen erzielt. Die beste Hochtemperaturbeständigkeit (Festigkeit, Kriechbeständigkeit) wird mit grobkörniger Mikrostruktur erreicht. Hohe Bruchzähigkeitswerte werden mit einem hohen Anteil an Sinteradditiven wie MgO, CaO erhalten. Derartige Materialien zeigen jedoch eine stärkere Degradation der Eigenschaften bei hohen Temperaturen.

Siliziumnitrid hat oberhalb 1000 °C einen mehr oder weniger starken Festigkeitsabfall, der vor allen Dingen durch das Erweichen der amorphen Korngrenzenphase verursacht wird. Je höher die Viskosität der Korngrenzenphase und je stärker sie auskristalliert ist, desto geringer ist das subkritische Risswachstum sowie der Festigkeitsabfall und desto höher ist der Kriechwiderstand.

Bei Raumtemperatur ist Siliziumnitrid chemisch weitgehend resistent. In aggressiven Lösungen und Schmelzen wie NaOH (450 °C), HF (70 °C), NaCl + KCl (900 °C) ist Si_3N_4-Keramik wenig beständig. Sie ist jedoch gegenüber vielen Metallschmelzen (z. B. Al) resistent.

Für den Einsatz der Si_3N_4-Keramik bei hohen Temperaturen ist die Oxidationsbeständigkeit von Bedeutung. Hierbei spielen vor allen Dingen die Oberflächenbeschaffenheit sowie die Art und Menge der Additive eine Rolle. Maßnahmen, die das Sinterverhalten verbessern, wie z. B. die Erhöhung der Additivmenge, bewirken zumeist eine Verschlechterung der Oxidationsbeständigkeit. Die Kristallisation von oxidischen Korngrenzenphasen kann dagegen die Oxidationsbeständigkeit verbessern.

9.3.2.2 Gesintertes Siliziumkarbid SSiC

Keramische Werkstoffe aus drucklos gesintertem Siliziumkarbid (SSiC) eignen sich besonders gut für Anwendungen im Hochtemperaturbereich bis etwa 1750 °C.

Siliziumkarbid, das Ausgangsmaterial für SSiC-Werkstoffe, wird nach dem Prozess

$$SiO_2 + 3C \Rightarrow SiC + 2CO - 4689 kJ$$

bei Temperaturen über 2000 °C hergestellt. Das gewonnene α-SiC wird zu submikrofeinem Pulver aufbereitet und dient somit als Ausgangsmaterial für die Herstellung von Werkstoffen.

Die Formgebung der Werkstücke erfolgt nach bekannten keramischen Verfahren, wie uniaxiales und isostatisches Trockenpressen, Schlicker – und Druckguss, aber auch durch Extrudieren und Spritzguss. Einfachere Geometrien können auch durch das HIP-Verfahren (Heißisostatisches Pressen) geformt werden. In diesen Fällen können geringe Mengen an B, Al und C als Sinterhilfsmittel dienen, die das Korngrößenwachstum und die Dichte des Werkstoffes positiv beeinflussen.

Das technisch am häufigsten angewandte Herstellungsverfahren von SSiC-Werkstoffen ist ein drucklos geführtes Sintern bei etwa 2000 bis 2200 °C in Inertgasatmosphäre .

Im grünen Zustand werden Formteile aus SiC oft durch Drehen, Fräsen und Bohren bearbeitet. Nach der Sinterung sind die Endmaße und die Oberflächengüte des Werkstückes nur mittels Diamantwerkzeugen erreichbar.

Die wesentlichen Eigenschaften sind in Tab. 9.5. zusammengestellt.

Tab. 9.5 Mechanische und physikalischen Eigenschaften von gesintertem Siliziumkarbid (RT)

Eigenschaft	Wert
Biegefestigkeit (4-Punkt) σ_{bB}/MPa	390, 450 (1450 °C)
Zugfestigkeit R_m/MPa	175
Druckfestigkeit σ_{dB}/MPa	3920
E-Modul /GPa	370
Bruchzähigkeit K_{Ic} / MPa$\sqrt{m}$	3,5, 7,0 (1200 °C)
Härte HV 5/-/-	1900
Sinterdichte/kg/dm³	>3,10
Wärmeausdehnungskoeffizient/10^{-6} 1/K	4,9–6,3
Offene Porosität /Vol.-%	<0,5

Werkstoffe und Bauteile aus SSiC können bis zu einer maximalen Einsatztemperatur von etwa 1750 °C verwendet werden. Die Kriechdehnung wird von der SiC-Phase bestimmt und ist somit relativ gering.

Die Temperaturwechselbeständigkeit ist bei SSiC im Vergleich zu den anderen Keramiken sehr gut.

Korrosion in oxidierender Atmosphäre erfolgt durch Bildung einer SiO_2-Schicht, diese schützt vor weiterer Oxidation .

Unter niedrigem Sauerstoffpartialdruck werden flüchtige Schichten aufgebaut (SiO, SiS, $SiCl_2$ $SiCl_4$). Dies führt zum Verlust von Silizium und damit zum Festigkeitsabfall.

Bei Abwesenheit von Sauerstoff zeichnet sich SSiC durch mechanische Festigkeit und Stabilität gegen thermische Zersetzungserscheinungen aus. Die chemische Beständigkeit von SSiC-Werkstoffen gegenüber dem Angriff der meisten chemischen Agenzien ist sehr gut.

NE-Metalle benetzen das SSiC in der Regel nicht. Die Beständigkeit gegen Metallschmelzen von z. B. Blei, Zink Kadmium und Kupfer ist daher sehr gut.

9.3.2.3 Borkarbid B₄C

Borkarbid steht in der Reihe der härtesten Werkstoffe hinter Diamant und Bornitrid an dritter Stelle. Es gehört zur Gruppe der nichtmetallischen nichtoxidischen Hartstoffe.

Gesintertes und heiß(-isostatisch) gepresstes Borkarbid kann aufgrund seiner extremen Härte nur durch Schleifen mit Diamantwerkzeugen spangebend bearbeitet werden. Bohrungen und Vertiefungen definierter Geometrie können mit Ultraschall eingebracht werden. Mit Laserstrahlen kann Borkarbid geschnitten werden. Eine weitere Bearbeitungsmöglichkeit stellt die Funkenerosion dar. Tab. 9.6 enthält die wichtigsten Eigenschaften.

Eine herausragende Eigenschaft des Borkarbids ist seine hohe Warmhärte. So übertrifft die Härte von Borkarbid diejenige des Diamanten ab etwa 1000 °C; bis etwa 1500 °C bleibt die Härte von Borkarbid konstant.

Tab. 9.6 Mechanische und physikalische Eigenschaften von Borkarbid (RT)

Eigenschaft	Wert
Biegefestigkeit σ_{bB}/MPa	480–520 (heißgepresst), 350–390 (gesintert)
Druckfestigkeit σ_{dB}/MPa	2000–3000
E-Modul /GPa	480–520 (heißgepresst) 350–390 (gesintert)
Bruchzähigkeit K_{Ic} / MPa$\sqrt{m}$	3,2–3,6
Härte HV 0,1/-/-	3000
Härte HV 0,5/-/-	4000
Dichte ρ/kg/dm^3	2,4–2,52
Wärmeleitfähigkeit/W/(mK)	40
Wärmeausdehnungskoeffizient/10^{-6} 1/K	5
Schmelztemperatur/°C	2450

Die Temperaturwechselbeständigkeit von Borkarbid ist aufgrund des hohen E-Moduls und seiner Sprödigkeit geringer als die des Siliziumkarbids. Die Wärmeleitfähigkeit nimmt mit steigender Temperatur ab.

Ein Nachteil des Borkarbids ist seine geringe Oxidationsbeständigkeit. Der Beginn der Oxidation liegt bei kompakten Körpern bei etwa 700 °C; als höchste Einsatztemperatur in oxidierender Atmosphäre kann höchstens 1000 °C angegeben werden. In Stickstoffatmosphäre setzt sich Borkarbid zu Bornitrid und Kohlenstoff ab etwa 1800 °C um. In Edelgasatmosphären und in Kohlenmonoxid ist Borkarbid bis zum Schmelzpunkt stabil.

Borkarbid reagiert bei höheren Temperaturen mit praktisch allen technisch wichtigen Metallen und vielen Metalloxiden unter Bildung von Boriden und Kohlenstoff. Borkarbid eignet sich als Tiegelmetall für Metalle. Gegen Säuren und Laugen ist Borkarbid außerordentlich beständig. Lediglich von Mischungen aus HF-H_2SO, und HF-HNO$_3$ wird es langsam angegriffen. Von alkalischen Salzschmelzen wird Borkarbid zu Boraten zersetzt.

Aufgrund der schlechten Temperaturwechsel- und Oxidationsbeständigkeit hat Borkarbid keine guten Notlaufeigenschaften bei Einsatz als Lagerwerkstoff. Trockenlauf und Festkörperkontakt sollten daher vermieden werden.

Borkarbid wird überall dort eingesetzt, wo hervorragender Abrasionswiderstand gefordert wird. Dazu wird Borkarbid sowohl als lose Körnung wie auch als kompaktes Material verwendet. Loses oder in Pasten gebundenes Korn wird zum Läppen und Schleifen sowie bei der Ultraschallbearbeitung eingesetzt, wobei seine Schleifleistung deutlich höher ist, als diejenige von Siliziumkarbid oder Aluminiumoxid.

9.4   Wärmedämmschichten

Einen besonderen Anwendungsbereich für keramische Werkstoffe, stellen – aufgrund der niederen Wärmeleitfähigkeit – Wärmebarriereschichten (WBS), Wärmedämmschichten (WDS), thermal barrier coats (TBC) dar. Damit wird der metallische Strukturwerkstoff vor unzulässig hoher Erwärmung geschützt. Die WDS besteht aus keramischen Schichten

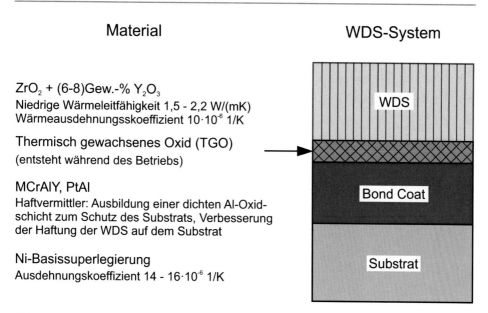

Material   WDS-System

ZrO$_2$ + (6-8)Gew.-% Y$_2$O$_3$
Niedrige Wärmeleitfähigkeit 1,5 - 2,2 W/(mK)
Wärmeausdehnungskoeffizient 10·10^{-6} 1/K

Thermisch gewachsenes Oxid (TGO)
(entsteht während des Betriebs)

MCrAlY, PtAl
Haftvermittler: Ausbildung einer dichten Al-Oxid-
schicht zum Schutz des Substrats, Verbesserung
der Haftung der WDS auf dem Substrat

Ni-Basissuperlegierung
Ausdehnungskoeffizient 14 - 16·10^{-6} 1/K

Abb. 9.6 Schematischer Aufbau einer WDS-Schicht

auf einer metallischen Haftvermittlerschicht (Bond Coat). Diese weist Anteile von Al, Ni
Co oder Y auf. Im Vergleich zum metallischen Strukturwerkstoff besitzt die WDS eine
sehr geringe Wärmeleitfähigkeit. Den schematischen Aufbau zeigt Abb. 9.6. Über die
WDS kann z. B. die Gaseintrittstemperatur in Gasturbinen um 100 bis 150 K gesteigert
werden bei gleichbleibender Metalltemperatur der Schaufel.

Die Lebensdauer der WDS ist ein technisches Problem. Vorzeitiges Versagen der keramischen Schicht unter Betriebsbedingungen führt zu einem unzulässigen Anstieg der Bauteiltemperatur. Andererseits kann das Potenzial für die Entwicklung sparsamer und schad-
stoffarmer Gasturbinen nur über eine verbesserte Systemauslegung mit erhöhten
Turbineneintrittstemperaturen (TIT) ausgenutzt werden. Da die Höhe der TIT durch die
Einsatzgrenzen der Turbinenschaufelwerkstoffe (in der Regel Nickelbasiswerkstoffe), begrenzt ist, sind zuverlässige WDS gefordert.

Das Aufbringen von WDS erfolgt über Vakuum-Plasma-Spritzverfahren (VPS), atmosphärische Plasma-Spritzverfahren (APS) oder physikalische Gasabscheidung (physical
vapour deposition – PVD).

9.5   Fragen zu Kap. 9

1. Was ist ein Grünkörper?
2. Wie unterscheiden sich Silikatkeramiken von oxidischen bzw. nicht oxidischen Keramiken im Gefüge nach dem Sintern ?

3. Was ist Heißpressen und wozu dient es?

4. Warum ist die Angabe einer mittleren Festigkeit für die konstruktive Auslegung von keramischen Bauteilen nicht ausreichend?

5. Welches sind die wesentlichen Nachteile keramischer Werkstoffe im Vergleich zu Stahl und welche konstruktiven Maßnahmen leiten sich daraus ab?

Verbundwerkstoffe

10

Verbundwerkstoffe werden in allen Bereichen der Technik – besonders im Leichtbau – eingesetzt. Gegenüber Einzelwerkstoffen können (zusätzliche) Eigenschaften – angepasst an die Anforderung des Bauteils – erzeugt werden. Von besonderer Bedeutung sind hierbei die Herstellung, der Aufbau und die Zusammensetzung.

10.1 Allgemeines

Die Entwicklung der Technik stellt an die verfügbaren Werkstoffe Anforderungen, die von einem einzelnen homogenen Werkstoff allein nicht mehr erfüllt werden können. Nur durch geschickte Kombination von zwei oder mehreren Phasen, die metallisch, organisch oder anorganisch sein können, lassen sich die gewünschten Eigenschaften erzielen. Die Kombination der Ausgangsstoffe erfolgt so, dass der entstehende Verbundwerkstoff homogenen Legierungen in den Eigenschaften überlegen ist. Zu den optimierten Eigenschaften zählen:

- spezifische Festigkeit
- spezifische Steifigkeit
- geringe Dichte
- Temperatur-, Oxidations- und Korrosionsbeständigkeit
- Risszähigkeit
- günstige Wärmedehnung und Wärmeleitfähigkeit

Die Einteilung verschiedener Verbundwerkstoffe erfolgt in der Regel nach ihrem Aufbau. Dabei unterscheidet man zwischen drei Arten:

© Springer-Verlag GmbH Deutschland, ein Teil von Springer Nature 2022
E. Roos et al., *Werkstoffkunde für Ingenieure*,
https://doi.org/10.1007/978-3-662-64732-5_10

- Schichtverbunde (z. B. Sperrholz),
- Faserverbunde (z. B. Glasfaserverbundwerkstoff),
- Teilchenverbunde (z. B. Beton).

Weiterhin ist zu unterscheiden zwischen Verbundwerkstoffen und Werkstoffverbunden, wobei der Übergang fließend ist:

- Verbundwerkstoffe sind makroskopisch quasihomogen
- Werkstoffverbunde sind makroskopisch inhomogene Phasenverbunde.

Wichtigstes Beispiel für Werkstoffverbunde sind Sandwichbauteile, Abb. 10.1.

Dabei besitzen Teilchenverbunde, deren verstärkende Partikel gleichmäßig verteilt sind, isotrope Eigenschaften. Während Faserverbunde sich sowohl isotrop als auch anisotrop verhalten können, weisen Schichtverbunde stets ein anisotropes Verhalten auf.

Gegenüber den Schichtverbunden haben die Faserverbunde die größere Bedeutung. Hierbei wiederum handelt es sich zumeist um Verbunde mit Faserverstärkung. Füllstoffe finden mit bis zu 60 % Anteil Verwendung vorwiegend in Elastomeren und duroplastischen Formmassen.

10.1.1 Verstärkungsstoffe und Füllstoffe

Die weitaus gebräuchlichsten Verstärkungsstoffe sind Fasern. Fasern lassen sich aus be-kannten Materialien (Metalle, Kunststoffe, Keramik), als Endlosfasern oder Kurzfasern herstellen. Hauptaufgabe der Fasern ist die Steigerung von Festigkeit und Steifigkeit. Höchste Festigkeiten lassen sich mit Haar-Einkristallen (Whisker) erzielen. Aufgrund ihrer Lungengängigkeit besteht jedoch eine Gesundheitsgefährdung.

Fasern werden in verschiedenen Formen geliefert, z. B. Einzelfaser (Endlosfaser), Gewebe, Matten (meist mit aushärtbarem Kunststoff getränkt (Prepreg)), Rovings (Glasspinnfäden), Vliese (geschnittene Glasspinnfäden oder leicht gebundene Glasstapelfasern), Kurzfasern. Verwendet werden überwiegend Fasern aus Glas , Kohlenstoff, Bor, Aramid (PTPA), Basalt und pflanzlichen Ursprungs, siehe auch Tab. 10.1.

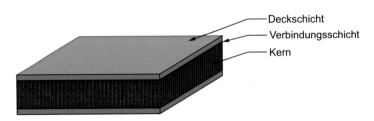

Abb. 10.1 Aufbau eines Sandwich- Bauteils

Tab. 10.1 Eigenschaften ausgewählter Fasermaterialien

Fasermaterial	Dichte/ kg/dm^3	Zugfestigkeit/GPa	E-Modul /GPa	Spezifische Festigkeit /10^6 MPa $\frac{dm^3}{kg}$	Spezifischer E-Modul /10^6 MPa $\frac{dm^3}{kg}$
Polymer :					
Kevlar	1,44	4,5	125	3,1	87
Aramid	1,45	3,0	140	2,4	97
Metall:					
Bor	2,36	3,4	380	1,4	161
Gläser:					
E-Glas	2,55	3,4	70	1,3	27
S-Glas	2,50	4,5	85	1,8	34
Kohlenstoff:					
HF	1,75	5,7	275	3,3	157
hE	1,90	1,9	530	1,0	279
Basalt	2,6–2,8	3,0–4,8	93–110	1,1–1,8	33–42
Whisker :					
SiC	3,18	20	480	6,3	421

HF hohe Festigkeit, *hE* Hoher E-Modul

Füllstoffe sind pulverförmige, kugelförmige und körnige Werkstoffe. Ihre Aufgabe ist jedoch seltener die Festigkeitssteigerung, sondern Dichteanpassung, Verbesserung der Verarbeitbarkeit, Beeinflussung thermischer und elektrischer Eigenschaften. Beispielsweise wird Gummi mit Ruß aufgefüllt, um die Elastomermatrix vor schädigender UV-Strahlung zu schützen. Füllstoffe werden auch zur Substitution des Matrixwerkstoffes zur Kostenreduzierung eingesetzt.

10.1.2 Matrixwerkstoffe

Als Matrixwerkstoffe können organische Kunststoffe, Metalle oder keramische Werkstoffe verwendet werden.

Wegen der einfachen Verarbeitbarkeit haben bisher Kunststoffe die weiteste Verbreitung gefunden (CFK – C-Faser verstärkte Kunststoffe, GFK – Glasfaser verstärkte Kunststoffe). Unter den Kunststoffen sind wiederum die Duroplaste als Matrixwerkstoffe sehr verbreitet. Die Einbringung der Fasern erfolgt im flüssigen Zustand. Danach erfolgt die Aushärtung meist unter Wärmeeinwirkung. Häufig verwendete Duroplaste sind Phenolharz, Polyesterharze und vor allem Epoxidharze. Aufgrund besserer Recyclingfähigkeit werden mehr und mehr auch Thermoplaste als Matrixwerkstoffe für Faserverbundwerkstoffe verwendet.

Erst bei Einsatztemperaturen über 200 °C werden häufig Metalle als Matrixwerkstoff eingesetzt (MMC = Metal Matrix Composite) . Eine solche Metall-Matrix hat eine höhere Festigkeit und ihre Duktilität macht den Verbundwerkstoff risszäher.

Für höchste Temperaturen wird Keramik als Matrix (CMC – Ceramic Matrix Composite) eingesetzt. Hierbei erhöhen die Fasern die Risszähigkeit der spröden Keramik.

Die wesentlichen Aufgaben der Matrix bestehen daher im

- Einbetten der Fasern mit möglichst guter Haftung, damit die Fasern in ihrer Lage fixiert werden und eine Einleitung der äußeren Belastung in den Verbund d. h. die Übertragung der Lastspannungen auf die Fasern, ermöglicht wird.
- Trennung der Fasern.
- Schutz der Fasern gegen chemischen Angriff, schädliche Umwelteinflüsse oder gegen mechanische Beschädigungen während der Herstellung und der Anwendung.

10.2 Faserverstärkte Verbundwerkstoffe

Grundsätzlich sind verschiedene Kombinationen von Fasern und Matrixwerkstoffen möglich, siehe Tab. 10.2.

Auf das Festigkeitsverhalten faserverstärkter Verbundwerkstoffe haben verschiedene Faktoren Einfluss:

Tab. 10.2 Kombinationen Faser- und Matrixwerkstoffe

Faser	Matrix
Anorganisch	Kunststoff
Kunststoff	Kunststoff
Anorganisch	Metall
Metall	Kunststoff
Metall	Metall
Metall	Keramik
Keramik	Keramik

Abb. 10.2 Abhängigkeit der Zugfestigkeit einer durch E-Glasfasern verstärkten Epoxidmatrix in Abhängigkeit von der Faserlänge bei konstantem Faserdurchmesser

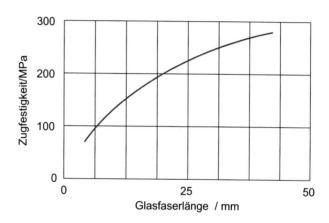

- Faserlänge : Je größer die Faserlänge, desto höher die Festigkeit des Verbundwerkstoffes, Abb. 10.2.
- Faserdurchmesser : Je kleiner der Faserdurchmesser, desto größer die Festigkeit der Faser. Darüber hinaus beeinflusst der Faserdurchmesser den Faserzwischenraum und damit die Versagensform der Matrix.
- Faserorientierung : ungeordnet, unidirektional, kreuzweise, multidirektional. Die Faserorientierung bestimmt die Richtungsabhängigkeit der Eigenschaften. Maximale Festigkeit bzw. Steifigkeit des Verbundwerkstoffs wird bei unidirektionaler Ausrichtung unter einachsiger Zugbelastung erreicht. Abb. 10.3 zeigt den E- Modul in Abhängigkeit von der Faseranordnung und der Richtung der Fasern relativ zur Krafteinleitungsrichtung. Die zugeordneten Faseranordnungen enthält Tab. 10.3. Entsprechend ergeben sich stark unterschiedliche Festigkeitseigenschaften bei Belastung in und quer zur Faserrichtung, Abb. 10.4.

Eine Bestimmung der elastizitätstheoretischen Konstanten einer unidirektionalen Einzelschicht ist unter Verwendung von analytischen Ansätzen möglich, falls die entsprechenden Kennwerte (E, μ, G) für Faser-(Index F) und Matrixwerkstoff (Index M) sowie deren Mas-

Abb. 10.3 Abhängigkeit der elastischen Werkstoffeigenschaften vom Faserwinkel und Faseranordnung

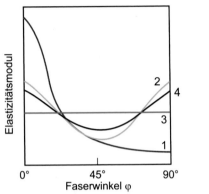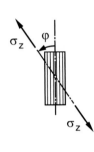

Tab. 10.3 Faseranordnung

Typ	Faseranordnung	Skizze
1	[0°](UD-Schicht)	|||
2	[0°/90°](Gelege)	⊞
3	[0°/60°/120°](quasiisotropes Gelege)	✳
4	Gewebe	⊞

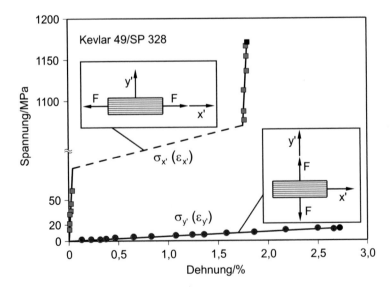

Abb. 10.4 Anisotrope Werkstoffcharakteristik

sen- oder Volumenanteile bekannt sind. Diese Mischungsregeln werden aus den beiden folgenden geometrischen Verträglichkeitsbedingungen hergeleitet:

1. Dehnung in Matrix und Faser bei Belastung in Faserrichtung ist identisch
2. übertragene Kraft in Faser und Matrix bei Belastung quer zur Faser ist gleich groß.

Das Verhältnis des Volumenanteils der Fasern am Gesamtvolumen ist ein geeignetes Maß zur Ermittlung der Eigenschaften der makroskopisch homogenen orthogonalen Struktur.

$$\varphi_F = \frac{V_F}{V_{ges}} \quad \text{Volumenanteil der Fasern} \tag{10.1}$$

$$E_{x'} = \varphi_F \cdot E_F + (1 - \varphi_F) \cdot E_M \quad \text{Elastizitätsmodul in Faserrichtung} \tag{10.2}$$

$$E_{y'} = \frac{E_F \cdot E_M}{\varphi_F \cdot E_M + (1 - \varphi_F) \cdot E_F} \quad \text{Elastizitätsmodul quer zur Faserrichtung} \tag{10.3}$$

$$\mu_{x'y'} = \varphi_F \cdot \mu_F + (1 - \varphi_F) \cdot \mu_M \quad \begin{array}{l} \text{Querkontraktionszahl für Dehnung} \\ \text{in Faserquerrichtung bei} \end{array} \tag{10.4}$$

Beanspruchung in Faserrichtung

$$G_{x'y'} = \frac{G_F \cdot G_M}{\varphi_F \cdot G_M + (1 - \varphi_F) \cdot G_F} \quad \text{Schubmodul} \tag{10.5}$$

- Faservolumenanteil: Werkstoffkennwerte hängen oftmals linear vom Faservolumenanteil ab. Für einen unidirektionalen Faserverbund kann die Bruchspannung in Faserrichtung über die Beziehung

$$\sigma_{x',max} = R_{m,F}\varphi_F + R_{m,F}(1 - \varphi_F)\frac{E_M}{E_F} \tag{10.6}$$

berechnet werden.
- Haftung: die Festigkeit des Verbundwerkstoffs wird auch durch die Haftung in der Grenzschicht Faser-Matrix bestimmt, Abb. 10.5. Je besser die Haftung zwischen der Faser und der Matrix ist, desto höher ist die Festigkeit des Verbundes.

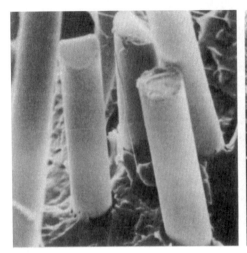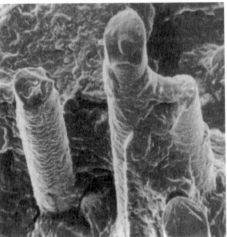

Abb. 10.5 Rasterelektronenmikroskopische Aufnahme der Bruchfläche von glasfaserverstärktem Polyamid

10.2.1 Faserverstärkte Kunststoffe

Faserverstärkte Kunststoffe eignen sich sehr gut für die Herstellung leichter und gleichzeitig steifer Bauteile. Der Einsatzbereich des Verbundwerkstoffs ist auf den Temperaturbereich beschränkt, der durch die Temperaturbeständigkeit des Matrixwerkstoffs vorgegeben wird. Als Matrixwerkstoff werden bisher vorwiegend Duroplaste verwendet. Die Forderung nach stofflicher Wiederverwertbarkeit, zäherem Bruchverhalten und kürzeren Umformprozesszeiten führen zur Entwicklung faserverstärkter Thermoplaste.

Als Fasern werden vorwiegend Glasfasern, Kohlenstofffasern, Aramidfasern und in der Raumfahrt Borfäden, aufgrund ihres hohen Schmelzpunkts und ihrer geringen Dichte, eingesetzt. Angewendet werden faserverstärkte Kunststoffe derzeit noch vorwiegend im Flugzeugbau (Kabine, Leitwerke, Bodenstücke), im Automobilbau (Karosserieteile, Motoraufhängung, Kardanwellen, Pleuel) und für Sportgeräte.

10.2.2 Herstellung faserverstärkter Kunststoffe

Bei Verstärkung mit Endlosfasern oder Matten ist eine Großserienfertigung oft schwierig, da häufig für verschiedene Arbeitsgänge Handarbeit erforderlich ist. Dagegen können mit Kurzfaserverstärkung auch größere Serien gefertigt werden. Die gebräuchlichen Verfahren sind:

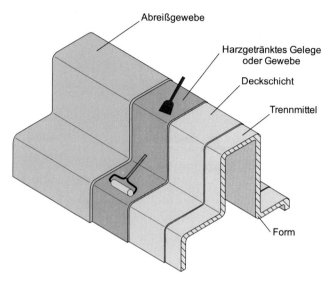

Abb. 10.6 Handlaminieren

- *Handlaminieren :*
  Das Bauteil wird in Formschalen („negative" Bauteilform) oder auf Kernformen („positive" Bauteilform) geformt. Zunächst werden unorientierte Fasermatten oder Fasergewebe zugeschnitten und in die Form eingelegt. Die Matten werden dann mit Harzgemisch getränkt. Das Aushärten erfolgt häufig in einem Autoklaven unter Druck und Temperatureinwirkung. Eine Nachbearbeitung der Ränder ist teilweise erforderlich, Abb. 10.6.
- *Wickeln :*
  Kontinuierliche Fasern werden auf einen Dorn gewickelt, nachdem sie ein flüssiges Harz-Härter-Bad passiert haben. Das Wickelmuster ist variabel und richtet sich nach den Bauteilbeanspruchungen, so dass eine höchstmögliche Ausnutzung der Fasern erreicht wird. Beim Wickeln können numerisch gesteuerte Wickelmaschinen eingesetzt werden, Abb. 10.7.
- *Aufspritzen :*
  Stränge kontinuierlicher Fasern (Rovings) werden zerhackt und zusammen mit dem Harz-Härter-Gemisch mit Druckluft in die Form gespritzt. Vor dem Aushärten ist eine Verdichtung von Harz und Fasern üblich.
- *Spritzgießen :*
  Das Verfahren verläuft analog zum Spritzgießen unverstärkter Kunststoffe, kurze Faserstücke werden der Formmasse beigegeben.
- *Pultrusion :*
  Mit diesem Verfahren werden Profile aus faserverstärkten Kunststoffen hergestellt. Dabei wird die plastifizierte Masse zusammen mit den Verstärkungsfasern durch eine Düse zu einem Profil gezogen, Abb. 10.8.

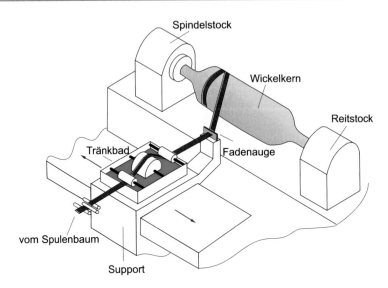

Abb. 10.7 Wickelanlage

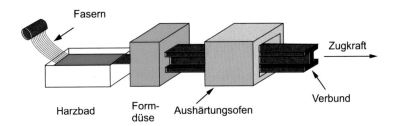

Abb. 10.8 Strangziehanlage

- *Pressverfahren:*
  Bei diesem Verfahren für schalenförmige Körper geschieht das Einbringen der Verstärkungswerkstoffe durch Einlegen der zugeschnittenen Fasermatten oder Geweben, auf die dann das Harz gegossen wird. Alternativ kommen Prepregs zum Einsatz. Der Formvorgang erfolgt dann durch Schließen der Presse und gegebenenfalls Erhitzen der Form, Abb. 10.9.

10.2.3 Faserverstärkte Metalle (MMC, Metal Matrix Composite)

Die Verwendung von Metallen anstelle von Kunststoff als Matrixwerkstoff verbessert folgende Eigenschaften:

- höhere Temperaturbeständigkeit
- bessere Kraftübertragung zwischen Matrix und Faser

Abb. 10.9 Pressen von
Faserharzlaminaten

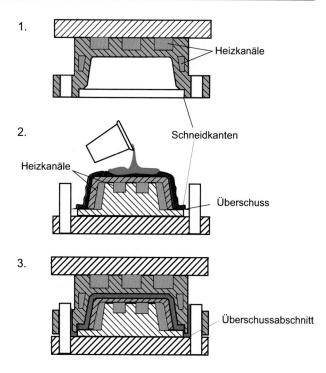

• höhere Zähigkeit
• Härtbarkeit

Ein Beispiel sind bor- und kohlenstofffaserverstärkte Aluminium-Verbundwerkstoffe, die vielfach höhere mechanische Werte als ausgehärtete Aluminiumlegierungen erreichen. Auch C-Faser verstärktes Kupfer und mit SiC-Fasern verstärkte Metalle (Al, Ti, Mg) bieten ein großes Entwicklungspotenzial.

Die Herstellung dieses MMCs ist schwierig, da die Metalle die Fasern erst bei hohen Temperaturen vollständig benetzen.

Angewendet werden faserverstärkte Metalle für thermisch höherbeanspruchte Teile in der Luft- und Raumfahrt sowie im Motorenbau.

10.2.4 Herstellung faserverstärkter Metalle

10.2.4.1 Direkte Verfahren zur Herstellung von metallischen Faserverbundwerkstoffen

• Diffusionsverbinden: Die verflüssigte Metallmatrix wird auf die orientierten Verstärkungsfäden aufgesprüht, wodurch zunächst verstärkte Seile entstehen. Diese Seile werden zugeschnitten und anschließend bei hoher Temperatur gepresst und langsam abgekühlt.

- Infiltrationstechnik : Das schmelzflüssige Matrixmaterial wird in die mit Verstärkungsfasern vorbereitete Form gegossen oder durch Vakuum eingesaugt. Ebenfalls können
  die Fasern durch ein Bad mit flüssigem Matrixmaterial gezogen werden. Bei beiden
  Verfahren muss die Werkstoffkombination so gewählt werden, dass keine spröden
  intermetallischen Phasen gebildet werden.
- Pulvermetallurgie : Um chemische Reaktionen zwischen Faser und Matrix zu ver-
  meiden, werden vorgefertigte Faservliese in pulverförmiges Matrixmaterial eingebettet.
  Dieses wird anschließend durch Sintern verdichtet.
- Folienplattierverfahren: Die Fasern werden kontinuierlich zwischen zwei Folien aus
  Matrixmaterial in eine Walze geführt und dort zunächst mechanisch durch die plasti-
  sche Verformung des Matrixmaterials fixiert. Anschließend werden die Fasern mit der
  Folie durch Warmwalzen oder durch kurzzeitiges Aufschmelzen der Folie mit
  Elektronenstrahl oder Laserstrahl verbunden.

10.2.4.2 Indirekte Verfahren zur Herstellung von metallischen Faserverbundwerkstoffen

Indirekte Herstellungsverfahren sind diejenigen Verfahren, bei denen die Fasern während
der Herstellung des Verbundwerkstoffes erzeugt werden. Der Vorteil dieser Verfahren besteht darin, dass die sehr teure Herstellung des Fasermaterials nicht notwendig ist.

- Ziehverfahren (bei duktilem Faserwerkstoff): Zunächst wird ein sogenannter Manteldraht durch Zusammenstecken von drahtförmigem Faserwerkstoff mit einem rohr-
  förmigen Matrixwerkstoff und anschließendem Umformen sowie einer Diffusionsglü-
  hung hergestellt. Der Manteldraht wird anschließend einer starken Warm – oder
  Kaltumformung unterzogen, bei der eine homogene Matrix gebildet wird. Durch die
  starke Querschnittsabnahme bei den Umformprozessen werden die Drähte zu dünnen
  Fasern umgeformt.
- Ziehverfahren (bei sprödem Faserwerkstoff): Rohre aus Matrixmaterial werden mit
  pulverförmigem Fasermaterial gefüllt und zu dünnen Drähten verformt. Diese Drähte
  werden wiederum gebündelt und gemeinsam in einem Hüllrohr kalt- oder warm verformt. Dabei verschweißen die Mäntel zu einer einheitlichen Matrix. Die „Pulver-
  stränge" werden so verdichtet, dass sie makroskopisch als kompakte Fasern erscheinen
  und z. B. durch Tiefätzen der metallischen Matrix freigelegt werden können, Abb. 10.10.
  Liegt die Schmelztemperatur der Matrix über der Sintertemperatur des verdichteten
  Pulvers, kann dieses gesintert werden.
- Gerichtete Erstarrung eutektischer Legierungen: Fasern und Matrix entstehen gleichzeitig durch gezielte Kristallisation aus der Schmelze mit eutektischer Zusammensetzung. Um ein gerichtetes Gefüge zu bekommen, muss die Wärmeableitung bei der
  Erstarrung in einer Richtung erfolgen (z. B. mit einer Kühlplatte).

Abb. 10.10 Silber-Zinnoxid-Faserverbundwerkstoff mit tiefgeätzter Silbermatrix und freistehenden Zinnoxidfasern

10.2.5 Faserverstärkte Keramik (CMC, Ceramic Matrix Composite)

Keramische Werkstoffe zeichnen sich gegenüber anderen Materialien wie Kunststoffe und Metalle vor allem durch ihre chemische Beständigkeit und hohe Härte und die damit verbundene Verschleißfestigkeit sowie Korrosionsbeständigkeit aus. Durch ihre große Sprödigkeit sind sie jedoch für viele Anwendungen nur bedingt geeignet. Diesem Nachteil versucht man durch die Verbindung mit Fasern zu begegnen. Dabei sollen die Fasern Zugbelastungen aufnehmen und die Ausbreitung von Rissen behindern. Als Verstärkungskomponenten werden „Whisker" (nadelförmige Einkristalle), „Platelets" (plättchenförmige Einkristalle) und vor allem Kurz- und Langfasern verwendet. Aufgrund der variablen Art der Faserverstärkung lässt sich ein auf die jeweilige Anwendung abgestimmter Werkstoff herstellen. Die so gewonnenen faserverstärkten Keramiken weisen alle eine hohe Festigkeit und Steifigkeit bis hin zu hohen Temperaturen (sofern hitzebeständige Fasern eingesetzt werden bzw. diese vor Oxidation geschützt sind), Verschleiß – und Thermoschockbeständigkeit und vor allem ein pseudoplastisches Bruchverhalten, d. h. besseres Risszähigkeitsverhalten, bei geringem Raumgewicht auf.

Wichtige Einsatzgebiete der faserverstärkten keramischen Werkstoffe liegen in der Luft- und Raumfahrt, Bremsen, Triebwerkstechnik, im chemischen Apparatebau, sowie generell bei hohen Einsatztemperaturen bis über 1000 °C.

Die wichtigsten technischen Anwendungen liegen im Bereich kohlenfaserverstärkter Kohlenstoffe CFC (C-faserverstärkte C-Körper bzw. CFRC – C-fibre reinforced carbon), kohlenstofffaserverstärktem Siliziumkarbid (C/C-SiC) sowie siliziumkarbidfaserverstärktem Siliziumkarbid (SiC/SiC).

10.2.6 Herstellung keramischer Verbundwerkstoffe

Die Herstellung von faserverstärkten Keramiken erfolgt im Wesentlichen durch Sintern. Am Beispiel des C-faserverstärkten Siliziumkarbids sollen alternative Herstellungsverfahren vorgestellt werden:

- Chemische Gasphaseninfiltration von Fasergerüsten (Chemical Vapour Infiltration-Technik): Zunächst wird die Vorform hergestellt. Dabei wird ein Gewebe aus 90° zueinander stehenden Fasersträngen in mehreren Schichten gestapelt und in Gestalt des Bauteils vorgeformt. Danach wird die Matrix (z. B. SiC) über die Gasphase infiltriert. Die Matrix entsteht bei hohen Temperaturen durch die Zersetzung des Prozessgases am Substrat. Das Verfahren beansprucht lange Prozesszeiten und ist daher sehr kostenintensiv.
- Pyrolyse -/Carbonisierungsverfahren: Das technisch bedeutendste Verfahren zur Her-stellung von C/C-Verbundwerkstoffen ist das sogenannte Harzimprägnier- und Pyrolyse-/Carbonisierungsverfahren. Dabei werden Kohlenstofffasern mit Kunstharz, meist Phenolharz, imprägniert und über die Wickeltechnik direkt in die Form des Bauteils gebracht. Danach folgt ein Carbonisierungsglühen in Vakuum- oder Schutzgasatmosphäre zwischen 800 und 1200 °C. Die Carbonisierung erfolgt meist bei Drücken zwischen 50 und 100 bar. Durch den Druck werden hohe Körperdichten erreicht. Zur Steigerung der Kohlenstoffausbeute können Drücke bis zu 2000 bar aufgebracht werden.
- Pyrolyse von Polymeren in kohlenstofffaserverstärktem Kunststoff (Polymerpyrolyse): Als Matrixwerkstoff wird ein pulverförmiges Polymer verwendet, das zusammen mit einem Lösungsmittel in die Verstärkungsfaser infiltriert. Wie bei der Pyrolyse zur C/C-Herstellung wird über die Wickeltechnik direkt die Form des Bauteils erzeugt und anschließend bei erhöhtem Druck und Temperatur vernetzt. Nach der Aushärtung wird die Matrix drucklos bei Temperaturen oberhalb 1000 °C in Inertgas zur Keramik pyrolysiert. Dieses Verfahren zeichnet sich durch geringe Prozesszeiten aus. Jedoch sind die zur Zeit verwendeten Polymere sehr teuer. Die größte Schwierigkeit besteht im

Schwund des Polymers bei der Pyrolyse, was zu inneren Spannungen und somit zu Rissbildung führen kann.

- Flüssig- bzw. Kapillarsilizierung von C/C-Basisstoffen (Flüssigsilizierverfahren) : Zur Herstellung von C/SiC-Verbundwerkstoffen nach dem Flüssigsilizierverfahren ist zunächst ein C/C-Basiswerkstoff aus Kohlenstofffasern in Kohlenstoffmatrix notwendig, der unter Verwendung von Epoxidharz hergestellt wird (siehe Herstellung faserverstärkte Kunststoffe). Bei nachfolgender Glühung (800–1300 °C) entsteht eine poröse Kohlenstoffmatrix in Form des Bauteils. Der Silizierungsprozess erfolgt im Vakuum oberhalb des Schmelzpunkts von Silizium (1405 °C) bei ca. 1500 °C. Durch den Kontakt des flüssigen Siliziums mit dem Kohlenstoff bildet sich an den Kapillarwänden SiC. Die weitere Reaktion erfolgt durch Korngrenzdiffusion von Si-Atomen durch das neugebildete SiC. Das Flüssigsilizierverfahren erlaubt die wirtschaftliche Fertigung großformatiger Bauteile bei relativ kurzen Prozesszeiten.

Abb. 10.11 zeigt den Gefügeanschliff eines 3D–C/C–SiC Verbundwerkstoffs mit Langfaserverstärkung.

Abb. 10.11 Gefügeanschliff eines C/C-SiC-Verbundwerkstoffs (helle Bereiche: SiC, dunkle Bereiche: C-Faser-Bündel)

10.3   Teilchenverbundwerkstoffe

10.3.1 Metallkeramik

Für metallkeramische Gemenge hat sich die Bezeichnung Cermets, aus *Cer*amic und *Met*al durchgesetzt. Eine der Definitionen für diese Materialgruppe lautet: Jedes pulvermetallurgisch hergestellte metallkeramische Gemenge ist ein Cermet , wenn die Eigenschaften der metallischen und keramischen Anteile direkt wirksam werden.

Als keramische Cermetbestandteile kommen dabei alle anorganischen, nichtmetallischen, kristallinen Verbindungen in Frage. Mit den Cermets ist die Kombination der günstigsten Eigenschaften von metallischen und keramischen Stoffen beabsichtigt.

Bei der Einlagerung einer keramischen Komponente in eine metallische Matrix werden jedoch keine wesentlichen Fortschritte hinsichtlich einer Zähigkeitssteigerung erzielt. Erfolgversprechender erweisen sich die Verbundwerkstoffe mit keramischer Matrix. Hier haben die eingelagerten Teilchen die Funktion von Rissstoppern: ein Matrixriss wird bei einer plötzlichen Spannungszunahme durch energieverzehrende Prozesse wie Ablenkung oder Verzweigung am schnellen Fortschritt gehindert. Die Zähigkeit kann dadurch deutlich erhöht werden. Der Nachteil dieser Dispersionsverbundwerkstoffe ist, dass bedingt durch die Berührung einiger eingelagerter Teilchen, sowie der geringen Phasenhaftung, die Festigkeit geringer als die der Matrix allein ist.

Die Cermets bestehen meistens aus zwei Phasen, zwischen denen gegebenenfalls eine Reaktionsphase auftritt. Abb. 10.12 zeigt schematisch einige typische Cermetgefüge, die sich nach Geometrie und Verteilung der Phasen voneinander unterscheiden.

Die Herstellung von Cermets erfolgt durch Zugabe von Keramikpartikeln in das schmelzflüssige Metall oder durch Sintern.

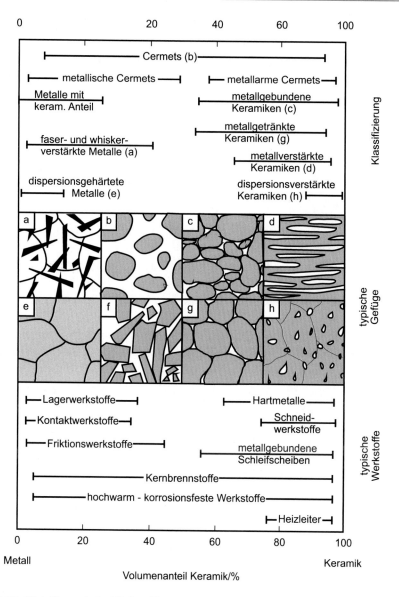

Abb. 10.12 Metallkeramische Werkstoffe

10.4   Schichtverbundwerkstoffe

Schichtverbundwerkstoffe bestehen aus zwei oder mehr miteinander verbundenen Schichten, die als Komponenten bezeichnet werden. Die dem Volumen oder Gewicht nach überwiegende Komponente wird als Grund- oder Unterlagenwerkstoff, die übrigen Komponenten je nach örtlicher Lage und Anordnung als Plattier-, Auflage-, Einlage- oder Zwischenlagewerkstoff bezeichnet. Metallische Schichtverbundwerkstoffe sind technisch wichtig und werden bereits seit ca. 100 Jahren hergestellt. Besonders aus Gründen des Korrosionsschutzes werden un- und niedriglegierte Stähle bevorzugt mit einer Schutzschicht aus korrosions- und hitzebeständigen Stählen, NE-Metallen und Edelmetallen versehen (Plattierung). Weitere Anwendungen sind die Verbesserungen des Verschleißverhaltens oder die Nutzung von unterschiedlichen thermischen Ausdehnungsverhalten, z. B. bei Bimetallen. Die Herstellung kann erfolgen durch:

- Verbindung duktiler Komponenten in fester Phase durch erhöhte Temperatur und/ oder Druck
- Aufbringen einer oder mehrerer Komponenten im flüssigen Zustand auf Komponenten im festen Zustand
- Beschichten von Komponenten im festen Zustand durch Abscheiden einer oder mehrerer Komponenten aus vorwiegend wässriger Lösungen oder Salzschmelzen (PVD – physical vapour deposition)

Beschichten von Komponenten im festen Zustand durch Abscheiden einer oder mehrerer Komponenten aus der Dampfphase (CCVD – combustion chemical vapour deposition).

10.5   Beschichtungstechnik

10.5.1 Einleitung

Die Anwendung von Oberflächen- und Schichttechnologien wird zunehmend zum Wettbewerbsfaktor. Beschichtungen spielen in der Technik (Luft- und Raumfahrtindustrie, Maschinen- und Anlagenbau, Automobil- und Fahrzeugindustrie, chemischer Apparatebau, Elektrotechnik, feinmechanische und optische Industrie, Glas- und Keramikindustrie, Mikroelektronik, Medizintechnik) eine wichtige Rolle.

Sie erfüllen unterschiedliche Funktionen:

- Veredelung ohne Auswirkung auf die Funktionalität (dekorative Anforderungen, optisches Design)
- Schutz des Grundwerkstoffes gegen äußere Einwirkungen wie z. B. vor
  - Korrosion und Oxidation

- Verschleiß und Erosion
- Wärme- und Kälteschutz
• Verbesserung der Funktionalität (meist in Verbindung mit Schutz) wie z. B.
  - Biokompatibilität
  - Selbstreinigung

Die Abgrenzung zu Verbundwerkstoffen bzw. zu schaltbaren Werkstoffen und Werkstoffen mit adaptronischen Wirksystemen ist fließend. Unter schaltbaren Werkstoffen werden sogenannte „intelligente" Werkstoffe wie z. B. elektrochrome Glasscheiben mit schaltbarer Transparenz (Verdunkelung bei Einfall von Licht) oder hydrophobe Oberflächen (Abperlen von Wasser und Schmutz) verstanden. In beiden Fällen wird auf die Herstellung nanostrukturierter Oberflächen zurückgegriffen. Beim adaptronischen Wirksystem wird z. B. eine applizierte Piezoschicht dazu benutzt durch die Verformung einer äußeren Kraft ein Signal zu erzeugen, das weiter verarbeitet werden kann, z. B. zur Wegregelung bei hochgenauen Lagern.

Härten (siehe Abschn. 6.4.2) ist ebenfalls zu den Methoden der Oberflächentechnik zu zählen.

10.5.2 Beschichtungsverfahren

Unter Beschichtung versteht man alle Verfahren zur Aufbringung eines Überzuges auf eine (Substrat-)Oberfläche: Streichen mit einem Lack bis hin zur technisch komplexen Aufbringung von kleinsten Nano-Partikeln. Dicke Schichten im Bereich mehrerer Millimeter verhalten sich in Verbindung mit dem Substrat anders als dünne Schichten im Nano- bzw. im μm – Bereich. Die Schicht selbst kann aus einem einzelnen (Beispiel verzinktes Blech) oder aus mehreren Lagen unterschiedlicher Werkstoffe bestehen (Beispiel Wärme-dämmschicht Abschn. 9.3). Technisch wichtige Verfahren sind im Folgenden aufgeführt.

10.5.2.1 Galvanisieren

Im engeren Sinn wird unter Galvanisieren die elektrochemische Oberflächenbehandlung von Metallen verstanden. Die Galvanik (Metallindustrie), d. h. das elektrolytische Abscheiden von metallischen dünnen Schichten, wird i. Allg. zum Zweck der Veredlung von Oberflächen sowie zum Schutz vor Korrosion (Korrosionsschutz) angewandt. Kritisch sind aus ökologischer Sicht die in den beim Galvanisieren verwendeten Bädern anfallenden Metall-, Salz-, und Säurerückstände. Aus den Rückständen können jedoch in vielen Fällen Wertstoffe zurückgewonnen werden.

Galvanische Verzinkung

Die Zinkschicht wird durch galvanische Vorgänge auf Bauteile aus Stahl, CuNi- und NiCu-Legierungen aufgebracht. Die Schichtdicke sollte min. 3 μm, aber nicht mehr als 20 μm betragen. Die Bauteile werden zum Schutz gegen Rostbildung, aber auch zur Verringerung der Kontaktkorrosion z. B. bei einer Mischbauweise aus Stahl und Aluminium, verzinkt. Aufgrund der H_2-Abscheidung bei diesem Prozess besteht die Möglichkeit des Eindiffundierens von Wasserstoff in das Bauteil, was zur Wasserstoffversprödung führen kann.

Zink- Nickel- Beschichtung

Galvanisch aufgebrachte Zink- Nickel- Beschichtungen kommen zum Einsatz, wenn sehr hohe Anforderungen an die Korrosionsbeständigkeit gestellt werden. Die Korrosionsbeständigkeit ist bei identischer Schichtdicke wesentlich besser als die einer normalen Verzinkung.

Chromatierung von galvanischen Schichten

Eine Chromatierung galvanisch beschichteter Teile erhöht die Korrosionsbeständigkeit. Je nach Chromatierungsausführung kann die Beständigkeit annähernd verdoppelt werden.

Alitieren

Bei diesem Oberflächenschutzverfahren wird Aluminium in die Stahloberfläche eingebracht. Es bilden sich Aluminium-Eisen-Mischkristalle, die einen guten Verzunderungsschutz bis 950 °C bewirken. Das durch Spritzen oder Tauchen flüssig aufgebrachte Aluminium dringt beim anschließenden Diffusionsglühen in die Oberfläche ein. Aluminium kann auch in Form von Pulver, Tonerde oder Aluminiumchlorid eingebracht werden.

CVD

Unter dem Oberbegriff CVD (Chemical Vapour Deposition – deutsch: Chemische Abscheidung aus der Gasphase) versteht man alle Verfahren, die durch Gasphasenreaktionen oder durch Kondensation von Gasphasenbestandteilen zur Bildung von festen Werkstoffmodifikationen führen. Die CVD-Verfahren sind eine sehr wichtige Methode zur Herstellung dünner und extrem leistungsfähiger Oberflächenschichten, die häufig der Verbesserung von Reibungs- und Verschleißverhalten dienen. Darüber hinaus können durch CVD jedoch z. B. auch monodisperse Pulver, Whisker oder halbleitende Nanopartikel (Quantenpunkte) abgeschieden werden. Die wichtigsten herstellbaren Materialien umfassen Diamant – sowie diamantähnliche Schichten, Metalle, Halbleiter und Nichtoxid-Keramiken. Die Werkstoffsynthese findet in einer evakuierten Kammer statt und erfolgt, je nach Verfahren, bei Temperaturen von ca. 300 bis 1200 °C. Durch Auswahl und Mischungsverhältnis der eingesetzten Gassorten bzw. der verdampften Ausgangssubstanzen sowie der Reaktionstemperatur lassen sich die chemische Zusammensetzung der Endprodukte und ihre Morphologie sehr genau einstellen. Da i. d. R. alle Nebenprodukte dieser Reaktionen gasförmig anfallen und leicht abzutrennen sind, führen CVD-Verfahren meist zu chemisch hochreinen Produkten. Die auf der Oberfläche des Substrates abgeschiedenen Elemente können bei der entsprechenden Temperatur in den Substratwerkstoff eindiffundieren oder mit der Oberfläche reagieren. Anwendbar ist dieses Verfahren für komplizierte Formen bei hohen Abscheidungsraten.

PVD

Mit dem Begriff PVD (Physical Vapour Deposition – deutsch: Physikalische Abscheidung aus der Gasphase) werden bestimmte Verfahren zur Modifizierung von Oberflächen durch Aufbringen dünner Schichten, die Dicken bis hinab in den Nanometerbereich haben können, bezeichnet. Im Gegensatz zu CVD Verfahren ist das Substrat keinen hohen Temperaturen ausgesetzt: je nach Variante liegen relativ niedrige Abscheidungstemperaturen vor, die ein besonders großes Spektrum zu beschichtender Materialien zulassen. Das Beschichtungsmaterial liegt als Festkörper vor, der zunächst durch physikalische Verfahren wie Verdampfen oder Zerstäuben mobilisiert werden muss, um sich dann auf dem Substrat ohne Veränderung seiner chemischen Zusammensetzung niederzuschlagen. Je nach Prinzip unterscheidet man drei klassische Verfahrensvarianten.

Beim Aufdampfen wird das Schichtmaterial in einem Tiegel im Hochvakuum erhitzt, bis es verdampft.

Beim Sputtern wird das Beschichtungsmaterial durch Ionen aus einem Plasma abgetragen.

Das Ionenplattieren schließlich nutzt ein elektrisches Potenzial am (leitfähigen) Substrat zur Ausbildung eines Plasmas, in dem Atome des Beschichtungsmaterials ionisiert werden.

Moderne PVD-Verfahren nutzen auch Elektronen- oder Laserstrahlen zum Abtragen des Beschichtungsmaterials vom Target. Das wichtigste und in der Industrie häufig verwendete Verfahren ist die Elektronenstrahlverdampfungstechnologie (Electron Beam PVD, EB PVD). Es beruht auf der Verdampfung des Beschichtungswerkstoffes aus einem Tiegel mittels Elektronenstrahl im Vakuum von 10^{-3}–10^{-5} mbar. Die Ionen des verdampften Beschichtungswerkstoffs schlagen sich auf der Substratoberfläche nieder bzw. können über eine angelegte Spannung zur Oberfläche beschleunigt werden. Eine Beheizung des Substrates kann auch als Mittel der Schichtgestaltung eingesetzt werden. Über das Verdampfen verschiedener Beschichtungswerkstoffe können sogenannte Multilayer-Schichten hergestellt werden, die gradiert in einander übergehen. Bei komplexen Oberflächen (Krümmungen, Ausschnitte etc.) muss der Substrathalter positioniert werden um den entsprechenden Abstand zur Verdampfungsquelle zu optimieren.

10.5.2.2 Thermisches Spritzen

Beim Thermischen Spritzen handelt es sich um teilweise sehr innovative Verfahren zur Beschichtung von Oberflächen. Ein draht- oder pulverförmiges Beschichtungsmaterial wird in einer Gasflamme, einem Lichtbogen oder im Plasma aufgeschmolzen, von einem Luft- oder Gasstrahl zerstäubt und mit hoher Geschwindigkeit teigig oder flüssig auf das Substrat geschleudert. Entsprechend dem zugrunde liegenden Schmelzvorgang unterscheidet man zwischen niederenergetischen Flammspritz- und Lichtbogenspritzprozessen bzw. hochenergetischen Plasmaspritzvarianten. Es können relativ hohe Abscheidungsraten bei gleichzeitig geringer Energieeinbringung in den Grundwerkstoff erreicht werden. Die Verfahren werden insbesondere in den Bereichen Hitze-, Verschleiß – und

Korrosionsschutz eingesetzt. Die Haftfestigkeit der Beschichtung wird von der Werkstoff-kombination, der Vorbehandlung und vom speziellen Verfahren beeinflusst. Selbsttragende Bauteile können durch das Aufspritzen auf ein später entfernbares Substrat hergestellt werden, z. B. kompliziert geformte Teile für Flugzeugturbinen. Im Gegensatz zu den CVD /PVD- Verfahren werden relativ dicke Schichten im Bereich bis zu mehreren Millimeter hergestellt.

Lackieren

Lacke sind flüssige, pastenförmige oder pulverförmige Substanzgemische, die auf einem Untergrund einen festhaftenden, geschlossenen Überzug mit schützenden oder spezi-fischen technischen Eigenschaften ergeben. Unter Lackieren versteht man das Aufbringen dieser Werkstoffe auf Oberflächen beispielsweise von Holz, Metallen, Kunststoffen oder mineralischen Baustoffen. Unter manuellem Lackieren versteht man Streichen, Rollen und Wischen, bei denen flüssiger Lack aufgetragen wird. Industriell werden Spritz-, Sprüh- und Tauchverfahren angewendet. Beim Spritzen werden mit Hilfe von Luft- oder Flüssigkeitsdruck (Airless-Spritzen) feine Lacktröpfchen erzeugt, die sich auf der zu be-schichtenden Oberfläche niederschlagen, beim Sprühen erfolgt die Zerstäubung elektro-statisch. Pulverförmige Beschichtungsmittel werden entweder durch Aufspritzen elek-trisch geladener Lackteilchen auf eine geladene Oberfläche oder durch Tauchen des erhitzten Werkstücks in aufgewirbelten Pulverlack aufgebracht, wobei die Haftung durch Aufschmelzen an der Oberfläche erzielt wird.

Plattieren (Cladding)

Auftragsschweißen wird nicht zum Zwecke der Erhöhung der Festigkeit von Bauteilen durchgeführt, sondern zur Verbesserung des Einsatzbereichs durch z. B. Erhöhung des Verschleißverhaltens bzw. des Korrosionsverhaltens. Es können unterschiedliche Schweiß-verfahren (WIG, MAG) zum Einsatz kommen. In der Regel wird der Grundwerkstoff aufgeschmolzen und ein Schweißzusatzwerkstoff niedergebracht. Als Schweißzusatz-werkstoffe kommen daher Legierungen in Betracht, die die geforderten Eigenschaften aufweisen. Die Dicke der Auftragsschweißung beträgt – abhängig davon ob sie ein- oder mehrlagig ist – bis zu mehreren Millimetern.

10.5.3 Verhalten von Beschichtungen

Der technische Einsatz von Beschichtungen wird durch das damit verbundene Versagens-verhalten beeinflusst. In der Regel weist der Beschichtungswerkstoff entsprechend der vorgesehenen Funktion andere mechanisch-technologische bzw. physikalische Eigen-schaften als der zu beschichtende Werkstoff (Substrat) auf. Daraus erwachsen besondere Probleme der Beständigkeit der Schicht unter Beanspruchung. Die maßgebenden Ver-sagensmechanismen bei Beschichtungen, die im Bereich des allgemeinen Maschinenbaus eingesetzt werden, sind:

- Rissbildungen in der Schicht
- Abplatzen bzw. mangelnde Haftung
- Negative Beeinflussung der Eigenschaften des Grundwerkstoffes über die Schicht selbst bzw. den Beschichtungsprozess.

Rissbildungen werden hervorgerufen durch eine mangelnde Verformungsfähigkeit der Schicht, die der des Grundwerkstoffs nicht angepasst ist. Spröde Schichten weisen darüber hinaus auch eine schlechte Temperaturwechselbeständigkeit auf. Bei Schutzschichten, die z. B. den Grundwerkstoff vor Korrosion schützen sollen, können Risse einen selektiv verstärkten Korrosionsangriff bewirken.

Abplatzen bzw. mangelnde Haftung. Abplatzen kann auftreten, wenn im Interface zwischen Schicht und Substrat Spannungen auftreten, die eine Folge des Beschichtungsprozesses (Eigenspannungen) selbst sind, die sich aus unterschiedlichen Eigenschaften (E-Modul, thermische Ausdehnung, Verformungsfähigkeit) ergeben.

Negative Beeinflussungen der Eigenschaften des Grundwerkstoffs. Neben einer thermischen Beeinflussung mit der entsprechenden Änderung des Gefügezustandes besteht die Möglichkeit, dass von einer spröden Schicht ausgehende Risse als Rissstarter für den Grundwerkstoff wirken können. Ferner können in der Wärmeeinflusszone von ferritischen Stählen Rissbildungen (z. B. Relaxationsrisse) auftreten.

10.6 Fragen zu Kap. 10

1. Welche drei Arten von Verbundwerkstoffen gibt es?
2. Was ist ein CFK?
3. Nennen Sie die wichtigsten Einflussfaktoren auf die Festigkeit von Faserverbundwerkstoffen.
4. Was ist ein CMC?
5. Welche Vorteile weisen CMC's gegenüber monolithischer Keramik auf?

Korrosion

Korrosion ist definiert als die Reaktion eines Werkstoffes mit seiner Umgebung, die die Eigenschaften eines Werkstoffes negativ beeinflusst und bis zur Zerstörung des Werkstoffes führen kann. In der Regel sind dies chemische bzw. elektrochemische Reaktionen mit der Umgebung aber auch physikalische Vorgänge sind an der Korrosion beteiligt. Die Korrosion ist somit ein Vorgang, der erhebliche wirtschaftliche Verluste, Risiken für Sicherheit des Bauteils sowie ökologische Schäden mit sich bringt. Die Prävention von Korrosion ist daher eine wichtige technische Aufgabe. Für deren Vermeidung ist die Kenntnis der Zusammenhänge und Abläufe im komplexen Gesamtprozess und der jeweiligen Schadensmechanismen entscheidend.

11.1 Definition der Korrosion

Korrosion ist die unerwünschte, von der Oberfläche ausgehende chemische, physikalisch-chemische oder elektrochemische Reaktion eines Werkstoffes mit einem umgebenden Medium, die mit einem Schädigungsprozess ausgehend von der Oberfläche verbunden ist. Die Korrosion ist somit i. Allg. eine Grenzflächenreaktion.

Diese Reaktionen können vielfältige Erscheinungsformen zur Folge haben. Die wichtigsten sind nach den Auswirkungen in Verbindung mit der Beanspruchung in Abb. 11.1 und nach Korrosionsart in Abb. 11.2 zusammenfassend dargestellt.

Eine allgemeine Form der Korrosion in wässrigen Medien ist die gleichförmige Korrosion mit einem gleichmäßigen Flächenangriff. Bei gleichzeitiger mechanischer Beeinflussung wird die Schutzschicht oder die reine Metalloberfläche oder Schutzschicht stärker angegriffen und tiefer abgetragen (Erosions-, Kavitationskorrosion).

Während gleichmäßiger Flächenabtrag meist gut beherrschbar bleibt, da die Abtragsraten bekannt und voraussagbar sind (atmosphärische Korrosion, Korrosion von

Abb. 11.1 Systematik der
Korrosion nach Beanspruchung

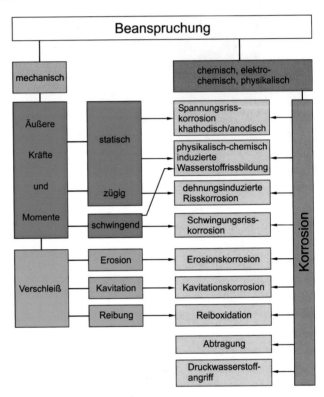

Rohrleitungen in wässrigen Medien, Metalle in Meerwasser), führt lokale Korrosion wegen der oft hohen Korrosionsraten bei einem örtlichen Werkstoffangriff in kurzer Zeit zu gravierenden Schäden. Ursache ist die Bildung von lokalen Aktiv-Passivelementen, die sich durch ein unterschiedliches Potenzial- und Flächenverhältnis auszeichnen. Die Ursachen lokaler Korrosion sind in vorgegebenen – oder durch Prozesse wie Diffusion, elektrolytische Überführung, Adsorption etc. entstandenen – Inhomogenitäten im angreifenden Medium oder im Werkstoff selbst zu suchen. Zur lokalen Korrosion gehören: Lochkorrosion, selektive Korrosion, Kornzerfall, Spaltkorrosion, Kontaktkorrosion.

Unter zusätzlicher Einwirkung von mechanischen Spannungen können aufgrund der Überlagerung mechanischer und korrosiver Vorgänge Risse mit hoher Wachstumsgeschwindigkeit erzeugt werden (Spannungsrisskorrosion, dehnungsinduzierte Korrosion, Korrosionsermüdung).

In gasförmigen Medien kann Oxidation und Wasserstoffversprödung durch chemischphysikalische Prozesse auftreten.

Einflussfaktoren

Die Art und Geschwindigkeit von Korrosionsvorgängen wird wesentlich von der Kombination aus Werkstoffbelastung und den jeweiligen Medienbedingungen kontrolliert, Abb. 11.3.

Abb. 11.2 Systematik der Korrosion nach Arten

Angriffsform	Bezeichnung	Schema
gleichmäßig	Korrosion unter - Wasserstoffentwicklung - Sauerstoffverbrauch (Flächenkorrosion)	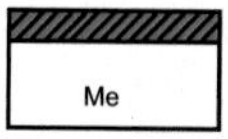
ungleich-mäßig	Kontaktkorrosion	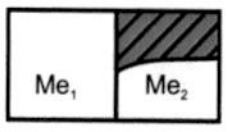
	Lochfraßkorrosion	
	Selektive Korrosion	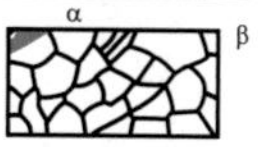
	Spaltkorrosion	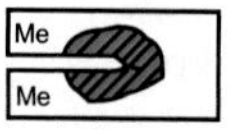
	Physikalisch induzierte Wasserstoff-rissbildung	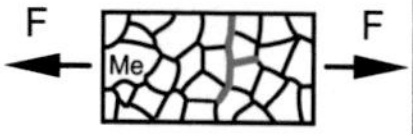
	Spannungsrisskorrosion anodisch, kathodisch	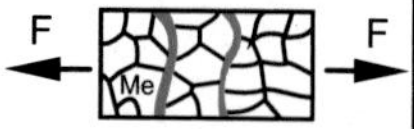
	Dehnungsinduzierte Risskorrosion	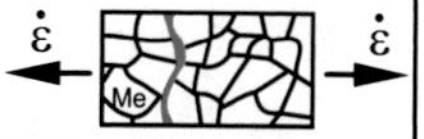
	Schwingungsriss-korrosion	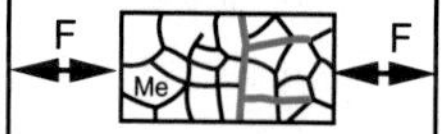
	Chemische Wasserstoff-rissbildung	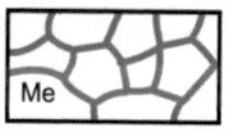
	Interkristalline Korrosion Kornzerfall	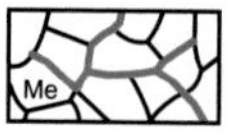

Zu den wesentlichsten Einflussfaktoren auf den Korrosionsablauf zählen bei den Werkstoffeigenschaften:

- Art des Werkstoffs
- Art und Konzentration von Legierungselementen und Verunreinigungen
- Wärmebehandlung des Werkstoffs
- Verformungsgrad, Belastungszustand
- Gefügestruktur und Ausscheidung speziell auf den Korngrenzen.

Die Einflussfaktoren aus den Umgebungs- und Medienbedingungen sind:

- Temperatur
- Druck

Abb. 11.3 Wechselwirkung
der Einflussfaktoren auf die
Korrosion

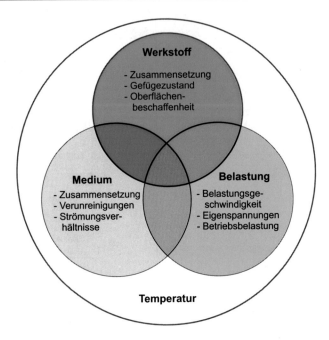

- Strömungsbedingungen
- Chemische Zusammensetzung des Mediums (pH-Wert, Sauerstoffgehalt, Inhaltsstoffe)
- ionisierende Strahlung
- Wärmeübertragungsbedingungen.

Bei den Belastungen können als wesentliche Größen genannt werden:

- Zugspannungen
- Thermospannungen
- Eigenspannungen
- wechselnde Belastung.

Neben diesen grundlegenden Einflussgrößen sind in technischen Bauteilen konstruktiv
bedingte Besonderheiten als korrosionsunterstützende Faktoren mit in die Betrachtung
einzubeziehen, wie

- Bereiche mit unterschiedlichen Strömungen
- wechselnde Befeuchtung und Austrocknung an der Werkstoffoberfläche an der Phasengrenze zwischen Wasser und Dampf
- elektrisch leitende Verbindung unterschiedlicher metallischer Werkstoffe
- konstruktive Spalten.

Insgesamt ist die Korrosion eine komplexe Kombination der Wechselwirkung zwischen
diesen Einflüssen.

11.2 Korrosion metallischer Werkstoffe

11.2.1 Grundlagen zur Korrosion in wässrigen Medien

11.2.1.1 Thermodynamische Betrachtung

Aus thermodynamischer Sicht ist Korrosion ein Vorgang, bei dem die Werkstoffe mit ihrer Umgebung ohne jegliche Energiezufuhr reagieren. Die Werkstoffinstabilität ist Ausdruck der Naturgesetze, wonach die Werkstoffe den thermodynamisch stabilsten Zustand anstreben und damit unter Energieabgabe und/oder Entropiezunahme in ihren Ausgangszustand als Oxid, Sulfid, Carbonat o. ä. zurückkehren.

11.2.1.2 Elektrochemische Grundlagen der elektrolytischen Korrosion

Bei elektrochemischen Korrosionsreaktionen sind mindestens zwei elektrochemische Einzelreaktionen beteiligt, die sich unabhängig überlagern und nur durch die Elektroneutralitätsbedingung gekoppelt sind:

1. anodischer Prozess, Elektronenabgabe (Oxidation)

$$Me \rightarrow Me^{z+} + ze^- \qquad (Metallauflösung)$$

2. kathodischer Prozess, Elektronenaufnahme (Reduktion)

$$Me^{z+} + ze^- \rightarrow Me \qquad (Metallabscheidung)$$
$$2H^+ + 2e^- \rightarrow H_2 \qquad (Wasserstoffkorrosionstyp)$$
$$O_2 + 2H_2O + 4e^- \rightarrow 4OH^- \qquad (Sauerstoffkorrosionstyp)$$

Die beiden Prozesse laufen an einer Elektrode ab. Eine Elektrode ist die Grenzfläche zwischen einem Elektronenleiter (Metall) und einem Ionenleiter (Elektrolyt), durch die elektrisch geladene Teilchen (Ionen, Elektronen) durchtreten können. An der Grenzfläche Metall/Elektrolyt tritt eine Wechselwirkung zwischen Metall und Elektrolyt auf.

Beim Übergang in den Elektrolyten geht das Metall aus dem atomaren Zustand Me in den Zustand eines z-wertig positiv geladenen Ions Me^{z+} über („Lösungstension"). Dabei bleiben z Elektronen e^- in dem Metall zurück und laden es negativ auf.

Geht das Metall aus dem Zustand des z-wertig positiv geladenen Ions Me^{z+} in den atomaren Zustand Me über, so werden gleichzeitig z Elektronen e^- verbraucht. Durch diese Metallabscheidung lädt sich das Metall positiv auf, Abb. 11.4.

Dabei wird hier in Anlehnung an die Elektrochemie eine stromdurchflossene Elektrode als Anode bezeichnet, wenn der positive Strom aus der Elektrode in den Elektrolyten fließt, als Kathode wird die Elektrode mit der umgekehrten Flussrichtung bezeichnet.

Abb. 11.4 Potenzialbildung

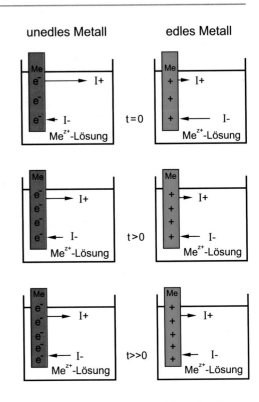

unedles Metall   edles Metall

So erhöhen die durchtretenden positiven Metallionen z. B. das Potenzial an der Grenz-schicht, was dem weiteren Durchtritt positiver Ladungen entgegenwirkt. Gleichzeitig be-hindern auch die im Metall zurückgebliebenen negativen Ladungen (Elektronen) weitere Metallionen am Verlassen des Metalls. Im Ergebnis dieser Wechselwirkung stellt sich ein Gleichgewicht zwischen Hin- und Rückreaktion für jede der o.g. Reaktionen bei einem bestimmten elektrischen Potenzial ein, dem Gleichgewichtspotenzial. Dieses Potenzial hängt von der Konzentration z. B. der Metallionen in der ionenleitenden Phase ab.

Da das Potenzial von Einzelelektroden nicht direkt gemessen werden kann, werden Bezugselektroden einbezogen und die Spannung als Potenzialdifferenz zwischen beiden Elektroden gemessen, Abb. 11.5. Da die Messelektrode (zu untersuchendes Metall) nur eine Hälfte des elektrochemischen Systems darstellt (Halbzellenpotenzial), wird das Sys-tem mit einer zweiten Halbzelle ergänzt. Zum Vergleich für Messzwecke wird hierfür das Potenzial der Normalwasserstoffelektrode (NHE) als Bezugspunkt (U = 0) verwendet. Das Standardpotenzial wird in einer einmolaren Lösung der Metallionen gemessen und ist eine wesentliche physikalische Größe, die quantitativ die relative Antriebskraft der Halb-zellenreaktionen beschreibt.

Die Standard-Normalpotenziale der Metalle sind in der elektrochemischen Spannungs-reihe, Abb. 11.6, der reinen Metalle in Bezug auf die NHE aufgelistet.

Metalle mit positivem Standard-Normalpotenzial werden als edel bezeichnet. Diejenigen mit negativem Standard-Normalpotenzial werden entsprechend als unedel eingestuft.

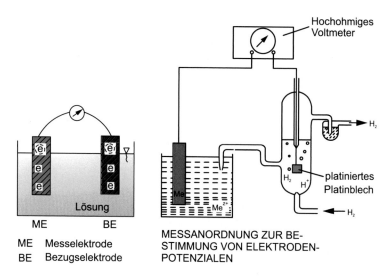

ME   Messelektrode
BE   Bezugselektrode

MESSANORDNUNG ZUR BE-
STIMMUNG VON ELEKTRODEN-
POTENZIALEN

Abb. 11.5 Messanordnung zur Bestimmung von Elektrodenpotenzialen [Sch96]

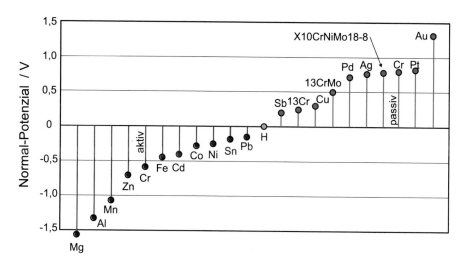

Abb. 11.6 Elektrochemische Spannungsreihe der Metalle

Sind z. B. die Potenziale positiver als NHE, können sie von nichtoxidierenden Säuren nicht angegriffen werden, da sie zu Austauschreaktion mit Wasserstoffionen nicht mehr fähig sind.

Aufgrund von Vorgängen an den Oberflächen (z. B. Deckschichtbildung), die die Korrosionsvorgänge beeinträchtigen können, sind Veränderungen in der Spannungsreihe möglich. In manchen Fällen ist auch die Standardbedingung wegen beschränkter Löslichkeit der Ionen nicht zu realisieren. Deshalb werden in der praktischen Spannungsreihe die tatsächlichen Potenziale der Werkstoffe im betreffenden Medium ermittelt. In Abb. 11.7 ist die praktische Spannungsreihe in Meerwasser dargestellt.

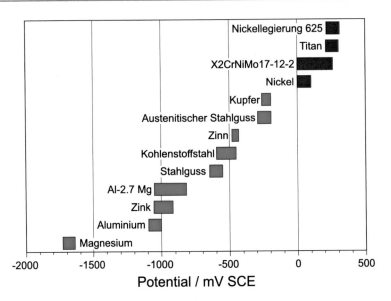

Abb. 11.7 Elektrochemische Spannungsreihe in Meerwasser

Abb. 11.8 Qualitativer
Verlauf der Stromdichte bei
einer homogenen
Mischelektrode [Dah93]

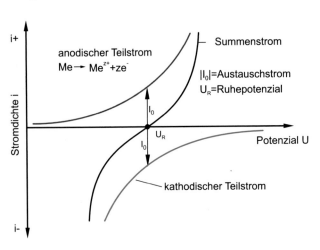

Läuft ein Korrosionsprozess ab, überlagern sich wie schon gezeigt, mindestens zwei Reaktionen und zwar so, dass pro Zeiteinheit gleich viele Elektronen vom Metall abgegeben und von dem Oxidationsmittel aufgenommen werden (Elektroneutralitätsbedingung). Dazu muss sich ein Potenzial an der Elektrode einstellen, das höher liegt als das Gleichgewichtspotenzial der Metallauflösung und niedriger als das Gleichgewichtspotenzial U_R der Reduktion des Oxidationsmittels. Dieses Potenzial nennt man das Ruhepotenzial einer homogenen Mischelektrode, die gleichmäßig, flächig korrodiert. Ruhepotenziale für Metalle und Legierungen sind in sogenannten praktischen Spannungsreihen, z. B. für Meerwasser verfügbar und ein wertvolles Hilfsmittel bei der Abschätzung von Korrosionsrisiken, Abb. 11.8.

Die Geschwindigkeit der Teilreaktionen kann als Stromdichte angegeben werden, da der Stoffumsatz hier stets mit einem äquivalenten Ladungsumsatz verbunden ist. Das Potenzial der Teilreaktionen wird in Stromdichten, Abb. 11.8, dargestellt. Über eine dritte Elektrode wird dabei mit einem sogenannten Potenziostaten ein Strom aufgeprägt, der ein bestimmtes, vorgegebenes Potenzial einstellt. Durch einen Außenkreis wird auf das Korrosionssystem ein Strom (oder Spannung) aufgeprägt und das sich einstellende Potenzial (bzw. Strom) gemessen, Abb. 11.9. Die gemessene Stromdichte unter den gegebenen Bedingungen ist dabei ein quantitatives Maß für die Geschwindigkeit der Metallauflösung, wenn dafür gesorgt wird, dass keine weitere Reaktion ablaufen können, während die Potenzialveränderung Ausdruck der Hemmungserscheinungen der elektrochemischen Reaktion ist. Die Stromdichte-Potenzialkurve gibt Auskunft über die Korrosionsmechanismen, wie über charakteristische Korrosionsgrößen. Sie ist die Summenkurve aus den kathodischen und anodischen Teilreaktionen. Sie ist ein wichtiges experimentelles Hilfsmittel zur Aufklärung der Kinetik von Korrosionsreaktionen, zur Untersuchung von Deckschichtbildung, zur Ermittlung kritischer Werte für lokale Korrosion (Lochkorrosionspotenzial, Durchbruchspotenzial von Passivschichten, etc.).

Als Beispiel ist in Abb. 11.9 die Stromdichte-Potenzialkurve eines passivierbaren Metalles dargestellt.

Negative Ströme und Potenziale unter dem Ruhepotenzial U_R (auch freies Korrosionspotenzial) zeigen die Dominanz der kathodischen Teilreaktion der Wasserstoffentwicklung. Am Ruhepotenzial stehen kathodischer und anodischer Teilprozess im Gleichgewicht. Der Betrag der Stromdichte ist Null. Oberhalb dieses Gleichgewichtpotenzials dominiert die anodische Teilreaktion, die Metallauflösung, die mit dem Anstieg des Korrosionsstromes i verbunden ist. Bei passivierbaren (deckschichtbildenden) Werk-

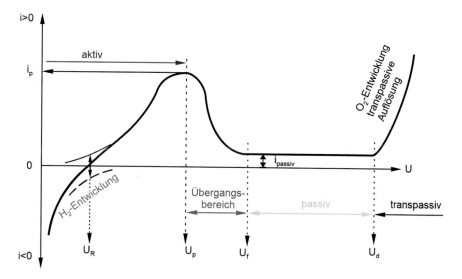

Abb. 11.9 Stromdichte eines passivierbaren Werkstoffes [Sch96]

stoffen wird ab dem Potenzial U_p und der maximalen Stromdichte i_p ein Aktiv-Passivübergangsbereich erreicht, bei dem die Ausbildung einer Passivschicht erfolgt. Diese behindert zunehmend die Metallauflösung, wodurch die Stromdichte bei steigendem Potenzial abnimmt.

Nach vollständiger Ausbildung der Passivschicht liegen eine kleine Stromdichte i_{passiv} und ansteigende Potenziale im sogenannten „Passivbereich" vor. In diesem Passivbereich ist die Metallauflösung relativ gering, d. h. der Korrosionsangriff ist aufgrund der Passivschicht oder Schutzschicht stark reduziert. Durch Zerstörung der Passivschicht (z. B. durch Chloridionen im Fall von Lochkorrosion) kann lokal erneut Metall aufgelöst werden, was in einem steilen erneuten Stromdichteanstieg resultiert, Abb. 11.9. Das zugeordnete Potenzial wird als Durchbruchspotenzial U_d und der anschließende Potenzialbereich wird als Transpassivbereich bezeichnet. Bei höheren Potenzialen und einer unbeschädigten Passivschicht kann der Stromanstieg der transpassiven Metallauflösung und der Sauerstoffentwicklung zugeordnet werden. Hier ist die Passivschicht nicht mehr stabil.

U_p	Passivierungspotenzial
U_f	Aktivierungspotenzial (Flade-Potenzial)
U_d	Durchbruchspotenzial
i_p	Passivierungsstromdichte
i_{passiv}	Stromdichte im Passivbereich

11.2.2 Korrosionsarten

11.2.2.1 Flächenkorrosion (gleichmäßiger Flächenabtrag)

Die Flächenkorrosion, ist die Art von Korrosion, bei der sich ein gleichmäßiger Flächenabtrag einstellt, d. h. die gesamte Metalloberfläche löst sich mit ungefähr derselben Geschwindigkeit auf. Bei dieser Korrosionsart sind plötzlich auftretende Schäden nicht zu befürchten. Aufgrund der Korrosionsprodukte wird ein geschlossenes System jedoch eventuell verunreinigt oder es werden giftige Metallsalze in Böden und Wässer eingetragen.

Abhilfemaßnahmen

Neben den metallurgischen Maßnahmen durch Verwendung von Werkstoffen, die unter den gegebenen Bedingungen Passivschichten (nichtrostende Stähle, Aluminium) oder schützende Salzdeckschichten bilden (Zink, Kupfer), können systemtechnische Maßnahmen wie die Kontrolle der chemischen Zusammensetzung des Mediums oder die Verringerung der Strömungsgeschwindigkeit die Korrosionsgeschwindigkeit in erheblichem Maße herabsetzen.

Die Passivschichtbildung bei Eisen wird durch den Zusatz von Cr- und Cu-Anteilen verbessert. Andere Werkstoffe wie Ni, Al oder Cr bilden in annähernd neutralen Medien stabile Passivschichten, wobei vor allem Cr beständige und dichte Passivschichten bildet. Dieses Verhalten zeigt sich auch bei den hochlegierten Cr- und Cr-Ni-Stählen.

11.2.2.2 Lokale Korrosion

11.2.2.2.1 Lokale (ungleichmäßige) Korrosion ohne mechanische Beanspruchung

Lokale Korrosion führt i. Allg. zu einem ungleichmäßigen Korrosionsangriff. Die polykristallinen technischen Metalle bestehen aus Legierungen unterschiedlicher Phasen, die in Verbindung mit einem Elektrolyten stets leitend miteinander verbunden sind und durch ihre unterschiedlichen Potenziale ein Korrosionselement bilden können. Betrachtet man zwei unterschiedliche Werkstoffbereiche, die im Bauteil leitend miteinander verbunden sind und in einen Elektrolyten eintauchen, wird sich aus den im getrennten Zustand unterschiedlichen Ruhepotenzialen eine gemeinsame Stromdichte-Potenzialkurve einstellen, Abb. 11.10. Dies bewirkt, dass der Werkstoffbereich mit dem negativeren Einzelpotenzial zu dem relativ positiveren Summenpotenzial verschoben wird, d. h. die anodische Reaktion wird verstärkt. Der Werkstoffbereich mit dem positiveren Einzelpotenzial wird zu dem relativ negativeren Summenpotenzial verschoben, d. h. die anodische Reaktion dieses Elements wird reduziert. Im Ergebnis wird die Auflösung des Elements mit dem positiveren Einzelpotenzial gebremst, die Auflösung des Elements mit dem negativeren Einzelpotenzial beschleunigt. Dabei ist die Ausdehnung der jeweiligen Oberflächenbereiche für die Korrosionsgeschwindigkeit mit entscheidend. Ist die Anodenfläche klein im Vergleich zur Kathodenfläche ist die Korrosionsgeschwindigkeit größer als bei umgekehrten Verhältnissen.

Lokale Konzentrationsunterschiede im umgebenden Elektrolyten können ebenfalls zur Korrosion führen. Hierfür ist insbesondere die unterschiedliche Sauerstoffkonzentration im Elektrolyten maßgebend. Da dieser Sauerstoff aus der Luft stammt, wird dieses Element als Belüftungselement bezeichnet. In Abb. 11.11 ist ein Beispiel für ein Belüftungselement gezeigt. Die Stellen höherer Sauerstoffkonzentration werden zur Kathode, die

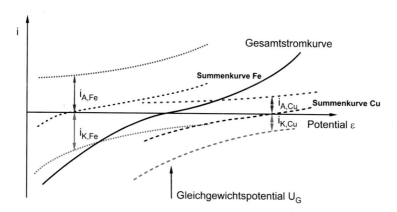

Abb. 11.10 Kontaktkorrosion zwischen Eisen und Kupfer

Abb. 11.11 Belüftungselement

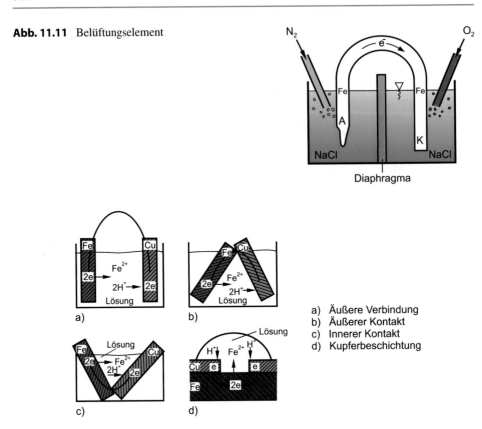

Abb. 11.12 Verschiedene Arten der Kontaktkorrosion am Beispiel von Eisen/Kupfer

geringerer Sauerstoffkonzentration zur Anode, d. h. in Bereichen geringerer Sauerstoffkonzentration geht das Metall in Lösung.

Kontaktkorrosion

Kontaktkorrosion wird möglich, wenn Metalle mit unterschiedlichen Potenzialen in einer
elektrolytische Lösung elektrisch leitend verbunden sind. Durch die Potenzialdifferenz
wird ein Strom induziert. Dadurch wird das Metall mit dem positiveren Potenzial zur Kathode, das Metall mit dem negativeren Potenzial zur Anode, wodurch die Auflösung dieses
„unedleren" Metalls beschleunigt wird, während das „edlere" Metall als Kathode geschützt wird, d. h. die Auflösungsrate wird reduziert.

Werden nun zwei verschiedene Metalle in eine Elektrolytlösung getaucht, so haben sie
i. Allg. ein unterschiedliches Ruhepotenzial. Stellt man zwischen beiden Metallen einen
metallischen Kontakt her, so fließt ein Strom und zwar von der Anode über die metallisch
leitende Verbindung zur Kathode. Gleichzeitig erfolgt im Elektrolyt ein Ionenstrom von
der Anode zur Kathode. Bei dem gewählten Beispiel, Abb. 11.12, geht Eisen in Lösung
und Wasserstoff scheidet sich auf dem Kupfer ab.

Die Reichweite von Kontaktelementen hängt stark von der Leitfähigkeit des Elektrolyten ab. Bei atmosphärischer Korrosion, bei der lediglich schlecht leitendes Regenwasser oder Tau einwirken, wird der Effekt meist stark überschätzt. Kombinationen wie nichtrostender Stahl/Zink etc. sind bei nicht allzu ungünstigem Flächenverhältnis Kathode/Anode unproblematisch

Außer der Kombination verschiedener Metalle gibt es noch andere Möglichkeiten der Kontaktkorrosion, wie z. B. chemisch heterogene Oberflächen, hier sind vor allem Legierungen betroffen, deren Legierungspartner verschiedene Ruhepotenziale haben. Dabei kommt es zur Auflösung des unedleren Partners.

Selektive Korrosion

Selektive Korrosion tritt in Legierungen auf, deren Gefüge aus Phasen/Mischkristallen mit unterschiedlichem elektrochemischem Potenzial bestehen, z. B. an Kupfer- und Zink-Mischkristallen in Messing, Abb. 11.13. Wenn die Oberfläche mit einem Medium benetzt werden, erfolgt der Korrosionsangriff an den unedleren Phasen des Werkstoffs.

Die Auflösung setzt, analog zur Kontaktkorrosion an solchen Stellen ein, an denen ein, gegenüber der Umgebung unedleres Potenzial herrscht (z. B. infolge einer Anreicherung der unedleren Komponente). Es bilden sich anodisch wirkende Grübchen aus, die von glatten, unversehrt aussehenden kathodischen Flächen umgeben sind, Abb. 11.14. Dieser Korrosionsmechanismus kann auch der interkristallinen Korrosion zugeordnet werden.

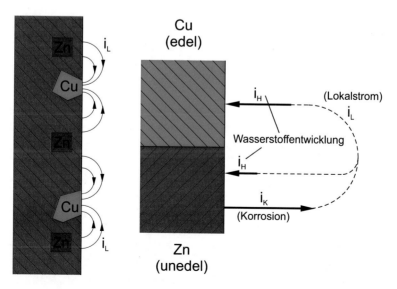

Abb. 11.13 Selektive Korrosion

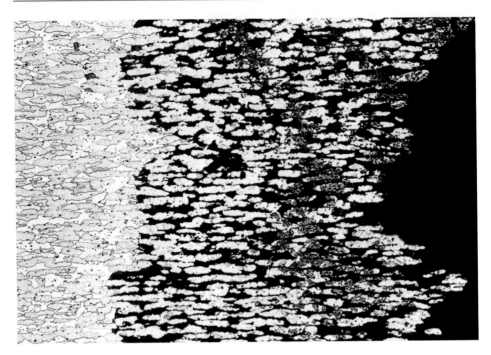

Abb. 11.14 Selektive Korrosion von Messing

Kornzerfall

Der Kornzerfall (interkristalline Korrosion) kann der selektiven Korrosion zugerechnet werden. Sie tritt auf, wenn durch Ausscheidungen von Phasen auf den Korngrenzen das Ruhepotenzial der Matrix positiver als das der Korngrenzenbereiche wird.

Dieser Effekt tritt besonders an nichtrostenden, austenitischen CrNi- und CrMnNi-Stählen auf und zwar bevorzugt nach dem Abschrecken von einer Temperatur über 1000 °C und Anlassen zwischen 500 °C und 800 °C sowie beim Schweißen. Als Erklärung wird i. Allg. die Chromverarmung der korngrenzennahen Bereiche herangezogen. An den Korngrenzen bilden sich während längerer Haltezeit auf Anlasstemperatur chromreiche Mischkarbide $(Cr, Fe)_{23}C_6$, der Werkstoff wird sensibilisiert. Unter Elektrolyteinwirkung verhalten sich die chromarmen Korngrenzenbereiche unedler als die Metallmatrix und werden daher bevorzugt korrodiert.

Als Kornzerfall bezeichnet man die Erscheinung, dass die mit Ausscheidungen belegten Korngrenzen eines polykristallinen Metalls bevorzugt korrosiv angegriffen werden, d. h. dass sich die schmalen, die Körner trennenden Cr-ärmeren Bereiche schneller als das Korn auflösen, Abb. 11.15.

Zur Vermeidung des Kornzerfalls werden zur Stabilisierung Nb oder Ti hinzugefügt. Diese Elemente binden den Kohlenstoff ab und verhindern somit die Chromkarbidausscheidung. Eine andere Möglichkeit besteht in der Absenkung des C-Gehalts.

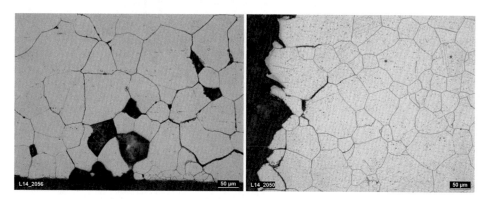

Abb. 11.15   Kornzerfall austenitischer Stahl X6CrNiNbN 25 20

Abb. 11.16   Lochfraßkorrosion

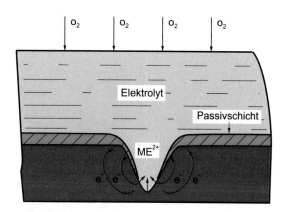

Lochfraß

Die Lochfraßkorrosion ist ein lokal eng begrenzter Angriff meist gleichzeitig an mehreren Stellen der Bauteiloberfläche, d. h. die anodische Teilreaktion läuft in lokal eng begrenzten Bereichen ab. Im Gegensatz zur selektiven Korrosion ist der Auslöser nicht Werkstoff-inhomogenität, sondern Lochfraßkorrosion kann entstehen, wenn die Oberfläche von einer Passivschicht überzogen ist, die mechanisch beschädigt oder durch spezifisch wirkende Anionen (Chlorid, Iodid, Bromid) lokal durchbrochen wird und sich ein stark saurer und salzreicher Elektrolyt an diesen Stellen bilden kann. Die umgebende noch passive Ober-fläche bildet die Kathode eines Belüftungselementes, Abb. 11.16. Die ablaufenden Mechanismen wurden eingangs bereits beschrieben.

Spaltkorrosion

Die Spaltkorrosion kommt durch unterschiedliche Metallionen- oder Sauerstoff-konzentrationen zustande (Konzentrations-Belüftungselement), Abb. 11.17.

Dieser Korrosionstyp tritt bei Korrosion in Oberflächendefekten oder konstruktiv be-dingten Spalten auf (z. B. zwischen zwei verbundenen Rohren oder an geschraubten

Abb. 11.17 Konzentrationselement

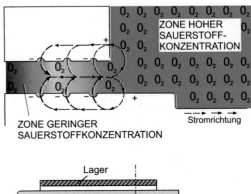

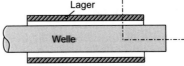

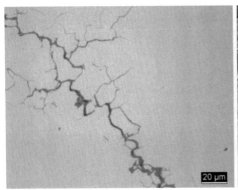

Polierter Schliff

Bruchbild im REM

Abb. 11.18 Spannungsrisskorrosion in P235G1TH (St 35.8) infolge Eigenspannungen aus Schweißungen und Benetzung mit Na-haltigem feuchtem Medium („Laugensprödigkeit")

Verbindungen). Im Inneren des Spaltes ist die Sauerstoffkonzentration niedriger als außen. Der Bereich geringeren Sauerstoffgehaltes wird dabei anodisch, während der sauerstoffreiche Bereich kathodisch wird. Entsprechend wird der anodische Bereich geschädigt.

11.2.2.2.2 Lokale Korrosion unter mechanischer Beanspruchung

Spannungsrisskorrosion

Bei der Spannungsrisskorrosion (SprK) kommt es nur bei gleichzeitiger Anwesenheit einer mechanischen Spannung (aufgebrachte Zugspannung, Eigenspannung), eines empfindlichen Werkstoffzustandes und eines angreifenden Mediums zur Ausbildung von trans- und/oder interkristallinen Rissen. Die Risse verlaufen in beiden Fällen vorwiegend senkrecht zur Richtung der Zugspannung (1. Hauptspannung), sind aber oft stark verzweigt. Dabei kann die Spannungsrisskorrosion bei mechanischen Spannungen auftreten, die weit unter den zulässigen Beanspruchungswerten des Materials liegen. Vielfach genügen Eigenspannungen zur Rissauslösung, Abb. 11.18.

Spannungen können eine vorhandene schützende Deckschicht zerstören. Am ungeschützten Werkstoff setzt Korrosion durch anodische Metallauflösung ein. Diese wird durch eine eventuelle Repassivierung unterbrochen. Kann sich aber an der aktiven Rissspitze, keine schützende Deckschicht bilden bzw. die vorhandene weiterhin lokal zerstört wird, bildet sich an ein trans- oder interkristalliner Riss aus. Abb. 11.19.

Risswachstum kann auch durch die Bildung von Wasserstoff als Folge der nachfolgend beschriebenen Reaktion von Eisenkationen mit dem Wasser auftreten, der besonders in der plastischen Zone an der Rissspitze zu Werkstoffversprödung führt. Eine Überlagerung beider Mechanismen ist möglich.

Die Ursache von Spannungsrisskorrosion beruhen also auf:

- alternierend mechanisch-elektrolytischer Mechanismus
- Schutzschichtzerstörung aufgrund von Spannungen in Verbindung mit einwirkendem Medium
- Kerbwirkung von Oberflächendefekten
- Wasserstoffdiffussion

Bei Stahl lassen sich die Reaktionen wie folgt zusammenfassen:

Bei der oben genannten anodischen Reaktion (Oxidation)bilden sich Fe^{2+}-Kationen, das Eisen wird aufgelöst, gemäß

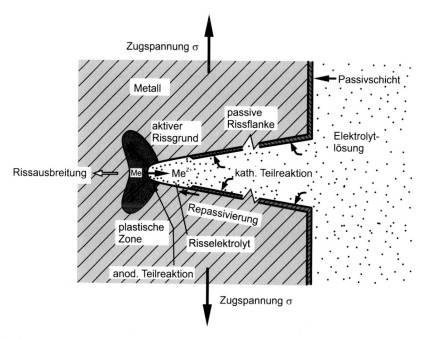

Abb. 11.19 Mechanismus der Spannungsrisskorrosion

$$Fe \rightarrow Fe^{2+} + 2e^-$$

Bei der kathodischen Reaktion (Reduktion) wird der der Sauerstoff aus dem Elektrolyt durch die Bildung von OH⁻-Anionen reduziert gemäß

$$O_2 + 2H_2O + 4e^- \rightarrow 4(OH)^-$$

weiter bildet sich Fe^{2+}-hydroxid

$$Fe^{2+} + 2OH^- \rightarrow Fe(OH)_2$$

Das Eisen(II)-hydroxid oxidiert mit Luftsauerstoff weiter zu Eisen(III)-hydroxid, das durch Entwässerung in Fe_2O_3 übergeht, entsprechend

$$2Fe(OH)_2 + 1/2O_2 \rightarrow Fe_2O_3 + 2H_2O$$

Die Verbindung Fe_2O_3 wird als Rost bezeichnet.

Bei erhöhten Temperaturen im Bereich größer 200 °C, läuft stattdessen die sogenannten Schikorr-Reaktion ab – es bildet sich Wasserstoff an der Metalloberfläche, der in den Werkstoff diffundieren kann,

$$3Fe + 4H_2O \rightarrow Fe_3O_4 + 4H_2$$

Die Verbindung Fe_3O_4 wird als Magnetit bezeichnet.

Bei ferritischen Stählen wird das Härtungsgefüge (z. B. grobkörniger, nicht angelassener Martensit, besonders im Zusammenhang mit nicht wärmebehandelten Schweißverbindungen) als empfindlich gegen Spannungsrisskorrosion angesehen. Auch bei nicht stabilisierten austenitischen Stählen kann in Verbindung mit bestimmten Medien, wie z. B. Chlor, Spannungsrisskorrosion auftreten. Stabilisierte Austenite weisen i.d.R. eine geringere Empfindlichkeit gegen SpRK auf. Allerdings muss beim Schweißen auf eine optimierte Wärmeführung zur Vermeidung von plastischen Zonen durch Schrumpfspannungen und der Ausbildung thermisch sensibilisierter Bereiche in Schweißgut/Wärmeeinflußzone geachtet werden, siehe Abschn. 11.2.3.

Bemerkenswert für die interkristalline und transkristalline Spannungsrisskorrosion austenitischer Stähle ist, dass es jeweils ein kritisches Grenzpotenzial für diese Korrosionsart gibt, das als Schutzpotenzial für kathodischen Schutz dienen kann.

Ursachen:

Dehnungsinduzierte Risskorrosion

Neuere Untersuchungen zur Spannungsrisskorrosion zeigen, dass neben der „klassischen" Spannungsrisskorrosion, zu deren Untersuchung Proben unter konstanter Belastung oder Verformung geprüft werden, ein spezifischer Mechanismus der Spannungsrisskorrosion, die sogenannte dehnungsinduzierte Risskorrosion auftritt, bei der die Dehngeschwindigkeit von wesentlicher Bedeutung ist. Die dehnungsinduzierte Risskorrosion tritt immer dann auf, wenn an Stellen hoher Spannungskonzentration infolge Dehnungsänderungen aus betrieblichen Laständerungen resultierend, Schutzschichten aufreißen, wobei der freigelegte Grundwerkstoff zunächst korrodiert, im weiteren Betrieb aber erneut passiviert. Der ablaufende Mechanismus ist in den vorigen Abschnitten beschrieben. Im Labor erfolgt die Untersuchung dieser dehnungsinduzierten Risskorrosion an einer Zugprobe in dem für die Anwendung relevanten Korrosionsmedium unter einer definierten Dehngeschwindigkeit bis zum Bruch der Probe (CERT – constant extension rate test), Abb. 11.20.

Charakteristisch für die dehnungsinduzierte Risskorrosion ist, dass die Dehngeschwindigkeit unter einer oberen kritischen Dehngeschwindigkeit liegen muss. Die dehnungsinduzierte Risskorrosion führt zu einer stark verringerten Werkstoffzähigkeit.

Gefährdete Werkstoffe sind z. B. un- und niedriglegierte Stähle in Medien, die keine für die „klassische" Spannungsrisskorrosion auslösenden Ionen (NO_3^-, OH^-) enthalten. So weisen verschiedene Stähle in reinem Wasser bei höherer Temperatur einen Bereich hoher Empfindlichkeit auf, der durch den Sauerstoffgehalt, die Mediumstemperatur sowie die Dehngeschwindigkeit bestimmt wird.

Schwingungsrisskorrosion (SwRK), Korrosionsermüdung
Während die Spannungsrisskorrosion nur an bestimmten Legierungen bzw. bei bestimmten Wärmebehandlungszuständen und spezifischen Agenzien auftritt (mit Ausnahme der dehnungsinduzierten Risskorrosion), ist die Schwingungsrisskorrosion bei allen Legierungen und Reinmetallen in Gegenwart unspezifischer Korrosionsmedien mehr oder weniger stark ausgeprägt. Der Rissverlauf ist vorwiegend transkristallin. Infolge der komplexen Wechselwirkung zwischen Schwingfestigkeit, örtlichem Werkstoffzustand,

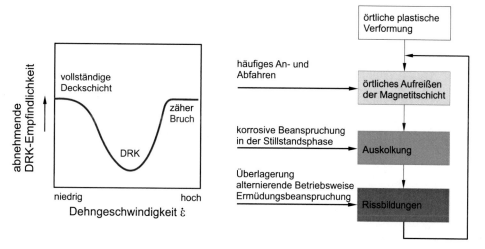

Abb. 11.20 Dehnungsinduzierte Risskorrosion

Korrosionsbeständigkeit und Passivitätsverhalten müssen die Werkstoffe im Hinblick auf den spezifischen Anwendungsfall ausgewählt und erprobt werden. Die bei Ermüdungsbeanspruchung an die Oberfläche austretenden Gleitbänder (Extrusionen, Intrusionen) zerstören die passivierenden Deckschichten. Dadurch erfolgt ein Korrosionsangriff an den ungeschützten Oberflächen der Gleitbänder.

Die niederfrequente Schwingungsrisskorrosion wird im Allgemeinen an angerissenen Biegeproben oder Kompaktzugproben (CT-Proben) untersucht, in denen es an der Rissspitze zu örtlicher Plastifizierung kommt. Der Einfluss der Korrosion wird am deutlichsten, wenn man die Risswachstumsrate da/dN in Abhängigkeit von der Schwingbreite des Spannungsintensitätsfaktors Δ K an Luft und im Medium betrachtet, Abb. 11.21.

Bei hohen Lastspielzahlen wird die bekannte Wöhler-Kurve durch Korrosion im Dauerfestigkeitsgebiet zu niedrigen Lastamplituden verschoben. Die Lastamplituden, die zum Bruch führen, streben keinem Grenzwert mehr zu, d. h. es existiert kein Dauerfestigkeitsbereich. Für praktische Abschätzungen der Lebensdauer ist es üblich, eine Korrosionszeitfestigkeit für eine Bruchlastspielzahl $N_B = 10^7$ zu definieren. Im Gebiet der Zeitfestigkeit herrscht bei nicht zu kleinen Frequenzen der mechanische Einfluss vor, so dass die Wöhlerkurven für Proben mit und ohne Korrosionsbeanspruchung sich nicht stark unterscheiden, Abb. 11.22.

11.2.2.3 Verschleißkorrosion

Erosionskorrosion

Unter Erosionskorrosion versteht man das Zusammenwirken von mechanischem Oberflächenabtrag (Erosion) durch strömende Medien und Korrosion, wobei die Korrosion i. Allg. durch Zerstörung von Schutzschichten als Folge der Erosion ausgelöst wird, Abb. 11.23.

Kavitationskorrosion

Sinkt der statische Druck in einer Flüssigkeit bis auf den Dampfdruck, so bilden sich bei Vorhandensein von Verdampfungskeimen unter Hohlraumbildung Dampfblasen aus. Bei wiederansteigendem Druck ist diese strömungsmechanische Erscheinung infolge schlagartig einsetzender Kondensation mit einer Blasenimplosion verbunden. Es entstehen an der Phasengrenze Mikrojets, die eine hohe kinetische Energie aufweisen. Die induzierten, instationären Strömungsvorgänge führen zu extremen Druck- und Temperaturspitzen. Als

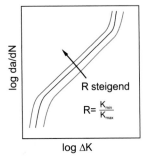
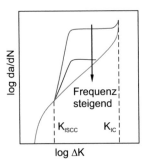
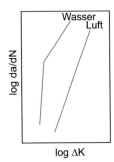

Abb. 11.21 Einflüsse auf das Risswachstum

Abb. 11.22 Wechselfestigkeit mit und ohne Korrosionseinfluss bei RT

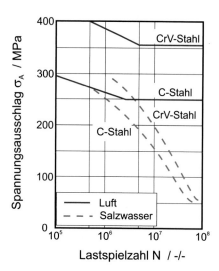

Abb. 11.23 Erosions-korrosion

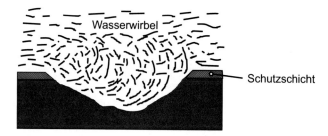

Folge treten auf Werkstoffoberflächen lokale, plastische Verformungen auf und können Schutzschichten zerstören. Dieser kritische Vorgang wird als Kavitation bezeichnet. Die beschriebenen Verhältnisse treten zum Beispiel im Strömungsmaschinenbau bei der Umströmung von Turbinenschaufeln auf. Hier äußern sich hohe Geschwindigkeiten in eine Reduktion des statischen Druckes bis in den Dampfdruckbereich.

Durch dieses Zusammenbrechen der Hohlräume entstehen lokale hohe, schlagartige-wiederholte Beanspruchungen, die auf der Werkstoffoberfläche lokale plastische Verformungen hervorrufen und Schutzschichten zerstören können.

Reiboxidation

Örtlich auftretende Oxidation, die unter Reibung bei Gleitwegen < 1 mm ohne nennenswerte Erwärmung der Metallflächen abläuft, wird bei zyklischer Belastung auch als Schwingungsverschleiß bezeichnet. Der Verlauf gliedert sich in die drei Stufen Adhäsion, Oxidation und Abrasion, siehe auch Kap. 12.

11.2.2.4 Werkstoffschädigung durch Wasserstoff

Zur Werkstoffschädigung infolge Wasserstoff wurden zahlreiche Postulate formuliert, um die Vielzahl der Mechanismen der durch Wasserstoff induzierten Schädigung und die phänomenologischen Erkenntnisse der Wasserstoffrissbildung bzw. -versprödung zu erklären.

Keiner dieser postulierten Mechanismen beschreibt die experimentellen Befunde zufriedenstellend. Je nach Werkstoff und Beanspruchungsart tragen mehrere Mechanismen nacheinander und/oder gleichzeitig zur wasserstoffinduzierten Schädigung bei. Die Schwierigkeit liegt in der werkstoffabhängigen, uneinheitlichen und lokalen Wirkung, die experimentellen Rückschlüssen schwer zugänglich sind und den Versuchsaufwand in erheblichem Maße steigern.

Eine Versprödung durch Wasserstoffeinwirkung kann an zahlreichen technischen Metalllegierungen beobachtet werden: Stahl, Kupferlegierungen, Aluminiumlegierungen, Magnesiumlegierungen, Nickellegierungen und Titanlegierungen. Der Einfluß des Wasserstoffs auf die genannten Metalle hängt jedoch stark von der jeweiligen chemischen Zusammensetzung ab. Beispielhaft soll hier der Wasserstoffeinfluss auf Stähle diskutiert werden.

Bei Stählen stellt sich z. B. chemisch induzierte Wasserstoffrissbildung durch Einwirken von heißem, unter Druck stehendem Wasserstoff auf C-haltige Gefügebestandteile von Stählen ein. Der „Druckwasserstoffangriff" äußert sich in einer Entkohlung unter Bildung von Methan (CH_4), wodurch der Zusammenhang der Körner ohne jede sichtbare Materialabtragung und ohne jedes äußere Merkmal gelockert wird. Abhilfe bietet das Zulegieren von Karbidbildnern (Cr, Mo, V und W), sowie die Begrenzung des C-Gehaltes auf 0,1 %. Ein häufig verwendeter Werkstoff für druckführende Behälter und Rohrleitungen die Medien mit Wasserstoffanteil führen ist deshalb der austenitische Stahl X2CrNiMo-17-12.

Physikalisch induzierte Wasserstoffrissbildung wird nach Dissoziation und Adsorption der Wasserstoffmoleküle mit nachfolgender Diffusion an gefährdeten Stellen ausgelöst, wie z. B. inneren Fehlstellen, Bereiche plastischer Zonen sowie mehrachsiger Spannungszustände (Kerben, Rissspitzen) oder Versetzungen. Die Folge hiervon kann die Bildung spröder Hydridphasen unter hohem Druck sein. Die Schädigung nimmt etwa mit der Quadratwurzel aus dem Wasserstoffdruck zu. Bei ruhender Beanspruchung sind insbesondere hochfeste, un- und niedriglegierte Stähle ($R_{p0,2} > 600$ MPa) sowie einige hochfeste Nickellegierungen in Gegenwart von kaltem molekularem, hinreichend reinem Wasserstoff sehr empfindlich gegen Rissbildung, Abb. 11.24. Der Korrosionsangriff führt zu stufenweisem Risswachstum mit bevorzugt interkristallinem Verlauf.

Bei erhöhten Temperaturen nimmt die Verfomung auch in Wasserstoffatmosphäre zu und erreicht nahezu den Wert in He-Atmosphäre, Abb. 11.25. Der Grund ist der in Abschn. 6.4 beschriebene Effusionseffekt, der eine Wasserstoffreduktion im Werkstoff bewirkt.

Bei zeitlich veränderlicher Beanspruchung wird das Eindiffundieren des Wasserstoffs gegenüber statischer Belastung stark begünstigt. Dabei zeigen bereits Stähle mit niedriger Festigkeit einen wesentlichen Anstieg der Risswachstumsgeschwindigkeit.

(a   (b

Abb. 11.24 Makroskopisches und mikroskopisches Bruchverhalten des Stahls 15MnNi6-3 in Wasserstoff, links,und Argon, rechts (RT, p = 9 MPa, $\dot{\varepsilon} = 6,9 \cdot 10^{-4}$ 1 / s)

Mit zunehmender Temperatur reduziert sich der Wasserstoffeinfluss auf das Werkstoffverhalten aufgrund der zunehmenden Effusion des Wasserstoffs aus dem Werkstoffvolumen, siehe Abschn. 6.4.1.9.

Exemplarisch ist der Wasserstoffeinfluss auf das Festigkeits- und Verformungsverhalten an drei Stählen aufgezeigt: In Abb. 11.26 sind die Festigkeitskennwerte des ferritischen Stahlgusses G26CrMo 4 in Abhängigkeit von der Temperatur dargestellt. Als Ver-

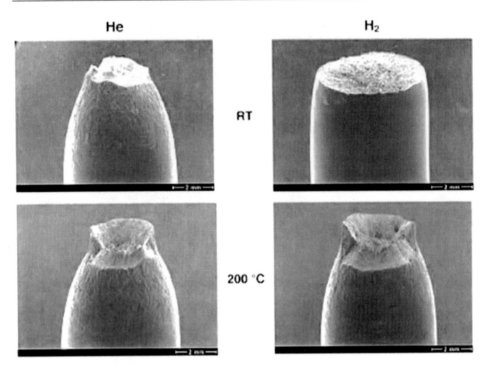

Abb. 11.25 Gegenüberstellung der Einschnürbereiche gebrochener Zugproben aus dem Stahl X3CrNiMo-13 4 bei Raumtemperatur (RT) und 200 °C in Helium- und Wasserstoffatmosphäre von 10 bar und einer Dehngeschwindigkeit von $\dot{\varepsilon} = 4{,}6 \cdot 10^{-5}\ s^{-1}$

gleichsmedium wurde Helium verwendet, der Druck im Prüfraum betrug jeweils p = 10 bar. Dabei zeigt sich mit zunehmender Temperatur das typische Festigkeitsverhalten, nämlich eine Abnahme der Festigkeitswerte und eine Zunahme der Verformungswerte. Ein merklicher Einfluss der Wasserstoffatmosphäre auf Dehngrenze und Zugfestigkeit ist nicht feststellbar, Abb. 11.26a), dagegen zeigen die Verformungswerte Bruchdehnung A und Brucheinschnürung Z eine deutliche Reduktion in Wasserstoffatmosphäre, Abb. 11.26 b) [DeS06].

Für den austenitischen Werkstoff X2CrNi 19 11 [DeS06] sind die Festigkeits- und Verformungswerte in Abb. 11.27 für zwei Temperaturen in Helium und Wasserstoffatmosphäre unter einem Druck von 10 bar zusammengestellt. Bezüglich der Festigkeit ist auch hier kein Einfluss der unterschiedlichen Medien zu erkennen, Abb. 11.27a). Bei 20 °C sind die Verformungswerte Bruchdehnung A und Brucheinschnürung Z geringer als in Heliumatmosphäre, die Unterschiede sind aber wesentlich geringer als beim oben besprochenen G26CrMo 4. Bereits bei 20 °C sind die Werte in beiden Medien gleich, Abb. 11.27b)

Betrachtet man nun noch den martensitischen Werkstoff X3CrNiMo-13- 4 [DeS06], Abb. 11.28, so kann auch hier praktisch kein Mediumseinfluss auf die Festigkeitskennwerte identifiziert werden, Abb. 11.28 a). Bei den Verformungswerten Bruchdehnung A und Brucheinschnürung Z sind bei −50 °C die Unterschiede zwischen Helium und Wasser-

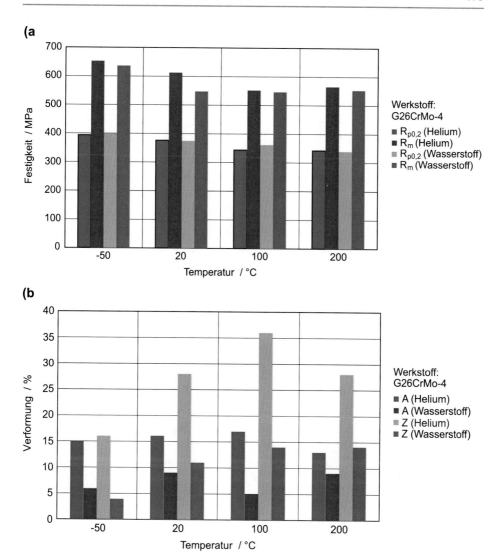

Abb. 11.26 Festigkeit (Bild **a**)) und Verformung (Bild **b**)) des ferritischen Stahles G26CrMo4 als Funktion von den Umgebungsbedingungen Helium und Wasserstoff in Abhängigkeit von der Temperatur bei einem Umgebungsdruck von p = 10 bar.

stoffatmosphäre mit jeweils 10 bar ausgeprägt, Abb. 11.28 b). Mit zunehmender Temperatur reduziert sich dieser Unterschied und liegt bereits ab Temperaturen von 100 °C bis 150 °C im Bereich der Werkstoffstreuung.

Bei den hier diskutierten Werkstoffen nehmen die Unterschiede in den Kennwerten zwischen Helium- und Wasserstoffatmosphäre, soweit vorhanden, mit zunehmender Temperatur ab. Mit höher werdender Temperatur wirkt sich zunehmend der Effusionsmechanismus (Abschn. 6.4) aus, der eine Reduktion des Wasserstoffgehalts im Werkstoff bewirkt.

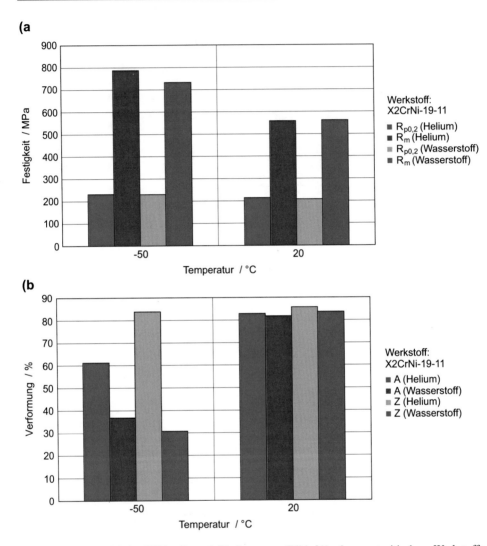

Abb. 11.27 Festigkeit (Bild **a**)) und Verformung (Bild **b**)) des austenitischen Werkstoffs X2CrNi-19-11 als Funktion von den Umgebungsbedingungen Helium und Wasserstoff in Abhängigkeit von der Temperatur bei einem Umgebungsdruck von p = 10 bar.

Im Gegensatz zu den quasistatischen Festigkeitskennwerten weisen zyklische Versuche im Zugschwellbereich, mit bei allen Versuchen konstanter unterer Spannung, einen deutlichen Einfluss des Mediums auf. Dies ist in Abb. 11.29 für runde Kerbzugstäbe mit zwei unterschiedlichen Kerbschärfen für den Werkstoff X3CrNiMo-13-4 dargestellt. Bei gleicher Kerbschärfe wird auch hier der Einfluss des Mediums mit zunehmender Temperatur bei gleicher Spannungsschwingbreite auf die Bruchlastspielzahl geringer, Abb. 11.29a) und b). Mit zunehmender Kerbschärfe, ausgedrückt in der Formzahl α_k, d. h. mit ausgeprägteren Spannungs- und Dehnungsspitzen und höherem Mehrachsigkeitsgrad

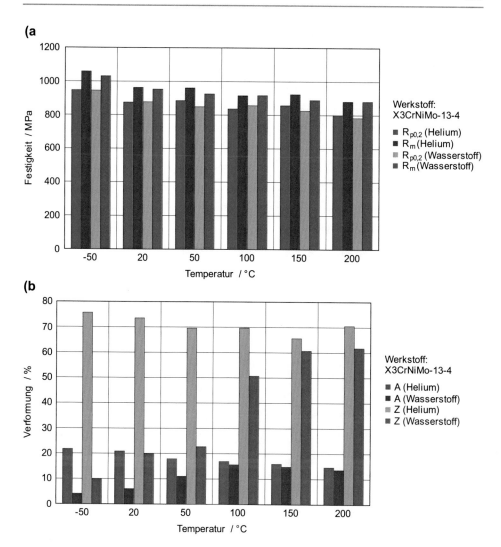

Abb. 11.28 Festigkeit (Bild **a**)) und Verformung (Bild **b**)) des martensitischen Werkstoffs X3CrNiMo-13-4 als Funktion von den Umgebungsbedingungen Helium und Wasserstoff in Abhängigkeit von der Temperatur bei einem Umgebungsdruck von p = 10 bar.

des Spannungszustandes im Bereich des Kerbgrundes, ist die Bruchlastspielzahl bei gleicher Spannungsschwingbreite im Wasserstoffmedium deutlich geringer als in Heliumatmosphäre [Sat07].

11.2.2.5 Oxidation

Bei der trockenen Oxidation bildet sich an der Metalloberfläche eine feste Deckschicht von Reaktionsprodukten oder eine Zunderschicht, durch welche die metallischen oder

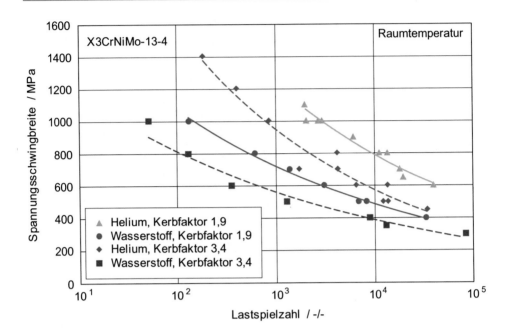

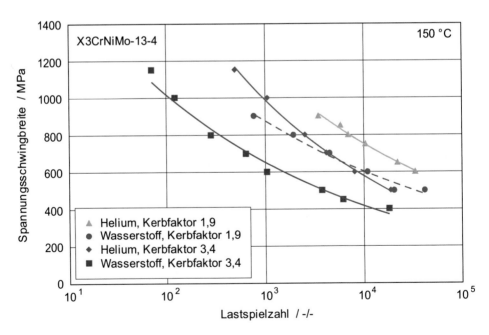

Abb. 11.29 Bruchlastspielzahlen bei Zugschwellbeanspruchung des martensitischen Werkstoffs X3CrNiMo-13-4 als Funktion von den Umgebungsbedingungen Helium und Wasserstoff in Abhängigkeit von der Temperatur und Kerbwirkung (p = 10 bar und konstante Unterspannung)

(und) die in der Umgebung befindlichen Reaktanden diffundieren müssen, um die Reaktion in Gang zu halten.

Bei Schichtbildung auf einer reinen aktiven Metalloberfläche laufen bei der Einwirkung von Sauerstoff der Reihe nach folgende Vorgänge ab:

- Adsorption von Sauerstoff
- Bildung von Oxidkeimen
- Bildung einer gleichmäßigen oxidischen Deckschicht.

Es wird angenommen, dass die Wachstumsgeschwindigkeit der dünnen oxidischen Deckschicht durch den Übergang von Elektronen vom Metall zum Oxid bestimmt wird.

Erreicht die Dicke der Deckschicht mehrere hundert nm, kann die Diffusion der Ionen durch das Oxid geschwindigkeitsbestimmend sein. Das gilt jedoch nur, solange die Oxidschicht unversehrt bleibt. Ob die Deck- oder Zunderschicht ihre schützende Wirkung behält oder ob sie wegen vorhandener Poren und Risse weniger Schutz bietet, hängt davon ab, welchen mechanischen Beanspruchungen sie ausgesetzt ist. Zugdehnungen begünstigen die Rissbildung, während Druckbeanspruchung die Deckschicht schützt. Beides wird zusätzlich durch das Volumen des Reaktionsproduktes bestimmt. Ist das Verhältnis $V_0/V_M \geq 1$ (V_0 = Volumen des gebildeten Metalloxids, V_M = Volumen des umgesetzten Metalls), so bildet sich eine schützende Oxidschicht. Ist dagegen das Verhältnis < 1, so wirkt die Oxidschicht nicht schützend, da das Metall nicht vollständig abgedeckt ist.

Die Diffusion bzw. die Teilchenwanderung durch die Deckschicht kann in verschiedenen Richtungen erfolgen. Es können Kationen an die Phasengrenze Oxid-Gasraum diffundieren, es können Anionen an die Phasengrenze Metall-Oxid wandern und es können beide in entgegengesetzter Richtung wandern.

Während die Alkali- und Erdalkalimetalle mit Sauerstoff sehr heftig reagieren, ist die Oxidation z. B. von Kupfer und Eisen erst bei höherer Temperatur messbar. Bei Alkali- und Erdalkalimetallen ist das spezifische Volumen des gebildeten Metalloxids kleiner als das spezifische Volumen des darunter liegenden Metalls. Es kommt zu einer unvollständigen Bedeckung der Metalloberfläche oder zur Bildung von porösen Schichten, die abplatzen können.

Bei Kupfer oder Eisen ist das Volumen des gebildeten Metalloxids größer als das Volumen des darunter liegenden Metalls. Es kommt zur Ausbildung festhaftender kompakter Deckschichten, die erst bei größeren Schichtdicken abplatzen. Dabei ist es entscheidend, dass sich die Gitterabstände der Metallatome im Metall und im Oxid wenig oder gar nicht unterscheiden. Die Beständigkeit dieser Schichten hängt außerdem von der Haftung zwischen Oxid und Metall und von der Bruchdehnung des Oxids ab.

Für die Korrosionsbeständigkeit der rostbeständigen Stähle bei höheren Temperaturen ist das Vorhandensein einer schützenden Oxidschicht wesentlich. Diese Schicht kann bei gewissen Stählen verbessert werden, indem man den Stahl u. a. mit Si und Al bzw. Cr legiert.

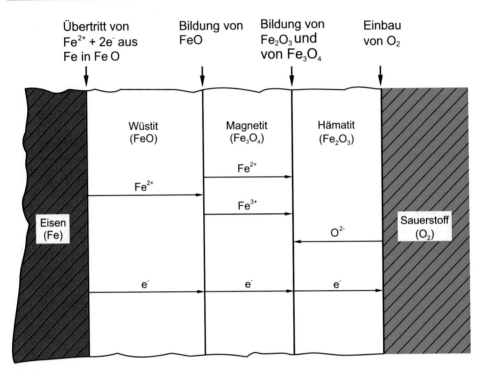

Abb. 11.30 Darstellung der Oxidationsschichten bei der Hochtemperaturoxidation mit Sauerstoff (schematisch) nach [Eng74]

Der Angriff, der durch Korrosion bei höheren Temperaturen hervorgerufen wird, heißt Verzunderung, Abb. 11.30. Durch bestimmte Metalloxide, die sich auf der Metalloberfläche ablagern oder durch Eigenoxidation des Metalls gebildet werden, kann die Verzunderung stark beschleunigt werden. Ein solcher Stoff ist z. B. V_2O_5, das auch in der Flugasche von Heizölen zu finden ist und am stärksten auf Mo- und W-legierte Stähle wirkt. Ferner können Alkalioxide bei rostbeständigen Stählen leicht örtliche Angriffe durch Mischoxidbildung mit niedrigem Schmelzpunkt auslösen.

11.2.3 Korrosionsschutz

Der Korrosionsschutz ist umso wirksamer, je besser die jeweiligen Schädigungsmechanismen bekannt sind. Diese wurden in den vorangehenden Abschnitten beschrieben. Es gilt jetzt, auf dieser Basis Gegenmaßnahmen zu definieren. Diese sind in den folgenden Abschnitten für wesentliche Einflussgrößen aufgezeigt.

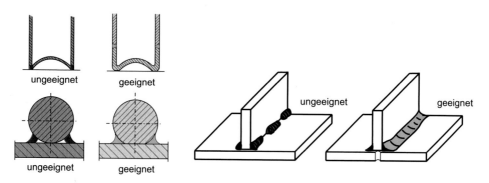

Abb. 11.31 Vorschläge zu korrosionsgerechtem Konstruieren

Korrosionsgerechtes Konstruieren

Beim Konstruieren ist zu beachten, dass die Bildung von galvanischen Elementen reduziert oder ganz vermieden wird. Das bedeutet den Feuchtigkeitsaufstau in Ecken, Spalten sowie an inneren Oberflächen zu vermeiden. Thermospannungen oder unterschiedliche Kondensationsfeuchten können durch Reduzierung von Kontaktflächen zwischen warmen und kalten Bereichen eingeschränkt werden. Bei Verwendung verschiedener Materialien sollte galvanische Korrosion verhindert werden. Dabei ist die Kenntnis von Ruhepotenzial, Polarisationsverhalten und Leitfähigkeit des Elektrolyten zu beachten. Ruhepotenzial oder gar Normalpotenzialunterschiede erlauben keine Beurteilung der Gefährdung. Es ist zu beachten, dass die Metalle nicht direkt verbunden sind und der Elektrolyt so wenig wie möglich Sauerstoff oder Säure enthält, Abb. 11.31.

Oberflächenbehandlung

Die Lebensdauer von metallischen Konstruktionen kann durch Schutzüberzüge erheblich verlängert werden. Die Überzüge können nichtleitend oder leitend mit anodischem oder kathodischem Charakter sein. Im Allgemeinen kommen zur Anwendung:

- Organische Filme und Beschichtungen
  Beispiele: Anstriche, Kunststoffbeschichtungen
- Anorganische nichtmetallische Beschichtungen
  Beispiele: Emaillieren, Phosphatieren, Chromatieren, anodisch erzeugte Schichten (Eloxieren von Aluminium)
- Metallische Überzüge und Plattierungen
  Beispiele: Tauchverfahren, Feuerverzinken, Glühen in Metallpulvern, Aufdampfen aus Gasphase, Thermisches Spritzen, Elektrophorese (Auftragen von pulverförmigen Metallen in einem elektrischen Feld), Plattieren, Auftragsschweißen, Diffusionsschichten (Anreicherung von Cr, Al, Zn auf der Oberfläche)

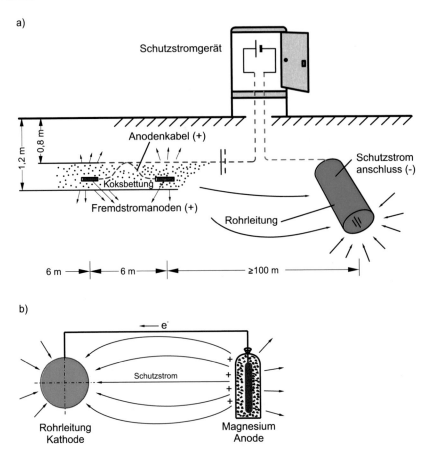

Abb. 11.32 a Kathodischer Schutz von Rohrleitungen. **b** Korrosionsschutz mittels Opferanode

Kathodischer Schutz

Die Korrosion eines metallischen Werkstückes kann oft durch kathodischen Schutz unterbunden werden (Werkstoffe, bei denen kathodische Korrosion auftreten kann, sind davon ausgenommen.). Dabei wird das zu schützende Werkstück als Kathode geschaltet, so dass dort praktisch keine Korrosion stattfindet. Dies kann mit Hilfe von „Fremdstrom" geschehen, bei dem das zu schützende Werkstück an eine äußere Gleichspannungsquelle unter Verbindung mit einer inerten (Kohle, aktiviertes Titan etc.) oder aus Eisen bestehenden Hilfselektrode (Anode) angeschlossen wird, d. h. dem Werkstück wird ein Potenzial aufgezwungen, das eine Bildung von Metallionen nur begrenzt zulässt, Abb. 11.32a. Eine weitere Möglichkeit ist die Verbindung des zu schützenden Metalls mit sogenannten „Opferanoden". In dem so entstandenen Element korrodieren die unedlen Opferanoden, die z. B. aus Mg, Zn oder Al bestehen können und das zu schützende Metall wird zur Kathode. Diese Verfahren werden in großem Umfang bei Kabeln und erdverlegten Rohren sowie bei Schiffen und Hafenanlagen benutzt, Abb. 11.32b.

Anodischer Schutz

Anodische Schutzverfahren sind grundsätzlich bei allen passivierbaren Werkstoffen anwendbar.

Durch Passivschichten auf der Oberfläche sind Chrom und hochlegierte Stähle korrosionsbeständiger. Passivschichten bilden sich jedoch nur in einem bestimmten Potenzialbereich aus, der beim anodischen Schutz mit Hilfe einer äußeren Spannungsquelle eingestellt wird; dabei wird die Stromdichte-Potenzialkurve bis U_p durchlaufen (i_p), Abb. 11.9. In Analogie zum kathodischen Schutz mit galvanischen Anoden gibt es auch den anodischen Schutz mit galvanischen Kathoden, die aber nur bei entsprechend hoher Konzentration eines Oxidationsmittels wirken. Derartigen Kathoden können Werkstoffe auf Titan- und Bleibasis zulegiert werden, wodurch ihre Passivierbarkeit in oxidierenden Medien wesentlich verbessert wird.

Legierung

Das Korrosionsverhalten einer Legierung hängt im Wesentlichen von der Art, Konzentration und Form der Legierungsbestandteile ab. So sind z. B. in homogenen Legierungen die Legierungselemente gleichmäßig verteilt, während in heterogenen Legierungen der Gehalt der Elemente im Korn, an den Korngrenzen, in Ausscheidungen sehr unterschiedlich ist. Durch das entstandene Gefüge werden Art, Größe und Verhalten von kathodischen und anodischen Bereichen beeinflusst:

- Zulegieren von Legierungselementen zur Annäherung der Gleichgewichtspotenziale der anodischen und kathodischen Teilreaktion, bzw. zur Erreichung des Aktiv/Passiv-Übergangs.
- Hemmung des kathodischen Teilvorganges durch Verringerung der Lokalkathoden infolge erhöhter Reinheit.

Beispielhaft ist in Abb. 11.33 die Reduzierung der Spannungsrisskorrosionsanfälligkeit durch Optimierung der Legierungszusammensetzung und gleichzeitiger Optimierung der Fertigung für den Werkstoff X10CrNiTi18-9 dargestellt. Hier zeigt sich, dass durch Veränderung der Schweißnahtflanken von 60 ° auf Engspalt ($\approx 8°$), die Wärmeeinbringung in einer Mehrlagennaht deutlich reduziert wurde, wie die Glühtemperatur – Zeit – Kurven für die Nahtwurzel zeigen. Durch die Optimierung des Werkstoffs (Reduktion der stahlbegleitenden Elemente und Spurenelementen sowie des Stabilisierungsverhältnisses) wird der Bereich der Sensibilisierung zu wesentlich höheren Glühzeiten verschoben. Insgesamt wurde mit der Kombination der Maßnahmen die Gefahr interkristalliner Spannungsrisskorrosion praktisch gebannt.

Beispiele zum Einfluss von Legierungselementen und Verunreinigungen auf das Korrosionsverhalten in Legierungen sind in Abb. 11.34 dargestellt.

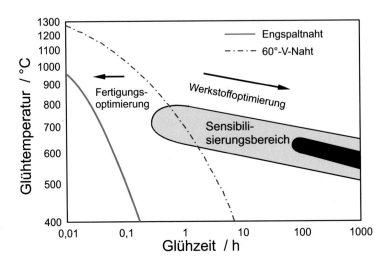

Abb. 11.33 Diagramm zur Bewertung von Optimierungsmaßnahmen einer Mehrlagennaht in einem austenitischen Werkstoff

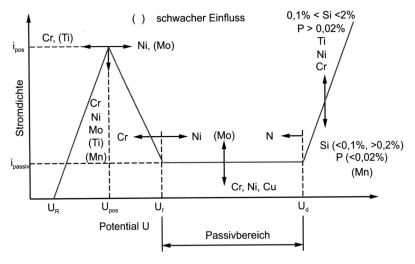

Abb. 11.34 Effekte verschiedener Legierungszugaben auf das Korrosionsverhalten anhand der i-U-Kurve [IKD96]

Nickel erhöht im Wesentlichen den Korrosionswiderstand gegen Säuren, Alkalien und Meerwasser, Abb. 11.35.

Chrom hat eine starke Neigung zu Bildung von Passivschichten. Bereits bei einem Zusatz von 12 % ist eine deutliche Verbesserung der Korrosionsbeständigkeit zu erkennen. Durch Zugabe von Cu, Mo, Ni kann der Einsatzbereich von Cr-legierten Werkstoffen erweitert werden.

Abb. 11.35 Einfluss von
Nickel auf die
Spannungsrisskorrosion

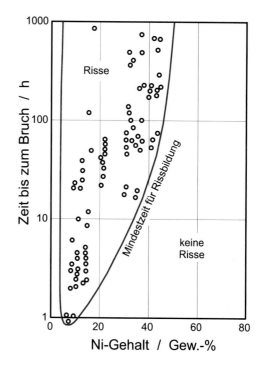

Abb. 11.36 Einfluss von
Molybdän auf den
Flächenabtrag bei der
gleichmäßigen Korrosion

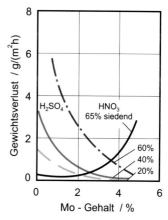

Molybdän erweitert den Passivbereich von rost- und säurebeständigen Stählen. Es bildet MoO_2-Schichten, die die Zunderbeständigkeit und Anlassfestigkeit erhöhen, Abb. 11.36.

Kupfer wirkt sich besonders günstig auf die Erhöhung der Korrosionsbeständigkeit niedriglegierter Stähle aus. Ein Zusatz von 0,2–0,5 % ist meist ausreichend.

Aluminium reduziert die Oxidationsgeschwindigkeit im Eisen.

Abb. 11.37 Einfluss von
Stickstoff auf die
Korrosionsrate
austenitischer Stähle

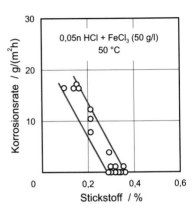

Stickstoff wird verwendet, um die Beständigkeit gegenüber Spannungsrisskorrosion zu erhöhen. Es bildet beim Nitrieren harte, korrosionsbeständige Oberflächenschichten. In austenitischen Stählen stabilisiert es im Mischkristall die Austenitstruktur und verringert die flächenhafte Korrosionsrate, Abb. 11.37.

Wärmebehandlung

Eine entsprechend abgestimmte Wärmebehandlung zielt darauf ab, ein zunehmend spannungsfreies, homogenes Material zu erhalten. Es werden Werkstoffinhomogenitäten gleichmäßiger verteilt oder beseitigt (Homogenisierungsglühen) oder Spannungen abgebaut (Spannungsarmglühen) und somit lokale Anoden oder Kathoden reduziert.

Wasseraufbereitung

Je nach verwendetem Werkstoff gelten bestimmte Wasserparameter (bei Rohrleitungen) als schädlich oder günstig. Wichtig ist pH-Wert, Leitfähigkeit, Gehalt an Hydrogencarbonat, Sulfat, Chlorid und Nitrat, aus deren Werten Faktoren ermittelt werden, die Aussagen zur Korrosionswahrscheinlichkeit erlauben.

11.3 Beispiele für die Korrosion nichtmetallischer Werkstoffe

11.3.1 Korrosion silikattechnischer Werkstoffe

Der Grad der Beständigkeit silikattechnischer Werkstoffe gegenüber dem Angriff durch flüssige Medien wird durch die chemische Zusammensetzung und das Gefüge der Werkstoffe bestimmt, die Korrosionsgeschwindigkeit hängt zudem von der Temperatur ab. Mit zunehmender Porosität der Werkstoffe nimmt auch die Korrosion zu. Der Korrosionsmechanismus ist beim Angriff von Säure ein Ionenaustauschprozess (Alkali- und Erdalkaliionen werden gegen die H^+-Ionen der Säure ausgetauscht). Durch die dabei in der Oberfläche entstehende SiO_2-reiche Schicht wird der Transport der Kationen und der korrosive

Angriff gehemmt. Die Säurebeständigkeit wird damit zunehmend besser. Silikattechnische Werkstoffe sind demgemäß säurebeständig. Stark alkalische Lösungen können eine Auflösung der Werkstoffe bedingen.

Gegenüber schmelzflüssigen Metallen liegt eine gute Beständigkeit vor. Schamottewerkstoffe werden überwiegend durch elektrochemische Reaktionen korrodiert. Salz-, Schlacken- und Glasschmelzen sind aggresiv (physikalische Auflösung des festen Silikat-Werkstoffes, chemische Reaktion und nachfolgende Auflösung der Reaktionsprodukte). Bei hohen Temperaturen wirken sich vor allem reduzierende Gase durch die Zerstörung der Metall-Sauerstoffbindung der Oxide aus (meist gasförmige Abführung der Spaltprodukte). Dichte, porenfreie Werkstoffe wirken dieser Korrosionsart entgegen.

11.3.2 Korrosion hochpolymerer Werkstoffe

Während gegenüber Medien, die Metalle angreifen, weitgehend Beständigkeit vorliegt, gilt dies nicht gegenüber bestimmten organischen Lösungsmitteln. Der Korrosionsvorgang beginnt in der Regel (physikalisch) mit dem Eindringen von Fremdmolekülen.

Quellung oder unbegrenzte Quellung ergibt sich durch das Eindringen von Flüssigkeiten, insbesondere bei Thermoplasten. Elastomere quellen nur noch begrenzt. Die Duromere mit ihrer eng begrenzten Kettenstruktur sind weder löslich noch quellbar. Durch kristalline Bereiche, die dem Eindringen von Flüssigkeiten ebenfalls einen erhöhten Widerstand entgegensetzen, wird die Beständigkeit erhöht. Die Quellung von Hochpolymeren kann einerseits eine Weichmachung bewirken, andererseits kann auch eine Versprödung durch das Herauslösen der Weichmacher eintreten. In Wasser und wässrigen Medien erleiden bestimmte Hochpolymere im Anschluss an die Quellung eine Hydrolyse, die die Eigenschaften stark verändert. Oxidierende Säuren und Basen können ebenfalls zu chemischen Veränderungen führen.

Vorwiegend bei amorphen Thermoplasten kommt es zu Spannungsrisskorrosion mit der Bildung zahlreicher Haarrisse. Durch Quellen wird das Ausmaß der Spannungsrissbildung verstärkt. Neben den physikalischen Vorgängen der Benetzung, Diffusion und Quellung erfolgen (wie bei Metallen) häufig gleichzeitig chemische Reaktionen. Oxidation kann durch Kontakt mit Luftsauerstoff auftreten. Der durch Diffusion eindringende Sauerstoff wird durch Adsorption und Chemosorption gebunden. Die Oxidation wird durch gebildete Peroxide, Ozon oder Verunreinigungen beschleunigt. Durch Oxidation werden die mechanischen Eigenschaften beeinträchtigt:

- harte Hochpolymere verspröden
- Elastomere verhärten.

Bei Bewitterung überlagern sich chemische, fotochemische und thermische Prozesse.

11.4   Fragen zu Kap. 11

1. Bei der Elekrodenpaarung Cu/Zn wird im gemeinsamen Elektrolyten Salzwasser ein Potenzial von 0,7 V gemessen. Bei der Paarung Cu/Fe sind es 0,1 V. Welches Potenzial wäre für die Paarung Fe/Zn zu erwarten?

2. Eine Zinkelektrode befindet sich in einer Zinksalzlösung. Wie lautet für dieses Beispiel die anodische und die kathodische Teilreaktion? Was ändert sich, wenn die Zinkelektrode bei sauerstoffhaltiger Umgebung in Wasser getaucht wird?

3. Eine Eisenelektrode wird in eine Salzsäurelösung getaucht. Wie lauten die Reaktionsgleichungen der zwei wesentlichen Teilreaktionen, die bei diesem Korrosionsfall an der Eisenoberfläche ablaufen? Handelt es sich dabei um eine anodische oder kathodische Teilreaktion?

4. Ordnen Sie die folgenden Elemente nach der Höhe ihres Normalpotenzials: Au, Cu, Fe, H, Zn.

5. Erklären Sie den Korrosionsschutz mit Hilfe einer Opferanode.

6. Was bewirkt den Korrosionsschutz durch Schutzstrom?

7. Wie wirkt sich die Kupferelektrode auf die Korrosion der leitend mit ihr verbundenen Eisenelektrode aus?

8. Nennen Sie die Ursachen von Lochfraßkorrosion.

9. Was versteht man unter Erosionskorrosion?

10. Bei austenitischen CrNi-Stählen kann nach dem Abschrecken von Temperaturen über 1000 °C und Anlassen zwischen 500 und 800 °C eine Ausscheidung von chromreichen Mischkarbiden an den Korngrenzen auftreten. Wie wird diese Korrosionsart bezeichnet und wie ist deren Wirkungsweise?

Tribologische Beanspruchung

12

Tribologische Beanspruchungen treten in allen technischen Bereichen auf. Sie verursachen spezifische Schädigungen in den miteinander in Kontakt befindlichen Werkstoffoberflächen. Der Werkstoffeinsatz muss daher auf die Beanspruchung und die Eigenschaften der beteiligten Materialien angepasst werden. Grundlage hierfür bildet das Verständnis über die gängigen tribologischen Systeme und Mechanismen.

12.1 Problematik

In den verschiedensten Bereichen der Technik stellen sich an Maschinenteilen durch den Betrieb Abnutzungserscheinungen ein, die durch tribologische, korrosive oder andere Beanspruchungen entstehen können. Unter Verschleiß versteht man den Werkstoffabtrag an der Oberfläche unter überwiegend mechanischer Einwirkung, d. h. unter Einwirkung von Kräften und Relativbewegungen. Ein tribologisches System (Reibsystem) muss einerseits aus der Sicht der Energieumsetzung durch Reibung und andererseits des Werkstoffabtrags betrachtet werden, der zu Geometrieänderungen und schließlich zum Unbrauchbarwerden des Bauteils führen kann. Unter Reibung versteht man den Widerstand in der Kontaktfläche von zwei Körpern, der eine Bewegung zwischen den beiden erschwert bzw. verhindert. Motoren, Getriebe, Bremsen und Fahrzeugreifen sind typische Komponenten, für die Reibung und Verschleiß im Hinblick auf Wirkungsgrad, Lebensdauer und Sicherheit zu betrachten sind. Die in Gewinnung und Weiterverarbeitung von Rohstoffen eingesetzten und direkt mit dem Stofffluss in Kontakt befindlichen Komponenten wie Grab- und Förderelemente im Bergbau, Schnecken in Kunststoffaufbereitungsmaschinen oder Turbinenschaufeln in Wasserkraftanlagen, sind überwiegend aus Sicht des Werkstoffabtrages, d. h. der Lebensdauer zu beurteilen.

© Springer-Verlag GmbH Deutschland, ein Teil von Springer Nature 2022
E. Roos et al., *Werkstoffkunde für Ingenieure*,
https://doi.org/10.1007/978-3-662-64732-5_12

Eine tribologische Beanspruchung ergibt sich immer aus den kinematischen Verhältnissen und der Wechselwirkung mehrerer Stoffe – Werkstoffpaarung , Bauteil im Kontakt mit Abrasivstoff – so dass Verschleiß und Reibung keine stoffgebundenen, sondern systemgebundene Größen sind. Die Tribokunde soll daher Kenntnisse über die Entstehung von Reibung und Verschleiß vermitteln (Reibungs- und Verschleißmechanismen) und Korrelationen zu Werkstoffeigenschaften und Beanspruchungsparametern aufzeigen, um Hinweise für Optimierung, Zustandsbeschreibung – im Sinne einer Schadensfrüherkennung – und Lebensdauerabschätzung sowie Schadensanalyse von Systemen zu erhalten.

12.2   Verschleißarten und Verschleißmechanismen

Verschleiß ist der unerwünschte und fortschreitende Materialverlust aus der Oberfläche eines festen Körpers durch Kontakt und Relativbewegung zweier Festkörper bzw. eines Festkörpers und eines flüssigen oder gasförmigen Stoffes.

Ein tribologisches System zur Beschreibung des Verschleißvorgangs besteht aus den in Abb. 12.1 dargestellten Elementen. Hierbei wird die Struktur durch den:

- den Grundkörper ①
- den Gegenkörper bzw. Gegenstoff ②, der zusammen mit dem Grundkörper die Reibpaarung bildet
- den Zwischenkörper bzw. Zwischenstoff ③
- das Umgebungsmedium ③

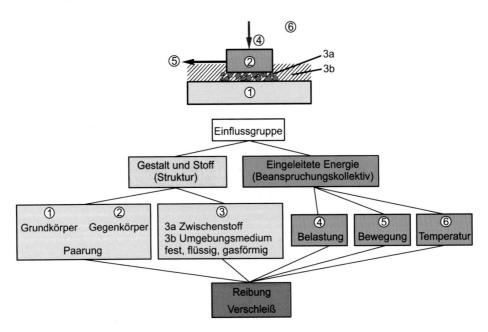

Abb. 12.1 Schema eines tribologischen Systems

festgelegt. Das Beanspruchungskollektiv (eingeleitete Energie) ergibt sich aus:

- der Belastung ④
- der Geschwindigkeit bzw. Bewegung ⑤
- der Temperatur ⑥

Es hat sich als zweckmäßig erwiesen, Systeme ähnlicher Struktur und ähnlicher Beanspruchungskollektive zusammenzufassen, da zu erwarten ist, dass für diese Systemgruppen jeweils ähnliche Versagensprozesse ablaufen und somit ähnliche Maßnahmen bezüglich der Optimierung der Systeme einzuleiten sind. Die Verschleißarten, Abb. 12.2, werden nach den beteiligten Stoffen unterteilt in

- Maschinenelementpaarungen (Grundkörper/Gegenkörper) ungeschmiert und geschmiert
- durch Abrasivstoffe beanspruchte Komponenten (Grundkörper/Gegenstoff bzw. Grundkörper/Gegenkörper/Zwischenstoff)

und diese beiden Gruppen werden nochmals gegliedert nach den kinematischen Gegebenheiten

- Gleiten
- Rollen, Wälzen
- Stoßen
- Strömen

Oft werden die Verschleißarten auch in Gleitverschleiß, Wälz- und Rollverschleiß, Stoßverschleiß, Abrasivverschleiß und Erosion eingeteilt.

Abb. 12.2 Übersicht über die Verschleißarten

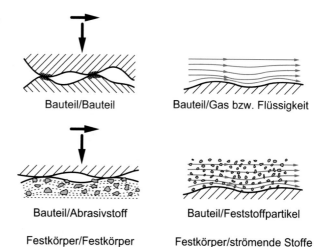

Bauteil/Bauteil   Bauteil/Gas bzw. Flüssigkeit

Bauteil/Abrasivstoff   Bauteil/Feststoffpartikel

Festkörper/Festkörper   Festkörper/strömende Stoffe

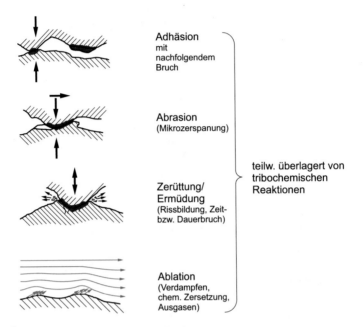

Abb. 12.3 Übersicht über die Verschleißmechanismen

Die Energieumsetzung und der Werkstoffabtrag erfolgen nach den sog. Verschleißmechanismen, die die Reaktion des Werkstoffs auf das aufgeprägte Beanspruchungskollektiv zum Ausdruck bringen. Die übergeordneten Verschleißmechanismen, Abb. 12.3, sind

- Adhäsion (Anhaften) infolge atomarer und molekularer Wechselwirkung der Stoffe in der Kontaktzone
- Abrasion (Furchung) durch harte Rauberge eines Gegenkörpers oder durch harte körnige Gegenstoffe
- Oberflächenzerrüttung/Ermüdung im Mikrobereich infolge wiederholter mechanischer Krafteinwirkung in der Grenzschicht
- Ablation (Zersetzen, Verdampfen), hervorgerufen durch hohe Energiedichte an der Oberfläche.

Alle Prozesse können mehr oder weniger stark überlagert auftreten und von tribochemischen Reaktionen (Reaktionsschichtbildungen) mit dem Umgebungsmedium in der Grenzfläche begleitet sein.

12.3 Verschleißmechanismen

12.3.1 Adhäsionsprozesse

Adhäsion tritt besonders im Gleitkontakt von Maschinenelementpaarungen auf. Aufgrund der vorhandenen Rauhigkeit kommt es nur zu einem punktweisen Kontakt zwischen Grund- und Gegenkörper. An den Mikrokontaktpunkten können dadurch sehr hohe Spannungsspitzen mit lokalen Plastifizierungen auftreten. Durch plastische Verformungen und Reibung entstehen an den Kontaktpunkten sehr hohen Temperaturen und lokal können Mikroverschweißungen auftreten. Durch Relativbewegungen werden diese Schweißbrücken wieder abgeschert. Hat die Verschweißung eine höhere Festigkeit als das umgebende Material werden kleine Werkstoffstücke herausgerissen und es kommt zum Adhäsionsverschleiß.

In Umgebungsatmosphäre ist die Grenzfläche zwischen Grund- und Gegenkörper bereits durch „Fremdstoffe" belegt, so dass die Adhäsion nicht in vollem Umfang zur Wirkung kommt, die Reibungszahlen z. B. von Stahl/Stahl liegen im Bereich von 0,45 bis 0,8.

Schmierstoffe bewirken einen Effekt, der der Adhäsion entgegenwirkt. Durch Belegung der Oberfläche mit gut haftenden Schmierstoffmolekülen wird der Einfluss der adhäsiven Komponente verringert. Ein Teil der Flächenpressung kann über einen dünnen Schmierstofffilm übertragen werden. In diesen Punkten liegt die Reibungszahl niedrig, weil nur die Scherkräfte innerhalb der Flüssigkeit aufgebracht werden müssen. Zusammen mit den restlichen Festkörperkontaktstellen, die aber mit Schmierstoff benetzt sind, kommt es zu einer Reibung, die zwischen Festkörperreibung und hydrodynamischer Reibung liegt. Man spricht vom sog. Mischreibungsgebiet. In diesem Bereich werden viele technische Systeme betrieben. Durch entsprechende Viskosität des Schmierstoffs und eine geeignete „fressunempfindliche" Werkstoffpaarung können niedrige Reibung und niedriger Verschleiß und damit eine ökonomische Lebensdauer erzielt werden. Das Systemverhalten einer geschmierten Paarung lässt sich anhand des Verschleißes in Abhängigkeit von der Belastung in den unterschiedlichen Phasen beschreiben, siehe Abb. 12.4.

Bei niedriger Belastung und ausreichender Schmierstoffversorgung liegt Flüssigkeitsreibung (Hydrodynamik (HD), Elastohydrodynamik (EHD)) (1) vor. Mit steigender Belastung gelangt man in den Bereich der Mischreibung (2) mit technisch vertretbarem Verschleiß , abhängig von der Schmierstoff- und Werkstoffqualität. Ab einer bestimmten Last kommt es zur vollständigen Störung des Schmierfilms und der Grenzschichten mit der Folge des Fressens (3). Hochleistungsschmierstoffe können den Verschleiß durch Reaktionsschichtbildung niedrig halten und die Fresslastgrenze erhöhen.

Damit die Schmierstoffe ihre chemisch-physikalische Wirkung voll entfalten können, müssen die Schmierstoffadditive auf die Werkstoffe und auf die Beanspruchung, insbesondere auf die Temperatur, abgestimmt werden. Um die Notlaufeigenschaften der tribologischen Systeme bei Mangelschmierung zu verbessern, werden in der Regel Werkstoffpaarungen mit geringer Adhäsionsneigung wie randschichtbehandelte oder beschichtete

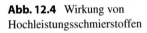

Abb. 12.4 Wirkung von Hochleistungsschmierstoffen

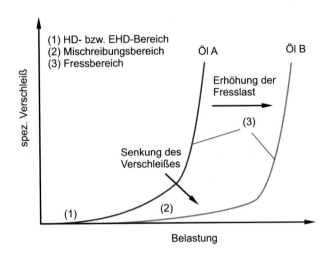

(1) HD- bzw. EHD-Bereich
(2) Mischreibungsbereich
(3) Fressbereich

Öl A   Öl B

Erhöhung der
Fresslast

(3)

Senkung des
Verschleißes

spez. Verschleiß

(1)   (2)

Belastung

Werkstoffe eingesetzt. Ziel der Werkstoffauswahl ist es, die Adhäsion zu reduzieren, was vor allem durch Maßnahmen gelingt, die der Werkstoffgrenzschicht einen nichtmetallischen Charakter verleihen, z. B. durch karbidische Strukturen oder durch Oxide. Bei ungeschmierten Paarungen, wie sie in vielen Bereichen der Technik heute zum Einsatz kommen, werden überwiegend randschichtbehandelte Werkstoffe eingesetzt, um dort die im Vordergrund stehende Adhäsionsneigung zu reduzieren. Neben martensitischen Stählen werden vor allem oxidische oder karbidische Randschichten aber auch Wolframkarbid-Hartmetalle oder Keramiken eingesetzt.

Entscheidend bei all diesen Prozessen ist immer die Betrachtung der Kraftübertragung in nur wenigen kleinen Kontaktflächen, die aber eine hohe – wenn auch nur kurzzeitig wirkende – thermische Beanspruchung erfahren. Nicht selten werden bei gehärteten Stählen Anlasseffekte oder bei ungehärteten und vergüteten Stählen Martensitbildungen festgestellt, die Hinweis auf lokale Temperaturen von bis zu 1000 °C geben.

12.3.2 Abrasionsprozesse

Sind Grund- oder Gegenkörper sehr unterschiedlich hart, harte eingelagerte Phasen vorhanden oder liegen auf der Kontaktfläche harte Abrasivpartikel vor, kann es zu einer Furchung mit Werkstoffabtrag in den weicheren Bereichen kommen. Dieser Werkstoffabtrag wird als Abrasion bezeichnet.

Verschleiß durch Abrasion steht bei der Förderung und Verarbeitung mineralischer Stoffe (Gesteine, Erze), aber auch bei mit Verstärkungsstoffen versehenen Kunststoffen im Vordergrund. Bauteile, die in dieser Weise beansprucht werden, sind in der Regel konstruktiv mit einem großen Verschleißvolumen ausgestattet, um zu einer ökonomischen Lebensdauer zu gelangen, d. h. es kann ein großes Verschleißvolumen abgetragen werden, bis schließlich das Bauteil durch Unterschreitung bestimmter Maßtoleranzen unbrauchbar wird, Abb. 12.5.

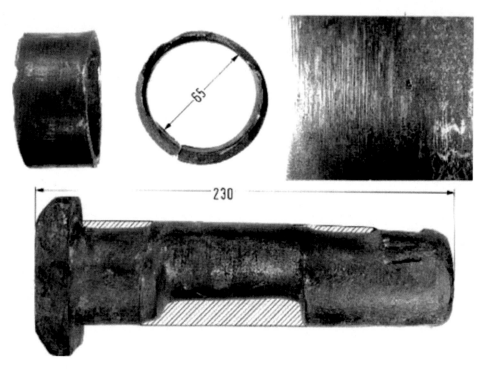

Abb. 12.5 Verschleiß am Beispiel eines Baggerbolzens (Pendelgelenk)

Eine wesentliche werkstoffliche Größe, die das Verschleißverhalten beeinflusst, ist die Härte des Werkstoffs. Ist der Abrasivstoff weicher als der Werkstoff des Bauteils, so können die Partikel unter der Anpresskraft nicht in den härteren Werkstoff eindringen und wirken nur in Form von Druck- und Schubkräften auf das Bauteil ein. Der Verschleiß ist demzufolge niedrig (Tieflagenverschleiß). Ist der Abrasivstoff dagegen hart, so kommt es bei der Relativbewegung unter dem Anpressdruck zu relativ tiefgreifender Furchung der Bauteiloberfläche mit hohem Verschleiß (Hochlagenverschleiß), Abb. 12.6. Der Übergang von der Tieflage zur Hochlage erfolgt bei annähernder Härtegleichheit. Mit zunehmender Härte der Werkstoffe verschiebt sich der Anstieg zur Hochlage in Richtung höherer Abrasivstoffhärte, außerdem liegt der Verschleiß in der Hochlage niedriger als bei einem weichen Werkstoff. Dieses Bild kann jedoch die komplexen Abläufe im Werkstoff nur unvollständig wiedergeben. Der Gefügeaufbau in Form von Matrix mit Hartstoffeinlagerungen (z. B. karbidische Werkstoffe) spielt eine mindestens ebenso deutliche Rolle wie die Härte selbst.

Bei der Optimierung von Bauteilen ist zwischen den Extremen – hohe Härte/niedrige Zähigkeit bzw. niedrige Härte/hohe Zähigkeit – ein Kompromiss zu finden, um der vielschichtigen Beanspruchung bezüglich Festigkeit und Bruchsicherheit einerseits und Verschleißbeständigkeit andererseits Rechnung zu tragen. Bei komplex aufgebauten Stoffsystemen, die zum Beispiel aus zäher Grundmatrix mit hohem Anteil eingelagerter harter

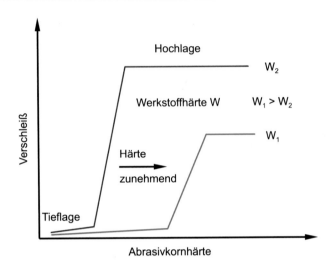

Abb. 12.6 Einfluss der Abrasivkornhärte auf das Verschleißverhalten

Phasen bestehen, kann es zu „selektiver" Erosion kommen. Dies ist besonders dann zu befürchten, wenn die abradierenden Partikel sehr klein und die freien Weglängen zwischen den harten Phasen im Werkstoff groß sind, wodurch die „Schwachstellen" im Gefüge besonders stark angegriffen werden und die eingesetzten Hartstoffe nicht voll zur Wirkung kommen können, Abb. 12.7.

12.3.3 Zerrüttungs-/Ermüdungsprozesse

Der Prozess der Werkstoffzerrüttung tritt besonders deutlich in Roll- und Wälzkontakten in den Vordergrund. Durch das Überrollen bauen sich in den überrollten Grenzschichtelementen Normal- und Schubspannungen auf, die zu Mikroverformungen, Versetzungsaufstau an Korngrenzen und Einschlüssen im Gefüge und bei wiederholter Beanspruchung zu Anrissbildung und Risswachstum durch Werkstoffermüdung führen. Das Erscheinungsbild sind Mikrorisse und grübchenförmiges Ausbrechen von Werkstoff, Abb. 12.8.

Da bei Roll- und Wälzkontakten aufgrund der Berührgeometrie hohe Hertz'sche Spannungen vorliegen, werden für solche Beanspruchungen in der Regel Werkstoffe mit hoher Festigkeit (Härte) eingesetzt, die auch eine entsprechend hohe Dauerfestigkeit aufweisen müssen. Bei niedrigen Reibungszahlen (niedriger Schubspannung an der Oberfläche) kann das Maximum der Vergleichsspannung unterhalb der Oberfläche der Kontaktzone liegen, bei hoher Reibungszahl an der Oberfläche. Dies wirkt sich auf die Form der Grübchenbildung aus, da die Anrissbildung auch unterhalb der Oberfläche einsetzen kann. Die Randschichtbehandlung muss daher eine entsprechende Tiefenerstreckung aufweisen und an die Hertz'sche Spannungsverteilung angepasst sein. Für Zahnräder von Hochleistungsgetrieben werden in der Regel einsatzgehärtete Stähle (z. B. 16MnCr5) eingesetzt. Durch geeignete Wärmeführung beim Einsatzhärten können darüber hinaus Druckeigenspannun-

Abb. 12.7 Selektive Abrasion
einer Spritzschicht (Ni, Cr, B,
Si) mit eingelagerten
Wolframkarbid - (WC-)
Teilchen durch Quarzsand

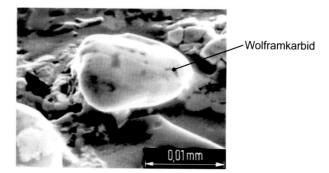

Wolframkarbid

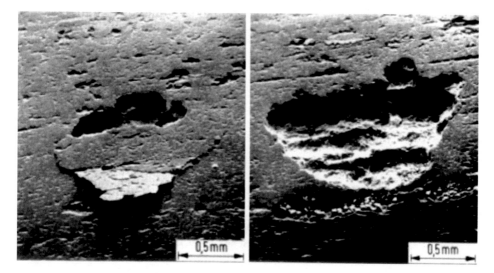

Abb. 12.8 Grübchenbildung an einer Zahnflanke

gen an den Zahnflanken eingebracht werden, die einer Anrissbildung entgegenwirken. Für
Wälzlager kommt üblicherweise der chromlegierte Stahl 100Cr6 zum Einsatz.

Ermüdungsprozesse treten außer in Wälzkontakten auch an Oberflächen auf, die einem
Partikelbeschuss senkrecht zur Oberfläche ausgesetzt sind (Erosionsbeanspruchung).
Hierbei sind Werkstoffeigenschaften von Vorteil, die den Stoß abbauen, d. h. die kinetische Energie des stoßenden Partikels so umsetzen, dass keine hohen Spannungen mit der
Folge von Mikrobrüchen auftreten. Dies kann durch elastische Verformung im Falle von
Elastomeren oder durch plastische Verformung im Falle von duktilen Werkstoffen realisiert werden. Bei Erosionsprozessen mit flachen Auftreffwinkeln ist dagegen hohe Härte
des Werkstoffs gefordert, um der Furchungskomponente entgegenzuwirken. Somit ergeben sich abhängig vom jeweiligen Auftreffwinkel der Partikel unterschiedliche Anforderungen an die Werkstoffe, Abb. 12.9. Der winkelabhängige Verschleiß wird am Beispiel
eines Rohres aus einem mit Braunkohle befeuerten Kessel sichtbar, Abb. 12.10. Dieses

Abb. 12.9 Einfluss des
Anstrahlwinkels auf die
Verschleißgeschwindigkeit

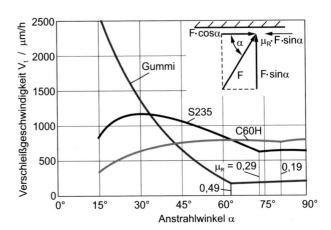

wurde durch die auftreffenden Aschepartikel im Bereich 45° so stark verschlissen, dass die
Wanddicke nicht mehr ausreichte, um dem Innendruck stand zu halten.

12.3.4 Ablation

In tribologischen Systemen können durch Reib- und Verschleißprozesse flächig oder
punktuell sehr hohe Temperaturen entstehen, die durch hohe Umgebungstemperaturen
noch gesteigert werden. Die hohen Temperaturen können zu einem Verdampfen (Sublima-
tion), Aufschmelzen oder chemischen Zersetzung von Grund- und/oder Gegenkörper führen, d. h. es wird Material abgetragen. Diese Schädigungsprozesse werden unter dem Begriff Ablation zusammengefasst.

Ablation kann beispielsweise bei nicht wiederverwendbaren Wärmeschutzschilden von
Raumfahrzeugen auftreten. Beim Wiedereintritt in die Atmosphäre entstehen durch die
Reibung mit der Atmosphäre extrem hohe Temperaturen (teilweise weit über 1500 °C)
was zu einem typischen Ablationsverschleiß führt.

Im Allgemeinen tritt aber Ablation eher selten auf. Als Beispiele für das Auftreten dieses Mechanismus können Bremsbeläge oder auch Hitzeschilde von Raumfahrzeugen genannt werden.

12.3.5 Überlagerung von Verschleißmechanismen –
Schwingungsverschleiß

In der Praxis treten oftmals Überlagerungen der bereits oben genannten Verschleißmechanismen auf. In der Technik gibt es zahlreiche Maschinenelemente, die, konstruktiv bedingt, eine oszillierende Relativbewegung ausführen. Darüber hinaus gibt es kraftschlüs-
sige und formschlüssige Verbindungen (z. B. Passungen) bei denen unter Krafteinwirkung

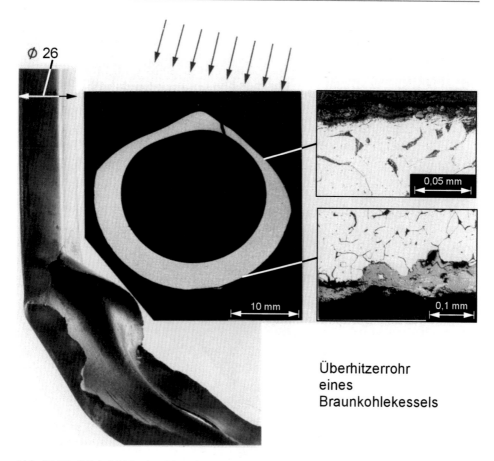

Abb. 12.10 Winkelabhängiger Ermüdungsverschleiß bei erosiver Beanspruchung

eine Relativbewegung mit sehr geringer Amplitude stattfindet. Als Ergebnis solcher tribologischer Beanspruchungen kann Verschleiß auftreten, der in der Regel in Form von Oxiden in Erscheinung tritt. Daher wird diese Verschleißart oftmals als „Passungsrost" oder „Reiboxidation" eingestuft. Als übergeordneter Begriff für solche tribologische Vorgänge hat sich der Begriff „Schwingungsverschleiß" durchgesetzt.

Kennzeichnend für diesen tribologischen Prozess sind kleine Gleitamplituden. Zum Teil ergeben sich die Gleitamplituden, z. B. bei Fügeverbindungen, nur aufgrund der zeitlich veränderlichen Belastungen als Folge von elastischen Verformungen und liegen im Bereich von wenigen Mikrometern. Für die Entstehung von Verschleiß ist allerdings eine relative Gleitbewegung keine notwendige Voraussetzung. Es reicht vielmehr aus, wenn wiederholte Kräfte – oberflächenparallel oder auch vertikal – einwirken, die im Mikrobereich zu entsprechend hohen Spannungen führen.

Der Verschleißprozess läuft in mehreren Stufen ab und kann sowohl bei ungeschmierten als auch bei geschmierten Systemen auftreten:

- Durch Adhäsion der Werkstoffe kommt es zur Einleitung und Übertragung der Kräfte
- wiederholt auftretende Spannungen führen infolge von Werkstoffermüdung zu Anrissbildung und Lostrennen kleinster Verschleißpartikel
- die neu entstandenen Oberflächen (Rissoberfläche, Oberfläche der Verschleißpartikel)
  neigen bevorzugt zu Oxidbildung
- die Oxide sind hart und können bei entsprechender Relativbewegung zu abrasivem
  Verschleiß führen
- bei Passungen mit konstruktiv vorgesehenem „Schiebesitz" kommt es oftmals zum
  Klemmen der Verbindung, weil mit der Oxidbildung eine Volumenvergrößerung verbunden ist.

Als sekundäre Schäden können Bauteilbrüche auftreten, da infolge der Oxidbildung die
Oberfläche entfestigt wird und durch Verschleiß Mikrokerbstellen entstehen. Gegenüber
der Dauerfestigkeit eines „glatten" Bauteils kann infolge von Schwingungsverschleiß eine
starke Reduktion der Dauerhaltbarkeit eintreten (Fretting Fatigue). Je nach Flächenpressung und Schwingungsamplitude ist eine Abminderung der Dauerfestigkeit gegenüber der
einer glatten Probe auf die Hälfte oder sogar noch weniger möglich.

Das Auftreten von Schwingungsverschleiß kann durch

- Vermeidung tribologischer Kontakte durch konstruktive Maßnahmen (Vermeidung von
  Dehnungsunterschieden)
- Verringerung der Schwingungsamplitude, z. B. durch Schwingungsdämpfung
- Erhöhung der Presspassung, Erhöhung der Reibung durch Nickelpulver oder Überzüge
  aus weichen Metallen wie Kadmium, Kupfer, Silber
- Werkstoffpaarungen mit geringer Adhäsionsneigung,
- Mechanische Oberflächenbehandlung, z. B. Einbringen von Druckeigenspannungen
  z. B. durch Kugelstrahlen; keine glatten Oberflächen (Polieren ist ungeeignet), bei un-
  gleicher Härte sollte der weichere Partner eine rauere Oberfläche aufweisen
- Oberflächenbehandlungen, z. B. thermochemische Verfahren wie Einsatzhärten, Nitrieren; Sulfidieren , Borieren
- Galvanische bzw. chemische Oberflächenschichten (Silber, Kupfer bzw. Phosphatieren, Oxalieren, Chromatieren
- Schmierstoffe (bevorzugt MoS_2, Grafit, PTFE in Pasten oder Pulverform)) helfen nur
  bedingt: sie müssen in die Kontaktzone gelangen

verhindert bzw. zeitlich verzögert werden.

12.4   Werkstoffe für tribologisch beanspruchte Bauteile

Für die Auswahl geeigneter Werkstoffe für tribologisch beanspruchte Bauteile muss einerseits eine detaillierte Analyse des tribologischen Systems, insbesondere zur Ermittlung der Beanspruchungsgrößen und der daraus zu erwartenden Verschleißmechanismen, durchgeführt werden. Andererseits sind entsprechende Kenntnisse über die Werkstoffeigenschaften und insbesondere über den Einfluss der Mikrostruktur auf die Versagensmechanismen erforderlich. Neben den tribologischen Anforderungen an ein Bauteil gibt es in der Regel weitere Anforderungen, wie z. B. an das Festigkeitsverhalten in Verbindung mit der Bauteilsicherheit. Dies hat zur Folge, dass vielfach Verbundlösungen gesucht werden müssen, bei denen einem Körper mit entsprechenden Volumeneigenschaften besondere Grenzschichteigenschaften aufgeprägt werden, um der tribologischen Beanspruchung zu widerstehen. Hierbei kommen randschichtbehandelte Werkstoffe und beschichtete Werkstoffe sowie Auftragsschweißungen und fügetechnische Verbundlösungen zur Anwendung.

Werkstoffverbunde und konstruktive Verbunde (Schrauben, Kleben u. a.) sind auch aus wirtschaftlichen Gesichtspunkten vielfach anzustrebende Lösungen. Bei Erreichen der Lebensdauer infolge von Verschleiß, können Teile entweder regeneriert werden, wie dies bei Auftragsschweißungen und Spritzschichten der Fall ist, oder der verschleißbeanspruchte Bereich (z. B. Schraubverbindungen) kann ausgetauscht werden. Die Optimierung tribologischer Systeme darf sich daher nicht nur auf die Werkstoffoptimierung beschränken. Konstruktive Maßnahmen können dazu beitragen, die Höhe der Beanspruchung günstig zu beeinflussen oder eine leichte Austauschbarkeit zu ermöglichen. Bei geschmierten Prozessen ist die Verträglichkeit der Schmierstoffe an das chemisch-physikalische Grenzschichtverhalten der Werkstoffe anzupassen. Bezüglich der Prozesse in der Grenzschicht hat darüber hinaus auch das Umgebungsmedium einen entscheidenden Einfluss und zwar nicht nur bei ungeschmierten, sondern auch bei geschmierten Systemen. Hier haben insbesondere Luftsauerstoff und Luftfeuchtigkeit sowie polare Substanzen (Lösungsmittel) aus Verfahrensprozessen Einfluss. Neben der Auswahl der Werkstoffe ist insbesondere auch deren Verarbeitung zu berücksichtigen, da jeder Bearbeitungsprozess die Bauteiloberfläche im Hinblick auf Topografie (Rauigkeit) und Werkstoffzustand (Verfestigung, Randentkohlung, Oxidbeläge u. a.) prägt und damit das Reibungs- und Verschleißverhalten beeinflusst.

12.5   Fragen zu Kap. 12

1. Beschreiben Sie den Aufbau eines tribologischen Systems.
2. Was versteht man unter Verschleiß?
3. Nennen und erklären Sie die übergeordneten Verschleißmechanismen.
4. Mit welchen drei Parametern lässt sich die Beanspruchung tribologischer Systeme beschreiben?
5. Zu welcher Art von Verschleiß kann es bei einem komplex aufgebauten Stoffsystem kommen, bei dem eine Vielzahl harter Phasen in einer zähen Grundmatrix eingebettet ist?

Recycling 13

Unter Recyclingfähigkeit bzw. Wiederverwertbarkeit versteht man die Rückführung von kompletten Produkten bzw. von Produktteilen in vorhandene Stoffkreisläufe. Damit können Rohstoffe eingespart werden. Ein wichtiges Kriterium bei diesem Vorgang ist auch die mögliche Energieeinsparung und Reduktion von Emissionen. Beim Recyclen treten oftmals technische Probleme auf, die am Beispiel der Wiederverwendung von Stahl Kupfer und Kunststoff geschildert werden.

13.1 Recycling von Stahl

Im Bereich der Stahlindustrie versteht sich Recycling als:

- der produktionsbezogene Einsatz und die Mehrfachverwendung von Entfallstoffen (z. B. Stäube, Schlämme, Schlacken) und Hilfsstoffen (Wasser, Schmelzsalze) aus der Erzeugung und deren Weiterverarbeitung in der gleichen oder einer anderen Produktionsstufe
- die anderweitige stoffliche und thermische Verwertung von Nebenprodukten und Entfallstoffen der Stahlerzeugung
- der Einsatz gebrauchter Produkte aus dem Werkstoff Stahl.

13.1.1 Einteilung und Klassifizierung von Stahlschrott

Stahlschrott ist generell nicht als Abfall, sondern als Rohstoff und Energieträger zu betrachten und kann in die drei Gruppen Eigenschrott, Neuschrott und Altschrott unterteilt werden. Eigenschrott fällt bei der Erzeugung von Stahl in den Werken an. Da dieser noch

© Springer-Verlag GmbH Deutschland, ein Teil von Springer Nature 2022
E. Roos et al., *Werkstoffkunde für Ingenieure*,
https://doi.org/10.1007/978-3-662-64732-5_13

nicht verunreinigt ist und in der Regel auch seine Zusammensetzung bekannt ist, steht er unmittelbar nach Anfall für den Wiedereinsatz zur Verfügung. Neuschrott entsteht bei der industriellen Fertigung und kann ebenfalls relativ kurzfristig nach der Stahlerzeugung wieder eingesetzt werden. Allerdings sind hier schon Sortierung und Aufbereitung (z. B. Reinigung und Paketierung) erforderlich. Stahlaltschrott entsteht aus der Erfassung und Aufbereitung von nicht mehr verwendungsfähigen und ausgedienten Verbrauchs- und Industriegütern.

Derzeit (2020) werden in Deutschland ca. 36 Mio. Tonnen Rohstahl pro Jahr erzeugt. Der eingesetzte Schrottanteil liegt bei ca 45 %. Weltweit ist die Recyclingquote mit 32 % bei einer Produktion von 1877 Mio Tonnen etwas geringer, Abb. 13.1

13.1.2 Aufbereitung

Probleme bei der Altschrottverwertung bereitet vor allem die Vielfalt an Stahlsorten. Außerdem wird Stahl als Verbundwerkstoff mit anderen Werkstoffen wie NE-Metallen und Kunststoffen eingesetzt. Neben dem Sortieren, Schneiden, Brechen und Pressen ist deshalb das Shreddern eines der wichtigsten Aufbereitungsverfahren.

Der Shredder zerschlägt in einer Art Hammermühle Altautos bzw. ausgediente Verbrauchs- und Konsumgüter. Neben dem Zerlegen wird in einer integrierten Anlage auch separiert, d. h. Stahlschrott magnetisch abgeschieden, Shredderleichtmüll durch Wind ausgeblasen und aufgefangen. Als Letztes bleiben als Shredder Schwerfraktion die

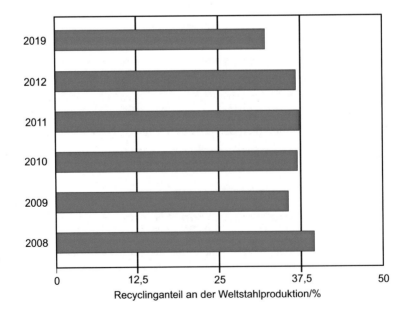

Abb. 13.1 Recycling Anteil an der Weltstahlproduktion

NE-Metalle zurück. Auf diesem Weg wird der Stahlanteil zu 100 % zurückgewonnen. Weltweit versorgen zahlreiche Anlagen die Stahlindustrie mit qualitativ hochwertigem Shredderschrott in einer Größenordnung von über 25 Mio. t/Jahr. Da eine recyclinggerechte Werkstoffauswahl und Konstruktion bei Gebrauchs- und Konsumgütern bisher wenig berücksichtigt wurde, ist in der VDI-Richtlinie-2243 eine genauere Vorgehensweise zur recyclingfähigen Konstruktion geregelt.

Um einen Einsatz von Schrott bei der Herstellung qualitativ höherwertiger Stahlgüter (z. B. Feinbleche) zu ermöglichen, müssen die Aufbereitungstechniken zur Reduzierung der vor allem im Altschrott vorhandenen Begleit- und Spurenelemente verbessert werden.

13.1.3 Wirtschaftliche Bedeutung

Der Einsatz von Schrott hat keinen Einfluss auf die erzielbare Stahlqualität. In diesem Sinn kann Schrott als vollwertiger Rohstoff angesehen werden.

Bei der Stahlherstellung wurden 2020 in Deutschland ca. 16 Mio. t Schrott eingesetzt. Durch diesen Schrotteinsatz mussten 24 Mio. t Eisenerz nicht abgebaut, aufbereitet und transportiert werden. Dies resultiert in einer Einsparung von 60 % Primärenergie für die Stahlerzeugung. Durch die weltweit steigende Stahlnachfrage nimmt auch der Bedarf an Stahlschrott stetig zu.

13.1.4 Nebenprodukte und Entfallstoffe

Die in der Stahlindustrie entstehende Eisenhüttenschlacke wird in Hochofen- und Stahlwerkschlacke unterschieden. Diese unterscheiden sich in ihren chemischen, mineralischen und technologischen Eigenschaften. Durch Verbesserungen der Verfahren zur Erzanreicherung und Möllervorbereitung wurde der Schlackenanteil von 800 auf 250 kg/t abgesenkt. Der Rückgang des Aufkommens an Stahlwerksschlacken ist vor allem in der Änderung der Rohstoffbasis, dem Auslaufen des Thomas- und Siemens-Martin-Verfahrens, der Optimierung der Schlackenführung über alle metallurgischen Stufen und der Einführung der Sekundärmetallurgie begründet.

Die Eisenhüttenschlacke wird in Deutschland zu ca. 95 % zu marktfähigen Produkten verarbeitet:

- über 30 % werden im Verkehrsbau, also im Straßen-, Erd- und Wasserbau eingesetzt.
- 45 % der Eisenhüttenschlacken werden als Hüttensand für die Herstellung von Zement genutzt.
- 5 % (ausschließlich Stahlwerksschlacken) werden als Kreislaufstoffe in den metallurgischen Prozess zurückgeführt.
- ca. 4 % werden für die Herstellung von Düngemitteln eingesetzt.
- ca. 5 % werden deponiert, da sie für eine weitere Nutzung ungeeignet sind.

Die Verarbeitung von Eisenhüttenschlacken schont Rohstoffe und vermeidet die mit ihrer Gewinnung und Aufbereitung verbundenen Emissionen.

13.2 Recycling von Aluminium

Das Recycling von Aluminium wird schon seit Anfang der 20er-Jahre in der Industrie erfolgreich praktiziert. Derzeit verharrt die Recyclingquote der Nichteisenmetalle in Deutschland aber auf annähernd konstantem Niveau, Abb. 13.2. Aluminium ist aufgrund der aufwändigen Herstellung und seiner vielseitigen Verwendungsmöglichkeiten ein wertvoller Rohstoff mit guten Recyclingeigenschaften.
Diese sind:

- geringer Energiebedarf bei der Herstellung von Sekundäraluminium (es werden nur rund 5 % der für die Herstellung von Primäraluminium erforderlichen Energie benötigt)
- einfache Separation der Al-Werkstoffe aus unterschiedlichsten Schrotten
- bei entsprechender Trennung und Aufbereitung keine Qualitätseinbußen beim Recycling
- hoher Materialwert der Al-Schrotte.

13.2.1 Aufbereitung von Rückständen aus der Aluminiumindustrie

13.2.1.1 Krätze
In der sich beim Einschmelzen an der Badoberfläche bildenden Schicht aus nicht direkt weiterverwendbarem oxidiertem Aluminium, der sogenannten Krätze, ist zwischen 20

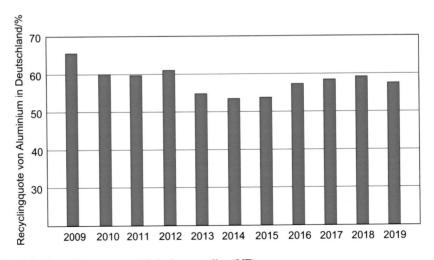

Abb. 13.2 Recyclingquote von Nichteisenmetallen (NE)

und 80 % Aluminium enthalten. Für die Aluminiumrückgewinnung aus der Krätze ergeben sich daraus folgende Forderungen:

- Krätze ist so schnell wie möglich abzukühlen und zu verarbeiten, um Verluste durch Abbrennen zu vermeiden
- Krätze sollte nur kurz gelagert und unbedingt trocken gehalten werden, da kleine Metallpartikel mit Wasser reagieren und Oxide bilden können.

Die Krätze wird beim Einschmelzen im Trommelofen mit einem Gemisch aus Salzen (NaCl/KCl) abgedeckt. Dadurch werden die Oxidationsverluste verringert, gleichzeitig fallen aber erhebliche Mengen an Salzschlacken an. Unter Berücksichtigung dieses Gesichtspunkts weiterentwickelte Verfahren sind:

- Plasmatechnologie: Abkühlen der Krätze unter Argon- oder Stickstoffplasma
- Lichtbogenverfahren: beim Krätzeeinschmelzen wird die Energie über einen Lichtbogen zwischen zwei Elektroden eingebracht
- Einsatz von Sauerstoff-Gas-Brennern zum Ausschmelzen der Krätze
- Zentrifugieren der Krätze.

Das Zentrifugieren hat den Vorteil, dass die Krätze nicht mehr abgekühlt wird und somit der Energieaufwand für den erneuten Schmelzvorgang entfällt. Neben geringeren Abbrandverlusten kann die Krätze chargenweise und ohne Salzzusatz verarbeitet werden.

13.2.1.2 Salzschlacken

Salzschlacken entstehen beim Einschmelzen von verunreinigten Aluminiumschrotten. Schmelzsalze verhindern dabei eine Oxidation des Metalls und binden Verunreinigungen. Die eingesetzte Salzmenge ist abhängig vom Verschmutzungsgrad der Schrotte. Bei der Aufbereitung von Krätze werden ebenfalls Schmelzsalze in großen Mengen eingesetzt. Pro produzierter Tonne Sekundäraluminium fallen bis zu 0,5 t Salzschlacke an. Früher wurden die Salzschlacken zum großen Teil deponiert, was heute aus Umweltschutzgründen nicht mehr möglich ist. Nach dem Brechen und Mahlen der leicht metallhaltigen Schlacken, werden in modernen Anlagen das Aluminium und andere unlösliche Bestandteile abgetrennt. Durch Eindampfen und Kristallisation kann so das Salz zurückgewonnen werden.

13.2.1.3 Ofenausbruch

Die Haltbarkeit von modernen Elektrolyseöfen ist begrenzt auf Zeiträume von 4 bis 7 Jahren. Nach dieser Zeit muss die Kathode ausgebrochen und der dabei anfallende Ofenausbruch entsorgt werden. Bei dessen Aufbereitung werden wieder einsetzbare Schmelzmittel für die Elektrolyse zurückgewonnen.

13.2.1.4 Rückstände aus der Aluminiumveredelung

Beim Veredeln von Aluminium entstehen u. a. als Reststoffe Aluminiumhydroxid-Filterkuchen und Aluminatlaugen. Die Entsorgung dieser Stoffe wurde aufgrund begrenzter Deponiekapazitäten zunehmend zu einem Problem. Nach einem besonderen Reinigungs- und Aufbereitungsprozess können diese Stoffe zusammen mit dem Rohstoff Bauxit zu einer alkalischen Tonerdelösung verarbeitet werden, die zur Phosphatelimination in Klärwerken eingesetzt wird. Gegenüber herkömmlichen Verfahren zur Phosphatfällung hat dies den Vorteil, dass keine Säurereste in das Abwasser gelangen, die die Salzfracht erhöhen und den pH-Wert des Wassers senken.

13.2.2 Recycling von Altschrotten

Grundsätzlich können beim Recycling von Altschrotten vier Recyclingarten unterschieden werden:

- Wiederverwendung (Produktrecycling)
- Weiterverwendung (Produktrecycling)
- Wiederverwertung (Materialrecycling)
- Weiterverwertung (Materialrecycling)

In Abb. 13.3 sind jeweils Vorgehensweise, Beispiele und Einschränkungen für diese vier Strategien dargestellt. Angestrebt werden aufgrund des geringeren Energieaufwandes und zur Vermeidung von Qualitätseinbußen die Wiederverwendung beim Produktrecycling und die Wiederverwertung beim Materialrecycling. Während die Bauteile beim Produktrecycling ihre ursprüngliche Gestalt beibehalten, werden diese beim materiellen Recycling in Remelting – und Refiningprozessen auf- bzw. umgeschmolzen. Ein Großteil des Aluminiums wird der Shredderschwerfraktion von Shredderbetrieben entnommen. Eine

Abb. 13.3 Die vier Recyclingarten mit Beispielen beim Aluminiumrecycling

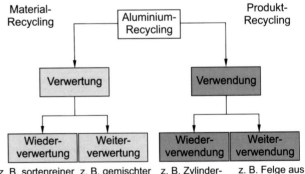

Abb. 13.4 Schrottwerte von Aluminium, Kupfer und Stahl im Vergleich zu den Deponiekosten

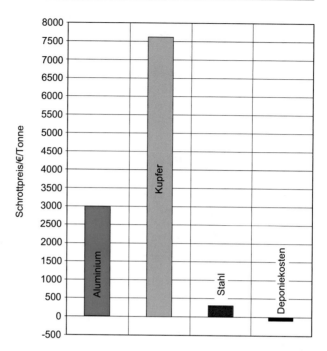

Trennung des Aluminiums von den restlichen Bestandteilen wie Schwermetallen oder Kunststoffen erfolgt dabei mit Hilfe von magnetischen, induktiven und elektrostatischen Separationsverfahren sowie Schwimm-Sink-Anlagen (Dichtetrennung) sortiert. Die anschließende Reinigung erfolgt durch Sedimentation, Spülen mit Gasen und durch Filtration.

Aufgrund seines relativ hohen Schrottwerts, Abb. 13.4, werden bei Aluminium in Deutschland Gesamtrecycling-Quoten von über 50 % erreicht. Aluminiumverpackungen werden in Deutschland zu über 90 % recycelt.

Weitere Probleme entstehen aufgrund der unterschiedlichen Qualität des Aluminiums. Gusslegierungen besitzen einen deutlich höheren Siliziumgehalt als Knetlegierungen. Da Silizium elektrochemisch sehr edel ist, kann es nur schwer reduziert werden. Somit können in Aluminium-Recyclingprozessen nur Gusslegierungen gewonnen werden.

13.3 Recycling von Kupferwerkstoffen

13.3.1 Wirtschaftliche Bedeutung

Bei der Kupferherstellung wird bereits seit mehreren Jahren ca 45 % (Deutschland) des Kupferverbrauchs durch Metallrückgewinnung aus sekundären Rohstoffen gedeckt. Die Rohstoffe sind metallischer Art (Kupfer, Messing, Bronze- und Rotgussschrotte) oder bestehen aus kupferhaltigen Zwischenprodukten wie Schlacken, Krätzen, Aschen und Schlämmen. Der Cu-Gehalt der Rohstoffe schwankt deshalb zwischen 5 und 99 %. Unabhängig davon, ob metallische oder nichtmetallische, arme oder reiche Einsatzstoffe zur Verfügung stehen, erleidet Kupfer auch bei mehrmaligem Recycling keinen Qualitätsverlust. Deshalb werden an den Börsen z. T. Primär- und Sekundärkupfer zum gleichen Preis gehandelt.

13.3.2 Einteilung der Kupferschrotte

Analog zu Aluminium und Stahl können auch die Sekundärrohstoffe von Kupfer je nach Herkunft unterteilt werden in:

- Neuschrotte wie z. B. Produktionsabfälle, deren Zusammensetzungen genau bekannt sind und die keine Verunreinigungen enthalten
- Altschrotte aus dem Rücklauf verbrauchter Wirtschaftsgüter (Kabelreste, Automobilschrotte)
- metallhaltige Reststoffe und Zwischenprodukte (Krätzen, Ofenausbruch, Aschen, Stäube, Schlämme und Lösungen)

Eine weitere Einteilung kann durch Unterscheidung der stofflichen Zusammensetzung getroffen werden:

- sortenreine, saubere Schrotte, wie Draht- und Kabelschrotte, die man unmittelbar wieder einschmelzen kann
- Schrotte, deren Metallzusammensetzungen in bestimmten Verhältnissen vorliegen (Legierungen aus Messing, Bronze, Rotguss)
- Schrotte, deren abzutrennende Metalle mit anderen metallischen und nichtmetallischen Komponenten verbunden sind (plattierte Materialien, Teile von Elektromotoren, Automobilschrotte)

Die dritte Gruppe muss einer Schrottaufbereitung unterzogen werden, während dies bei den beiden ersten Gruppen nicht erforderlich ist.

13.3.3 Aufbereitung

Die Sekundärrohstoffe können bei verschiedenen Verfahrensschritten je nach ihrem Metallgehalt in den Prozess eingebracht werden. Je größer der Kupfergehalt eines Schrottes ist, desto weniger Prozessstufen muss er dabei durchlaufen. Im Schachtofen werden die am stärksten verunreinigten Stoffe wie z. B. Shredderschrotte, Reststoffe und Zwischenprodukte (oxidische Rohstoffe, Stäube, Aschen, Schlacken) verarbeitet. Die

Schmelze mit einem Kupfergehalt von 70 bis 80 % wird anschließend in einem Konverter unter Zugabe von Legierungsschrotten wie Rotguss auf über 1000 °C erhitzt.

Metalle wie Sn, Pb und Sb verdampfen und werden anschließend aufgefangen und kompaktiert. Die anfallende Konverterschlacke mit einem Kupfergehalt von 10 bis 15 % wird wieder dem Schachtofen zugeführt. Das Hauptprodukt, ein Kupfer mit einem Kupfergehalt von 97 % wird dann in einem Drehflamm- oder einem Anodenofen, dem Raffinationsofen, der auch mit hochkupferhaltigen Schrotten wie Kabel- und Anodenresten beschickt wird, raffiniert. Das daraus gewonnene Anodenkupfer hat einen Reinheitsgrad von 99,5 % und wird vergossen. Die noch im Kupfer enthaltenen störenden Elemente können ggf. in der Raffinationselektrolyse entfernt werden. Das aus dieser Elektrolyse stammende Kathodenkupfer hat eine Reinheit von ca. 99,9 %.

Bei der Aufarbeitung von sogenanntem Platinenschrott aus Elektronik- und Leiterplattenabfällen werden verschiedene Verfahren eingesetzt. Diesen Verfahren kommt deshalb besondere Bedeutung zu, da die Elektroindustrie mit 37 % Anteil am Kupferverbrauch ein wichtiger Abnehmer für diesen Werkstoff ist. Abb. 13.5 zeigt die Massenanteile verschiedener im Platinenschrott enthaltener NE-Metalle.

Probleme bereitet hier aber vor allem der hohe Anteil an unterschiedlichsten Kunststoffen, der bis zu 90 % der Bauteilgesamtmasse erreichen kann. Um die verschiedenen Werkstoffe zu trennen, werden unterschiedliche Verfahren eingesetzt. Zu diesen zählt das PYROCOM-Verfahren. Bei diesem wird eine pyrolytische Vorbehandlung (Zersetzung von Stoffen durch Hitze) mit einer anschließenden Verbrennung der Pyrolyseprodukte gekoppelt. Das Konverter-Verfahren wird zur Behandlung von Computerschrotten eingesetzt. Der Schrott wird während des normalen Kupfergewinnungsprozesses in einer Konzentrathütte der mehr als 1200 °C heißen Schmelze zugegeben. Durch die hohe Temperatur werden die entstehenden gasförmigen organischen Verbindungen zerlegt. Die anfallenden Abgase werden gereinigt und können ggf. in einer Schwefelsäureanlage weiterverarbeitet werden. Daneben gibt es auch noch verschiedene hydrometallurgische

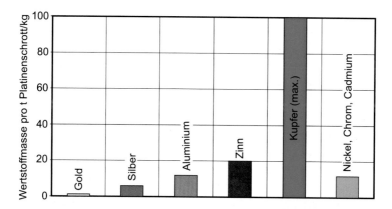

Abb. 13.5 Massenanteile verschiedener Werkstoffe im Platinenschrott (Stoffbelastung beim Platinenschrott-Recycling)

Verfahren, wie das Elo-Chem-Verfahren , das ein alkalisches Ätzen im Kreislauf mit dem Vollrecycling des Kupfers darstellt. Bei der indirekten gestuften Verbrennung können selbst sehr inhomogene Stoffe verarbeitet werden.

13.3.4 Nebenprodukte und Entfallstoffe

Feste Rückstände in größeren Mengen fallen nur im Bereich Bergbau als Abraum an. Alle in der Rohhütte und der Elektrolyse anfallenden Nebenprodukte (Flugstäube, Krätzen, Schlacken und Schlämme) werden entweder in den eigenen Nebenbetrieben verarbeitet wie z. B. in der Edelmetallelektrolyse, Selengewinnung und Schwefelsäurenherstellung, oder sie werden an Weiterverarbeiter verkauft. Schlacke kann dabei aufgrund ihrer hohen Dichte und Stabilität als Kuppelprodukt ebenso gut vermarktet werden wie Schwefelsäure. Reststoffe, wie Säureschlamm und Arsenfällprodukte, die als Abfälle ordnungsgemäß entsorgt werden müssen, entstehen nur in geringen Mengen. Insgesamt sind bei der Sekundärkupferverarbeitung die Mengen an Kuppelprodukten sehr viel geringer als bei der Primärkupfererzeugung. So fallen z. B. nur 0,53 t Schlacke pro t Kathodenkupfer an, während bei der Primärverhüttung die doppelte Schlackenmenge entsteht.

Atmosphärische Emissionen bei der Gewinnung und Verarbeitung von Kupfer werden im Wesentlichen durch die Energiebereitstellung (Emissionen der Kraftwerke) und die Emissionen der Transportfahrzeuge und Schiffe bestimmt. Da bei der Kupferverhüttung vergleichsweise wenig Koks eingesetzt wird, treten die CO_2-Emissionen hauptsächlich bei der Energiebereitstellung auf.

Probleme beim Recycling von Elektroschrott gibt es vor allem bei der thermischen Aufbereitung, da bei der Kunststoffverbrennung z. T. Dioxine anfallen. Dagegen haben hydrometallurgische Aufbereitungsverfahren mit der Reinigung der Abwässer zu kämpfen.

13.4   Recycling von Kunststoffen

Die große stoffliche Variationsbreite der Kunststoffe von spröd bis zähelastisch sowie die hochentwickelte Verfahrens- und Maschinentechnik auf der Verarbeitungsseite haben zu einem schnellen und breit gefächerten Einsatz der Kunststoffe geführt. Die Vielzahl der Kunststoffsorten und Anwendungsgebiete wirft jedoch bei der Sammlung und Verarbeitung im Recyclingprozess z. T. erhebliche Probleme auf. Das Kunststoffrecycling kann nach Abb. 13.6 in drei Gruppen unterteilt werden.

Die drei Kunststoffklassen Thermoplaste, Duromere und Elastomere lassen sich unterschiedlich gut verwerten. Das materielle Recycling ist bisher fast ausschließlich den Thermoplasten vorbehalten, da sie eine erneute Überführung in Schmelze oder in Lösung und damit eine Umformung erlauben. Da in Deutschland jedoch mahr als 80 % aller Kunststofferzeugnisse aus Thermoplasten wie Polyethylen (28 %), Polypropylen (17 %),

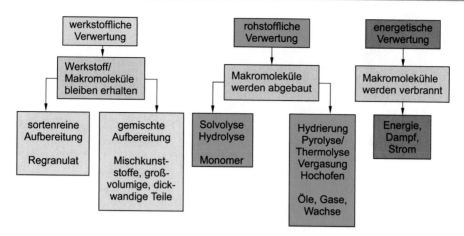

Abb. 13.6 Recyclingmöglichkeiten für Kunststoffe

Polystyrol (5 %) und Polyvinylchlorid (13 %) hergestellt werden, bedeutet dies mengenmäßig nur eine kleine Einschränkung.

Duromere und Elastomere lassen sich aufgrund ihrer vernetzten Molekülstruktur nicht ohne deren Zerstörung umformen. Deshalb besteht für sie derzeit kaum eine andere Möglichkeit als thermische/chemische Zersetzung oder Zerkleinern und anschließendes Verwerten als hochwertiger Füllstoff. Bei der Stahlherstellung können durch das Einblasen von Kunststoffgranulat in die Hochöfen diese Stoffe umweltfreundlich und kostengünstig energetisch verwertet werden. Das Granulat wird in den Hochofen eingeblasen, bei Temperaturen oberhalb 1200 °C vergast und als Reduktionsmittel genutzt. Eine Tonne Kunststoffgranulat kann dabei eine Tonne Mineralöl fast im Verhältnis 1:1 ersetzen. Bei Temperaturen von bis zu 2000 °C in der Schmelz- und Verbrennungszone der Hochöfen werden die Kunststoffe vorwiegend in Kohlenmonoxid und H_2 zerlegt. Diese Elemente verbinden sich mit dem Sauerstoff des Eisenerzes wodurch dieses zu Roheisen reduziert wird, dabei entstehen Wasserdampf und Kohlendioxid.

Die Verarbeitung von Altkunststoffen ist nur möglich, wenn diese durch eine vorgeschaltete Aufbereitungstechnik entsprechend vorbereitet werden. Insbesondere für ein materielles Recycling auf hohem Niveau ist die genaue Abstimmung aller Komponenten einer Recyclinganlage notwendig, um möglichst homogene und sortenreine Kunststoffe zu erzielen. Das Recycling von sortenreinen Thermoplasten bereitet dabei kaum Probleme. Allerdings muss berücksichtigt werden, dass mit jedem Wiederaufbereitungsschritt die Qualität des Kunststoffs abnimmt. Am deutlichsten sind solche Schwächungen der Kunststoffe bei den Langzeitkennwerten festzustellen, Abb. 13.7.

Es ist deshalb in vielen Fällen nicht mehr möglich, das Granulat wieder für die Fertigung der gleichen Produkte einzusetzen, sondern nur noch für Produkte mit niedrigeren Anforderungen.

Einen Problembereich stellen die verschmutzten, vermischten und mit Fremdstoffen verbundenen Kunststoffabfälle dar, da deren aufwändige Wiederaufbereitung bei den der-

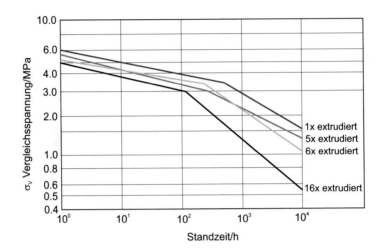

Abb. 13.7 Zeitstand-Innendruckversuch an Rohren aus mehrfach extrudiertem PE

zeit niedrigen Preisen für Neumaterial meistens nicht wirtschaftlich ist. Selbst wenn keine Fremdstoffe wie Öl, Papier oder Metall in einer gemischten thermoplastischen Kunststofffraktion vorliegen, ist die Wiederaufbereitung schwierig.

Beim Thermoplastrecycling lassen sich durch die Wiedereinschmelzung der bei der Produktion entstandenen Abfälle Kosten für Neumaterial einsparen. Die Aufbereitung dieser Abfälle ist besonders günstig, da diese nur zerkleinert werden müssen. Anschließend können sie einfach dem Neumaterial in der Produktion zugemischt werden.

Das materielle Recycling von Kunststoffen kann in zwei wesentliche Schritte unterteilt werden:

- Aufbereitung
- Verarbeitung über die Schmelze

Je nach Zustand des Kunststoffabfalls und nach angestrebtem Produkt unterscheiden sich die Recyclinganlagen in diesen beiden Arbeitsschritten wesentlich. Für das Recycling gemischter Thermoplastabfälle gibt es zwei Extremfälle. Dies ist zum einen der Weg über eine aufwändigere Aufbereitung zu einem sortenreinen Regenerat und daraus herstellbaren dünnwandigen Teilen und zum anderen der Weg des direkten Umschmelzens mit minimaler vorhergehender Aufbereitung zu in der Regel dickwandigen Formteilen, Abb. 13.8.

Die verschiedenen Aufbereitungstechnologien arbeiten meist nach dem grundsätzlichen Verfahrensschema Zerkleinerung, Reinigungsstufe(n), Trennstufe(n), Trocknung und anschließende Regranulierung. Die Unterschiede zwischen den in der Praxis betriebenen Anlagen entstehen unter anderem durch die Auswahl und die Zusammenstellung dieser einzelnen Komponenten. Jedes Anlagenkonzept ist in der Regel nur für die Auf-

Abb. 13.8 Materielles Recycling von gemischten Kunststoffabfällen

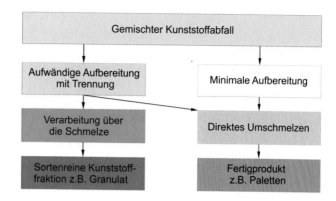

arbeitung von bestimmten Eingangsmaterialien (sortenreine Gewerbeabfälle, gebrauchte Landwirtschaftsfolien, Kunststoffe aus dem Hausmüll usw.) ausgelegt.

Im Gegensatz zu Metallen ist die Recyclingquote von Kunststoffen weltweit gesehen wesentlich geringer. Problematisch ist, dass Kunststoffe in der Natur sich kaum abbauen und nur durch mechanische und andere Einwirkungen immer weiter zerkleinert werden.

Eine andere Möglichkeit Kunststoffe und Kunststoffabfälle umweltverträglich zu entsorgen besteht nur mit biologisch abbaubare Kunststoffen. Diese Kunststoffe werden derzeit hauptsächlich für Verpackungen eingesetzt. Die Anforderungen an Verpackungen aus biologisch abbaubaren Kunststoffen sind in der Norm DIN EN 13432 geregelt.

Grundsätzlich kann der Zersetzungsprozess von biologisch abbaubaren Kunststoffen aerob oder anaerob ablaufen. Aerob bedeutet, dass die Kompostierung unter Sauerstoffzufuhr hauptsächlich mit Hilfe von Mikroorganismen abläuft. Anaerobe Prozesse laufen ohne Sauerstoff in Form einer Vergärung (Fäulnis) ab, bei der Biogas gewonnen werden kann. Die wichtigsten Anforderungen an bioabbaubare Kunststoffe sind:

- Vollständige biologische Abbaubarkeit. Dies bedeutet, dass bei der aeroben Zersetzung nach 6 Monaten mindestens 90 % des zu untersuchenden Kunststoffs abgebaut sein muss. Die Verweilzeiten in industriellen Kompostieranlagen sind jedoch oft wesentlich kürzer, was eine unvollständige Zersetzung des Polymers zur Folge hat. Bei anaeroben Bedingungen muss nach 2 Monaten mindestens 50 % des theoretisch erreichbaren Wertes an Biogas entstanden sein.
- Physikalische Aufspaltung der Verpackung in sehr kleine Teilchen. Nach 12 Wochen dürfen maximal 10 % des Gesamtgewichts in Form von Teilchen > 2 mm verbleiben.
- Die Qualität des entstandenen Komposts muss zu 90 % der eines Vergleichskomposts entsprechen.

Problematisch bei den bioabbaubaren Kunststoffen ist, dass in der Praxis kaum zwischen bioabbaubaren, biobasierten und konventionellen Kunststoffen getrennt wird. So gelangen ein Großteil der bioabbaubaren Kunststoffe in den Restmüll bzw. in das Recyclingsystem

„Gelber Sack". Die Kunststoffe müssen dort aussortiert werden, was in der Praxis kaum umgesetzt wird. Sie werden dann meist mit den bei der Sortierung verbleibenden Resten thermisch verwertet.

Bioabbaubare Kunststoffe werden oft mit biobasierten Kunststoffen verwechselt oder gleichgesetzt. Biobasierte Kunststoffe basieren zum Teil auf nachwachsenden Rohstoffen. Sie sind dadurch aber nicht zwingend bioabbaubar.

13.5   Fragen zu Kap. 13

1. In welche drei Gruppen kann Stahlschrott eingeteilt werden? Grenzen Sie die Begriffe gegeneinander ab.
2. Was ist die Krätze beim Aluminiumrecycling?
3. Nennen Sie die vier Recyclingstrategien des Aluminiums. Erläutern Sie die Vorgehensweise bei diesen Recyclingverfahren und geben Sie jeweils ein Beispiel an.
4. Wie hoch ist die Quote der Energieeinsparung, die durch das Recycling von Kupfer erzielt werden kann, bezogen auf den Energieverbrauch beim Kupfertagebau?
5. Erörtern Sie die Möglichkeiten der Wiederaufbereitung der Kunststoffarten Thermoplaste, Duromere und Elastomere.
6. Wie hängt die Zeitstandfestigkeit von Kunststoffen von der Anzahl der Wiederaufbereitungsschritte ab?

Appendix A. Antworten zu den Verständnisfragen

Antworten zu Kap. 2

1. Einteilung in Leicht- und Schwermetalle. Als Unterscheidungsmerkmal dient die Dichte, für Schwermetalle gilt: $\rho > 5\ kg/dm^3$.

Beispiele:	Mg, Al	Leichtmetalle
	Fe, Cu, Zn, Pb	Schwermetalle

2. Elektronenpaarbindung – Paraffin

Ionenbindung	– NaCl
Metallbindung	– Fe
Van der Waals'sche Bindung	– Kunststoffe (PVC).

3. Bei der Elektronenpaarbindung bilden sich aus Valenzelektronen gemeinsame Elektronenpaare, bei der Metallbindung liegt eine frei bewegliche Elektronenwolke vor, die aus abgegebenen Valenzelektronen besteht.

4.

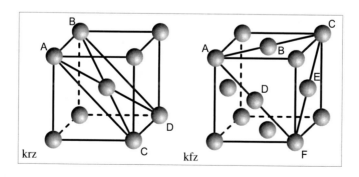

© Springer-Verlag GmbH Deutschland, ein Teil von Springer Nature 2022
E. Roos et al., *Werkstoffkunde für Ingenieure*,
https://doi.org/10.1007/978-3-662-64732-5

$$N = 8 \cdot \frac{1}{8} + 1 = 2 \qquad\qquad N = 8 \cdot \frac{1}{8} + 6 \cdot \frac{1}{2} = 4$$

5. Polymorphie bezeichnet die Eigenschaft von Werkstoffen, ihre Kristallstruktur in Abhängigkeit von der Temperatur zu ändern.
6. Gleitsysteme sind eine Kombination aus Gleitebene und zugehöriger Gleitrichtung. Dabei wird sowohl bei der Ebene als auch bei der Richtung von der dichtesten Besetzung ausgegangen.
   Beispiel: krz-System: (1 1 0) Gleitebene, $\left[\bar{1}\ 1\ \bar{1}\right]$ Gleitrichtung.
7. Miller'sche Indizes:
   Ebene (2 1 0); Richtung $\left[\bar{1}\ 1\ \bar{1}\right]$
8. Ein Idealkristall enthält keine Gitterfehler im Gegensatz zum Realkristall.
9. a. Nulldimensional (Punktfehler): Leerstelle
   b. Eindimensional (Linienfehler): Stufen-, Schraubenversetzung
10. Zweidimensional (Flächenfehler): Stapelfehler Der Burgersvektor ist ein Maß für die Richtung und Größe der Störung durch eine Versetzung.
   Stufenversetzung: Burgersvektor b steht senkrecht auf der Versetzungslinie
   Schraubenversetzung: Burgersvektor b ist parallel zur Versetzungslinie.

Antworten zu Kap. 3

1. Kristallographisch unterscheidbare, aber chemisch homogene Bereiche werden als Phasen bezeichnet.
2. Im Kristallgitter einer Komponente sitzen die Atome der anderen Komponente als Fremdatome auf Gitterplätzen.

3.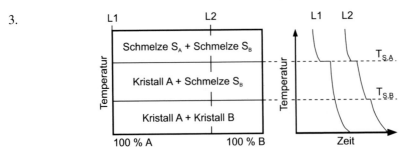

4. a) 1
   b) 2
5. Mit Hilfe des Hebelgesetzes lassen sich Mengenverhältnisse und Zusammensetzung in einem Phasenfeld bestimmen.

6. Mikrogefüge aus mindestens zwei festen Phasen, die sich bei konstanter Temperatur aus der Schmelze bilden. Besonders feinkörnig, niedrigste Schmelztemperatur im Zweistoffsystem.

7. Die Bezeichnungen von Mischkristallen lautet α-Mk, wenn B-Atome im A-Kristall und β-Mk, wenn A-Atome im B-Kristall vorliegen.

8. Eine chemische Verbindung von zwei oder mehr Metallen.

9. Systeme mit begrenzter Randlöslichkeit.

10. Das Eutektoid entsteht durch Zerfall einer festen Phase in zwei verschiedene feste Phasen. Das Eutektikum entsteht aus einer flüssigen Phase. Beide Übergänge laufen bei konstanter Temperatur ab.

Antworten zu Kap. 4

1. Unter thermisch aktivierten Vorgängen versteht man den Platzwechsel der Atome aufgrund thermischer Anregung.

2. Die Ablaufgeschwindigkeit (Reaktionsgeschwindigkeit v) lässt sich mit der Arrhenius-Gleichung beschreiben.

3. Thermisch aktivierte Vorgänge von technischer Bedeutung sind insbesondere:
    Ausgleich von Konzentrationsunterschieden durch Diffusion, Erholung und Rekristallisation verformter Gefüge, Sintervorgänge, viskoses Fließen und Kriechen, Nachhärtung von Duromeren.

4. Mit dem zweiten Fick'schen Gesetz kann die Konzentration als Funktion von Ort und Zeit berechnet werden.

5. Aufkohlung, Aufstickung des Stahles; Diffusions- oder Homogenisierungsglühung.

6. Leerstellen, Zwischengitteratome, Versetzungen, Stapelfehler.

7. Die Rekristallisation erfolgt bei höheren Temperaturen als die Kristallerholung. Sie ist gekennzeichnet durch eine Neubildung der Kristalle.

8. Bei Erreichen des kritischen Verformungsgrades sowie erhöhten Temperaturen und zu langen Glühzeiten.

9. Sintern ist ein Teilprozess eines Herstellungsverfahrens, bei dem aus pulverförmigem Ausgangsmaterial Formteile oder Halbzeuge bei Temperaturen unterhalb des Schmelzpunktes ohne chemische Reaktion hergestellt werden.

10. Durch zusätzliches Aufbringen von Druck (Drucksintern).

Antworten zu Kap. 5

1. Hook'sches Gesetz: $\sigma = E \cdot \varepsilon$, gilt nur für linearelastisches Verhalten und einachsige Beanspruchung.

2. Der Mohr'sche Spannungskreis beschreibt den vollständigen Spannungszustand für jede Richtung in einer Ebene.

3. Anisotropie bedeutet eine Richtungsabhängigkeit der physikalischen und mechanischen Eigenschaften. Isotropie bedeutet eine Richtungsunabhängigkeit dieser Eigenschaften.

4. Die Spannungs-Dehnungskurve ist die Darstellung von $\sigma = F/S_0$ über $\varepsilon = \Delta L/L_0$, d. h. bezogen auf die Ausgangsgeometrie.

   Die Fließkurve ist die Darstellung der wahren Spannung ($\sigma_w = F/S$) über der Formänderung $\varphi(d\varphi = dL/L)$, d. h. bezogen auf die aktuelle Geometrie.

5. Eigenspannungen sind Spannungen die in einem Bauteil vorhanden sind, ohne dass äußere Kräfte und Momente wirken. Sie stehen in jeder Schnittebene im Gleichgewicht.

6. Bei der Zeitstandbeanspruchung wird die Last konstant gehalten, wodurch bei höheren Temperaturen die Dehnungen auch unterhalb der Streckgrenze zunehmen. Bei der Relaxationsbeanspruchung wird die Verformung konstant gehalten und die Beanspruchung nimmt ab.

7. Kaltverfestigung, Mischkristallverfestigung, Ausscheidungshärtung und Kornverfeinerung.

8. Im Gebiet niedriger Werkstoffzähigkeit wird die linear-elastische Bruchmechanik (LEBM), im Bereich größerer Werkstoffzähigkeit die elastisch-plastische Bruchmechanik (EPBM) angewendet.

9. Zur Berechnung des zyklischen Risswachstums wird das sogenannte Rissausbreitungsgesetz verwendet: $da/dN = C_0(\Delta K)^n$ (Paris-Gesetz).

Antworten zu Kap. 6

1. Roheisen wird durch Reduktion des Eisenerzes, z. B. im Hochofen hergestellt. Es ist ein Vorprodukt der Rohstahlerzeugung und hat einen Kohlenstoffgehalt von 4,7 %. Es kann nicht umgeformt werden. Durch das Einblasen von Sauerstoff (Frischen) wird Kohlenstoff verbrannt und es entsteht flüssiger Stahl mit Kohlenstoffgehalten von weniger als 2 %. Stahl ist umformbar.

2. Eine Nachbehandlung wird zur Verbesserung der Qualität bzw. zur Einstellung der gewünschten Eigenschaften durchgeführt. Dazu gehört u. a. die Desoxidation zum Abbinden des Sauerstoffs in der Schmelze („Beruhigen") durch Zusatz von z. B. Ferrosilizium, das Absenken des Kohlenstoffgehaltes durch Vakuumentgasung; das Absenken von Phosphor und Schwefel und die Entfernung von Wasserstoff.

3. Das Eisen-Kohlenstoffdiagramm kann nur für sehr langsame Abkühlbedingungen und reine Kohlenstoffstähle angewendet werden. Bei hochlegierten Stählen verändern sich die Phasenfelder und die zugehörigen Umwandlungspunkte (Löslichkeitslinien) und -temperaturen.

4. Perlit ist das das Gefüge eines unlegierten bzw. niedriglegierten Stahles, der langsam abgekühlt wurde. Es besteht aus den Phasen Zementit und Ferrit. Martensit ist das

Härtungsgefüges eines unlegierten Stahles mit ausreichendem Kohlenstoffgehalt nach rascher Abkühlung. Bei niedriglegierten bzw. hochlegierten Stählen kann sich das Martensitgefüge bereits bei relativ langsamer Abkühlung einstellen. Martensit besteht aus den Phasen Zementit und Ferrit. Der Ferrit weist eine Übersättigung an Kohlenstoff auf. Die Korngrenzen der nadlig ausgebildeten Ferritkörner werden von feinen Zementitausscheidungen dekoriert. Die Härte des Martensits ist deutlich höher als die des Perlits. Sie wird im Wesentlichen vom Kohlenstoffgehalt bestimmt.

5. Das Zeit-Temperatur-Umwandlungsdiagramm beschreibt die Umwandlungscharakteristik eines Stahls in Abhängigkeit von den Abkühlungsbedingungen. Jede Stahlart hat ein eigenes ZTU Diagramm. Es gilt für die Abkühlung aus dem austenitischen Zustand. Es kennzeichnet die Felder, in denen die unterschiedlichen Gefüge entstehen: F – Ferrit; M – Martensit; B – Bainit (früher Zw – Zwischenstufe); P – Perlit. Beim kontinuierlichen ZTU Schaubild werden längs der (eingezeichneten) Abkühlungskurven die Gefüge anhand der durchlaufenen Felder gelesen und die zugehörigen Prozentanteile bestimmt. Beim isothermen Schaubild wird rasch auf eine vorgegebene Temperatur abgekühlt und danach parallel zur Zeitachse anhand der durchlaufenen Gefügefelder das sich einstellende Gefüge mit den angegebenen Prozentanteilen bestimmt. Nach dem Durchlaufen des letzten Feldes ist die Umwandlung beendet. Im ZTU Schaubild lassen sich alle Härtemethoden abbilden.

6. Mischkristallhärtung durch Kohlenstoffübersättigung, hohe Gitterfehlerdichte und innere Verspannungen durch Volumenzunahme beim Umklappen vom kfz-Gitter in das tetragonal verspannte krz-Gitter.

7. Durch das Halten der Temperatur knapp oberhalb der M_s-Temperatur wird ein Temperaturausgleich über dem gesamten Bauteilquerschnitt erzielt, was zu geringeren Spannungen bei weiterer Abkühlung führt.

8. 42CrMo4: geringere Aufhärtbarkeit (wegen kleinerem C-Gehalt) bessere Einhärtbarkeit (wegen Legierungselementen) C60: bessere Aufhärtbarkeit (wegen größerem C-Gehalt) geringere Einhärtbarkeit (keine Legierungselemente).

9. Härten mit anschließendem Anlassen.

10. Weißes Gusseisen erstarrt nach dem metastabilen System. Der Kohlenstoff liegt in Form von Zementit (Fe_3C) vor. In der Bruchfläche erscheint dieser hell. Beim grauen Gusseisen scheidet sich der Kohlenstoff nach dem stabilen System in Graphitform (lamellar oder globular) aus. Er ist weniger spröde als das härtere weisse Gusseisen.

Antworten zu Kap. 7

1. Kubisch-flächenzentriertes System.
2. Zink, Zinn, Aluminium.
3. Messing: Kupfer und Zink; Bronze: Kupfer und Zinn.

4. Geringe Dichte, günstige spezifische Festigkeit, gute Korrosionsbeständigkeit, gute elektrische Leitfähigkeit und gute Wärmeleitfähigkeit.
5. Ausscheidungshärtung.
6. Kaltverfestigung.
7. Hervorragende Korrosionsbeständigkeit bei Temperaturen unter 535 °C.
8. Mischkristallhärtung (z. B. Zugabe von Cr, Co, Mo und W), Ausscheidungs- und Dispersionshärtung (z. B. Zugabe von Ti, Al; Nb zur Bildung von γ' – bzw. γ'' –Teilchen).
9. Magnesium wird technisch vorwiegend durch die Elektrolyse einer Schmelze aus Magnesiumdichlorid ($MgCl_2$) gewonnen.
10. Niedriges spezifisches Gewicht, niedriger E-Modul.

Antworten zu Kap. 8

1. Kondensationspolymerisation, Additionspolymerisation als Kettenreaktion, Additionspolymerisation als Stufenreaktion
2. Niedrige Dichte, hohen elektrischen Isolationswiderstand, hohes Dämpfungsvermögen, Beständigkeit gegen elektrolytische Korrosion.
3.

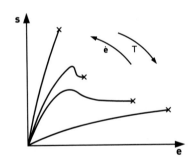

4. Schweißbar, löslich, quellbar, bei RT spröde oder zähelastisch.
5. Sie sind nicht schmelzbar.

Antworten zu Kap. 9

1. Der Grünkörper wird aus dem gemahlenen Ausgangspulver, das mit Bindemitteln versetzt wird, über unterschiedliche Formgebungsverfahren (Pressen, , Extrudieren) hergestellt und einem Trocknungsvorgang unterzogen. Grünkörper können spanabhebend bearbeitet werden.
2. Oxid – bzw. nichtoxidkeramische Werkstoffe weisen nach dem Brennen ein kristallines Gefüge auf, das aus Elementarzellen in der Form von Polyedern besteht. Silikatkera-

mik weist in der Regel ein Vielstoffsystem auf. Die beim Brennen entstehenden ternären Verbindungen und eutektischen Phasen bilden Glasphasen aus, die neben den kristallinen Bestandteilen einen großen Teil des Gefüges bilden.

3. Heißpressen (HP) dient dazu, den formstabilen Rohling zu verdichten und zu sintern. Beim Heißisostatischen Pressen (HIP) wird der Druck in allen Richtungen aufgebracht, so dass dünnwandige Formteile herstellbar sind.

4. Keramische Werkstoffe weisen im Vergleich zu metallischen Werkstoffen eine sehr große Festigkeitsstreuung auf, die eine Folge der vergleichsweisen hohen Sprödigkeit ist. Wird die Bruchwahrscheinlichkeit in Abhängigkeit von der Bruchspannung aufgetragen, erhält man einen niedrigen Weibullfaktor. Maßgebend für die Auslegung ist daher Kenntnis der Festigkeit für sehr kleine Bruchwahrscheinlichkeiten.

5. Keramische Werkstoffe weisen gegenüber metallischen Werkstoffen den Nachteil von vergleichsweise hoher Sprödigkeit auf. Das führt dazu, dass Spannungsspitzen oder scharfe Temperaturwechsel zum Bruch führen. Keramikgerecht konstruieren bedeutet demnach die Vermeidung scharfer Absätze, Kanten und starker Querschnittsveränderungen. Nach Möglichkeit sollten die Belastungen bevorzugt auf Druck erfolgen, wobei allerdings hohe Kantenpressungen zu vermeiden sind

Antworten zu Kap. 10

1. Schichtverbunde, z. B. Sperrholz.
   Faserverbunde, z. B. Glasfaser.
   Teilchenverbunde, z. B. Beton.
2. Ein Verbundwerkstoff, dessen Matrix aus Kunststoff besteht und die Faser aus Kohlenstoff.
3. Faserlänge: Lange Fasern steigern die Festigkeit.
   Faserdurchmesser: Je kleiner der Durchmesser, desto größer die Festigkeit der Faser.
   Faserorientierung: Die Festigkeit des Verbundwerkstoffes ist von der Orientierung des Lastangriffs zur Faser abhängig.
   Faservolumenanteil, Haftung zwischen Faser und Matrix.
4. Ein Verbundwerkstoff, dessen Matrix aus Keramik besteht. Die Fasern können aus Kohlenstoff (C) oder aus Keramik (z. B. SiC) sein.
5. Durch die Faserverstärkung wird vor allem bessere Thermoschockbeständigkeit und ein pseudo-plastisches Bruchverhalten, d. h. ein besseres Risszähigkeitsverhalten, erreicht.

Antworten zu Kap. 11

1. P(Cu/Zn)-P(Cu/Fe)$=0,7$ V $-0,1$ V $=0,6$ V.
2. Zn $\rightarrow$ Zn^{2+} + 2e$^-$ anodische Teilreaktion

$Zn^{2+} + 2e^- \rightarrow Zn$ kathodische Teilreaktion.

Durch Eintauchen in Wasser bei sauerstoffhaltiger Umgebung kann es zu Korrosion (Sauerstoffkorrosion) kommen:

$Zn \rightarrow Zn^{2+} + 2e^-$ anodische Teilreaktion

$O_2 + 2H_2O + 4e^- \rightarrow 4OH^-$ kathodische Teilreaktion.

3. $Fe \rightarrow Fe^{2+} + 2e^-$ anodische Teilreaktion

   $2H^+ + 2e^- \rightarrow H_2$ kathodische Teilreaktion.

4. (Unedel) Zn, Fe, H, Cu, Au (edel).

5. Die Opferanode wird in die Nähe des zu schützenden Bauteils gebracht. Die unedlere Opferanode löst sich bevorzugt auf, während das Bauteil weitgehend geschützt bleibt.

6. Durch das Anlegen einer Spannung wird das zu schützende Bauteil negativ aufgeladen. Dadurch gehen weniger Ionen in Lösung.

7. Die Korrosion des Eisens wird beschleunigt.

8. Unterschiedliche Elektrolytkonzentration, lokale Zerstörung der Schutzschicht.

9. Zusammenwirken von Erosion und Korrosion, wobei die Korrosion i.Allg. durch Abtragen einer Schutzschicht aktiviert wird.

10. Selektive Korrosion (Kornzerfall): Die chromarmen Säume an den Korngrenzen sind unedler als die Chromkarbidausscheidungen, daher kommt es zur Korrosion der Säume und deren Auflösung.

Antworten zu Kap. 13

11. Stahlschrott kann in Eigenschrott, Neuschrott und Altschrott unterteilt werden.

    Eigenschrott fällt bei der Erzeugung von Stahl an.

    Neuschrott entsteht bei der industriellen Fertigung und kann ebenfalls relativ kurzfristig nach der Stahlerzeugung wieder eingesetzt werden.

    Stahlaltschrott entsteht aus der Erfassung und Aufbereitung von nicht mehr verwendungsfähigen und ausgedienten Verbrauchs- und Industriegütern.

12. Beim Einschmelzen von Aluminiumschrott bildet sich an der Badoberfläche eine Schicht aus nicht direkt weiterverwendbarem oxidiertem Aluminium.

13. Beim Recycling von Aluminium sind die Strategien Wiederverwendung, Weiterverwendung, Wiederverwertung und Weiterverwertung zu unterscheiden.

    Wiederverwendung bedeutet die Demontage von Bauteilen mit anschließender Reinigung und ggf. Aufarbeitung zum weiteren Einsatz mit der gleichen technischen Funktion.

    Weiterverwendung bezeichnet die Demontage oder Umarbeitung von Bauteilen zur weiteren Verwendung in anderer Funktion als zuvor.

    Wiederverwertung steht für das Einschmelzen sortenreiner Aluminiumschrotte, ggf. mit anschließender Raffination.

    Weiterverwertung umfasst Separation und Einschmelzen von Aluminiumwerkstoffen aus gemischten Schrotten.

14. Da durch den Einsatz von Recyclingmaterial die Erzgewinnung und Aufbereitung wegfallen können, ist je nach Kupfergehalt der eingesetzten Schrotte eine Energieeinsparung zwischen 80 und 92 % erzielbar.

15. Für die Wiederaufbereitung sind bisher fast ausschließlich die Thermoplaste geeignet, da nur sie im Gegensatz zu Duromeren und Elastomeren ein erneutes Überführen in Schmelze oder Lösung mit anschließender Umformung zulassen.

Duromere und Elastomere lassen sich auf Grund ihrer hochgradig vernetzten Molekülstruktur nur thermisch oder chemisch zersetzen oder mechanisch zu Granulat zerkleinern. Sie können dann als hochwertiger Füllstoff oder in Hochöfen zur Energiegewinnung an Stelle von Mineralöl eingesetzt werden.

16. Mit jedem Wiederaufbereitungsschritt nimmt die Zeitstandfestigkeit ab.

Antworten zu Kap. 12

1. Grundkörper; Gegenkörper, Gegenstoff; Zwischenkörper, Zwischenstoff; Umgebungsmedium.

2. Verschleiß ist der Werkstoffabtrag an der Oberfläche unter überwiegend mechanischer Einwirkung, d. h. unter Einwirkung von Kräften und Relativbewegungen.

3. Adhäsion: Verschleiß durch atomare und molekulare Wechselwirkung der Stoffe in der Kontaktzone.

Abrasion: Verschleiß durch harte Rauberge eines Gegenkörpers oder durch harte körnige Gegenstoffe.

Ermüdung: Verschleiß im Mikrobereich infolge wiederholter mechanischer Kraftwirkung in der Grenzschicht.

Ablation: Verschleiß durch hohe Energiedichte an der Oberfläche.

4. Belastung, Geschwindigkeit, Temperatur.

5. Selektive Abrasion.

Appendix B. Literatur

	Relevante Literatur	Zugeordnete Kapitel
[Alu16]	http://aluminium.matter.org.uk Site developed in partnership between the European Aluminium Association and MATTER, The University of Liverpool.	Kap. 7
[Azd09]	Aluminium Zentrale Düsseldorf (Hrsg.) Aluminium Taschenbuch Band 1–3 16. Auflage, Düsseldorf, Beuth-Verlag, 2009	Kap. 7
[Azd00]	Aluminium Zentrale Düsseldorf (Hrsg.) Magnesium Taschenbuch 1. Auflage, Düsseldorf, Aluminium-Verlag, 2000	Kap. 7
[Ask96]	Askeland, D.R. Materialwissenschaften Heidelberg, Spektrum, 1996	Allgemein
[Bab05]	Baboian, R. Corrosion tests and standards: application and interpretation 2. Auflage, ASTM manual series; MNL 20; 2005	Kap. 12
[Bar08]	Bargel, H.-J.; Schulze, G. Werkstoffkunde 10. Auflage, Berlin, Springer, 2008	Allgemein
[Blu93]	Blumenauer, H.; Pusch, G. Technische Bruchmechanik 3. Auflage, Weinheim, Wiley-VCH, 1993	Kap. 5
[Bür15]	Maier, H.-J.; Bürgel, R; Niendorf, T. Handbuch Hochtemperatur-Werkstofftechnik 5. Auflage, Wiesbaden, Vieweg, 2015	Kap. 4, 5, 6, 7, 12
[Cal94]	Callister, W.D. Materials Science and Engineering 8. Auflage, John Wiley and Sons, Inc., 2010	Kap. 3, 5
[Czi03]	Czichos, H.; Habig, K.-H. Tribologie Handbuch, Reibung und Verschleiß 2. Auflage, Vieweg Verlag 2003	Kap. 13
[Dah93]	Dahl, W. Eigenschaften und Anwendungen von Stählen, Band 1 und 2 1. Auflage, Aachen, Verlag der Augustinus Buchhandlung, 1993	Kap. 12
[Das56]	Dash, W. C. The Observation of Dislocations in Silicon Dislocations and Mechanical Properties of Crystals, International	Kap. 5

© Springer-Verlag GmbH Deutschland, ein Teil von Springer Nature 2022
E. Roos et al., *Werkstoffkunde für Ingenieure*,
https://doi.org/10.1007/978-3-662-64732-5

	Relevante Literatur	Zugeordnete Kapitel
[DeS06]	Deimel, P., Sattler, E. Untersuchungen zum Wasserstoffeinfluss auf im Kompressorbau eingesetzte Werkstoffe. AVIF Vorhaben A190, MPA Universität Stuttgart, 2006	Kap. 11
[Dom05]	Dominghaus, H. Die Kunststoffe und ihre Eigenschaften 6. Auflage, Springer-Verlag, 2005.	Kap. 8
[Dom69]	Domke, W. Werkstoffkunde und Werkstoffprüfung 10. Auflage, Verlag W. Girardet, Essen, 2001	Kap. 3
[Eck72]	Eckstein, H.J. Werkstoffkunde Stahl und Eisen II, 1. Auflage VEB Deutscher Verlag für Grundstoffindustrie, Leipzig 1972	Kap. 6
[Ehr11]	Ehrenstein, W. Polymer-Werkstoffe 3. Auflage, C. Hanser Verlag München, 2011	Kap. 8
[Eng11]	Neidel, A.; Engel, L.; Klingele, H. Handbuch Metallschäden Gerling Institut für Schadenforschung und Schadenverhütung, 2.Auflage, Carl Hanser Verlag, Köln, 2011	Kap. 5
[Fra11]	Franck, A.; Herr, B.; Ruse, H.; Schulz, G. Kunststoff-Kompendium Würzburg, Vogel, 2011	Kap. 8
[Goo03]	Goodrich, G. M. Iron castings engineering handbook Des Plaines, 2003	Kap. 6
[Guy76]	Guy, A.G. Metallkunde für Ingenieure Akademische Verlagsgesellschaft, Wiesbaden, 1976	Kap. 2, 3, 4, 5, 6, 7, 11
[Hai06]	Haibach, E Betriebsfestigkeitsverfahren, Verfahren und Daten zur Bauteilberechnung 3. Auflage, Springer-Verlag, Düsseldorf, 2006	Kap. 5
[Hol95]	Hollemann, A.F.; Wiberg, N. Lehrbuch der anorganischen Chemie 102. Auflage, Walter der Gruyter, Berlin 2007	Allgemein
[Hor06]	Hornbogen, E. Werkstoffe 8. Auflage, Berlin, Springer, 2006	Allgemein
[Hor12]	Hornbogen, E.; Eggeler, G.; Werner, E. Werkstoffe: Aufbau und Eigenschaften von Keramik, Metallen, Polymer- und Verbundwerkstoffen 10. Auflage, Berlin, Springer, 2012	Allgemein
[Horn01]	Hornbogen, E.; Warlimont, H. Metallkunde – Aufbau und Eigenschaften von Metallen und Legierungen 4. Auflage, Berlin, Springer, 2001	Allgemein
[Ils83]	Ilschner, B. Festigkeit und Verformung bei hoher Temperatur Oberursel, Deutsche Gesellschaft für Metallkunde e. V., 1983	Kap. 5, 6, 7, 9
[IKD96]	Institut für Korrosionsschutz Dresden Vorlesung über Korrosion und Korrosionsschutz von Werkstoffen, TAW-Verlag, Wuppertal 1996	Kap. 12
[Kae90]	Kaesche, H. Die Korrosion der Metalle 3. Auflage, Berlin, Springer, 1990	Kap. 12
[Kit02]	Kittel, C. Einführung in die Festkörperphysik Oldenbourg, München 2002	Kap. 2

	Relevante Literatur	Zugeordnete Kapitel
[Kop07]	Kopitzki, K., Herzog, P. Einführung in die Festkörperphysik 6. Auflage, Vieweg + Teubner Verlag 2007.	Kap. 2
[Lai62]	Laird, C., G. C. Smith Crack propagation in high stress fatigue Philosophical Magazine, 7:77, 1962	Kap. 5
[Lie03]	Liedtke, D. Über den Zusammenhang zwischen dem Kohlenstoffgehalt in Stählen und der Härte des Martensits. Mat.-wiss. u. Werkstofftech. 34 (2003); S. 86–92	Kap. 6
[Lie10]	Liedtke, D.; Jönsson, R. Wärmebehandlung 8. durchgesehene Auflage, Renningen-Malmsheim, expert, 2010	Kap. 6
[Mac11]	Macherauch, E.; Zoch, H.-W. Praktikum in Werkstoffkunde 10. Auflage, Braunschweig, Vieweg + Teubner, 2011	Allgemein
[Mai99]	Maile, K. Fortgeschrittene Verfahren zur Beschreibung des Verformungs- und Schädigungsverhaltens von Hochtemperaturbauteilen im Kraftwerksbau Aachen, Shaker, 1999	Kap. 5, 6, 7
[Mai19]	Maile, K., R. Scheck. Metallographie in Qualitätssicherung und Schadensanalyse: Anleitung zum metallographischen Arbeiten – Methodik und Vorgehensweise, Borntraeger Stuttgart 2019	Allgemein Kap. 5, 6, 7
[Mun99]	Munz, D.; Fett, T. Ceramics Springer-Verlag, 1999.	Kap. 9
[Ost14]	Ostermann, F. Anwendungstechnologie Aluminium Springer Vieweg, 2014	Kap. 7
[Pet02]	Peters, M.; Leyens, C. Titan und Titanlegierungen Wiley-VCH, 2002.	Kap. 7
[Pre82]	Predel, B. Heterogene Gleichgewichte (Grundlagen und Anwendungen) Steinkopf-Verlag, Darmstadt, 1982	Kap. 3
[Rob00]	Robert, C. et al. Nondestructive Testing Handbooks American Society of Nondestructive Testing (ASNT) 3. Auflage, ASNT, Columbus, 2000	Kap. 5
[Ros93]	Roos, E. Grundlagen und notwendige Voraussetzungen zur Anwendung der Risswiderstandskurve in der Sicherheitsanalyse angerissener Bauteile Fortschritt-Berichte VDI, Reihe 18 Nr. 133, VDI-Verlag, Düsseldorf, 1993	Kap. 5
[Sal22]	Salbert, G., K. Maile, R. Scheck. Metallographie – Grundlagen und Anwendung, Borntraeger Stuttgart 2022	Allgemein Kap. 5, 6, 7
[Sat07]	Sattler, E. Ermüdungsverhalten artverschiedener Stähle und einer Mischverbindung unter Einwirkung von Druckwasserstoff. AVIF Vorhaben A246, MPA Universität Stuttgart, 2007	Kap. 11
[Sch96]	Schatt, W. Einführung in die Werkstoffwissenschaft 4. Auflage, Weinheim, Wiley-VCH, 1996	Allgemein
[Sch98]	Schatt, W.; Simmchen, E.; Zouhar, G. Konstruktionswerkstoffe 5. Auflage, Weinheim, Wiley-VCH, 1998	Kap. 6, 7, 8, 9, 10

	Relevante Literatur	Zugeordnete Kapitel
[Sch01]	Schumann, H.; Oettel, H. Metallographie 14. Auflage, Weinheim, Wiley-VCH, 2004	Kap. 3; (Abb. 3.17 & 3.19)
[Sei12]	Seidel, W.; Hahn, F. Werkstofftechnik: Werkstoffe – Eigenschaften – Prüfung – Anwendung 9. Auflage, Hahn, F München, Hanser, 2012	Allgemein
[Sim72]	Sims, C.T.; Hagel, W.C. The Superalloys New York, John Wiley & Sons, 1972	Kap. 7
[Str16]	Mit freundlicher Genehmigung der Firma STRUERS GmbH; Zusammengestellt von Ing. S. Engell-Nielsen, Teknologisk Institut, Kopenhagen, Denmark	Kap. 6
[Top08]	Toplack, G., Untersuchung des Grösseneinflusses auf Basis der Methode der lokalen Spannungen anhand des Vergütungsstahles 34CrNiMo6. Dissertation, Montanuniversität Leoben, 2008	Kap. 5
[Tro84]	Troost, A. Einführung in die allgemeine Werkstoffkunde metallischer Werkstoffe 1.–2. Überarbeitete Auflage, Zürich, Bibliographisches Institut, 1984	Kap. 2, 3, 4, 5
[Uet85]	Uetz, H.; Wiedemeyer, J. Tribologie der Polymere Carl Hanser Verlag München Wien, 1985	Kap. 13
[Uet86]	Uetz, H. Abrasion und Erosion München, Hanser, 1986	Kap. 13
[VDA239]	Werkstoffblatt VDA239-100, August 2011	Kap. 6
[Vde61]	Verein deutscher Eisenhüttenleute (Hrsg.) Atlas zur Wärmebehandlung der Stähle Band 1 Verlag Stahleisen M.B.H., Düsseldorf, 1961	Kap. 6
[Vde73]	Verein deutscher Eisenhüttenleute (Hrsg.) Atlas zur Wärmebehandlung der Stähle Band 3 Verlag Stahleisen M.B.H., Düsseldorf, 1973	Kap. 6
[Vde84]	Verein deutscher Eisenhüttenleute (Hrsg.) Werkstoffkunde Stahl Band 1: Grundlagen Band 2: Anwendung Berlin, Springer, 1984	Kap. 2, 3, 4, 5, 6
[Vde89]	Verein deutscher Eisenhüttenleute (Hrsg.) Stahlfibel Verlag Stahleisen M.B.H., Düsseldorf, 2002	Kap. 6; (Abb. 6.3)
[Web98]	Weber, A. (Hrsg.) Neue Werkstoffe Düsseldorf, VDI-Verlag GmbH, 1989	Kap. 6, 7, 8, 9, 10
[Wen98]	Wendler-Kalsch, E.; Gräfen, H. Korrosionsschadenskunde Springer-Verlag, 1998.	Kap. 12
[Wie99]	Wieland -Kupferwerkstoffe Herstellung, Eigenschaften und Verarbeitung, Wieland-Werks AG D-89070 Ulm	Kap. 7
[Zen99]	Zenner, H.; Gudehus, H. Leitfaden für eine Betriebsfestigkeitsrechnung. Verlag Stahleisen GmbH, Düsseldorf, 1999	Kap. 5
[Zie98]	Ziegler, C. Bewertung der Zuverlässigkeit keramischer Komponenten bei zeitlich veränderten Spannungen und bei Hochtemperaturbelastung Düsseldorf, VDI Verlag GmbH, 1998	Kap. 9
[Zum90]	Zum Gahr, K.-H. Reibung und Verschleiß bei metallischen und nichtmetallischen Werkstoffen DGM Informationsgesellschaft Verlag, 1990	Kap. 13

Stichwortverzeichnis

© Springer-Verlag GmbH Deutschland, ein Teil von Springer Nature 2022
E. Roos et al., *Werkstoffkunde für Ingenieure*,
https://doi.org/10.1007/978-3-662-64732-5

Printed in the United States
by Baker & Taylor Publisher Services